Erläuterungen

zu den

Regeln für die Bewertung und Prüfung von elektrischen Maschinen R.E.M./1930, Transformatoren R.E.T./1930

und

Maschinen und Transformatoren auf Bahn- und anderen Fahrzeugen R.E.B./1930

sowie zu den

Normalen Anschlußbedingungen

und den

Normalen Klemmen-Bezeichnungen

Im Auftrage des Verbandes
Deutscher Elektrotechniker
herausgegeben von

Dr.-Ing. E. h. Georg Dettmar

ord. Professor an der Technischen Hochschule
Hannover

Siebente Auflage

Springer-Verlag Berlin Heidelberg GmbH 1930

Additional material to this book can be downloaded from http://extras.springer.com

ISBN 978-3-662-00252-0   ISBN 978-3-662-00272-8 (eBook)
DOI 10.1007/978-3-662-00272-8

Alle Rechte vorbehalten.

Vorwort zur siebenten Auflage.

Im Laufe der letzten Jahre sind die vom Verbande Deutscher Elektrotechniker herausgegebenen Bestimmungen betr. Maschinen und Transformatoren in weitgehender Weise geändert worden, so daß eine Neuauflage dieser Erläuterungen notwendig wurde. Diese Gelegenheit ist nun benutzt worden, die ganze Anordnung des Buches umzugestalten, um dadurch die Übersichtlichkeit zu erhöhen. Während früher die Erläuterungen jeweilig am Ende eines Abschnittes der R.E.M. bzw. der R.E.T. R.E.B. usw. gegeben waren, sind sie jetzt direkt hinter jedem Paragraphen angeordnet, so daß also der Text der Regeln und Erläuterungen in engstem Zusammenhange steht. Um nun aber sofort den Unterschied zwischen dem vom VDE stammenden Wortlaut der Regeln und den von mir herrührenden Text der Erläuterungen hervortreten zu lassen, sind zwei deutlich zu unterscheidende Druckarten benutzt worden. Der Verbandstext ist in Antiqua gesetzt, während bei dem von mir stammenden Erläuterungstext Fraktur benutzt ist. Für letzteren fällt die Verantwortung mir zu, weil ja die Erläuterungen den Charakter eines Kommentars besitzen.

Der vorliegenden Auflage ist jeweilig der neueste, im Januar 1930 in Geltung befindliche Text der Verbandsarbeiten zugrunde gelegt worden.

Der leitende Gesichtspunkt bei der Auswahl des Inhaltes dieses Buches ist gewesen, alle Arbeiten des VDE, die sich auf Maschinen und Transformatoren beziehen, zusammenzutragen, so daß es also notwendig war, außer den Bestimmungen über Maschinen und Transformatoren selbst auch noch die Anschlußbedingungen, die Klemmenbezeichnungen sowie die Vorschriften über Öle, Eisenbleche und Schlagwetterschutz zu behandeln. Auch die Arbeiten über Kleintransformatoren mußten Berücksichtigung finden, und die wichtigsten Bestimmungen aus den Errichtungsvorschriften und den Regeln über Anlasser, Regler und Steuergeräte sind im Interesse der Raumersparnis wenigstens zum Teil auszugsweise gebracht worden. Schließlich mußten diejenigen Normenblätter, die sich auf Maschinen und Transformatoren beziehen, hier abgedruckt werden, sowie eine Reihe von Einzelbestimmungen des VDE, auf die in den R.E.M., R.E.T. und R.E.B. verwiesen ist.

*

Dem derzeitigen Vorsitzenden der Kommission für Maschinen und Transformatoren, Herrn Professor Dr.-Ing. Kloss, und ihrem Sachbearbeiter, Herrn Dipl.-Ing. Hammerer, bin ich für die Sammlung und Zurverfügungstellung des in den Sitzungen der Kommission und der Unterkommissionen bearbeiteten Materials sowie für die Durchsicht der Korrekturfahnen zu besonderem Danke verpflichtet. Ebenso ist es mir eine Freude, Herrn Professor Dr.-Ing. Humburg für seine mannigfaltigen Anregungen zur Verbesserung und Vervollständigung der Erläuterungen auch an dieser Stelle zu danken.

Hannover, im Januar 1930.

Georg Dettmar.

Inhaltsverzeichnis.

Inhaltsverzeichnis. VII

A. Einleitung betr. Entstehung und Bedeutung der R.E.M., R.E.T., R.E.B. und der Erläuterungen.

Hauptsächlich veranlaßt durch die Unsicherheit, welche mit der Bestimmung des Wirkungsgrades elektrischer Generatoren und Motoren verbunden war, machte ich die Verbandsleitung im Herbst 1899 auf die bestehenden Schwierigkeiten aufmerksam und fragte an, ob sie es für zweckmäßig hielte, eine Regelung durch Einsetzung einer Kommission herbeizuführen. Diese Frage wurde bejaht und gleichzeitig noch von Herrn G. Kapp eine Erweiterung des Arbeitsgebietes der Kommission vorgeschlagen, darin bestehend, daß auch die Unsicherheit bezüglich Angabe der Leistung (insbesondere bei Straßenbahnmotoren) und die Verschiedenheiten in der Festlegung der Erwärmungsgrenzen beseitigt werden sollten. Um nun die Ansichten der Fachkreise über diese Anregungen kennen zu lernen, wurde von mir ein Fragebogen ausgearbeitet und an die in Betracht kommenden Firmen verschickt. Die darauf eingelaufenen Antworten zeigten schlagend, wie zeitgemäß und erwünscht die Anregung war.

In einem auf der Jahresversammlung des VDE in Kiel im Jahre 1900 gehaltenen Vortrage habe ich die Angelegenheit eingehend behandelt[1] und gezeigt, wie groß das Bedürfnis für die Schaffung von Normen auf dem Gebiete des elektrischen Maschinenbaues war. Auf Grund dieses Vortrages und eines von mir veranlaßten Antrages des Hannoverschen Elektrotechniker-Vereins setzte die Jahresversammlung eine Kommission zur Aufstellung von Normen für die Bestimmung und Angabe von Leistung, Erwärmung, Wirkungsgrad usw. elektrischer Maschinen ein. Sie bestand aus den Herren: von Dobrowolsky, Eßberger, Gaa, von Goeben, Görges, Heubach, Kapp, Rhode und mir als Vorsitzendem. Die Arbeit wurde im November 1900 aufgenommen und in mehreren Sitzungen so schnell gefördert, daß schon bald ein erster Entwurf zustande kam, der, um die Ansichten und Wünsche weiterer Kreise kennen zu

---

[1] Siehe ETZ 1900, S 727.

lernen, an eine Anzahl von Firmen, Vereinen, sowie an einzelne hervorragende Fachleute geschickt wurde mit der Bitte um Rückäußerung und Vorschläge. Auf diese Weise erhielt man ein umfangreiches Material, das bei der weiteren Bearbeitung eingehend berücksichtigt worden ist.

Schon auf der Jahresversammlung 1901 konnte eine Ausarbeitung der „Maschinen-Normalien" vorgelegt werden. Da man aber den Wunsch hatte, erst Sicherheit darüber zu erhalten, daß diese völlig neue Arbeit auch wirklich den Bedürfnissen der Praxis angepaßt war, wurde zunächst nur ihre probeweise Annahme vorgeschlagen und beschlossen. Bei der Benutzung stellte sich nun heraus, daß die Normalien im allgemeinen den vorhandenen Bedürfnissen sehr gut entsprachen. Neben einigen kleineren Änderungen zeigte sich noch das Bedürfnis, auch die Spannungen, Drehzahlen und die Frequenz zu normalisieren, sowie über Gleichstromgeneratoren mit veränderlicher Spannung gewisse Bestimmungen zu treffen. Da diese letzteren Punkte von dem Grundgedanken der bisherigen Normalien in gewissem Sinne abwichen, so entschied sich die Kommission dahin, daß diese Ergänzungen in Form eines Anhanges herausgegeben werden sollen. So wurde dann der Jahresversammlung 1902 ein solcher sowie einige Abänderungen zu den eigentlichen Normalien zur Annahme vorgeschlagen. Eine endgültige Annahme hat man jedoch auch zu diesem Termin noch nicht herbeiführen wollen, so daß man die gesamte Arbeit nochmals probeweise für ein Jahr herausgab, um dann mit um so größerer Ruhe im Jahre 1903 die endgültige Annahme vorschlagen zu können. Unter Einfügung einiger kleiner Verbesserungen wurde sie dann von der Jahresversammlung 1903 ausgesprochen.

In dieser Fassung blieben die Normalien bis zum Jahre 1907 unverändert bestehen. Infolge der in der Zwischenzeit eingetretenen Fortschritte im Bau elektrischer Maschinen trat das Bedürfnis für eine Revision ein, die mit Beginn des Jahres 1907 zur Durchführung gelangte. Auf Grund dieser Beratungen, die wieder unter weitgehendster Mitwirkung der Industrie und der Vereine stattfanden, wurden auf der Jahresversammlung 1907 einige Änderungen und Ergänzungen in Vorschlag gebracht. Im Laufe des Jahres 1908 gelangten einige Anträge auf Abänderung an die Kommission, denen dieselbe glaubte entsprechen zu müssen. Sie unterbreitete infolgedessen der Jahresversammlung 1909 einen entsprechenden Vorschlag, der auch angenommen wurde.

Im Laufe des Jahres 1911 zeigte es sich wieder, daß die Maschinennormalien den Fortschritten der Technik nicht mehr entsprachen. Man war sich aber klar, daß es diesmal nicht mit einer einfachen Er-

gänzung wie in den Jahren 1907, 1908 und 1909
getan sein würde. Vielmehr wurde jetzt eine gründliche Revision der ganzen Vorschriften notwendig.
Diese wurde sogleich in Angriff genommen, und zwar
erfreulicherweise unter Mitwirkung des Vereins Deutscher Ingenieure, der nicht nur die Wünsche seiner
sämtlichen Bezirksvereine zu den Maschinennormalien
dem Verbande zur Verfügung stellte, sondern auch zu
den Sitzungen der Kommission einen Delegierten ent-
sandte.

Der neue Wortlaut sollte nun schon der Jahresversammlung 1912 vorgelegt werden. Im Ausschusse
des Verbandes war aber die Meinung vertreten, daß
es richtiger sei, den Entwurf einer nochmaligen Bearbeitung innerhalb der Kommission zu unterziehen, und
infolgedessen wurde die Vorlage an die Kommission
zurückverwiesen. Diese hat daraufhin noch in mehreren
Sitzungen weiter gearbeitet und hierbei insbesondere
auch dem Beschluß des Ausschusses für Einheiten und
Formelgrößen und dem Beschluß der Internationalen
Elektrotechnischen Kommission betr. Ersatz der Pferdestärke durch das Kilowatt Rechnung getragen. Weiter
wurde auch mit dem American Institute of Electrical
Engineers, welches gleichfalls mit einer Änderung seiner
Maschinennormalien beschäftigt war, Fühlung genommen. Die auf Grund der durchgreifenden Revision ent-
standene neue Fassung wurde von der Jahresversammlung 1913 angenommen.

Schon im Jahre 1919 zeigte sich, daß auch diese
umgearbeitete Fassung der Maschinennormalien nicht
mehr genügte und man entschloß sich zu einer er-
neuten Revision. Bei der Durchführung derselben ergab
sich jedoch, daß eine tiefgehende Umgestaltung notwendig war, zu deren Durchführung mehrere Jahre
gehörten. Insbesondere erwies sich die Trennung der
Maschinen und der Transformatoren als zweckmäßig.
Des weiteren wurde es als wünschenswert betrachtet,
die Maschinen und Transformatoren für Bahnen von
denen für andere Zwecke zu trennen. So entstanden
nun die „Regeln für die Bewertung und Prüfung
von elektrischen Maschinen" und die „Regeln für die
Bewertung und Prüfung von Transformatoren", die
durch die Jahresversammlung des VDE in München
Mai 1922 zwar angenommen, aber erst im Oktober
1922 ganz fertiggestellt wurden, da viele Abänderungs-
wünsche vorlagen, die noch durchgearbeitet werden
mußten. In Kraft getreten sind diese beiden Regeln
am 1. I. 1923. Außerdem wurden noch „Regeln für
die Bewertung und Prüfung von elektrischen Bahnmotoren und sonstigen Maschinen und Transformatoren auf Triebfahrzeugen" von der Bahn-Kommission
des VDE aufgestellt, die von der Jahresversammlung
1924 angenommen worden und am 1. I. 25 in Kraft

getreten sind. Sie schließen sich eng an die vorerwähnten Regeln für Maschinen sowie diejenigen für Transformatoren an.

Schon im Jahre 1926 lag wieder eine Reihe von Abänderungsanträgen bei der Kommission vor, die auch bearbeitet wurde. Von einer Beschlußfassung über die Änderung der R.E.M. hat man aber abgesehen, weil noch weitere Anträge in Aussicht standen. Letztere waren bedingt durch die Verhandlungen in der Internationalen Elektrotechnischen Kommission, an deren Bestimmungen die R.E.M. nach Möglichkeit angepaßt werden sollen. Man beabsichtigte nun der Jahresversammlung 1928 umfangreiche Abänderungsvorschläge vorzulegen und es wurde ein entsprechender Entwurf veröffentlicht. Er wurde jedoch zurückgezogen, weil es zweckmäßig erschien, noch weitere Änderungen vorzunehmen und allzu oftmaliges Ändern natürlich unerwünscht war. Der Jahresversammlung 1929 konnte dann eine neu bearbeitete Ausgabe der R.E.M. zur Beschlußfassung vorgelegt werden, die auch angenommen worden ist und diesen Erläuterungen zugrunde liegt.

Nachstehende Tafel gibt einen guten Überblick über die verschiedenen, bisher in Gültigkeit gewesenen Fassungen der Bestimmungen über Maschinen und Transformatoren. Auf Grund derselben ist man in der Lage, entscheiden zu können, welche Fassung zu jeder beliebigen Zeit Gültigkeit gehabt hat und wo dieselbe zu finden ist.

Normalien für Maschinen und Transformatoren.

Fassung:	Beschlossen:	Gültig ab:	Veröffentl. ETZ:
Erste Fassung . . .	28. 6. 01	1. 7. 01	01 S. 798
Erste Änderung . .	13. 6. 02	1. 7. 02	02 S. 764
Zweite Änderung .	8. 6. 03	1. 7. 03	03 S. 684
Dritte Änderung .	7. 6. 07	1. 7. 07	07 S. 826
Vierte Änderung .	3. 6. 09	1. 1. 10	09 S. 788
Zweite Fassung . .	19. 6. 13	1. 7. 14	13 S. 1038

Regeln für Maschinen (ausgen. f. Bahnen). R.E.M.

Erste Fassung . . .	17. 10. 22	1. 1. 23	22 S. 657 u. 1442
Zweite Fassung . .	8. 7. 29	1. 1. 30	28 S. 591 u. 630
			29 S. 829, 951
			u. 1135

Regeln für Transformatoren (ausgen. f. Bahnen). R.E.T.

Erste Fassung . . .	17. 10. 22	1. 1. 23	22 S. 666 u. 1443
			24 S. 1068
Zweite Fassung . .	8. 7. 29	1. 1. 30	28 S. 591 u. 630
			29 S. 794, 952
			u. 1135

Regeln für Maschinen und Transformatoren auf Bahnfahrzeugen. R.E.B.

Erste Fassung . . .	29. 8. 24	1. 1. 25	23 S. 417, 439
			u. 719
			24 S. 1069
Zweite Fassung . .	10. 12. 29	1. 1. 30	30 S. 25

Der leitende Gesichtspunkt bei der Ausarbeitung der Bestimmungen über Maschinen und Transformatoren war der, dem Handel eine sichere und gleichmäßigere Grundlage zu geben, und zwar sowohl dadurch, daß bei verschiedenen Fabrikaten die grundlegenden Anforderungen, welche man allgemein an Maschinen zu stellen berechtigt ist, erfüllt sein müssen, als auch dadurch, daß die Prinzipien für die Abnahme einheitlich gestaltet werden.

Durch die Regeln ist ein einwandfreier Vergleich verschiedener Fabrikate ermöglicht, und es wird dem Besteller und dem Fabrikanten eine große Arbeitsmenge erspart, da die Grundlagen für die Offerten gleichmäßig sind. Früher wurden bei Ausschreibungen vielfach besondere Bedingungen ausgearbeitet, welche in der Hauptsache das erreichen sollten, was die vorliegenden Regeln bieten. Derartige Bedingungen, welche selbstverständlich den persönlichen Ansichten und Erfahrungen desjenigen, welcher dieselben ausgearbeitet hat, entsprechen und infolgedessen (für die einzelnen Firmen) jedesmal andere sind, sind nun unnötig, solange es sich um Anlagen handelt, die nicht allzuweit aus dem Rahmen der Alltäglichkeit fallen.

Außer dem eben erwähnten Vorteile, daß der Verkauf von Maschinen und Transformatoren ein einheitlicher und damit ein einfacherer ist, erreicht man noch den weiteren, daß die in den Regeln festgelegten Einzelheiten, da sie immer wiederkehren, weit genauer vorausbestimmt werden können, und somit die Gefahr verringert wird, daß bei erfolgter Lieferung die gestellten Bedingungen nicht eingehalten werden.

Man ist sich heute über die große Bedeutung, die die Aufstellung einheitlicher Bestimmungen für Bewertung und Prüfung elektrischer Maschinen und Transformatoren gehabt hat, völlig klar. Es wurde durch diese Bestimmungen nicht nur eine sichere Grundlage für den Handel geschaffen, sondern es wurden auch einheitliche Begriffsbestimmungen festgelegt, und Theorie wie Praxis des Elektromaschinenbaues wurden weitestgehend gefördert. Eine graphische Darstellung des Erfolges gibt Abb. 1. Diese zeigt wie sich das Gewicht eines 10 PS-Gleichstrommotors mit 1000 Umdrehungen in der Minute in der Zeit von 1893 bis 1925 verändert hat. Aus dieser Darstellung ersieht man deutlich den starken Einfluß der Aufstellung der Maschinennormalien in der Zeit von 1900 bis 1910. Das Gewicht einer Maschine gleicher Leistung ist in den 32 Jahren, für die die Darstellung gilt, auf ein Drittel und seit 1900 allein auf den 2,5ten Teil gesunken. Als ein weiteres Zeichen für die große Bedeutung der Arbeiten dieser Kommission kann die Tatsache gelten, daß von mehreren Ländern schon frühzeitig die deutschen Bestimmungen über Maschinen und Transformatoren

ganz oder zum großen Teile übernommen worden
sind.

Da die Regeln das Interesse der ausführenden
Firmen und dasjenige der Abnehmer in gleichem Maße
berücksichtigen, ist es natürlich von großer Bedeutung,
daß sie stets in Anwendung gebracht werden, d. h. diejenigen Abnehmer, welche über ihr Vorhandensein
nicht unterrichtet sind, müssen auf dieselben hingewiesen und die Offerten unter Zugrundelegung derselben ausgearbeitet werden. Für solche Anlagen und

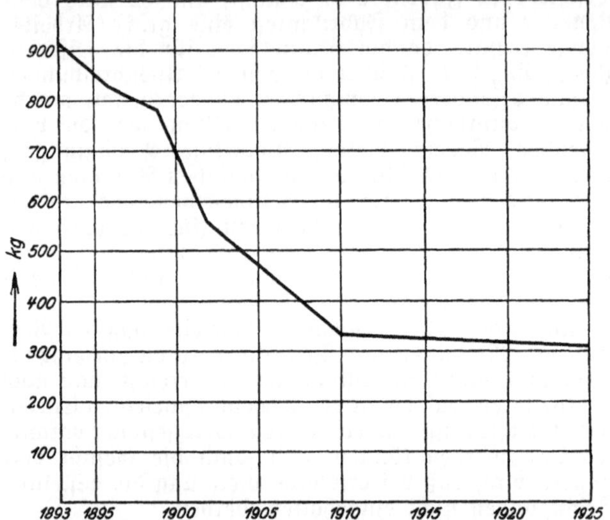

Abb. 1. Gewicht eines 10 PS-Gleichstrommotors mit $n = 1000$.

Maschinen, welche abnormalen Bedingungen zu genügen haben, wird es natürlich notwendig sein, besondere Abmachungen zu treffen; dieser Fall ist ausdrücklich in § 2 vorgesehen.

Schon die Rückäußerungen zum ersten Entwurfe
der „Normalien" zeigten die Möglichkeit, daß Angaben,
welche auf Grund eingehender Kommissionsberatungen
festgelegt worden waren, mißverstanden wurden. Es
gab des weiteren auch Bestimmungen, welche man,
ohne die eingehenden Kommissionsberatungen zu kennen, nicht leicht verstehen konnte. Dies ergab die Notwendigkeit, Erläuterungen herauszugeben, um falsche
Auffassungen und unbeabsichtigte Schädigungen zu
vermeiden. Im Laufe der Jahre sind auch über die Auslegung gewisser Bestimmungen Anfragen bei der Kommission eingelaufen, die nicht nur als Grundlage für
etwaige Verbesserungen der Bestimmungen selbst, sondern auch für den Ausbau der Erläuterungen benutzt
wurden. Ebenso wurden oft von der Kommission beschlossene Auslegungen in die Erläuterungen verwiesen,

um den Text der Bestimmungen möglichst kurz halten
zu können.

Die „Erläuterungen“ haben auch insofern eine
große Bedeutung erhalten, als ihr Inhalt in beträcht=
lichem Maße zur Fortentwicklung der Regeln für
elektrische Maschinen, Transformatoren und Bahn=
motoren beigetragen hat. Bei den von Zeit zu Zeit
vorgenommenen Verbesserungen dieser Regeln sind
nämlich vielfach Teile der Erläuterungen in sie selbst
aufgenommen worden, so daß schon ein beträchtlicher
Teil derselben seine Entstehung auf diesen Weg zurück=
führt.

Die Durchführung der Erläuterungen ist durch die
Trennung der Regeln in 3 Teile etwas erschwert wor=
den. Entweder hätten die Erläuterungen, die zu meh=
reren gleichen Bestimmungen gehören, immer wieder=
holt werden müssen oder es müssen viele Verwei=
sungen vorgenommen werden. Es ist der letzte Weg
gewählt worden, um den Umfang und damit den
Preis des Buches nicht unnötig zu vergrößern.

Nachstehend sind nun hinter den einzelnen Para=
graphen (soweit notwendig) die Erläuterungen ge=
geben. Um eine leichte Unterscheidung zwischen dem
vom VDE stammenden Wortlaut der R.E.M. und
den vom Verfasser dieses Buches. stammenden Er=
läuterungen zu ermöglichen, sind beide in verschiedener
Druckart ausgeführt, und zwar der offizielle Wortlaut
des VDE in Antiqua und die Erläuterungen, für die
gemäß dem Vorwort der Verfasser die Verantwor=
tung trägt, in Fraktur.

B. Regeln für die Bewertung und Prüfung von elektrischen Maschinen R.E.M./1930 nebst Erläuterungen dazu.

Um einen Gesamtüberblick über die R.E.M. zu ermöglichen, ist zunächst eine Inhaltsübersicht eingefügt, weil nachstehend die einzelnen Abschnitte auseinandergerissen sind, so daß die Erläuterungen stets unmittelbar den zugehörigen Bestimmungen folgen können.

Inhaltsübersicht.

I. Gültigkeit.

II. Begriffserklärungen.

III. Genormte Werte.

IV. Bestimmungen.

A. Allgemeines.

B. Betriebsarten.

C. Erwärmung.

D. Überlastung, Kommutierung, Anlauf.

E. Isolierfestigkeit.

F. Wirkungsgrad und Verluste.

I. Gültigkeit.

§ 1. Geltungsbeginn.

Diese Regeln gelten für die in § 3 genannten Maschinen, deren Herstellung nach dem 1. Januar 1930 begonnen wird.

Bei der Prüfung älterer Maſchinen iſt es notwendig, bei dem Lieferanten anzufragen, wann mit
der Herſtellung begonnen worden iſt, um ſo feſtſtellen
zu können, welcher Wortlaut der R.E.M. bzw. ihrer

Vorgänger, der „Maſchinennormalien", maßgebend iſt.
Dasſelbe muß auch bei neueren Maſchinen geſchehen
einige Zeit nach dem Inkrafttreten von neueren Be=
ſtimmungen. Die Tafel auf S. 4 gibt dann die nötigen
Unterlagen, falls eine älterer Wortlaut zu beachten iſt.

§ 2. Gültigkeit.

Diese Regeln gelten allgemein. Abweichungen hiervon
sind ausdrücklich zu vereinbaren. Die Bestimmungen
§§ 81 bis 86 über die Schildangaben müssen jedoch immer
erfüllt sein.

Wie ſchon in der Einleitung erwähnt, wird es hin
und wieder vorkommen, daß Maſchinen andere Eigen=
ſchaften haben ſollen, wie ſie in den Regeln vorgeſehen
ſind. Das wird beſonders bei gewiſſen Spezialmaſchinen
zutreffen, deren Berückſichtigung viel zu weit führen
würde. Es würde auch ſchon deswegen zwecklos ſein,
ſolche Spezialausführungen in die normalen Regeln
hineinbringen zu wollen, weil ſtändig deren neue aus=
gebildet werden, für die dann jeweils Nachträge not=
wendig würden. Um dieſen Schwierigkeiten aus dem
Wege zu gehen, hat man die Beſtimmungen auf die
allgemein üblichen Ausführungen von Maſchinen be=
ſchränkt und dafür den zweiten Satz aufgenommen,
damit derartige beſondere Ausführungen einzeln be=
handelt werden können. Es ſollen aber in ſolchen Fällen
die Regeln nicht einfach ſummariſch ausgeſchloſſen
werden, ſondern es ſollen nur diejenigen Beſtimmungen,
welche mit den ſpeziellen Anforderungen der Anlage
nicht übereinſtimmen, abgeändert oder für ungültig er=
klärt werden. Wenn beiſpielsweiſe für eine Maſchine
aus Betriebsgründen beſondere Anforderungen be=
züglich der Iſolierfeſtigkeit notwendig ſind, ſo iſt es
nicht erwünſcht, die übrigen Beſtimmungen der Regeln
gleichfalls nicht in Anwendung zu bringen, ſondern
es ſollen dieſelben ihre Gültigkeit behalten und nur die
Beſtimmungen bezüglich Iſolierfeſtigkeit oder einzelne
Teile derſelben ſind beſonders zu vereinbaren.

§ 3. Geltungsbereich.

Diese Regeln gelten für die nachstehend angeführten
Arten von umlaufenden Maschinen sowie von Maschinensätzen, die aus solchen bestehen, ausgenommen Maschinen, die auf Bahn- und anderen Fahrzeugen verwendet werden.

1. Gleichstrommaschinen,
2. Synchronmaschinen.
3. Einankerumformer,
4. Asynchronmaschinen,
5. Kaskadenumformer,
6. Wechselstrom-Kommutatormaschinen,
7. Blindleistungsmaschinen.

Zugbeleuchtungsmaschinen fallen je nach Ausführung unter die R.E.M. oder unter die R.E.B. Näheres darüber ist in der Erläuterung zu § 3 der R.E.B. auf S. 157 angegeben.

II. Begriffserklärungen.

§ 4. Bestandteile.

Ständer ist der feststehende Teil, Läufer der umlaufende Teil der Maschine.

Anker ist der Teil der Maschine, in dessen Wicklungen durch Umlauf in einem magnetischen Felde oder durch Umlauf eines magnetischen Feldes elektrische Spannungen erzeugt werden.

Bei Asynchronmaschinen wird zwischen Primär- und Sekundäranker unterschieden. Sofern nichts anderes angegeben ist, wird in den folgenden Bestimmungen vorausgesetzt, daß der Ständer den Primäranker, der Läufer den Sekundäranker bildet.

Bei Asynchronmaschinen ergeben sich nach dieser Begriffserklärung zwei Anker. Zur Unterscheidung derselben ist nun, dem Transformator entsprechend, die Benennung „Primär- und Sekundäranker“ eingeführt worden. Die Bezeichnungen „Ständer“ und „Läufer“, welche auch vielfach gebraucht werden, sind rein mechanischer Natur.

§ 5. Siehe § 7.

§ 6. Nennbetrieb.

Der Nennbetrieb ist gekennzeichnet durch die Werte, die auf dem Schilde genannt sind. Diese Werte und die aus ihnen abgeleiteten werden durch den Zusatz „Nenn-“ gekennzeichnet (Nennleistung, Nennspannung, Nennstrom, Nennfrequenz, Nenndrehzahl, Nennleistungsfaktor usw.).

Bei manchen Motoren, insbesondere bei Gleichstrom-Nebenschlußmotoren, hängt die Drehzahl von der Temperatur ab. Die auf dem Schilde gemachte Angabe bezieht sich stets auf die warme Maschine.

Die Leistung einer Maschine ist stets an ihren Klemmen, nicht etwa am Schaltbrett zu messen. Die Auffassung, daß man sie dort messen könne, ist schon darum nicht zulässig, weil dieses in vielen Fällen von der Maschine weit entfernt ist und weil die Dimensionen der Verbindungsleitungen vielfach noch nicht bei der Bestellung der Maschine festgelegt sind.

§ 7. Spannung und Strom.

Der Ausdruck Wechselstrom umfaßt sowohl Einphasen- als auch Mehrphasenstrom.

Drehstrom ist verketteter Dreiphasenstrom.

Spannungs- und Stromangaben bei Wechselstrom bedeuten Effektivwerte, sofern nichts anderes angegeben ist.

Spannung ist bei Drehstrom immer die verkettete, bei Zweiphasenstrom die Spannung zwischen zwei Leitern eines Stranges.

Läuferspannung bei Asynchronmaschinen mit umlaufendem Sekundäranker ist die in der offenen Sekundärwicklung im Stillstand auftretende Spannung zwischen zwei Schleifringen, Läuferstrom bei Asynchronmaschinen mit umlaufendem Sekundäranker ist der bei Nennbetrieb auftretende Schleifringstrom.

Durchmesserspannung bei geschlossenen Gleichstromwicklungen ist die Wechselspannung zwischen zwei um eine Polteilung entfernten Punkten der Wicklung.

Stoßkurzschlußstrom ist der höchste Augenblickswert des Stromes, der bei plötzlichem Klemmenkurzschluß im ungünstigsten Schaltaugenblick auftreten kann.

Dauerkurzschlußstrom ist der Strom, der sich bei Klemmenkurzschluß und der dem Nennbetrieb entsprechenden Erregung einstellt.

Der Ausdruck „Strang" ist Ersatz für das Wort „Phase". Er soll zur Bezeichnung eines Wicklungsteiles, einer Leitung u. dgl. dienen, während „Phase" lediglich als Zeitbezeichnung zu verwenden ist.

Die Verschiedenheit der Läuferspannung bei Drehstrommotoren erschwert die Herstellung der Anlasser außerordentlich. Um diese Schwierigkeit zu vermindern, sind bei den genormten offenen Drehstrommotoren nach DIN VDE 2651 gewisse Grenzen für diese Spannung festgelegt, wodurch die Zahl der verschiedenen Anlasserausführungen erheblich verringert wird. Näheres darüber ist auf Seite 349 zu ersehen.

Während bis zum Jahre 1907 nur verlangt war, daß auf dem Schilde von Maschinen außer der Leistung die Werte von Drehzahl bzw. Frequenz, Spannung und Stromstärke verzeichnet sind, wurde später noch vorgeschrieben, daß bei Asynchronmotoren auch die beim Anlassen an den Schleifringen auftretende Spannung, die Läuferspannung, anzugeben ist. (Vgl. § 81.) Bei solchen Motoren kommt es öfter vor, daß die beim Anlassen an den Schleifringen auftretende Spannung größer ist als die Spannung, mit welcher der Primäranker gespeist wird. Es kann also vorkommen, daß bei einem Motor die Primärspannung niedriger als 250 V gegen Erde ist, während im Augenblick des Anlassens an den Schleifringen eine Spannung entsteht, die über 250 V gegen Erde liegt, so daß also anderes Leitungsmaterial, andere Apparate und andere Montagebestimmungen gemäß den „Vorschriften nebst Ausführungsregeln für die Errichtung von Starkstromanlagen mit Betriebspannungen unter 1000 V V.E.S. 1/1930" des VDE notwendig werden. Bemerkt sei noch, daß die höchste an den Schleifringen auftretende Spannung zwar nur

kurze Zeit vorhanden ist. Trotzdem ist aber dieser Wert
für die Ausführung der Leitungen zwischen Motor
und Anlasser maßgebend.

Es ist auch zu beachten, daß die gemäß § 3a und b
der gleichen Vorschriften geforderten Schutzmaßnahmen
gegen zufällige Berührung anzuwenden sind. Die allgemein üblichen Schildlager können bei geeigneter
Konstruktion als ausreichender Schutz hierfür gelten[1].
Weiter sind auch die Bestimmungen des § 6 der „Errichtungsvorschriften" V.E.S. 1 und V.E.S. 2 (betr. elektrische Maschinen) stets zu beachten (siehe S. 310 und 317
bis 319 dieses Buches).

Zur Berechnung des Läuferstromes kann nach
Tafel II der „Regeln für die Bewertung und Prüfung
von Anlassern und Steuergeräten REA/1928" folgende
Formel benutzt werden:

$$u \cdot i \cdot \sqrt{3} = 1{,}05 \cdot 1000 \cdot N \,.$$

Darin bedeutet N die Leistung des Motors in kW,
u die Läuferspannung, i den Läuferstrom; die Formel
gilt für einen Verlust von 5% im Läufer. Es ist demnach:

$$i = \frac{1{,}05 \cdot 1000 \cdot N}{u \cdot \sqrt{3}} = 606 \,\frac{N}{u} \,.$$

Bezüglich des Stoßkurzschlußstromes sei hier noch
auf die Angaben des § 26 der „Regeln für die Konstruktion, Prüfung und Verwendung von Wechselstrom-Hochspannungsgeräten für Schaltanlagen REH/1929" hingewiesen. Diese lauten:

„Der Stoßkurzschlußstrom ist der bei plötzlichem
Kurzschluß der Leitung bei der Betriebspannung
auftretende Ausgleichsstrom. Sein Höchstwert wird
bestimmt durch den Quotienten aus Spannung und
Scheinwiderstand (Impedanz) der Leitungsbahn. Er
besteht aus einem Gleichstromanteil, der innerhalb
weniger Zehntel Sekunden verschwindet, und einem
Wechselstromanteil, der innerhalb einiger Sekunden
bis auf einen Endwert abklingt.

Da der Stoßkurzschlußstrom hiernach im allgemeinen unsymmetrisch zur Nullachse verläuft, so
wird nicht sein Effektivwert, sondern seine Anfangs-
spitze angegeben. Beim Vergleich mit anderen
Strömen, z. B. dem Nennstrom, bezieht sich der
Verhältniswert daher auf die Amplituden beider
Ströme. Der Gleichstromanteil erreicht den höchsten
Betrag von etwa 80% des Wechselstromanteils, wenn
die Spannung im Augenblick des Kurzschlusses gerade
durch Null geht."

---

[1] Siehe auch ETZ 1909, S. 2499 Frage 207 und 1910,
S. 1322 Frage 228.

§ 8. Arbeitsweise.

Generator (Stromerzeuger) ist eine umlaufende Maschine, die mechanische Leistung in elektrische Leistung umwandelt.

Motor ist eine umlaufende Maschine, die elektrische Leistung in mechanische Leistung umwandelt.

Umformer ist eine umlaufende Maschine oder ein Maschinensatz zur Umwandlung elektrischer Leistung in elektrische Leistung.

Einankerumformer ist ein Umformer, in dem die Umwandlung in einem Anker stattfindet.

Kaskadenumformer ist ein Umformer, der aus Asynchron- und Gleichstrommaschine mit elektrisch und mechanisch gekuppelten Läufern besteht.

Motorgenerator ist ein Umformer, der aus je einem oder mehreren direkt gekuppelten Motoren und Generatoren besteht.

Sofern nichts anderes angegeben ist, wird in den folgenden Bestimmungen bei Umformern die Arbeitsweise Wechselstrom-Gleichstrom vorausgesetzt.

Blindleistungsmaschine (Phasenschieber) ist eine Maschine, die vorwiegend Blindleistung abgibt (Magnetisierung- oder Ladestrom); hinsichtlich der Blindleistung ist sie wie ein Generator, hinsichtlich der Wirkleistung bei Abgabe als Generator, bei Aufnahme als Motor zu betrachten.

Um Stoßbohrer, Magnete usw. von dem Begriffe „Motor" auszuschließen, wurde als besonderes Kennzeichen hinzugenommen, daß ein solcher umlaufen muß. Damit hat man allerdings Motoren mit hin und her gehender Bewegung ausgeschieden. Da diese vor der Hand aber keine praktische Bedeutung haben, so erschien die Beschränkung zulässig.

Es sei hier noch besonders darauf hingewiesen, daß in der jetzigen Fassung der R.E.M. die Bedeutung des Wortes „Umformer" eine ganz andere ist als in den letzten „Normalien". Während früher damit eine Maschine bezeichnet wurde, bei der die Umformung in einem Anker stattfand, wird der Ausdruck jetzt allgemein für jede Art Umformung benutzt. Die Maschinenart, die früher als „Umformer" bezeichnet wurde, heißt jetzt: „Einankerumformer."

§ 9. Genormte Nennspannungen

und

§ 10. Genormte Drehzahlen

siehe unter III. Genormte Werte.

Es wurde für gut gehalten, alle genormten Werte unter einer besonderen Überschrift zusammenzustellen. Andererseits wollte man aber auch den Inhalt der Paragraphen nicht ändern, weil das im geschäftlichen Verkehr erschwerend gewesen wäre. Man hat sich daher durch diese Verweisungen geholfen.

§ 11. Leistung.

Abgabe ist die abgegebene Leistung an den Klemmen bei Generatoren, an der Welle bei Motoren und an den Sekundärklemmen bei Umformern.

Aufnahme ist die aufgenommene Leistung an der Welle bei Generatoren, an den Klemmen bei Motoren und an den Primärklemmen bei Umformern.

Die Einheit der Leistung ist das Watt (W), das Kilowatt (kW) oder das Megawatt (MW).

Scheinleistung ist das Produkt aus Strom und Spannung mal Phasenfaktor (bei Drehstrom gleich $\sqrt{3}$).

Die Einheit der Scheinleistung ist das Voltampere (VA), das Kilovoltampere (kVA) oder das Megavoltampere (MVA).

Infolge der Anwendung der gleichen Bezeichnungsweise für die aufgenommene und die abgegebene Leistung war es notwendig, eine Unterscheidung einzuführen. Früher ergab sich diese selbst dadurch, daß bei Motoren z. B. die abgegebene Leistung in PS, die aufgenommene in kW angegeben wurde. Bei der auf der Jahresversammlung 1913 beschlossenen Neufassung der damaligen Maschinennormalien war aber das Maß für die Leistung von Motoren, die Pferdestärke, ersetzt worden durch das Kilowatt. Die Kommission hat sich hierin dem Beschlusse des Ausschusses für Einheiten und Formelgrößen, welcher lautet:

„Die technische Einheit der Leistung heißt Kilowatt. Sie ist praktisch gleich 102 Kilogrammeter in der Sekunde und entspricht der absoluten Leistung 10^{10} Erg in der Sekunde. Einheitsbezeichnung kW"

angeschlossen und ist damit auch in Übereinstimmung mit dem bereits im Jahre 1911 gefaßten Beschlusse der Internationalen Elektrotechnischen Kommission:

„1. Die Leistung elektrischer Generatoren wird definiert als die elektrische Arbeit, welche an ihren Klemmen verfügbar ist.

2. Die Leistung elektrischer Motoren ist zu definieren als an der Welle verfügbare mechanische Arbeit.

3. Sowohl elektrische wie mechanische Arbeit sind in internationalen Watt auszudrücken."

Die Durchführung der Bezeichnung kW bei Motoren war natürlich mit bedeutenden Schwierigkeiten verbunden. Hat es doch allein ungefähr 20 Jahre gedauert, bis überhaupt ein Beschluß, die Pferdestärke durch das Kilowatt zu ersetzen, zustande gekommen ist. Denn bereits im Jahre 1891 hat W. Kohlrausch auf dem Internationalen Elektrotechniker-Kongreß in Frankfurt a. M. den Vorschlag zum ersten Male gemacht.

In der Zeit, bis das kW als Maß der mechanischen Leistung sich allgemein durchgesetzt haben wird, können leicht Schwierigkeiten mit Abnehmern entstehen. Manche Hersteller von Motoren haben geglaubt, diese Schwierigkeiten am besten dadurch zu überwinden, daß auf den Motoren außer der Bezeichnung der Leistung in kW auch noch eine Bezeichnung in PS angegeben wird. Die Kommission hat sich hiermit eingehend befaßt und dahin geäußert, daß ein solches Verfahren nicht zweckmäßig ist, weil dadurch die Übergangszeit ganz wesentlich verlängert wird. Solange die Pferdestärke auf den Schildern noch erscheint, werden sich die Abnehmer nicht an das kW gewöhnen. Für die schnelle Überwindung der Übergangszeit war es richtiger, nur das kW anzugeben. Es wurde daher von der Kommission einstimmig ein Beschluß dahingehend gefaßt, daß auf den Schildern nur die Bezeichnung der Leistung in kW vorzunehmen ist. In diesem Sinne wurden auch die Mitglieder des Verbandes in der Elektrotechnischen Zeitschrift auf den Beschluß der Kommission hingewiesen.

Der Vollständigkeit halber seien hier noch die Umrechnungszahlen zusammengestellt.

$$1 \text{ kW} = 1,360 \text{ PS} = 102 \text{ kgm/s}$$
$$1 \text{ PS} = 0,735 \text{ kW} = 75 \text{ kgm/s}$$
$$1 \text{ kgm/s} = 0,0098 \text{ kW} = 0,0133 \text{ PS}.$$

§ 12. Leistungsfaktor.

Leistungsfaktor (cos φ) ist das Verhältnis von Leistung in W, kW oder MW zu Scheinleistung in VA, kVA oder MVA.

Bei Dreiphasenmotoren kann es vorkommen, daß die Ströme, die in den einzelnen Strängen aufgenommen werden, voneinander abweichen. Es ergeben sich dann auch unter Umständen für die 3 Stränge verschiedene Leistungsfaktoren. In solchen Fällen soll als Leistungsfaktor im Sinne der Verbandsvorschriften der mittlere Leistungsfaktor Geltung haben. Um diesen festzustellen, kann man verschieden vorgehen. Die eine Möglichkeit besteht darin, daß man den Leistungsfaktor jedes Stranges für sich ermittelt, indem man in jeden einen Leistungsmesser und einen Strommesser einschaltet. Aus den 3 Werten hat man dann den Mittelwert zu berechnen. Man kann aber auch nach der Zweiwattmetermethode messen und die Stromstärke jedes Stranges feststellen. Der mittlere Leistungsfaktor ergibt sich dann aus dem Mittelwert der drei Ströme und der durch die Zweiwattmetermessungen festgestellten Gesamtleistung.

§ 13. Wirkungsgrad.

Wirkungsgrad ist das Verhältnis von Abgabe zur Aufnahme.

§ 14. Sinusform von Spannungskurven.

Eine Spannungswelle gilt als praktisch sinusförmig, wenn keiner ihrer Augenblickswerte a vom Augenblickswerte gleicher Phase der Grundwelle g (1. Har-

monische) um mehr als 5% des Grundwellenscheitel-
wertes S abweicht (siehe § 21).

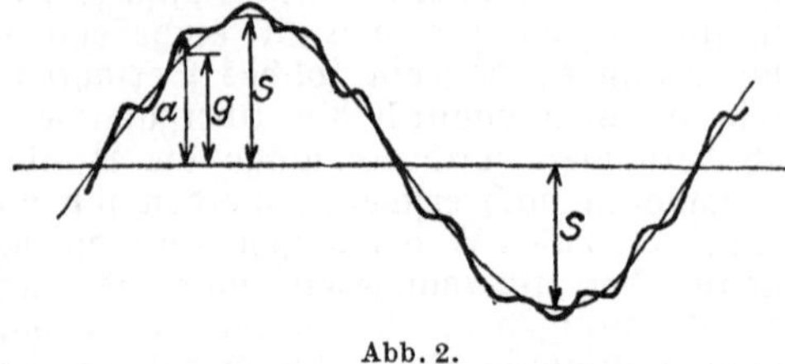

Abb. 2.

Zur Bestimmung der Grundwelle sollen mindestens 12
Punkte der Spannungskurve benutzt werden. Für Kurven, die
in allen Viertelperioden symmetrisch sind, ist dann mit genügender Annäherung

$$S = \frac{a_0 + \sqrt{3}\,a_1 + a_2}{3},$$

wobei a_0 der in der Symmetrielinie liegende, a_1 und a_2 benachbarte Augenblickswerte sind, die von dem erstgenannten um $^1/_{12}$
und $^2/_{12}$ der Periode entfernt sind.

Zur Bestimmung und Beurteilung der „Sinusform“
von Spannungswellen elektrischer Maschinen sind schon
mehrere Methoden vorgeschlagen worden. O. Hammerer
hat diese Angelegenheit in ETZ 1927, S. 1321 und
1928, S. 501 ausführlich behandelt und Angaben über
die verschiedenen in Frage kommenden Literaturstellen
gemacht. Er zeigte, daß das vorstehende Verfahren
die Kurvenform im allgemeinen schärfer erfaßt, und
daß es außerdem einfacher anzuwenden ist als die
anderen Vorschläge, die den Effektivwert an Stelle
des hier zugrunde gelegten Augenblickswertes und
der Grundwellenamplitude zur Beurteilung heran=
ziehen. Bei der Internationalen Elektrotechnischen
Kommission ist man zur Zeit damit beschäftigt, die ver=
schiedenen Verfahren zu prüfen und daraus das Beste
auszusuchen. Von dem deutschen Komitee der JEC.
ist das Vorstehende zur allgemeinen Annahme in Vor=
schlag gebracht worden. Eine endgültige Entscheidung
wird aber seitens der JEC. erst in einiger Zeit fallen.

§ 15. Symmetrie von Mehrphasensystemen.

Ein Mehrphasenstrom- oder -spannungsystem gilt als
praktisch symmetrisch, wenn das gegenlaufende System
nicht mehr als 5% vom mitlaufenden System und der
Abstand des Sternpunktes vom Schwerpunkt des Vektoren-
Dreieckes nicht mehr als 5% des Mittelwertes der Strangspannung beträgt (siehe § 22).

Bei der letzten Fassung der R.E.M. war bezüglich
des Wortlautes des § 15 auf die Möglichkeit der Stern=
punktsverschiebung nicht Rücksicht genommen worden,
was einige Zuschriften an die Kommission zur Folge

hatte. Weiter erschien auch eine Reihe von Aufsätzen über diese Frage, und zwar ETZ 1923, S. 897 und 1927, S. 1734; El. u. Maschinenb. 1927, S. 298 und 1928, S. 453; Rev. Gén. Eléctr. 1928, H. 21.

Dieses gesamte Material wurde nun von der Kommission bearbeitet und führte zu dem vorstehenden neuen Wortlaut. Dieser ist gemäß Beschluß der Kommission durch folgende Erläuterungen zu ergänzen.

Die Spannungsabweichung des Sternpunktes läßt sich als Spannung zwischen einem künstlichen Sternpunkt und dem Nulleiter bzw. der Erde messen, der Sternpunktstrom als Strom im Nulleiter.

Nach Abzug je eines Drittels der Sternpunktverschiebung von jedem Phasenwert (Strom oder Spannung) schließen sich die Vektoren jedes Drehstromsystems zu einem Dreieck. Dieses im allgemeinen unsymmetrische Drehstromsystem a, b, c läßt sich in ein symmetrisches rechtläufiges System a', b', c' und ein symmetrisches gegenläufiges System a'', b'', c'' zerlegen. Umklappen der unsymmetrischen Spannungsvektoren um 120° nach außen, entsprechend der linken Abbildung, liefert die rechtläufige Spannung. Umklappen nach innen, entsprechend der rechten Abbildung, liefert die gegenläufige Spannung, beide in dreifacher Größe.

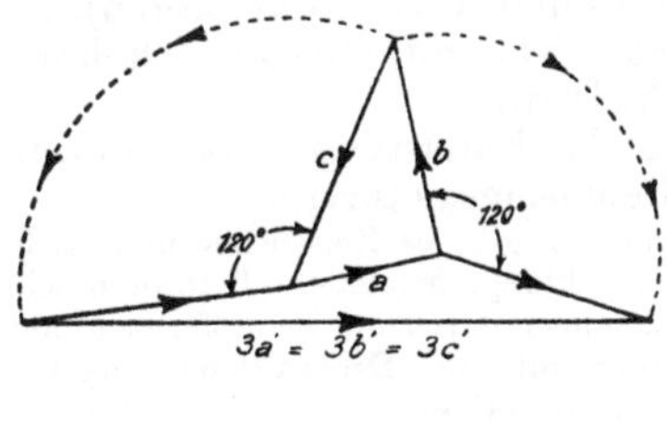

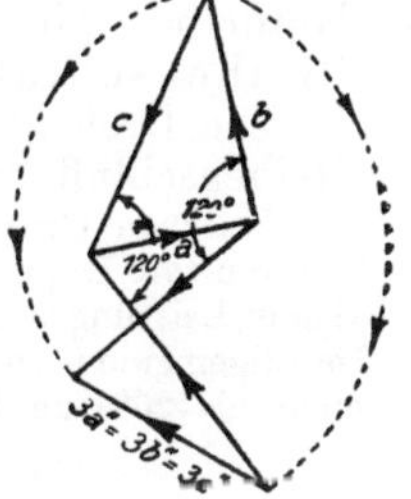

Abb. 3.

Wie Prof. Dr. G. Rasch[1] gezeigt hat, ist die zeichnerische Ermittlung der Amplituden des recht- und des gegenläufigen Systems sehr ungenau. Er hat deshalb ein rechnerisches Verfahren vorgeschlagen, wonach ein Mehrphasensystem dann als symmetrisch gilt, wenn

$$\frac{\Sigma \delta^2}{V^2} \lesseqgtr 0{,}00375$$

ist, wo V das arithmetische Mittel der Spannung und δ_a, δ_b ... die Abweichungen der einzelnen Spannungen vom arithmetischen Mittel bedeuten.

Weiter hat G. Hauffe[2] ein graphisches Verfahren bekannt gegeben, wobei sich die Durchführung der Arbeit sehr einfach gestaltet.

---

[1] ETZ 1925, S. 1446.   [2] ETZ 1929, S. 1446.

§ 16. Erregung.

Unterschieden werden:

1. **Selbsterregung:** Erregung einer Maschine durch einen von ihr selbst erzeugten Strom,
2. **Eigenerregung:** Erregung einer Maschine durch eine mit ihr unmittelbar oder mittelbar gekuppelte Erregermaschine, die nur diesem Zwecke dient,
3. **Fremderregung:** Erregung einer Maschine durch eine andere als die vorstehend genannten Stromquellen.

Nenn-Erregerspannung bei Eigen- und Fremderregung ist die auf dem Schilde der Maschine genannte Spannung, für die die Erregerwicklung bemessen ist.

§ 17. Drehzahlverhalten und Drehzahlregelung.

I. Drehzahlverhalten.

Nach der Abhängigkeit der Drehzahl von der Abgabe werden unterschieden:

1. **Motoren mit gleichbleibender Drehzahl.**
    Die Drehzahl ist von der Leistungsabgabe unabhängig (z. B. Synchronmotoren).
2. **Motoren mit fast gleichbleibender Drehzahl (Nebenschlußverhalten).**
    Die Drehzahl ändert sich nur wenig mit der Abgabe (z. B. Nebenschluß- und Asynchronmotoren).
3. **Motoren mit stark veränderlicher Drehzahl (Reihenschlußverhalten).**
    Die Drehzahl steigt bei Entlastung stark an (z. B. Reihenschluß- und Repulsionsmotoren).
    Zwischen Gruppe 2 und 3 gibt es Zwischenstufen, z. B. Motoren mit Doppelschlußwicklung, Nebenschlußmotoren sehr kleiner Leistung und Repulsionsmotoren mit Dämpferwicklung. Im allgemeinen sind Motoren mit einer Drehzahländerung von mehr als 20% zu Gruppe 3 zu zählen.

II. Drehzahlregelung.

Nach der Drehzahl bei gleichbleibendem Drehmoment werden unterschieden:

1. **Motoren mit nur einer Drehzahl.**
2. **Motoren mit mehreren Drehzahlstufen.**
    Der Motor kann mit einigen bestimmten Drehzahlen laufen. In der Regel ist jede dieser Drehzahlen annähernd gleichbleibend im Sinne von I, 2 (z. B. Asynchronmotoren mit Polumschaltung).
3. **Motoren mit Drehzahlregelung.**
    Die Drehzahl kann innerhalb eines bestimmten Bereiches eingestellt werden. Die eingestellte Drehzahl ist entweder:
    a) fast gleichbleibend im Sinne von I, 2 (z. B. Nebenschlußmotoren mit Feldregelung) oder
    b) veränderlich im Sinne von I, 3 (z. B. Repulsions- und Reihenschlußmotoren sowie Motoren aller Art in Verbindung mit Hauptstromreglern).

Bei Motoren kleiner Leistung nach I, 2 kann infolge des inneren Widerstandes der Drehzahlabfall bis zu 20% betragen.

Die unter II, 3 fallenden Nebenschlußmotoren für weitgehende Drehzahlregelung mit Stabilisierungswicklung haben im unteren Drehzahlbereich ein Drehzahlverhalten nach I, 2, im oberen dagegen oft ein solches nach I, 3.

Soweit sich bei den verschiedenen Maschinenarten die Drehzahl in geringem Maße mit der Belastung ändert, bezieht sich die auf dem Schilde angegebene Drehzahl auf die Nennleistung.

§ 18. Kühlungs- und Lüftungsarten.

Unterschieden werden:

1. Selbstkühlung: Die Kühlluft wird durch die umlaufenden Teile der Maschine ohne Zuhilfenahme eines besonderen Lüfters bewegt.
2. Eigenlüftung: Die Kühlluft wird durch einen am Läufer angebrachten oder von ihm angetriebenen Lüfter bewegt.
3. Fremdlüftung: Die Kühlluft wird durch einen Lüfter mit eigenem Antriebsmotor bewegt.
4. Wasserkühlung: Die Maschine wird durch fließendes Wasser gekühlt.

Eine Maschine, bei der nur die Lager wassergekühlt sind, fällt nicht in diese Gruppe.

Vorstehende Bestimmungen sind gegenüber der letzten Fassung der R.E.M. nicht geändert, trotzdem ein Bedürfnis dazu vorgelegen hätte. Dies ist darauf zurückzuführen, daß zur Zeit Verhandlungen mit dem Zentralverband der deutschen elektrotechnischen Industrie schweben, um eine neue Klassifizierung der Kühlungs-, Lüftungs- und Schutzarten von Maschinen aufzustellen. Man war sich klar darüber, daß die Kühlungs- und Lüftungsarten nicht, wie bisher, von den Schutzarten getrennt behandelt werden dürfen, da sie in einer gewissen Abhängigkeit voneinander stehen. Diese Arbeiten erfordern aber viel Zeit und konnten bis zum Abschluß dieser Fassung der R.E.M. nicht fertiggestellt werden, so daß die neue Einteilung erst in etwa 1 oder 2 Jahren herausgegeben werden kann.

§ 19. Schutzarten.

I. Offene Maschinen:

1. Offene Maschinen: Die Zugänglichkeit der Strom führenden und inneren umlaufenden Teile ist nicht wesentlich erschwert.

II. Geschützte Maschinen:

1. Geschützte Maschinen: Die zufällige oder fahrlässige Berührung der Strom führenden und inneren umlaufenden Teile sowie das Eindringen von Fremdkörpern ist erschwert. Das Zuströmen von Kühlluft

aus dem umgebenden Raum ist nicht behindert. Gegen Staub, Feuchtigkeit und Gasgehalt der Luft ist die Maschine nicht geschützt.

2. Tropfwassergeschützte Maschinen: Schutz nach 1; außerdem ist das Eindringen senkrecht fallender Wassertropfen verhindert.

3. Spritz- oder schwallwassergeschützte Maschinen: Schutz nach 1; außerdem ist das Eindringen von Wassertropfen und Wasserstrahlen aus beliebiger Richtung verhindert.

III. Geschlossene Maschinen:

1. Geschlossene Maschinen mit Rohranschluß: Die Maschine ist bis auf die an Rohre oder andere Luftleitungen angeschlossenen Zuluft- und Abluftstutzen allseitig abgeschlossen.

Beim Fehlen eines oder beider Rohre fällt die Maschine unter Bauart II.

2. Geschlossene Maschinen mit Mantelkühlung: Die Strom führenden und inneren umlaufenden Teile sind allseitig abgeschlossen. Die Maschine wird durch Eigenlüftung der Außenfläche gekühlt.

3. Geschlossene Maschinen mit Wasserkühlung. Die Strom führenden und inneren umlaufenden Teile sind allseitig abgeschlossen. Die Maschine wird durch fließendes Wasser gekühlt.

4. Gekapselte Maschinen: Die Maschine ist allseitig abgeschlossen. Die Wärme wird lediglich durch Strahlung, Leitung und natürlichen Zug abgeführt.

Ein völlig luft- und staubdichter Abschluß ist wegen der unvermeidlichen Atmung auch bei geschlossenen Maschinen (nach III) nicht möglich.

5. Schlagwettergeschützte Maschinen: Die Maschine entspricht den „Vorschriften für die Ausführung schlagwettergeschützter elektrischer Maschinen, Transformatoren und Geräte".

Auch die vorstehenden Bestimmungen sind gegenüber der letzten Fassung der R.E.M. nicht wesentlich geändert worden, und zwar aus dem schon bei § 18 aufgeführten Grunde. Bei der dort erwähnten Neueinteilung der Kühlungs-, Lüftungs- und Schutzarten wird dann auch der Schönheitsfehler beseitigt werden, daß der Ausdruck „geschützte Maschinen" sowohl als Gruppenüberschrift wie als Bezeichnung einer bestimmten Schutzart vorkommt. Weiter wird versucht, eine neue Klasse von Maschinen zu schaffen, nämlich explosionsgeschützte Maschinen.

Unter Nr. III. 5. ist absichtlich der vorsichtigere Ausdruck „schlagwettergeschützt" gebraucht, gegenüber dem früher vielfach benutzten „schlagwettersicher". Erfahrungsgemäß werden Maschinen an Orten, an denen Schlagwetter auftreten können, überhaupt nicht aufgestellt, sondern nur im einziehenden Wetterstrom und dann in schlagwettergeschützter Bauart.

Die ſchlagwettergeſchützten Maſchinen werden in zwei verſchiedenen Bauarten allgemein hergeſtellt. Die eine iſt ſo, daß die Maſchine eine Exploſion der in ihr Inneres gelangten ſchlagenden Wetter aushält und die Übertragung in die Umgebung verhindert. Bei der anderen ſind nur die Schleifringe in ein Gehäuſe eingeſchloſſen, das ſo gebaut iſt, daß es eine Exploſion der in ihr Inneres gelangten ſchlagenden Wetter aushält und die Übertragung in die Umgebung verhindert.

Die unter Nr. III. 5. erwähnten „Vorſchriften für die Ausführung ſchlagwettergeſchützter elektriſcher Maſchinen, Transformatoren und Geräte" ſind im Abſchnitt H dieſes Buches in ihrer neueſten vom 1. Juli 1929 ab gültigen Faſſung abgedruckt.

§ 19a. Betriebsarten.

Unterschieden werden:

1. **Dauerbetrieb (DB):** Die Betriebzeit ist so lang, daß die dem Beharrungzustand entsprechende Endtemperatur erreicht wird (siehe § 28).

2. **Kurzzeitiger Betrieb (KB):** Die durch Vereinbarung bestimmte Betriebzeit ist so kurz, daß die Beharrungstemperatur nicht erreicht wird.

   Die Betriebspause, während der die Maschine spannungslos ist, ist lang genug, daß die Abkühlung auf die Temperatur des Kühlmittels erreicht wird (siehe § 29).

3. **Dauerbetrieb mit kurzzeitiger Belastung (DKB):** Die durch Vereinbarung bestimmte Belastungzeit ist so kurz, daß die Beharrungstemperatur nicht erreicht wird.

   Die Belastungspause, während der die Maschine leerläuft, ist lang genug, daß die Abkühlung auf die Beharrungstemperatur bei Leerlauf erreicht wird (siehe § 29).

4. **Aussetzender Betrieb (AB):** Einschaltzeiten wechseln mit spannungslosen Pausen ab, deren Dauer nicht genügt, daß die Abkühlung auf die Temperatur des Kühlmittels erreicht wird (siehe § 30).

5. **Dauerbetrieb mit aussetzender Belastung (DAB):** Belastungzeiten wechseln mit Leerlaufpausen ab, deren Dauer nicht genügt, daß die Abkühlung auf die Beharrungstemperatur bei Leerlauf erreicht wird (siehe § 30).

Die gesamte Spieldauer die sich bei

AB	DAB
	aus	
Einschaltzeit und spannungsloser Pause	Belastungzeit und Leerlaufpause

zusammensetzt, beträgt höchstens 10 min.

Beide Betriebsarten werden durch die relative Einschaltdauer gekennzeichnet.

Relative Einschaltdauer ist das Verhältnis von Einschalt- bzw. Belastungzeit zu Spieldauer.

Spieldauer ist die Summe von Einschaltzeit und spannungsloser Pause bzw. von Belastungzeit und Lerlaufpause.

Bei unregelmäßiger Größe der Spieldauer und ihrer Teile wird die relative Einschaltdauer aus dem Verhältnis der Summe der Einschalt- bzw. Belastungzeiten zur Summe der Spieldauern über eine genügend lange Betriebsperiode bestimmt.

Der Betrieb ist meistens auch noch hinsichtlich der Belastung unregelmäßig.

Bei Wahl der Maschinengrößen sind die Einflüsse der wechselnden Drehmomente, der Massenbeschleunigung, der Steuerung und etwa vorhandener Wärmebestrahlung zu berücksichtigen.

Als normale Werte der relativen Einschaltdauer gelten 15, 25 und 40%

Der frühere Wortlaut der R.E.M. kannte nur drei Betriebsarten: Dauerbetrieb, kurzzeitiger Betrieb und aussetzender Betrieb. In Anlehnung an den § 28 der früheren R.E.T. hat man jetzt die Zahl der Betriebsarten vermehrt durch Hinzunahme der vorstehenden unter 3 und 5 angegebenen. Das ist geschehen, weil es viele Betriebsfälle gibt, die weder durch den kurzzeitigen noch durch den aussetzenden Betrieb völlig erfaßt werden. Das ist z. B. der Fall, wenn die Maschine zwar kurzzeitig oder aussetzend belastet wird, aber während der Pause im Leerlauf weiter im Betrieb ist.

Es kommen auch noch andere Betriebsfälle vor, die jedoch nicht so häufig sind, daß man eine besondere Betriebsart daraus konstruiert. Hierunter fallen Maschinen, die einen ganz bestimmten, regelmäßig sich wiederholenden Betrieb zu leisten haben, wie z. B. die Zusatzmaschine zum Laden von Akkumulatorenbatterien. Der Arbeitsvorgang ist hier aber ein ganz bestimmter. In solchen Fällen ist es das einfachste, die Prüfung betreffend Einhaltung der Erwärmung auf einen normalen Arbeitsvorgang zu erstrecken. Es würde sich also empfehlen, eine normale Batterieladung durchzuführen und zu messen, ob die Erwärmung nach einer solchen innerhalb der zulässigen Grenzen bleibt. In dem Falle wäre es ja zwecklos, die Maschine während der ganzen Erwärmungsprobe mit der höchsten Spannung laufen zu lassen; dadurch würden sehr große Maschinen notwendig werden, die teuer würden, ohne daß der Abnehmer davon einen Vorteil hätte. Er würde sogar einen Nachteil dadurch haben, daß die Maschine stets mit verhältnismäßig niedriger Ausnutzung und infolgedessen niedrigem Wirkungsgrad arbeitet.

In gleicher Weise können natürlich auch andere, stets nach einem ganz bestimmten Belastungsplan arbeitende Maschinen behandelt werden, sofern sie unter keine der vorstehend aufgeführten fünf Betriebsarten fallen.

Bezüglich des aussetzenden Betriebes ist vorstehend angegeben, daß bei unregelmäßiger Größe der Spieldauer die relative Einschaltdauer aus dem Verhältnis der Summe der Einschaltzeiten bzw. Belastungzeiten zur Summe der Spieldauer berechnet werden soll, und zwar, daß dieses über eine genügend lange Betriebsperiode geschehen soll. Bei ungleichmäßig verteilten Pausen ist es empfehlenswert, die Spieldauer jedoch nicht zu lang zu nehmen, dabei aber den ungünstigsten Teil der Betriebsperiode zugrunde zu legen.

Bezüglich des aussetzenden Betriebes sei noch auf den in ETZ 1921, S. 1081 abgedruckten „Bericht über die Arbeiten des Ausschusses für aussetzenden Betrieb" sowie auf den Aufsatz von C. Schiebeler in den „Fachberichten der XXXI. Jahresversammlung des VDE 1926", S. 14 verwiesen.

Es ist nicht notwendig, daß eine bestimmte Betriebsart einer ganzen Anlage übereinzustimmen braucht mit der Betriebsart der einzelnen Geräte. Beispielsweise würde ein Anlaßwiderstand bei einem einige Minuten dauernden Anlaßvorgang als einem Dauerbetrieb unterworfen zu betrachten sein, während die dazugehörige Maschine unter den kurzzeitigen oder aussetzenden Betrieb fallen könnte.

III. Genormte Werte.

§ 9a. Frequenzen.

Genormte Nennfrequenz ist 50 Hz, für Einphasen-Bahnnetze 16⅔ Hz.

Der Ausschuß für Einheiten und Formelgrößen hat als Einheit der Frequenz das „Hertz" vorgeschlagen und zwecks internationaler Anerkennung einen Antrag bei der Internationalen Elektrotechnischen Kommission gestellt.

§ 9. Spannungen.

Tafel I.

Genormte Nennspannungen in Volt für Maschinen über 100 V.

Betrieb-spannung nach DIN VDE 2	Gleichstrom		
	Nennspannung		
	für Generatoren	für Motoren	für Bahn-generatoren
110	115	110	—
220	230	220	240
440	460	440	—
550	—	—	600
750	—	—	825
1100	—	—	1200
1500	—	—	1650
3000	—	—	3300

Tafel I (Fortsetzung).

Betrieb-spannung nach DIN VDE 2	Wechselstrom 50 Hz		Einphasenstrom 16²/₃ Hz	
	Nennspannung		Nennspannung	
	für Gene-ratoren	für Motoren	für Gene-ratoren	für Motoren
125	130	125	—	—
220	230	220	—	200
380	400	380	—	—
500	525	500	—	—
1000	1050	1000	—	—
3000	3150	3000	—	—
(5000)	(5250)	(5000)	—	—
6000	6300	6000	6600	—
10000	10500	10000	—	—
15000	15750	15000	16500	—

Die fettgedruckten Spannungen bedeuten Vorzugspannungen, die in erster Linie sowohl für Neuanlagen als auch für umfangreiche Erweiterungen empfohlen werden.

Die eingeklammerte Spannung von 5000 V ist in der Spannungsreihe nach DIN VDE 2 nicht mehr enthalten.

Die Nennspannung von 200 V für Einphasenstrom-Motoren von 16⅔ Hz wurde gewählt mit Rücksicht auf die auch in den Werkstätten zur Prüfung von Lokomotiveinrichtungen vorhandene Fahrzeug-Hilfspannung von 200 V.

Nach den „Normen für Betriebspannungen elektrischer Starkstromanlagen", die auf S. 326 dieses Buches abgedruckt sind, gelten außer den Spannungen über 100 V auch noch 24 und 42 V als genormte Spannungen. Dies sind die sogenannten Kleinspannungen, deren Benutzung in § 3 der „Vorschriften nebst Ausführungsregeln für die Errichtung von Starkstromanlagen mit Betriebsspannungen unter 1000 V „VES 1/1930" als eine der dort vorgesehenen Schutzmaßnahmen gilt, wodurch bedenkliche Berührungspannungen unmöglich gemacht werden. Weiter ist noch zu erwähnen, daß es neben den „Normen für Betriebspannungen elektrischer Starkstromanlagen" auch noch „Normen für Spannungen elektrischer Anlagen unter 100 V" gibt, in denen für Motorbetrieb die Gleichspannungen von 4, 6, 8, 12, 24, 40, 65 und 80 V vorgesehen sind. Wechselspannungen sind in diesen Normen[1] für Motorbetrieb nicht aufgeführt.

Bezüglich der genormten Nennspannungen für Bahngeneratoren sei noch darauf hingewiesen, daß sie 10% über den genormten Betriebspannungen nach DIN VDE 2 liegen im Gegensatz zu allen anderen Generatoren, für die ein Satz von 5% gilt. Bezüglich der Bahngeneratoren sei weiter noch hervorgehoben, daß es sich bei diesen stets um einpolig geerdete Anlagen handelt.

---

[1] ETZ 1920, S. 443.

Da die vorstehend für Gleichstrom-Bahngeneratoren und für Einphasenstrom-Generatoren für 16⅔ Hz aufgeführten Spannungen nur für Bahnen Geltung haben, sind diese Spannungen bei gewöhnlichen Anlagen als abnormal zu betrachten.

Es sei noch darauf hingewiesen, daß in der Reihe der genormten Nennspannungen, gegenüber dem Wortlaut des Normblattes DIN VDE 2 die Spannung von 2200 V nicht mehr enthalten ist. Das ist auf Veranlassung der Kommission für Bahnwesen geschehen, weil die Spannung von 2200 V nicht mehr als genormte Spannung für Bahnbetriebe in Frage kommt. Da sie nur für solche in Aussicht genommen war, ist sie überhaupt zwecklos geworden und wird in Zukunft in dem genannten Normblatt gestrichen werden.

§ 10. Drehzahlen.
Tafel II.

Genormte Drehzahlen und Synchron-Drehzahlen in U/min für Wechselstrommaschinen von 50 Hz.

Polzahl	Drehzahl	Polzahl	Drehzahl
2	3000	(28)	(214)
4	1500	32	188
6	1000	(36)	(167)
8	750	40	150
10	600	48	125
12	500	(56)	(107)
16	375	64	94
20	300	(72)	(83)
24	250	80	75

Für Gleichstrommaschinen gelten, so weit als möglich, die gleichen Drehzahlen.

Die eingeklammerten Werte sind, wenn möglich, zu vermeiden.

Bei Maschinen für direkte Kupplung schwankten früher die von den einzelnen Firmen bevorzugten Drehzahlen sehr erheblich, ohne daß die eine oder andere besondere Gründe für die Wahl ihrer Zahlen gehabt hat. Seitdem die Drehstromanlagen sich stark vermehrt haben, verringerten sich die Abweichungen schon etwas. Bei diesen Anlagen sind bekanntlich bei normaler Frequenz nur bestimmte Drehzahlen möglich. Diese wurden dann ohne weiteres auch auf Gleichstrom übertragen. Es war also möglich, von den für Drehstrom geeigneten Drehzahlen auszugehen und damit Normen für alle vorkommenden Fälle zu schaffen. Man wird nun bei Drehstrom auch nicht alle diejenigen Drehzahlen, welche den möglichen Polzahlen entsprechen, nötig haben. Da man bei großen Maschinen dahin strebt, die Maschinen teilbar zu machen, so daß das Oberteil jederzeit abgenommen werden kann, ergibt sich, daß nur die durch 4 teilbaren Polzahlen in Frage kommen können. Da nun aber bei großen Polzahlen die Abstufungen in der Drehzahl immer noch zu eng werden, wenn man alle diese Zahlen anwendet, so wurde nur die Hälfte der möglichen Fälle aufgenommen, so daß dann die Polzahlen nur von acht zu acht abgestuft werden, von denen die Hälfte auch noch möglichst vermieden werden soll.

§ 20. Leistungsfaktor.

Als genormte Leistungsfaktoren für Generatoren gelten:

$$1,0 \qquad 0,8 \qquad 0,7 \qquad 0,6.$$

Sofern nichts anderes angegeben ist, wird vorausgesetzt, daß der Nennleistungsfaktor — bezogen auf die Nennspannung an den Klemmen der Maschine — beträgt bei

Synchrongeneratoren 0,8
Synchronmotoren 1,0
Einankerumformern 1,0

Durch die Normung von Leistungsfaktoren soll in die Verhältnisse der Betriebe nicht eingegriffen werden. Die Normung ist nur vorgenommen, um nicht zu viele verschiedene Anforderungen zu erhalten. Genügt z. B. in einem Betriebe eine Maschine für cos φ = 0,8 nicht, weil der Leistungsfaktor 0,74 ist, so soll nicht dieser Wert gefordert werden, sondern man soll dann der Einheitlichkeit halber gleich auf 0,7 gehen.

IV. Bestimmungen.
A. Allgemeines.
§ 21. Sinusform von Spannungskurven.

Die folgenden Bestimmungen gelten unter der Annahme einer praktisch sinusförmigen Welle der Wechselspannung (siehe § 14).

Synchronmaschinen sollen bei Leerlauf und bei Belastung auf einen induktionsfreien Widerstand eine praktisch sinusförmige Spannungswelle erzeugen.

Bei verzerrter Spannungskurve können Motoren und Umformer im allgemeinen nur die Grundwelle ausnutzen. Die Oberwellen erzeugen dagegen schädliche Ströme, die erhebliche Zusatzverluste, Bremsmomente und Bürstenfeuer verursachen können. Soweit die Oberwellen im Bereiche der Sprechfrequenzen (etwa 300 ... 1500 Hz) liegen, können sie Störungen des Fernsprechverkehrs zur Folge haben (siehe „Leitsätze für Maßnahmen an Fernmelde- und an Drehstromanlagen im Hinblick auf gegenseitige Näherungen").

Die Beeinflussung von Fernmeldeanlagen ist eine zweifache, und zwar ist sie entweder kapazitiver oder induktiver Art. Durch den Wortlaut der vorstehenden Bestimmungen wird lediglich der ersteren Rechnung getragen, während über die letztere keine Angaben in den R.E.M. enthalten sind.

Der hier in Frage kommende § 9 der vorstehend erwähnten „Leitsätze für Maßnahmen an Fernmelde=

und an Drehstromanlagen im Hinblick auf gegenseitige
Näherungen" bestimmt, daß umlaufende Maschinen
nicht nur bei Leerlauf, sondern auch bei beliebiger Be=
lastung bis zur Nennlast einschließlich praktisch sinus=
förmige Spannungskurven liefern sollen. Diese Be=
stimmungen gehen also über die vorstehenden der
R.E.M. insofern hinaus, als sie die Einhaltung der
Sinusform bei jeder Belastung fordern.

Auch die „Leitsätze für den Schutz elektischer An=
lagen gegen Überspannungen" stellen in ihrem Ab=
schnitt II an Generatoren, die auf Netze großer Kapazi=
tät arbeiten, die Forderung, daß sie zur Bekämpfung
der bei einphasigem Kurzschluß auftretenden Überspan=
nungen mit einer ausreichenden Querfeldbämpfung
(z. B. mit Dämpferkäfigen) versehen sein sollen. Bei
Maschinen mit Walzenläufern genügen die aus Messing
oder Bronze hergestellten Nutenverschlußkeile. Weiter
bestimmen diese Leitsätze, daß die Amplituden der Ober=
wellen in der Spannungskurve von Generatoren, die
auf ausgedehnte Netze arbeiten, auch im Belastung=
zustande nach Möglichkeit 3% der Amplitude der Grund=
welle nicht überschreiten sollen.

§ 22. Symmetrie von Mehrphasensystemen.

Die folgenden Bestimmungen gelten unter der Annahme, daß Mehrphasensysteme praktisch symmetrisch
sind (siehe § 15).

> Die Sternpunktverschiebung und das gegenlaufende Span-
> nungsystem erzeugen in fast allen Wechselstrommaschinen zu-
> sätzliche Ströme, die erhebliche Zusatzverluste und Brems-
> momente bewirken können; sie können außerdem in Fernsprech-
> leitungen Störungen zur Folge haben (siehe „Leitsätze für Maß-
> nahmen an Fernmelde- und an Drehstromanlagen im Hinblick
> auf gegenseitige Näherungen").

Über den hier in Frage kommenden Inhalt der
„Leitsätze für Maßnahmen an Fernmelde= und an
Drehstromanlagen im Hinblick auf gegenseitige Näbe=
rungen" ist in der Erläuterung zu § 21 das Notwendige
angegeben.

§ 23. Aufstellungsort.

Die folgenden Bestimmungen gelten unter der Annahme, daß der Aufstellungsort der Maschine nicht höher
als 1000 m ü. M. liegt. Für einen höher gelegenen Aufstellungsort sind besondere Vereinbarungen zu treffen.

> Bei größeren Höhen verringern sich Isolationsfestigkeit
> und Wärmeabgabe; hierauf ist bei der Prüfung Rücksicht zu
> nehmen.

Über den Einfluß, den die Höhe des Aufstellungs=
ortes auf die Erwärmung von Maschinen und Trans=
formatoren hat, sind zunächst noch keine zahlenmäßigen
Angaben gemacht worden. Ein diesbezüglicher, bei den
letzten Beratungen vorliegender Antrag ist zurück=
gestellt worden, weil Verhandlungen über solche An=

gaben bei der Internationalen Elektrotechnischen Com=
mission schweben. Um unnötige Änderungen zu ver=
meiden, sollen sie daher erst nach Abschluß der JEC.=
Verhandlungen in die R.E.M. eingeführt werden.
Für die Zwischenzeit mögen aber nachstehend einige
Unterlagen an Hand der Literatur gegeben werden.
Der Einfluß der Höhenlage des Betriebsortes auf
elektrische Maschinen ist von Dr. Ing. Karl Lubowsky
eingehend behandelt worden, und zwar ETZ 1924,
S. 757 und 1925, S. 233, 707 u. 930, sowie AEG=
Mitteilungen 1924, Heft 6 u. 7. Danach ist folgendes
zu beachten:

1. Die Änderung der Luftdichte (Gewicht und Masse
   je m³).
2. Die Änderung der Wärmeleitfähigkeit der Luft.
3. Die Änderung der dielektrischen Festigkeit der Luft.
4. Die Änderung des Sauerstoffgehaltes je m³.

Die Höhenlage des Betriebsortes bringt somit in=
folge des abfallenden mittleren Luftdruckes eine
schlechtere Abführung der Wärme von elektrischen
Maschinen mit sich. Bei ventilierten Maschinen wird
auch ein geringeres Gewicht von Kühlluft in der Zeit=
einheit gefördert. Es kann also unter Umständen die
nach den R.E.M. zulässige Erwärmung überschritten

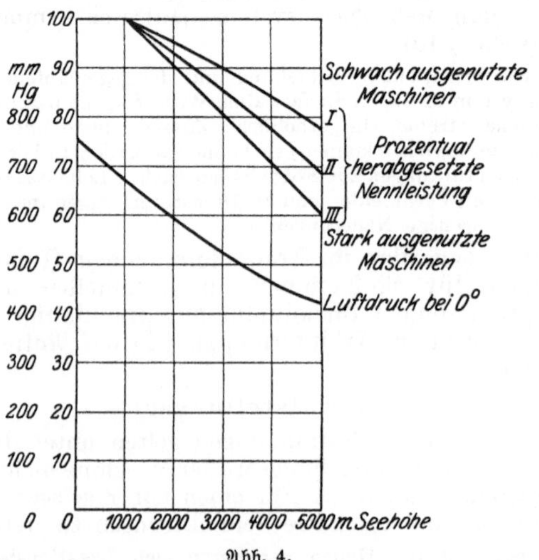

Abb. 4.

werden, so daß man an höher gelegenen Betriebs=
orten die Nennleistung ändern muß. Die Beziehung
zwischen zulässiger Übertemperatur und dem Verlust
ist rechnerisch nicht einfach zu erfassen. Bei einer in
Kupfer und Eisen voll ausgenutzten Maschine, deren
Eisenverluste gleich dem Kupferverluste sind und die
nicht ventiliert arbeitet, ist die Nennleistung propor=

tional der Übertemperatur herabzuſeßen. Bei ſtarker
Ventilation iſt die Nennleiſtung gegebenenfalls ſtärker
als die Übertemperatur zu vermindern. Bei großen
Maſchinen wird eine genaue Durchrechnung, ent=
ſprechend der Höhenlage, in der ſie aufzuſtellen ſind,
notwendig ſein. Bei kleineren kann man die von
Lubowſky angegebene graphiſche Darſtellung für
näherungsweiſen Überſchlag benußen, wie ſie in
Abb. 4 dargeſtellt iſt.

Die am Schluſſe des § 23 ſtehende Bemerkung, daß
auf die Verringerung der Iſolationsfeſtigkeit und der
Wärmeabgabe bei der Prüfung Rückſicht zu nehmen
iſt, bezieht ſich auf den Fall, daß die Prüfung in einer
anderen Höhe (Werkſtatt) ausgeführt wird als die,
in der die Aufſtellung erfolgt.

§ 24. Gewährleistungen.

Gewährleistungen beziehen sich auf den Nennbetrieb
(siehe § 6).

§ 25. Bürstenstellung.

Die folgenden Bestimmungen gelten unter der Annahme, daß sich bei Maschinen mit fester Bürstenstellung die Bürsten in der für Nennbetrieb vorgeschriebenen Stellung befinden und ihre Stellung auch während
der Probe unverändert bleibt.

§ 26. Betriebswarmer Zustand.

Sofern nichts anderes angegeben ist, beziehen sich die
folgenden Bestimmungen auf den betriebswarmen Zustand, d. i. die Temperatur, die die Maschine am Ende des
Probelaufes bei Nennbetrieb annimmt, wenn während
seiner Dauer die mittlere Raum- oder Kühlmitteltemperatur 20° betragen hat.

Wird die Endtemperatur nicht unmittelbar durch
Messung festgestellt, so ist sie für die Umrechnung
mit 75° einzusetzen.

Hinſichtlich der Bezugstemperatur ſei auf die Er=
läuterung zu § 39 verwieſen.

§ 27. Prüfungen.

Die Prüfungen nach diesen Regeln sind nach Möglichkeit in den Werkstätten des Herstellers an der neuen
trockenen, betriebsfertig eingelaufenen Maschine vorzunehmen. Insbesondere sollen die Spannungsproben gemäß § 48 in den Werkstätten des Herstellers durchgeführt
werden, weil die Erzeugung und richtige Messung der
Prüfspannung nur bei Beachtung zahlreicher Vorsichtsmaßregeln möglich ist.

Prüfungen am Aufstellungsort sind besonders zu
vereinbaren. Bei einer Wiederholung der Wicklungsprobe
am Aufstellungsort darf mit einer Spannung geprüft
werden, die das Mittel zwischen der Betriebspannung
und der nach § 50 bestimmten Prüfspannung (Tafel V) ist.

Maschinen sind mit ihren Lüftungsvorrichtungen zu prüfen.

Die Schutzart der Maschine darf für den Probelauf nicht geändert werden.

Die Messung der Prüfspannung, namentlich wenn es sich um sehr hohe Spannungen handelt, erfordert besondere Vorsicht. Nähere Angaben hierüber sind vom VDE in seinen „Regeln für Spannungsmessungen mit der Kugelfunkenstrecke in Luft" gemacht worden, wodurch es möglich ist, zuverlässige Werte bei Beachtung der dort vorgeschriebenen Maßnahmen zu erzielen. Diese Regeln sind auf Seite 246 bis 255 dieses Buches abgedruckt.

Bei einer Wiederholung der Spannungsprobe am Aufstellungsort würde die Anwendung der vollen in § 50 bestimmten Prüfspannungen eine unnötige Gefährdung der Isolation bedeuten. Daher ist in diesem Falle als Spannung für die Prüfung nur der Mittelwert zwischen der Betriebspannung und der in § 50 festgelegten Prüfspannung vorgesehen worden. Bei einem Motor für z. B. 6000 V ist gemäß § 50 die erstmalige Wicklungsprobe mit 15000 V vorzunehmen. Wird sie aber am Aufstellungsorte wiederholt, so ist dann nur mit 10500 V zu prüfen.

§ 27a. Erdung.

An den Gehäusen von Maschinen ist ein Erdungsanschluß vorzusehen, der ausreichend bemessen, als Erdungsanschluß gekennzeichnet und leicht zugänglich sein muß.

Wellen brauchen nicht besonders geerdet zu werden, solange mindetens ein Lager geerdet ist.

> Für die Ausführung der Erdungen gelten die „Leitsätze für Schutzerdungen in Hochspannungsanlagen" und die „Leitsätze für Erdungen und Nullung in Niederspannungsanlagen".

Das, was hier bezüglich der Erdung angegeben ist, gilt sinngemäß auch für die Anwendung der Nullung oder Schutzschaltung als Schutzmaßnahme im Sinne des § 3 der „Vorschriften nebst Ausführungsregeln für die Errichtung von Starkstromanlagen mit Betriebspannung unter 1000 V VES 1/1930".

Wenn ein Motor mit Dreieckschaltung ausgeführt ist, so daß an seiner Wicklung kein Nullpunkt vorhanden ist, kann sein Motorgehäuse trotzdem genulltwerden.

Es empfiehlt sich, die Anschlußstellen für die Erdleitung zu verzinken oder Messingschrauben vorzusehen, damit ein Festrosten ausgeschlossen ist.

Nachstehend sind aus den „Leitsätzen für Schutzerdungen in Hochspannungsanlagen" die wichtigsten der hier in Frage kommenden Stellen wiedergegeben:

„In gedeckten Räumen sind alle betriebsmäßig keine Spannung führenden Metallteile, die in der Nähe von Spannung führenden Teilen liegen oder mit diesen in Verbindung (durch Lichtbogenbildung) kommen können, metallisch leitend untereinander und mit der Erdungsleitung zu verbinden.

Dazu gehören:

a) Die betriebsmäßig nicht unter Spannung stehenden Metallteile von Maschinen, Transformatoren, Meßwandlern, Apparaten.

b) Sekundärstromkreise von Meßwandlern unmittelbar an den Klemmen der einzelnen Wandler, sofern es die Schaltung erlaubt.

c) Geräte von Schaltanlagen, Durchführungsflansche, Isolatorenträger, Kabelarmaturen.

d) Betriebsmäßig mit den Händen anzufassende Metallteile, wie Handräder, Hebel, Kurbeln von Schaltern, Apparate, Schutzgitter, Schaltanlagen usw.

Die Bemessung der Erdung richtet sich nach der durch sie abzuleitenden Stromstärke.

Die Erdung in der Erzeugerstelle muß ohne Rücksicht auf die Ausschaltstromstärke für Selbstschalter die volle zu erwartende Erdschlußstromstärke des gesamten Verteilungsnetzes während 2 h aufnehmen können.

In Anlagen ohne lichtbogenlöschende Vorrichtungen genügt es, die Erdung an den Verbrauchstellen für die nach der Erzeugerstelle in den unverzweigten Leitungsstrecken liegende niedrigste Auslösestromstärke der Selbstschalter zu bemessen, wenn in jeder Phase ein Selbstschalter vorhanden ist.

Die Erdung eiserner Transformatorenstationen, von Mastschaltern und Hochspannungschaltern in Schalthäusern, die von außen bedient werden, ist für die volle Erdschlußstromstärke des Netzes auszuführen.

Werden bei nicht eisernen Stationen die Schalter von innen bedient, so genügt eine Erdung für die durch die Selbstschalter in der Zuleitung begrenzte Stromstärke.

In Anlagen mit lichtbogenlöschenden Vorrichtungen brauchen die Erdungen an den Verbrauchstellen nur für den höchst auftretenden Reststrom bemessen werden. In Stationen, in denen die Löschvorrichtungen selbst angebracht sind, müssen jedoch die Erdungen für den vollen Strom der Löschvorrichtung bemessen werden.

Erdungseile werden zweckmäßig mit der Hochspannungserdung der Station verbunden:

Die Erdschlußstromstärke von Einzelerdschlüssen eines nicht geerdeten oder über hohe, nicht induktive Widerstände geerdeten Drehstrom-Freileitungsnetzes ist abhängig von der Kapazität der nicht geerdeten Phasen gegen Erde und von der Spannung. Sie kann mit genügender Annäherung berechnet werden nach der Faustformel:

$$\text{Erdschlußstrom} = \frac{kV \cdot km\ \text{Leitungslänge}}{300}.$$

Unter Leitungslänge ist die Länge der mehrphasigen Einzelleitung zu verstehen. Parallel geschaltete Leitungen, z. B. 2 Leitungen aus je 3 Drähten oder Seilen beliebiger Querschnitte zählen doppelt.

Bei der Berechnung ist Rücksicht auf Erweiterung und gegebenenfalls auch auf Zusammenschluß mit Nachbarleitungen zu nehmen.

Bei Ausführung der Erdungen ist darauf zu achten, daß die Erder, wenn sie nicht in Wasser eingelegt werden, einzuschlämmen bzw. fest in den Boden zu treiben sind, so daß die Berührung zwischen Material und Erde möglichst innig wird. Dazu gehört, daß das Erdreich in der nächsten Umgebung des Erders möglichst feinkörnig ist und dem Erder mit merklichem Druck anliegt. Grober Kies und Steine sind ebenso schlechte Vermittler des Stromüberganges wie fettige oder ölige Schichten, z. B. Farbanstriche; dagegen hindert Rost an Eisenteilen den Stromübergang ebensowenig wie das Erdreich selbst. Innige Berührung kann durch fehlerhafte Einbettung bei Erdungsplatten und anderen Erdern größerer Abmessungen verhindert werden, wenn sie z. B. bei nicht gewachsenem Boden in wagerechter Lage in den Boden gelegt werden. Bei wagerecht liegenden Platten kann das Erdreich absinken, die Platte selbst aber durch Steine usw. in ihrer Lage festgehalten werden, so daß Lufträume unter ihr entstehen; deshalb sollen Platten, besonders in aufgeschüttetem Boden, stets senkrecht in das Erdreich gestellt und von beiden Seiten fest eingestampft und eingeschlämmt sein.''

Aus den „Leitsätzen für Erdungen und Nullung in Niederspannungsanlagen" seien nach folgende Bestimmungen wiedergegeben:

„Die Voraussetzung für die richtige Bemessung einer Erdung ist die Kenntnis der durch sie abzuleitenden Stromstärke.

In Anlagen mit geerdeten Nulleitern wird immer für die Bemessung der betreffenden Erdung mindestens die Nennstromstärke der nächsten vorgeschalteten Sicherung bzw. des Selbstschalters bestimmend sein."

B. Betriebsarten.

§ 28. Dauerbetrieb.

Die Nennleistung (siehe § 6) oder Dauerleistung muß beliebig lange Zeit hindurch abgegeben werden können, ohne daß die Erwärmung die im § 39 angegebenen Grenzwerte überschreitet; dabei müssen alle anderen Bestimmungen erfüllt werden.

§ 29. Kurzzeitiger Betrieb und Dauerbetrieb mit kurzzeitiger Belastung.

Die Nennleistung (siehe § 6) oder Zeitleistung muß die vereinbarte Zeit hindurch abgegeben werden können, ohne daß die Erwärmung die in § 39 angegebenen Grenzwerte überschreitet; dabei müssen alle anderen Bestimmungen erfüllt werden.

§ 30. Aussetzender Betrieb und Dauerbetrieb mit aussetzender Belastung.

Die Nennleistung (siehe § 6) oder Aussetzleistung muß bei regelmäßigem Spiel mit der angegebenen relativen Einschaltdauer beliebig lange Zeit hindurch abgegeben werden können, ohne daß die Erwärmung die in § 39 angegebenen Grenzwerte überschreitet; dabei müssen alle anderen Bestimmungen erfüllt werden.

Bezüglich des aussetzenden Betriebes sei auf die Erläuterungen zu § 19a verwiesen.

Über die Auswahl von Elektromotoren für aussetzenden Betrieb geben nachstehende Literaturstellen Aufschluß: ETZ 1900, S. 1058; 1920, S. 485, 508, 812 u. 822; 1921, S. 945; 1922, S. 173 u. 216; 1928, S. 1389.

C. Erwärmung.

§ 31. Begriffserklärung.

Erwärmung eines Maschinenteiles ist bei den Betriebsarten DB, AB und DAB der Unterschied zwischen seiner Temperatur und der des zutretenden Kühlmittels, bei den Betriebsarten KB und DKB der Unterschied seiner Temperaturen bei Beginn und am Ende der Prüfung.

§ 32. Probelauf.

Die Erwärmungsprobe wird im Nennbetrieb vorgenommen bzw. auf diesen bezogen. Bezüglich der Dauer gilt:

1. **Dauerbetrieb (DB):** Der Probelauf kann bei kalter oder warmer Maschine begonnen werden.

   Zur Bestimmung der Enderwärmung Θ bei DB benutzt man zweckmäßig das nachstehend beschriebene Verfahren, weil die Messung der Erwärmung ϑ gegen Ende der Probe unregelmäßigen Schwankungen infolge von Änderungen der Kühlmitteltemperatur unterliegt.

   Die Erwärmung (ϑ) wird in gleichen Zeitabständen (Δt) gemessen und die Erwärmungzunahmen (Δ) in Abhängigkeit von der Erwärmung (ϑ) aufgetragen. Die Verlängerung der Geraden durch die so entstehende Punktschar schneidet auf der Erwärmungsachse die Enderwärmung Θ ab.

   Die Genauigkeit dieses Verfahrens ist mindestens so groß wie die des fortgesetzten Erwärmungsversuches.

2. **Kurzzeitiger Betrieb (KB):** Der Probelauf wird entweder bei kalter Maschine begonnen oder wenn

die Temperatur der wärmsten Wicklung um nicht mehr als 3° höher als die Temperatur des Kühlmittels ist. Er wird bei Ablauf der vereinbarten Betriebzeit abgebrochen.

3. **Dauerbetrieb mit kurzzeitiger Belastung (DKB):** Der Probelauf wird begonnen, wenn die Maschine die Beharrungstemperatur bei Leerlauf erreicht hat. Er wird nach Ablauf der vereinbarten Belastungszeit abgebrochen.

4. **Aussetzender Betrieb (AB) und Dauerbetrieb mit aussetzender Belastung (DAB):** Die Maschine wird einem regelmäßig aussetzenden Betriebe mit der angegebenen relativen Einschaltdauer unterworfen. Der Probelauf kann bei kalter oder warmer

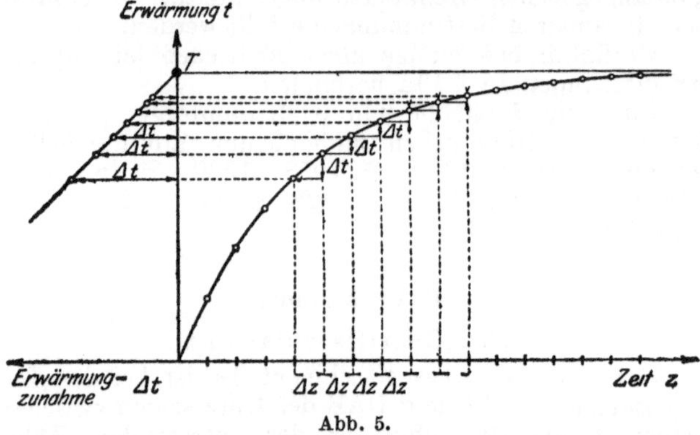

Abb. 5.

Maschine begonnen werden. Er wird nach Ablauf der Hälfte der letzten Einschalt- bzw. Belastungzeit abgebrochen. Während des Probelaufes beträgt die Spieldauer 10 min.

Der Probelauf für die Betriebsarten DB, AB, DAB ist als beendet anzusehen, wenn die Erwärmung nicht mehr merklich steigt, d. h. wenn sie nicht um mehr als 2° in 1 h zunimmt.

Es kann zuweilen vorkommen, daß ein Probelauf nur kurze Zeit durchgeführt werden kann. Man kann dann die Enderwärmung nach Angaben von F. Ratkovszky[1] rechnerisch ermitteln. Weiter sei auf die Bestimmung der Erwärmung von Wicklungen aus abgekürzten Dauerproben hingewiesen, wie sie von F. Basta und F. Fabinger[2] beschrieben ist.

Es ist zu beachten, daß die unter Ziffer 3 und 4 angegebenen Bedingungen für den Dauerbetrieb mit kurzzeitiger Belastung, für den aussetzenden Betrieb und für den Dauerbetrieb mit aussetzender Belastung sich nicht auf die Verhältnisse im wirklichen Betriebe

---

[1] ETZ 1924, S. 527.   [2] ETZ 1929, S. 616.

beziehen; sie sind lediglich als Vorschriften für die Durchführung des Probelaufes gedacht und stellen einen einfachen Ersatz für die in Wirklichkeit sehr unregelmäßigen und komplizierten Betriebsverhältnisse dar.

Im Aussetzbetrieb ändert sich die Temperatur der Maschine im Takte der Belastungschwankungen. Die Temperaturspitzen der oberen und unteren Grenze liegen aber um so näher zusammen, je kleiner das Verhältnis $\frac{P}{T}$ von Spieldauer zur Zeitkonstante der Maschine ist. In der Praxis kann dieses Verhältnis sogar ohne wesentlichen Fehler gleich Null gesetzt werden, so daß man nach F. Blanc[1] die einfache Rechnung erhält:

$$\tau_2'' = \frac{\tau_m}{1 + \dfrac{b\,T_1}{a\,T_2}}$$

worin bedeutet:

τ_z'' = maximal eintretende Erwärmung im Aussetzbetriebe,

τ_m = maximale Erwärmung des Motors bei der Aussetzleistung, wenn diese dauernd aufrecht erhalten würde,

a = Zeitdauer der Belastung des Motors während eines Arbeitspieles,

b = Zeitdauer der Ruhe während eines Arbeitspieles,

T_1 = thermische Zeitkonstante des Motors bei Lauf,

T_2 = thermische Zeitkonstante des Motors bei Ruhe.

Im Prüffeld ist es aber unbequem, die Spieldauer so kurz zu machen, daß das Verhältnis $\frac{P}{T}$ vernachlässigt werden kann. Man kann dann längere Spieldauer von gleicher relativer Einschaltdauer wählen, beendet den Aussetzbetrieb, wenn aufeinanderfolgende Temperaturspitzen keine Änderung mehr zeigen, dadurch, daß der Erwärmungsversuch schon abgeschlossen wird nach Verlauf eines Teiles der Belastungzeit. Die eingetretene Erwärmung ist dann nach Pohl bzw. Blanc die richtige mittlere für den normalen Aussetzbetrieb maßgebende[2].

§ 33. Bestimmung der Wicklungserwärmung.

Als Erwärmung einer Wicklung gilt der höhere der beiden folgenden Werte:

1. Mittlere Erwärmung, errechnet aus der Widerstandzunahme während des Probelaufes.

---

[1] ETZ 1992, S. 218.

[2] Weiter sei noch auf ETZ 1920, S. 822 und 1921, S. 945 verwiesen.

2. Örtliche Erwärmung an der vermutlich heißesten zugänglichen Stelle, gemessen mit dem Thermometer.

Wenn die Widerstandmessung untunlich ist, so wird die Thermometermessung allein angewendet.

Die Widerstandmessung kann bei sehr kleinen Widerständen, wie Stabwicklungen usw., untunlich werden, weswegen dann Ersatz durch die Thermometermessung vorgesehen wurde.

§ 34. Berechnung der Wicklungserwärmung aus der Widerstandzunahme.

Die Erwärmung Θ von Kupferwicklungen wird nach folgenden Formeln aus der Widerstandzunahme berechnet, in denen

$\vartheta_{\mathrm{kalt}}$ die Temperatur der kalten Wicklung,

$\vartheta_{\mathrm{Kühlmittel}}$ die Temperatur des Kühlmittels (siehe § 37).

R_{kalt} den Widerstand der kalten Wicklung,

R_{warm} den Widerstand der warmen Wicklung

bedeutet:

1. bei allen Maschinen, ausgenommen Betriebsart KB und DKB

$$\Theta = \frac{R_{\mathrm{warm}} - R_{\mathrm{kalt}}}{R_{\mathrm{kalt}}} (235 + \vartheta_{\mathrm{kalt}}) - (\vartheta_{\mathrm{Kühlmittel}} - \vartheta_{\mathrm{kalt}}),$$

2. bei Maschinen der Betriebsart KB und DKB für Betrieb unter 1 h.

$$\Theta = \frac{R_{\mathrm{warm}} - R_{\mathrm{kalt}}}{R_{\mathrm{kalt}}} (235 + \vartheta_{\mathrm{kalt}}),$$

wobei die Werte $\vartheta_{\mathrm{kalt}}$ und R_{kalt} für den Beginn der Prüfung gelten.

Es ist darauf zu achten, daß alle Teile der Wicklungen bei der Messung von R_{kalt} die gleiche mit dem Thermometer zu messende Temperatur $\vartheta_{\mathrm{kalt}}$ haben.

Bei Maschinen der Betriebsart **KB** und **DKB** ist die Betriebsdauer (**Prüfdauer**) meistens so kurz und die Zeitkonstante der Maschine so groß, daß der Einfluß einer Änderung der Kühlmitteltemperatur auf die Erwärmung der Maschine während der Betriebzeit (Prüfzeit) nur sehr gering ist. Ihre Berücksichtigung würde daher zu größeren Fehlern als ihre Nichtberücksichtigung führen.

Die Berechnung der Erwärmung ist nur für Kupferwicklungen angegeben worden, weil diese die Regel bilden. Sie gilt aber auch für Aluminiumwicklungen, wobei jedoch der Wert 235 durch 255 zu ersetzen ist.

Im allgemeinen kann man annehmen, daß im kalten Zustand die Temperatur der Wicklung gleich derjenigen der Umgebung bzw. des Kühlmittels ist. Es können aber auch Fälle vorkommen, in denen die Temperatur der Wicklung anders ist; das kann z. B. eintreten, wenn der Maschinenraum über Nacht kalt geworden ist, so daß alle darin befindlichen Maschinen eine entsprechend niedrigere Temperatur angenommen haben. Wird dann die Raumtemperatur durch Heizung schnell erhöht, so werden die Maschinen sich nicht so schnell erwärmen und infolgedessen noch eine Zeitlang kälter sein als die Luft. In solchen Fällen muß die Temperatur der Wicklung mittels Thermometer festgestellt werden.

Die vorstehend angegebene Formel

$$\Theta = \frac{R_{\mathrm{warm}} - R_{\mathrm{kalt}}}{R_{\mathrm{kalt}}} (235 + \vartheta_{\mathrm{kalt}})$$

zur Berechnung der Erwärmung aus der Widerstandszunahme ist für die Benutzung des Rechenschiebers nicht bequem. Nach Th. Dall[1] kann man in einer zuerst von Emde angegebenen und für den Rechenschieber geeigneteren Form schreiben:

$$\frac{R_{\mathrm{warm}}}{R_{\mathrm{kalt}}} = \frac{235 + \vartheta_{\mathrm{warm}}}{235 + \vartheta_{\mathrm{kalt}}}$$

und dafür setzen:

$$\frac{R_{\mathrm{warm}}}{R_{\mathrm{kalt}}} = \frac{T_{\mathrm{warm}}}{T_{\mathrm{kalt}}}.$$

Man kann aber auch einen besonderen von Dall angegebenen Rechenschieber benutzen, der von der Firma Dennert & Pape hergestellt wird. Dieser hat eine besondere Hilfsskala, die ihren Nullpunkt bei 235° hat. Man findet also mit einem solchen Rechenschieber die Temperaturen der warmen Wicklung mit nur einer einzigen Einstellung, indem man die Widerstände auf der Hauptskala und die Temperaturen auf der Hilfsskala abliest. Nach Riepe[2] kann man bei dem 50 cm langen Rechenschieber, auf der unteren Skala, beginnend mit dem Teilstrich 235, die Temperaturen direkt anschreiben und dann auch jeden gewöhnlichen Rechenschieber benutzen. Nach den weiteren Angaben von Scheck und von Pederzani[3] kann man gleichfalls mit einem gewöhnlichen Rechenschieber auskommen, wenn man entweder eine graphische Darstellung benutzt, oder sich eine Konstante ausrechnet, die für jede Versuchsreihe nur einmal festzustellen ist.

§ 35. Erwärmungsmessung mit Thermometer.

Bei Wechselstrommaschinen mit Nennleistungen von mehr als 5000 kVA oder mit Eisenlängen von mehr als 1 m müssen mindestens 6 elektrische Thermometer (Thermoelemente oder Widerstandspulen) ins Innere des Ständers, annähernd gleichmäßig am Umfang verteilt, eingebaut werden.

Widerstandspulen innerhalb der Nuten müssen bei Eisenlängen bis zu 1 m Länge von 25 cm, bei Eisenlängen über 1 m eine Länge von 50 cm erhalten.

Das Thermometer soll entweder innerhalb der Nuten, aber außerhalb der Spulenisolierung, oder in der Zahn-

---

[1] ETZ 1926, S. 1363. [2] ETZ 1927, S. 985.
[3] ETZ 1927, S. 189.

mitte halbwegs zwischen zwei Kühlschlitzen zwischen die Eisenbleche eingebaut werden.

Bei Einbau innerhalb der Nuten soll es bei Zwei- oder Mehrschichtwicklungen zwischen zwei isolierten Spulenseiten liegen. Bei Einschichtwicklungen soll es zwischen der Spulenisolation und der Innenseite der Nutenauskleidung am Nutengrunde liegen; ist jedoch ein Kühlkanal am Nutengrund vorhanden, dann soll es an der Nutenseite eingebaut werden.

Bei allen anderen Maschinen werden durch Anlegen von Thermometern nur Oberflächentemperaturen gemessen. Hierzu können Ausdehnungsthermometer (mit Quecksilber- oder Alkoholfüllung) oder elektrische Thermometer benutzt werden, doch ist im Zweifelsfalle das Quecksilber- oder Alkoholthermometer maßgebend.

In allen Fällen muß für möglichst gute Wärmeübertragung von der Meßstelle auf das Thermometer und geringe störende Wärmeableitung von der Meßstelle fort gesorgt werden. Die Meßstelle darf von Kühlluft nicht bestrichen werden. Bei Messung von Oberflächentemperaturen sind daher Meßstelle und Thermometer gemeinsam mit einem schlechten Wärmeleiter zu bedecken.

Die Vorschrift über die Länge der anzuwendenden Widerstandspulen ist gemacht worden, um nicht Zufallseinflüssen ausgesetzt zu sein. Es soll zwar die höchste der an verschiedenen Stellen des Ankers vorkommenden Temperaturen ermittelt werden, aber nicht ein an einer Stelle (Staupunkt) gerade sich ergebender Zufallswert.

Über die Temperaturverteilung in den Nuten von Zweistabwicklungen sind von Peters in den „Wissenschaftlichen Veröffentlichungen aus dem Siemens-Konzern", Bd. IV, Heft 1, Angaben gemacht, auf die hingewiesen sei.

Es sei darauf aufmerksam gemacht, daß man bei Messungen mit Quecksilberthermometern unter Umständen vorsichtig sein muß. Legt man das Thermometer an einer Stelle ein, an der infolge von Streuung ein Feld vorhanden ist, so können bei Wechselstrom im Quecksilber Ströme erzeugt werden und dadurch wird das Thermometer eine höhere Temperatur anzeigen. In solchen Fällen kann es wohl ohne weiteres dazu benutzt werden, anzuzeigen, wann der konstante Zustand eingetreten ist, jedoch muß, wenn dies der Fall ist, das Thermometer, nachdem die Maschine bzw. der Transformator abgestellt ist, herausgenommen, auf eine etwa niedrigere Temperatur gebracht und dann wiederum zur Vornahme der eigentlichen Messungen an dieselbe Stelle angelegt werden. Ergibt sich dann ein etwas niedrigerer Wert als vorher, so ist dieser maßgebend. In solchen Fällen ist die Verwendung von Alkoholthermometern vorzuziehen, falls

dies mit Rücksicht auf die zu ermittelnde Temperatur
möglich ist.

Die Angabe, daß im Zweifelsfalle das Quecksilber-
oder Alkoholthermometer maßgebend ist, könnte zu
der falschen Auslegung führen, daß zur Messung von
Oberflächentemperaturen Ausdehnungsthermometer
oder elektrische Thermometer minderwertig seien.
Die Kommission hat mit dieser Bestimmung nicht beabsichtigt, dieses zum Ausdruck zu bringen; sie hat das
Quecksilber- oder Alkoholthermometer deswegen für
maßgebend erklärt, weil das gesamte Erfahrungsmaterial über Erwärmung von Maschinen, das seinerzeit zur Aufstellung der Grenzen der zulässigen Erwärmung geführt hat, auf Messungen mit diesen
Thermometerarten beruhte.

Bei Verwendung von Thermometern zur Temperaturmessung muß man darauf achten, daß eine
innige Berührung zwischen dem Thermometer und dem
zu messenden Maschinenteile stattfindet. Schon beim
Bau der Maschine kann man Vorsorge treffen, daß
später die Messungen zweckentsprechend ausgeführt
werden können, indem man an geeigneten Stellen
Vertiefungen oder besondere Öffnungen anbringt, die
man eventuell mit Öl oder Quecksilber ausfüllen kann.
Dieselbe Vorsichtsmaßregel kann auch bei rotierenden
Maschinen angewendet werden, in diesem Falle muß
das in die Öffnung einzubringende Öl oder Quecksilber
vorher auf annähernd die gleiche Temperatur gebracht
werden, die der zu messende Maschinenteil voraussichtlich haben wird.

Ganz allgemein sei hier noch darauf hingewiesen,
daß bei Temperaturmessungen Fehler auftreten können,
da Thermometermessungen leicht ungenau sind. Bei
solchen Messungen muß überhaupt größte Vorsicht bei
der Ausführung empfohlen werden, wenn erhebliche
Fehler vermieden werden sollen.

Über die Temperaturmessungen an Maschinen gibt
der Aufsatz von Dr. Keinath in der Zeitschrift El. u.
Maschinenb., Wien 1922, S. 97 wertvolle Aufschlüsse
und Anhaltspunkte[1].

§ 36. Ausführungen der Messungen.

Die Messung der Widerstandzunahme ist möglichst
während des Probelaufes, sonst aber unmittelbar nach
dem Abstellen vorzunehmen. Der Zufluß von Kühlluft
bzw. Kühlwasser ist gleichzeitig mit dem Ausschalten
abzustellen. Die Auslaufzeit ist, wenn nötig, künstlich
abzukürzen.

Die Thermometermessung ist möglichst während des
Probelaufes, nötigenfalls mit Maximalthermometer, sonst
aber nach dem Abstellen vorzunehmen.

---

[1] Weiter siehe auch ETZ 1925, S. 352.

Wenn auf dem Thermometer nach dem Abstellen höhere Temperaturen als während des Probelaufes abgelesen werden, so sind diese höheren Werte maßgebend. Ausgenommen hiervon sind Messungen an solchen Stellen, in deren Nähe eine höhere Erwärmung als an der Meßstelle selbst zulässig ist.

Ist vom Augenblick des Ausschaltens bis zu den Messungen so viel Zeit verstrichen, daß eine merkliche Abkühlung anzunehmen ist, so sollen die Meßergebnisse durch Extrapolation auf den Augenblick des Ausschaltens umgerechnet werden.

Unter „Abstellen" ist vorstehend die Erreichung des Stillstandes zu verstehen; es besteht also ein zeitlicher Unterschied zwischen der Einleitung des Abstellens und der Erreichung des wirklichen Stillstandes.

Bei der Messung der Widerstandzunahme von Gleichstromankern achte man darauf, daß bei Messung des kalten und des warmen Widerstandes die gleichen Lamellen benutzt werden, da sonst leicht Ungenauigkeiten entstehen können.

In manchen Fällen macht die Einführung eines Thermometers Schwierigkeiten, so daß eine Veränderung an der Maschine bzw. am Transformator notwendig wird. Eine solche Änderung muß jedoch so vorgenommen werden, daß dadurch die Temperaturzunahme nicht beeinflußt wird.

Da es im eignen Interesse der fabrizierenden Firma liegt, daß die Temperatur der einzelnen Teile einwandsfrei ermittelt werden kann, so erachtete die Kommission es für genügend, wenn an dieser Stelle ausdrücklich darauf hingewiesen wird, daß bei Turborotoren, bei denen die Wickelung durch Kappen usw. unzugänglich ist, entsprechende Einrichtungen durch Anbringung von Löchern usw. getroffen werden, um die Messung der Wicklungstemperatur zu ermöglichen. Durch geeignete Formgebung dieser zum Messen dienenden Löcher ist es möglich, ein Verschmutzen der Wicklung zu vermeiden. In solchen Fällen, wo jedoch eine besondere Einrichtung zur Erleichterung der Temperaturmessung nicht angebracht werden kann, wird die Messung der Temperatur der Schutzhaube, da sie im allgemeinen von der Temperatur der Wicklung nicht wesentlich abweichen wird, als genügend erachtet. Nach längerer Betriebzeit wird ein Ausgleich in der Temperatur zwischen Wicklung und Schutzhaube eintreten.

Die Feststellung der Erwärmung bei besonders schnellaufenden Maschinen, wie z. B. Dynamos für direkte Kupplung mit Dampfturbinen, Umformern mit besonderer Schwungmasse usw. macht hin und wieder Schwierigkeiten, da eine lange Zeit vergeht, bis die Maschine zum Stillstand kommt. Es ist dann schon eine Abkühlung eingetreten, bevor man die Tempe-

raturmessung durchführen kann, so daß man zu niedrige
Werte erhält. Man kann sich dann dadurch helfen,
daß die Maschine während des ersten Teiles der Aus=
laufsperiode erregt wird. Eventuell kann man auch
noch weiter gehen und die Maschine während der Aus=
laufszeit belasten. (Bei Dynamos, für deren Ab=
nahme ein Belastungswiderstand verwendet wird, ist
dies leicht durchführbar. In anderen Fällen kann man
sich aber durch Herstellung eines provisorischen Wasser=
widerstandes helfen, der der abnehmenden Drehzahl
entsprechend leicht geändert werden kann, so daß man
stets eine möglichst hohe Belastung der Maschine er=
zielt.) Durch diese Mittel erreicht man zunächst ein

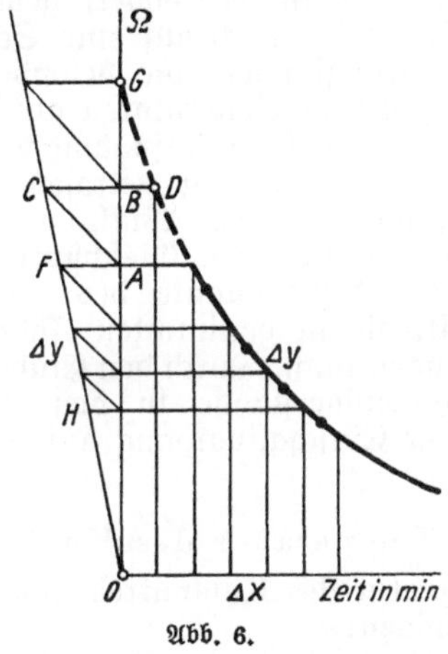

Abb. 6.

schnelleres Stillsetzen der zu messenden Maschine, und
außerdem wird während der kürzeren Auslaufzeit
auch noch Wärme erzeugt.

Im Bull. Schweiz. Elektrot. Ver. 1923, S. 332 hat
Dr. F. Goldstein ein bequemes Extrapolationsver=
fahren zur Ermittlung des Anfangswertes von Ab=
kühlungskurven angegeben. Die nach der Abschaltung
gemessenen Widerstände werden als Funktion der Zeit
(gerechnet nach dem Abschaltmoment) graphisch auf=
getragen (Abb. 6). Die Abszisse wird in eine Anzahl
gleicher Teile geteilt. Die Ordinatenzunahmen werden
jeweils von der y=Achse (in der Abb. Ω), wie aus der
Abbildung ersichtlich, abgetragen und ergeben die Hilfs=
gerade HF, die dann zur Extrapolation der Kurve ver=
wendet wird. Auf der Ordinatenachse werden weitere
Punkte mit der Eigenschaft $AB = CB$ mit Hilfe einer
Ähnlichkeitskonstruktion ermittelt. Durch Verlänge=
rung der Geraden CB bis zum Schnitt mit der ent=
sprechenden Ordinate erhält man den Kurvenpunkt D.
Auf diese Weise werden auch weitere Punkte ge=
wonnen, schließlich auch der Anfangspunkt der Kurve

(in der Abbildung der Punkt *G*), *OG* ist der gesuchte Widerstand der warmen Wicklung. Es empfiehlt sich, längere Zeit nach dem Abschalten, etwa 15 Minuten, Widerstandsmessungen in Zeitintervallen von 1 bis 2 Minuten vorzunehmen.

Das vorstehend beschriebene Extrapolationsverfahren ist sehr wichtig, weil sonst beträchtliche Fehler gemacht werden können. Um gute Ergebnisse zu erreichen, muß man auch schnell arbeiten, was durch vorherige gute Organisation der Messungen erreicht werden kann. Weiter ist es empfehlenswert, um sichere Ergebnisse zu bekommen, stets 2 Messungen zu machen, um daraus den Mittelwert zu bilden, wobei man dann aber auch die zu dem Mittelwert gehörige Zeit bestimmen muß. Es soll noch auf eine Schwierigkeit bei den Widerstandsmessungen, die besonders bei großen Transformatoren und Generatoren auftritt, hingewiesen werden und der bei der Aufnahme von Abkühlungskurven unbedingt Rechnung getragen werden muß. Wegen der Induktivität der Wicklung erfolgt die Einstellung auf den stationären Gleichstromwert erst nach einer durch die Zeitkonstante des Stromkreises bestimmten Zeit, die in bestimmten Fällen auch einige Minuten betragen kann. Durch den Einbau entsprechender Dämpfungswiderstände in den Gleichstromkreis kann jedoch der Einschaltvorgang auf Sekunden reduziert werden.

§ 37. Temperatur des Kühlmittels.

Als Temperatur des Kühlmittels gilt für den Probelauf bei Maschinen:

1. mit Selbstkühlung oder Eigenlüftung, die die Kühlluft dem Maschinenraum entnehmen: der Durchschnittswert der während des letzten Viertels der Versuchzeit in gleichen Zeitabschnitten gemessenen Temperaturen der Umgebungsluft.

   Zwei oder mehrere Thermometer sind zu verwenden, die, in 1…2 m Entfernung von der Maschine (ungefähr in Höhe der Maschinenseite) zur Messung der mittleren Zulufttemperatur angebracht werden. Die Thermometer dürfen weder Luftströmungen noch Wärmebestrahlung ausgesetzt sein.

   Bei großen Maschinen für versenkten Einbau ist es zulässig, die Temperaturen in der Grube künstlich auf die Außentemperatur zu bringen.

2. mit Eigen- oder Fremdlüftung, denen die Kühlluft durch besondere Leitungen zuströmt, und

3. mit Wasserkühlung: der Durchschnittswert der während des letzten Viertels der Versuchzeit in gleichen Zeitabschnitten am Eintrittstutzen gemessenen Temperatur des Kühlmittels.

   Findet bei solchen Maschinen auch eine nennenswerte Wärmeabgabe an die Umgebungsluft statt, so gilt als Temperatur des Kühlmittels ein Mittelwert nach der Mischungsregel:

$$\vartheta_m = \frac{\vartheta_K\,W_K + \vartheta_L\,W_L}{W_K + W_L}\,.$$

Hierin bedeutet:

ϑ_L die Temperatur der Umgebungsluft,

ϑ_K die Temperatur des anderen Kühlmittels,

W_L die Wärmeabgabe an die Umgebungsluft,

W_K die Wärmeabgabe an das andere Kühlmittel.

Die an die Luft abgegebene Wärmemenge kann z. B. dadurch bestimmt werden, daß man die an das Kühlwasser abgegebene Wärmemenge feststellt und von den Gesamtverlusten abzieht. Für den Fall, daß beim Versuch die Kühlmitteltemperatur geringer als 35⁰ war, ist dann durch Umrechnung festzustellen, ob die Erwärmung bei 35⁰ den Bestimmungen entspricht.

Die Entfernung von etwa 1...2 m wurde gewählt, um eine Beeinflussung des Thermometers durch direkte Strahlung zu verhindern. Wenn die Innehaltung dieser Entfernung nicht durchführbar ist, so ist die Messung natürlich auch in geringerem Abstand zulässig, wenn man in der Lage ist, die direkte Strahlung mit Sicherheit zu verhindern. Es sind auch Zweifel aufgetaucht, wie bei sehr langen Maschinen der Abstand von 1 ... 2 m zu rechnen ist, insbesondere, von welcher Stelle der Maschine aus diese Entfernung gemessen werden soll. Es ist schwer möglich, eine allen Fällen angepaßte Bestimmung zu treffen, so daß der Sachverständige die Entscheidung den jeweiligen Verhältnissen entsprechend zu treffen haben wird. Maßgebend wird aber immer derjenige Teil der Maschine sein, in den die frische Luft eintritt. Da dieser Punkt meistens ziemlich genau feststellbar ist, so wird es in der Regel möglich sein, von diesem aus nun die Entfernung von 1...2 m, und zwar wiederum in der mittleren Richtung der Luftströmung, festzulegen.

Gewisse Schwierigkeiten bieten sich bei der Feststellung der Temperatur der Umgebung in solchen Fällen, wo eine große Maschine in einem verhältnismäßig kleinen Raum untergebracht ist, so daß die Raumtemperatur stark durch die Verluste der Maschine beeinflußt wird. Es wird dann die aus der Maschine austretende Luft bald wieder auf der anderen Seite eingesaugt werden und in die Maschine wieder eintreten, so daß die ganze Maschine von einer warmen Lufthülle umgeben ist. In solchen Fällen wird es dem Sachverständigen obliegen, die für normale Verhältnisse vorgesehenen Methoden zur Messung der Temperatur der Umgebung den örtlichen Verhältnissen entsprechend abzuändern.

Bei größeren Maschinen für versenkten Einbau können Zweifel entstehen, ob der Energieverbrauch für die Schaffung der Außentemperatur in der Grube bei der Wirkungsgradberechnung zu berücksichtigen ist. Die Kommission hat entschieden, daß dies nicht der Fall ist.

§ 38. Wärmebeständigkeit der Isolierstoffe.

Tafel III.

Wärmebeständigkeit-Klassen.

	I	II	III
	Klasse	Isolierstoff	Behandlung
1	O	Baumwolle, Seide, Papier und ähnliche Faserstoffe	ungetränkt und nicht unter Öl
2	$A*$	Baumwolle Seide, Papier und ähnliche Faserstoffe	getränkt
		Lackdraht	—
3	A_f*	Baumwolle, Seide, Papier und ähnliche Faserstoffe Lackdraht	in Füllmasse
4	A_o*	Baumwolle Seide, Papier und ähnliche Faserstoffe Lackdraht	unter Öl
5	B	Glimmer- und Asbestpräparate und ähnliche mineralische Stoffe	mit Bindemittel
6	C	Glimmer	ohne Bindemittel
		Porzellan Glas, Quarz und ähnliche feuerfeste Stoffe	—

* Anmerkung zu 2 und 3: Eine Isolierung wird als „getränkt" bezeichnet, wenn die Luft zwischen den Fasern durch einen geeigneten Stoff ersetzt wird, auch wenn dieser Stoff nicht alle Räume zwischen den einzelnen isolierten Leitern vollständig ausfüllt.

Sind diese Zwischenräume vollständig ausgefüllt, so wird die Isolierung als „in Füllmasse" bezeichnet.

Von einem brauchbaren Tränkmittel wird verlangt, daß es gute Isoliereigenschaften hat, daß es die Fasern vollständig einhüllt und sie aneinander und am Leiter haften läßt, daß es keine Hohlräume infolge Verdunstung des Lösungsmittels oder infolge anderer Ursachen bildet, daß es bei der zugelassenen Grenztemperatur nicht weich wird und daß es wärmebeständig ist.

Von einer brauchbaren Füllmasse wird verlangt, daß sie gute Wärmeleitfähigkeit und erforderliche Isoliereigenschaften hat, daß sie die Hohlräume zwischen den isolierten Leitern vollständig ausfüllt und keine Hohlräume bildet, daß sie bei der zugelassenen Grenztemperatur nicht tropfbar weich wird und daß sie sich bei dauernder Erwärmung nicht verändert.

Die verschiedenen Isolierstoffe verhalten sich hinsichtlich Wärmebeständigkeit sehr verschieden. Leider liegt darüber wenig Versuchsmaterial vor, so daß man sich im wesentlichen auf rohes Erfahrungsmaterial über die Haltbarkeit von Maschinen im Gebrauch verlassen muß. Zum erstenmal wurden derartige Versuche an Baumwolle und Papier von Dettmar gemacht, die ETZ 1900, S. 730 beschrieben sind. Später wurden sie auf Anregung von Dettmar vom Elektrotechnischen Verein (Berlin) mit größeren Mitteln, und zwar durch das Materialprüfungsamt in Lichterfelde wiederholt. Darüber hat Schüler berichtet, und zwar ETZ 1916, S. 535. Ferner liegen noch Versuche vor von Flaßkämper und Neumann betr. Papier El. Be. 1923, S. 269, von Möllering betr. Jute, Baumwolle, Tramaseide, Tussahseide und Kunstseide El. Be. 1923, S. 134, von Bureau betr. Leinengewebe Bull. de la Société internat. des Electriens Bd. 3, Nr. 28, S. 669, 1913 (Auszug f. ETZ 1914, S. 306), von Böhner u. Gneist betr. Isolierbänder El. Be. 1924, S. 147 und von Newbury betr. Glimmer und Glimmerpräparate, Proc. Am. Inst. El. Eng. Bd. 34, S. 2555 (Auszug f. ETZ 1916, S. 364).

Durch die neue Fassung des § 38, die äußerlich von der alten erheblich abweicht, sollte eine sachliche Änderung nicht getroffen werden. Die neue Formulierung ist gewählt worden, um den Wortlaut der R.E.M. den Bestimmungen der JEC. tunlichst anzupassen. Insbesondere soll auch die Weglassung der zu der alten Bestimmung V. gemachten Angaben, wonach die Bindemittel sich verändern können, ohne die Isolierung mechanisch oder elektrisch zu beeinträchtigen, keine Änderung in der Auffassung darstellen, da kein Hersteller von Maschinen ein Interesse daran hat, ein Isoliermittel an einer Stelle oder unter Temperaturen anzuwenden, für die es auf die Dauer nicht ausreicht.

§ 39. Grenzwerte.

Die in Tafeln IV a und IV b zusammengestellten höchstzulässigen Grenzwerte der Erwärmung gelten unter der Voraussetzung, daß die Kühlmitteltemperatur 35° nicht überschreitet (Ausnahme siehe § 65).

Für die Temperatur gelten Grenzwerte, die 35° über den Werten in Tafeln IV a und IV b liegen. Diese Grenzwerte für die Temperatur gelten immer. Die Grenzwerte für die Erwärmung dürfen nur dann überschritten werden, wenn die Kühlmitteltemperatur im Betriebe stets so niedrig bleibt, daß die Grenztemperaturen nicht überschritten werden und über die Erfüllung dieser Voraussetzung eine Vereinbarung getroffen wird. Auf dem Schilde soll in diesem Falle außer den Größen, die für den Sondernennbetrieb bei der vereinbarten höchsten

Kühlmitteltemperatur kennzeichnend sind, auch diese Temperatur angegeben werden. Alle anderen Bestimmungen dieser Regeln müssen für diesen Sondernennbetrieb erfüllt sein.

Bei der Wahl oder Anordnung des Aufstellungsortes ist auf die von der Maschine abgegebene Wärmemenge Rücksicht zu nehmen.

Wenn die natürliche Kühlung einer Maschine durch Aufstellung in einem zu engen Raume oder durch einen nachträglich angebrachten Schutzkasten behindert wird, so kann die Maschine dauernd nur eine geringere Leistung oder ihre Nennleistung nur verhältnismäßig kürzere Zeit abgeben.

Tafel IVa.

Grenzerwärmungen.

	I	II	III	IV	V	VI	VII
	Wicklungen mit Isolierung nach Klasse	O	A	A_f u. A_o	B	C	un-isoliert
1	In Nuten gebettete Wechselstromständerwicklungen	40°	50°	60°	80°	Nur beschränkt durch den Einfluß auf benachbarte Isolierteile	—
2	Einlagige Feldwicklungen, ebenso zweilagige Feldwicklungen in Volltrommelläufern	60°	70°	70°	90°		—
3	Dauernd kurzgeschlossene Wicklungen	55°	65°	65°	85°		Isolier-
4	Alle anderen Wicklungen	50°	60°	60°	80°		—

	I	II
5	Kommutatoren und Schleifringe	60°
6	Lager	45°
7	Eisenkerne mit eingebetteten Wicklungen	Wie die Wicklungen
8	Eisenkerne ohne eingebettete Wicklungen	Nur beschränkt durch den Einfluß auf benachbarte Isolierteile
9	Alle anderen Teile	

Meßverfahren

Alle Wicklungen mit Ausnahme der dauernd kurzgeschlossenen	Widerstandzunahme und Thermometermessung
Dauernd kurzgeschlossene Wicklungen sowie alle anderen Teile	Thermometermessung

Tafel IV b.
Grenzerwärmungen.

Zusatzbestimmungen für Ständerwicklungen von Wechselstrommaschinen von mehr als 5000 kVA Leistung oder mehr als 1 m Eisenlänge.

I			II	III
Wicklungen mit Isolierung nach Klasse			A u. A_1	B
10	Wicklungen bis 7000 V* (Thermometer an der Nutenwand oder in der Zahnmitte)	Meßstelle in der Mitte	55^0	70^0
		an den Enden	60^0	80^0
11	Zweischichtwicklungen (Thermometer zwischen den beiden Schichten)		60^0	80^0

Meßverfahren
Messung mit eingebautem elektrischen Thermometer (siehe § 35).

Auf Wunsch des Herstellers kann bei Maschinen mit Einschichtwicklungen das Thermometer innerhalb der Nutenisolation angeordnet werden. Als Erwärmungsgrenze des Kupfers gilt alsdann bei Isolierung nach Klasse A und A_1 70^0, bei Isolierung nach Klasse B 85^0.

* Anmerkung zu 10: Für Maschinen mit mehr als 7000 V werden die Grenzwerte um je $1,5^0$ herabgesetzt für je 1000 V über 7000.

Der § 39 enthält die Angaben über die Grenzerwärmungen von allen Maschinen (mit Ausnahme der für Bahnen). Es wurde ein weitgehender Unterschied nach der Art der verwendeten Isolationen gemacht, was nicht zu umgehen war. Es kann vielleicht eingewendet werden, daß es an den fertigen Maschinen unter Umständen schwer ist zu prüfen, was für Isolierstoff Verwendung gefunden hat. Dieser Einwand erscheint jedoch nicht stichhaltig, da derartige Versuche stets von sachverständigen Personen ausgeführt werden, denen es in der Regel möglich sein wird, die Natur des Isolierstoffs zu erkennen. In anderen Fällen müssen von seiten des Fabrikanten die nötigen Angaben verlangt werden.

Die Bestimmung des § 26, nach der der betriebswarme Zustand unter Annahme einer Raum= oder Kühlmitteltemperatur von 20^0 festgestellt wird, bedeutet keinen Widerspruch zu der Angabe des § 39, wonach eine Kühlmitteltemperatur von 35^0 als Bezugstemperatur angenommen ist. Die erstere Bestimmung soll eine vergleichbare Grundlage für die Feststellung gewährleisteter Werte, wie z. B. des Wirkungsgrades geben, während die Bestimmung des § 39 besagt, daß die Maschine auch noch bei einer Umgebungstemperatur von 35^0 innerhalb der für die Erwärmung zugelas=

senen Grenzen bleiben soll. In diesem Falle würden natürlich wegen der erhöhten Widerstände die Verluste etwas höher und daher der Wirkungsgrad etwas niedriger ausfallen als bei einer Umgebungstemperatur von 20°.

Die Internationale Elektrotechnische Kommission hat schon seit Jahren als Umgebungstemperatur 40° angenommen. Außer von Deutschland sind auch von einer Reihe anderer Staaten Anträge auf Herabsetzung dieses Wertes auf 35° gestellt worden, über die bis jetzt jedoch eine Entscheidung noch nicht gefallen ist. Einzelheiten hierüber gibt Kloß: ETZ 1927, S. 1097.

Von Amerika aus waren früher Bedenken geltend gemacht worden, daß die Art der Berechnung der Erwärmung durch Abziehen der Temperatur der Umgebung von der Endtemperatur der Wicklung richtig sei. Es wurde behauptet, daß bei verschiedenen Temperaturen der Umgebung nicht immer die gleiche Erwärmung sich ergibt. Infolgedessen wurden eingehende Versuche nach dieser Richtung hin an mehreren Stellen gemacht, welche ergeben haben, daß die amerikanische Behauptung nicht zutreffend war. Selbst bei gekapselten Maschinen ist der Einfluß der verschiedenen Temperatur der Umgebung auf das Endresultat der Dauerprobe so gering, daß es in der Praxis nicht notwendig ist, darauf Rücksicht zu nehmen. Bei normalen Maschinen und insbesondere bei Maschinen mit erheblicher Ventilation ist keinerlei Abhängigkeit der Übertemperatur von der Raumtemperatur festgestellt worden. Von der Allgemeinen Elektrizitätsgesellschaft und den Siemens-Schuckert-Werken sind Resultate der diesbezüglichen Versuche zur Verfügung gestellt worden. Die ersteren erstrecken sich auf Temperaturen der Umgebung von 7 bis 50°, die letzteren auf Änderung der Temperatur der Umgebung im Bereiche von 20°. Bei diesen verschiedenen Versuchen wurde festgestellt, daß die stationäre Übertemperatur der Maschinen von der Raumtemperatur vollkommen unabhängig ist. Es ist somit die schon seit langem bei uns übliche Methode der Feststellung der Erwärmung als einwandfrei richtig zu erachten.

Die angegebene zulässige Erwärmung gilt naturgemäß für die normale Belastung der Maschine. Bei geringerer ist die Erwärmung niedriger. Sie ist aber natürlich auch bei Leerlauf und bei schwacher Belastung vorhanden, da ja auch in diesem Zustande ein Teil der Verluste auftritt. In Kreisen von Nichtfachleuten ist vielfach die Ansicht verbreitet, daß eine leerlaufende oder gering belastete Maschine sich gar nicht oder nur sehr wenig erwärmen darf. Diese Ansicht ist nicht zutreffend. Jedenfalls kann aus der Erwärmung bei Leerlauf bzw. in schwach belastetem Zustande nicht auf die Erwärmung bei voller Belastung

geschlossen werden, da das Verhältnis der bei Leerlauf
vorhandenen Verluste zu den bei Vollast auftretenden
Verlusten bei den verschiedenen Typen sehr verschieden ist. Allgemeine Anhaltspunkte über das Verhältnis
der Erwärmung bei Leerlauf zu dem Verhältnis der
Erwärmung bei Vollast können daher nicht gegeben
werden.

Man findet vielfach die Ansicht vertreten, daß Maschinen für Tag- und Nachtbetrieb mit geringerer Erwärmung gebaut werden sollten als Maschinen, die täglich nur bis zu 8 oder 10 Stunden in Betrieb sind.
Diese Ansicht kann nicht als zutreffend erachtet werden. Es wird zwar einesteils bei Tag- und Nacht-
betrieben das Isoliermaterial längere Zeit hindurch
der höheren Temperatur ausgesetzt, dafür ist aber bei
diesen Maschinen der große Vorteil vorhanden, daß die
Bewegung zwischen den Drähten, der Isolation und
dem Eisen, welche durch Erwärmen und Abkühlen
notwendigerweise herbeigeführt wird, wegfällt. Infolge
der verschiedenen Ausdehnungskoeffizienten der einzelnen Materialien kommt eine solche Bewegung bei
jeder Inbetriebnahme und Außerbetriebsetzung vor. Sie
fällt aber bei Maschinen für Tag- und Nachtbetrieb fast
ganz weg oder ist zum mindesten sehr viel kleiner, so
daß solche Maschinen keinesfalls ungünstiger, wahrscheinlich sogar günstiger beansprucht werden als Maschinen, die jeden Tag abgestellt werden und bis zur
Inbetriebnahme wieder abkühlen.

Da die Erwärmung eines Lagers davon abhängt,
ob es schon eingelaufen ist oder nicht, so sei hier ausdrücklich bemerkt, daß die Bestimmung der zulässigen
Erwärmung sich naturgemäß nur auf eingelaufenen Zustand beziehen kann.

Die vielfach verbreitete Ansicht, daß Lager eine
Temperatur von 80° nicht aushalten, ist falsch. Richtig
konstruierte und mit dem richtigen Öl versehene Lager
arbeiten erfahrungsgemäß bei Temperaturen von 80°
und darüber tadellos.

Die Erwärmung der Lager kann nach verschiedenen
Methoden gemessen werden. Von einer Vorschrift,
welche von diesen anzuwenden ist, wurde abgesehen, da
die Verhältnisse in den verschiedenen Fällen doch zu
verschieden liegen. Die Kommission hat aber folgende
Reihenfolge der verschiedenen Methoden als zweckmäßig aufgestellt. Soweit möglich, ist die Temperatur
des ausfließenden Öles zu messen. Sofern dies nicht
ausführbar ist, was z. B. bei Riemenscheibenlagern oder
bei übergreifenden Wickelköpfen, bei Kugellagern, bei
Lagern mit Ölzirkulation, mit Preßölschmierung oder
bei Verwendung von konsistentem Fett vorkommen
kann, so ist als nächstbeste Methode die Messung der
Temperatur der oberen Schicht im Ölsack anzusehen.
Wenn die Lagerschale mit einem Bohrloch versehen ist,

in welches ein Thermometer eingeführt werden kann,
ist diese Methode sehr zweckmäßig. Ist jedoch eine
solche Möglichkeit für die Einführung des Thermometers in die Nähe des wärmsten Teiles des Lagers
nicht gegeben und versagen auch die anderen erwähnten Methoden, so würde im Notfalle noch übrigbleiben,
die äußere Temperatur des wärmsten Teiles des ganzen Lagers festzustellen. Es sei übrigens noch besonders
darauf hingewiesen, daß an Stelle des Thermometers
auch ein Thermoelement zur Feststellung der Temperatur benutzt werden kann, so daß sich dann vielleicht
eine Einführung an schwer zugänglichen Stellen ermöglichen läßt.

Es kann bei elektrischen Maschinen, welche mit An-
triebsmaschinen zusammengebaut sind, leicht vorkommen, daß die Erwärmung des gemeinschaftlichen Lagers
von der Antriebsmaschine aus stark beeinflußt wird.
In diesem Falle, der z. B. bei Turbodynamos vorliegen
kann, würde das gemeinschaftliche Lager aus der
Prüfung nach den vorliegenden Bestimmungen auszu-
scheiden sein. Auch bei Dampfmaschinen und Gas-
maschinen können ähnliche Fälle vorkommen.

Die Erwärmung eines Lagers hängt wesentlich von
der verwendeten Ölsorte ab. Bei etwaigen Reklama-
tionen muß dem Fabrikanten natürlich zugestanden
werden, daß er bei der Abnahme das für das Lager
geeignetste Schmiermittel verwendet. Hierbei ist aber
vorausgesetzt, daß nicht die Verwendung eines abnormal
teuren oder lediglich durch ihn selbst zu beschaffenden
Schmiermittels von dem Fabrikanten vorgeschrieben
wird, wenn nicht bei der Bestellung hierauf ausdrücklich aufmerksam gemacht war.

In Fabriken, in denen beim Betriebe Staub oder
Späne entstehen, und namentlich in der Landwirtschaft
hat sich der Mißbrauch herausgebildet, nachträglich
Schutzkästen aus Holz oder Blech über die Maschine zu
setzen. Es soll sogar Überlandzentralen geben, die derartige Schutzkästen vorschreiben. Sie sind aber nicht zu
empfehlen, da man nie die Sicherheit hat, daß der betreffende Motor für die Verwendung eines solchen
Schutzkastens gebaut ist. Wenn das nämlich nicht der Fall
ist, dann wird der Motor natürlich zu warm, da ja die
Wärmeabfuhr behindert ist. Man sollte daher solche
Schutzkästen grundsätzlich verwerfen und die Motoren
in einer geeigneten Schutzart von vornherein ausführen.

Es wird allerdings nicht damit gerechnet werden
können, daß diese höchst unzweckmäßigen Schutzkästen
so bald ganz verschwinden. In den Fällen, in denen sie
nun doch benutzt werden, sollte dann wenigstens dahin
gestrebt werden, daß sie genügend groß sind. Als Grundlage kann hierfür eine Angabe benutzt werden, die in
den Erläuterungen der Bayrischen Versicherungs-
kammer zu dem vom VDE aufgestellten „Merkblatt

für die Behandlung elektrischer Starkstromanlagen in der Landwirtschaft" enthalten ist. Darin wird verlangt, daß die Kammern feuersicher sein müssen, und daß sie mindestens den 15=fachen Inhalt des Raumes haben, der den Motor in den drei Hauptrichtungen äußerlich umgrenzt. Ist also ein Motor z. B. 0,5 m lang, 0,3 m breit und 0,37 m hoch, so berechnet sich der erforderliche Raum auf mindestens $15 \times 0,5 \times 0,3 \times 0,37 = 0,83$ m³. Die Kammer muß also mindestens etwa $1,0 \times 1,0 \times 0,83$ m groß sein. Insbesondere ist es wichtig, den verlangten Mindestraum vernunftgemäß zu verteilen.

§ 40. Geschichtete Stoffe.

Bei mehreren geschichteten Stoffen verschiedener Wärmebeständigkeit gilt im allgemeinen als Grenztemperatur die des weniger wärmebeständigen, falls seine Zerstörung den Betrieb der Maschine beeinträchtigt.

Dagegen gilt als Grenztemperatur die des wärmebeständigeren Stoffes, falls der weniger wärmebeständige Stoff nur in kleinen Mengen zum Aufbau verwendet wird und der Zerstörung unterliegen darf, ohne die Isolierung zu beeinträchtigen.

Es kommt öfters vor, daß zwei verschiedene Isolierstoffe übereinandergeschichtet Verwendung finden, z. B. Papier und Glimmer. In diesem Falle gilt der niedrigste zulässige Wert für die Grenztemperatur, also derjenige für Papier.

In zweifelhaften Fällen hat man darauf zu achten, ob das betreffende Material als Isolierstoff oder Baustoff verwendet ist. Ist z. B. in einer Nute nur ein Stab vorhanden, der mit Baumwolle umsponnen ist und in einer geschlossenen Glimmerisolierung liegt, dann würde Glimmer maßgebend sein. Sind aber in der gleichen Nute mehrere Drähte, so daß die Isolation der Drähte gegeneinander durch Baumwolle bewirkt wird, so würde dieses Material maßgebend sein für die zulässige Erwärmung. Bei Stabankern ferner wird vielfach aus rein mechanischen Gründen eine Leinwandumwicklung oder eine Umwicklung mit Isolierband ausgeführt. Dieses Band ist dann nicht maßgebend für die zu wählende Temperaturgrenze, wenn es nicht als Isolation wirkt. Glimmerröhren werden vielfach mit Rücksicht auf ihre Herstellung, Versendung und Lagerung außen mit einer Papierschicht umgeben. Letztere würde für die Wahl der Temperaturgrenze nicht maßgebend sein, wenn die Glimmerröhre so in die Nute eingebracht ist, daß bei Schadhaftwerden des Papieres eine Verringerung der Isolierung nicht eintritt.

§ 41. Zweierlei Isolationen.

Wenn für verschiedene, räumlich getrennte Teile der gleichen Wicklung zwei oder mehrere Isolierstoffe von

verschiedener Wärmebeständigkeit verwendet werden.
so gilt bei Temperaturbestimmung aus der mittleren
Widerstandzunahme die für den wärmebeständigeren
Stoff zulässige Grenztemperatur, sofern die Thermometermessung an den weniger wärmebeständigen Stoffen keine
Überschreitung der für sie zulässigen Grenztemperaturen
ergibt.

D. Überlastung, Kommutierung, Anlauf.

§ 42. Allgemeines.

Die folgenden Bestimmungen sollen nur die mechanische und elektrische Überlastbarkeit ohne Rücksicht
auf Erwärmung feststellen.

§ 43. Überlastung.

Maschinen für Dauerbetrieb müssen im betriebswarmen Zustande während 2 min den 1,5-fachen Nennstrom ohne Beschädigung oder bleibende Formänderung
aushalten. Diese Prüfung ist bei Motoren und Einankerumformern bei Nennspannung durchzuführen, bei Generatoren soll die Spannung so nahe als möglich der Nennspannung gehalten werden.

Motoren müssen bei Nennspannung, Wechselstrommotoren auch bei Nennfrequenz mindestens folgende
Kippmomente entwickeln können:
1. bei Dauer- und kurzzeitigem Betrieb:
   Kippdrehmoment $\geq 1,6 \times$ Nenndrehmoment.
2. bei aussetzendem Betrieb:
   Kippdrehmoment $\geq 2 \times$ Nenndrehmoment.
Ist bei Gleichstrommaschinen mit weniger als 250 V
gegen Erde der Kurzschlußstrom kleiner als der 1,5-fache
Nennstrom, so muß dieser Kurzschlußstrom während
2 min ausgehalten werden.

Kippmoment ist das höchste Drehmoment, das ein Motor
im Lauf entwickeln kann.

Als kurzzeitige Betriebe kommen hauptsächlich in
Frage der Antrieb von Wehren, Schleusen, Schützen,
Brücken, Helliganlagen, Andrehvorrichtungen für
Schwungräder und ähnliches. Sie verlangen oft ein
außerordentlich hohes Moment (unter Umständen bis
zum 5-fachen), so daß dieses dann allein die Type
bestimmt.

Das vorgeschriebene Kippdrehmoment in Höhe
des 1,6-fachen des Nenndrehmomentes stellt nur eine
Mindestforderung dar. In Wirklichkeit haben die Motoren, besonders die schnellaufenden, eine höheres
Kippdrehmoment.

§ 44. Kommutierung.

Maschinen mit Kommutator müssen bei jeder Belastung bis zur Nennleistung praktisch funkenfrei arbeiten. Bei den Überlastungsproben nach § 43 müssen
sie derart kommutieren, daß weder die Betriebsfähigkeit

von Kommutator und Bürsten beeinträchtigt wird noch Rundfeuer auftritt.

Vorausgesetzt wird, daß

1. der Kommutator in gutem Zustande ist und die Bürsten gut eingelaufen sind,
2. bei Gleichstrommaschinen ohne Wendepole die Bürstenstellung im Belastungsbereiche von 0,25 × Nennleistung bis Nennleistung unverändert bleibt, in den anderen Belastungsbereichen jedoch geändert werden kann,
3. bei Gleichstrommaschinen mit Wendepolen die Bürstenstellung im ganzen Belastungsbereiche des Nenndrehsinnes unverändert bleibt (siehe §§ 76 und 77),
4. bei Einankerumformern, Kaskadenumformern und Kommutatormotoren die Wechselspannung praktisch sinusförmig ist.

Ein Betrieb gilt als praktisch funkenfrei, wenn Kommutator und Bürsten in betriebsfähigem Zustande bleiben.

Der wechselstromseitige Anlauf von Einankerumformern und der Anlauf von Wechselstrom-Kommutatormotoren verursacht vorübergehend stärkeres Bürstenfeuer, das aber den betriebsfähigen Zustand nicht beeinträchtigen darf.

Es scheint vereinzelt die Ansicht verbreitet zu sein, daß Maschinen, welche mit geschwächtem Felde arbeiten (z. B. Akkumulatorenlademaschinen und Zusatzmaschinen), der Bedingung, wonach die Bürstenstellung für Belastungschwankungen von ein Viertel Last bzw. Leerlauf bis Vollast unverändert bleiben soll, nicht zu genügen brauchen. Auf eine diesbezügliche Anfrage bei der Maschinennormalienkommission wurde festgestellt, daß diese Ansicht unzutreffend ist und daß die Bestimmungen auch für Maschinen mit geschwächtem Felde gelten, sofern nicht bei der Bestellung ausdrücklich eine Vereinbarung getroffen worden ist, dahingehend, daß Bürstenverschiebung zulässig ist. Die Kommission stand prinzipiell auf dem Standpunkte, daß jede Gleichstrommaschine, bei deren Bestellung bzw. Offerte kein besonderer Vorbehalt gemacht ist, zwischen ein Viertel Last bzw. Leerlauf und Vollast ohne Bürstenverstellung muß laufen können. Wie der Fabrikant dies bei Maschinen mit geschwächtem Felde erreicht, ist seine Sache, da genügende Hilfsmittel hierfür zur Verfügung stehen. Es soll damit nicht gesagt sein, daß unbedingt auch immer Maschinen ohne Bürstenverstellung für diesen Zweck verwendet werden sollen. Es kann unter Umständen vollkommen genügen, bei Vorhandensein einer ausreichenden Wartung eine Maschine mit Bürstenverstellung zu verwenden, worauf jedoch der Abnehmer aufmerksam gemacht werden muß.

Bei Wechselstrom-Kommutator-Motoren kommt es zuweilen vor, daß unter den Bürsten geringe Funken wahrzunehmen sind, die jedoch den Kommutator nicht angreifen. Dies würde als zulässig zu erachten sein, da ja praktisch ein Nachteil nicht eintritt.

Bei Elektrolytmaschinen kann es vorkommen, daß die Bedingung 2 des § 44 nicht eingehalten werden kann, wenn man sie nicht unnötig groß bauen will. In einem solchen Falle ist gemäß § 2 eine ausdrückliche Vereinbarung zu treffen.

Im vorletzten Absatz des § 44 ist der Begriff „praktisch funkenfrei" festzulegen versucht worden, da sich darüber leicht Meinungsverschiedenheiten entspinnen können. Hierbei ist nach Ansicht der Kommission ordnungsgemäßer Betrieb vorausgesetzt.

Über Bürsten besteht das Normblatt DIN VDE 2900, das auf Seite 366 abgedruckt ist.

§ 45. Anlauf.

Wechselstrommotoren sollen bei Nennspannung und Nennfrequenz mit dem zugehörenden Anlasser in jeder Läuferstellung beim Anzuge und während des ganzen Anlaufes ein Drehmoment (Anlaufmoment) entwickeln, das mindestens $0{,}3 \times$ Nenndrehmoment ist.

Liegen die Antriebsbedingungen fest oder sind über sie Vereinbarungen getroffen, so sind auch kleinere Werte zulässig.

§ 46 siehe § 7.

§ 47. Kurzschlußprobe.

Synchronmaschinen sollen eine Festigkeitsprobe mit Stoßkurzschlußstrom aushalten (siehe § 7), die im Leerlaufzustand vorzunehmen ist; zur Berücksichtigung des Vorbelastungstromes soll hierbei die Maschine auf die 1,05-fache Nennspannung erregt werden.

Die Kurzschlußprobe gilt als bestanden, wenn sich keine schädlichen Formänderungen zeigen und die Spannungsproben nach § 48 nachträglich ausgehalten werden.

Der Stoßkurzschlußstrom von Synchronmaschinen soll das 15-fache des Scheitelwertes (das 21-fache des Effektivwertes) des Nennstromes nicht überschreiten.

Früher verwendete man in Drehstromanlagen vorwiegend Maschinen mit steifem Magnetfelde, da sie bei veränderlicher Belastung geringe Spannungschwankungen ergaben. Solche Maschinen hatten aber bei Kurzschluß einen außerordentlich hohen „Stoßkurzschlußstrom", der bis zum 40-fachen ging. Mit zunehmender Leistung der Anlagen erwiesen sich solche „harten" Maschinen aber als außerordentlich schädlich für den Betrieb, und man ging daher dazu über, nur noch „weiche" Maschinen zu verwenden, die zwar größere Spannungschwankungen aufweisen, aber dafür bedeutend kleinere Stoßkurzschlußströme, und zwar nur bis höchstens zum 15-fachen haben. Die stärkeren Spannungschwankungen werden dann durch Schnellregler beseitigt.

Da im Betriebe der Stoßkurzschlußstrom verschieden ausfallen wird, je nachdem ob die Maschine leer ober belaſtet läuft (entſprechend dem verſchiedenen Erregerzuſtande), und da man bei der Prüfung den Kurzſchlußverſuch im allgemeinen nur an der leer=laufenden Maſchine vornehmen wird, ſo iſt der mög=lichen Erhöhung des Stoßkurzſchlußſtromes im Be=laſtungszuſtande dadurch Rechnung getragen worden, daß die der 1,05=fachen Nennſpannung entſprechende Erregung zugrunde gelegt iſt.

Die Vorſchrift, daß die Spannungsprobe nach § 50 nach der Kurzſchlußprobe vorgenommen wird, macht es zur Vermeidung einer doppelten Beanſpruchung der Iſolation erforderlich, bei der Durchführung der Prü=fungen dieſe Beſtimmung zu beachten.

Die im dritten Abſatz gegebene Begrenzung für den Stoßkurzſchlußſtrom berückſichtigt nicht nur die Betriebſicherheit der Maſchine ſelbſt, ſondern auch die der im Netz vorhandenen Leitungen und Apparate.

E. Isolierfestigkeit.

§ 48. Allgemeines.

Die Wicklungsisolation soll folgenden Spannungs-proben unterworfen werden:

1. Wicklungsprobe nach § 50,
2. Sprungwellenprobe nach § 51 bei Wechselstrom-wicklungen über 2,5 kV,
3. Windungsprobe nach § 52.

Verbindungen zwischen verschiedenen Wicklungen (z. B. den drei Phasen einer Mehrphasenwicklung) oder mit dem Körper müssen bei Maschinen über 1000 V Be-triebspannung zur Vornahme der Wicklungsprobe ge-trennt werden. Wenn die Verbindungen nicht ohne weiteres lösbar sind, kann die Prüfung als Werkstatt-prüfung an der nicht ganz fertigen Maschine durch-geführt werden. Die Verbindungen brauchen nicht gelöst zu werden bei Maschinen mit abgestufter Isolation für dauernde Erdung eines Poles.

Die Prüfungen dürfen an der kalten Maschine vor-genommen werden, falls die Maschine im warmen Zu-stand nicht zur Verfügung steht.

Die Prüfungen sollen in der Reihenfolge 1, 2, 3 vor-genommen werden.

Die Prüfungen gelten als bestanden, wenn weder Durchschlag noch Überschlag eintritt.

Da es leicht eintreten kann, daß Maſchinen oder Transformatoren auf dem Transporte oder während der Zeit der Lagerung Feuchtigkeit aufnehmen, ſo iſt es notwendig, daß die Unterſuchung auf Iſolierfeſtigkeit erſt dann vorgenommen wird, wenn die Maſchine ent=ſprechend ausgetrocknet worden iſt. Dies kann entweder durch Heizen von außen oder beſſer durch Heizen von innen heraus geſchehen. Man nimmt daher eine ſolche Maſchine zweckmäßig erſt vorſichtig in Betrieb (kurz=geſchloſſen oder bei niedriger Spannung belaſtet), ſo daß durch mehrmalige Erwärmung von innen heraus die Feuchtigkeit beseitigt wird.

Für die Durchführung dieser Prüfungen sei auf das zu §§ 27 und 47 Gesagte hingewiesen.

Aus der Forderung der Lösbarkeit der Verbindungen bei Maschinen über 1000 V Betriebspannung können sich bei manchen Maschinen, z. B. mittelgroßen Drehstrommotoren, Schwierigkeiten ergeben, weil in dem Klemmenkasten für den Verkettungspunkt kein geeigneter Platz zur Verfügung steht. In solchen Fällen ist es zulässig, diese Prüfung in der Werkstatt an der noch nicht ganz fertigen Maschine durchzuführen, über die dann aber ein Protokoll zu führen ist.

Die Isolierung einer neuen Maschine wird nach der Inbetriebsetzung zunächst im allgemeinen besser werden, da die Maschine durch den Gebrauch gut austrocknet. Später wird aber der Isolationswert wieder fallen, ohne daß etwa diese Erscheinung einen Schluß darauf gestattet, daß das Isoliermaterial gelitten hätte. Der Grund ist darin zu suchen, daß sich allmählich Staub ansetzt und so Brücken für Stromübergänge gebildet werden. Es ist daher bedenklich, Proben mit gesteigerter Spannung nach längerem Betriebe zu wiederholen. Es kommt ja manchmal vor, daß auch nach Ablauf der Garantiezeit nochmals Proben vorgenommen werden; es ist aber zu empfehlen, in solchen Fällen von einer Prüfung auf Isolierfestigkeit abzusehen.

Es ist nun die Frage aufgeworfen worden, wie bei schon im Betrieb befindlichen Maschinen die Isolierung geprüft werden solle. Da eine Messung des eigentlichen Isolationswiderstandes ausgeschieden worden ist, andererseits aber eine Wiederholung der Überspannungsprobe bedenklich ist, so scheint kein anderer Weg zur nachträglichen Prüfung mehr vorhanden zu sein. Diese Auffassung ist jedoch nicht richtig. Eine einfache Prüfung der Maschinen und Transformatoren kann dadurch vorgenommen werden, daß die Wicklung gegen Körper der normalen Spannung ausgesetzt wird. Dann hat jede einzelne Isolation die normale Spannung auszuhalten, während sie im allgemeinen nur der halben Spannung ausgesetzt ist, da ja zwei Isolationen hintereinander liegen. Auf diese Weise wird ein schleichender Fehler leicht herausgefunden, während eine gefährliche Beanspruchung der Isolation vermieden wird.

Aus mehrfachen Anfragen hat die Kommission ersehen, daß ein Bedürfnis dafür besteht, Angaben über den erforderlichen Isolationswert von elektrischen Maschinen, die schon längere Zeit im Betriebe sind, zur Verfügung zu haben. Sie beabsichtigt infolgedessen, solche Angaben zu machen und hat auch schon Material durch Umfragen gesammelt. Die Verarbeitung desselben konnte jedoch bis zur Jahres-

verſammlung 1929 des VDE nicht beendet werden,
ſo daß dieſe Angelegenheit noch zurückgeſtellt und erſt
bei der nächſten Reviſion erledigt werden kann. Wenn
in einzelnen Fällen Bedenken bezüglich dieſes Wertes
auftreten, ſei jedoch darauf hingewieſen, daß durch
wiederholtes Austrocknen der Maſchine oft eine Beſſe-
rung des Iſolationswiderſtandes erreichbar iſt.

Bezüglich der Spannungsmeſſung mit der Kugel-
funkenſtrecke in Luft ſei auf den Wortlaut dieſer vom
VDE aufgeſtellten Beſtimmungen, die auf S. 246 bis 255
abgedruckt ſind, verwieſen. Weiter ſiehe auch Z. techn.
Phyſ. Bd. 10, 1929, S. 317 und Z. V. d. J. 1930,
S. 29.

Auf eine an die Kommiſſion gerichtete Anfrage hin
wurde entſchieden, daß die Prüfvorſchriften ſich auf
reparierte alte Maſchinen nicht beziehen ſollen.

Von vielen Firmen werden für feuchte Räume Maſchinen mit beſonderer Ausführung der Iſolation geliefert. Bei den Beratungen der Kommiſſion iſt nun
feſtgeſtellt worden, daß es nicht möglich iſt, bezüglich
einer ſolchen Feuchtſchutziſolierung allgemeine Grund-
ſätze aufzuſtellen. Die Angabe der verſchiedenen Her-
ſteller über Qualität und Leiſtungsfähigkeit dieſer Iſo-
lierungsart gehen ſehr weit auseinander. Es iſt daher
zur Zeit nicht möglich, eine Normung einzuführen, ſo
daß es dem Beſteller überlaſſen werden muß, jeweilig
bei Auftragserteilung diejenigen Bedingungen, denen
die erhöhte Iſolierung genügen ſoll, beſonders feſt-
zuſetzen.

§ 49. Ausführung der Spannungsprobe.

Bei Asynchronmaschinen und Synchronmaschinen mit
Walzenläufer ist die Spannungsprobe 1 bei eingebautem
Läufer vorzunehmen. Bei Gleichstrommaschinen und
Synchronmaschinen mit Schenkelpolläufer darf sie bei
ausgebautem Läufer vorgenommen werden.

Bezüglich des letzten Satzes ſei bemerkt, daß die
Maſchinen nicht etwa noch einer Prüfung mit eingebautem Läufer unterzogen werden brauchen.

§ 50. Wicklungsprobe.

Die Wicklungsprobe dient zur Feststellung der ausreichenden Isolierung von Wicklungen gegeneinander und
gegen Körper.

Ein Pol der Stromquelle wird an die zu prüfende
Wicklung, der andere an die Gesamtheit der untereinander und mit dem Körper verbundenen anderen Wicklungen gelegt.

Die Prüfspannung soll praktisch sinusförmig, ihre
Frequenz gleich der Nennfrequenz oder 50 Hz sein.

Bei der Vornahme der Prüfung dürfen höchstens 50%
der Prüfspannung durch Einschalten mittels Schalter auf
das Prüfobjekt gegeben werden. Die Steigerung der Spannung vom halben Wert zum Endwert muß stetig oder in

Tafel V.
Prüfspannungen für die Wicklungsprobe.

	I	II			III	IV
	Wicklung	Bereich			Prüfspannung in V (der größere der Werte)	
1		Nennleistung kleiner als 1 kW			$2\,U + 500$	
2	Alle Wicklungen mit Ausnahme von 5 bis 8	Nennleistung von 1 kW an	bis 1000 V		$2\,U + 1000$	1500
3			bis 3000 V		$3\,U$	
4			über 3000 V		$2\,U + 3000$	
5	Erregerwicklungen von Einankerumformern und Synchronmotoren	mit stets geschlossenem Erregerkreise ohne oder mit Drehstromanlauf*			$2\,U + 1000$	1500
6		mit für den Anlauf unterteilter Erregerwicklung ohne oder mit Drehstromanlauf			$10\,U + 1000$	1500
7		mit abschaltbarem Erregerkreise	ohne Drehstromanlauf		$10\,U + 1000$	1500
8			mit Drehstromanlauf		$20\,U + 1000$, jedoch max. 8000	1500

* Anmerkung zu 5 und 6: Der Erregerkreis von Einankerumformern und Synchronmotoren gilt als geschlossen, wenn der äußere Widerstand nicht mehr als das 10-fache des inneren beträgt.

Empfohlen wird die Erregerwicklung von Einankerumformern und Synchronmaschinen stets geschlossen zu halten oder sie für den Ablauf zu unterteilen.

einzelnen Stufen von höchstens je 5% der Endspannung
erfolgen. Die Zeit der Spannungs-Steigerung vom halben
Wert bis zum Endwert soll nicht kleiner als 10 s sein. Der
Endwert der Prüfspannung ist während 1 min einzuhalten.

Wird die Prüfzeit über 1 min ausgedehnt, so soll die
Prüfspannung herabgesetzt werden.

Gleitfunken dürfen vor Überschreitung der Nennspannung um 25% nicht auftreten.

Kurzschlußwicklungen brauchen nicht geprüft zu
werden.

In der Tafel V bedeutet U
1. die höchste auf dem Leistungsschild angegebene
   Nennspannung der Maschine, bei Feldwicklungen die
   Nenn-Erregerspannung,
2. bei leitend verbundenen Wicklungen einer oder
   mehrerer Maschinen die höchste gegen Körper beim
   Körperschluß eines Poles auftretende Spannung,
3. bei Läuferwicklungen von Asynchronmotoren, die
   dauernd in einer Richtung umlaufen, die Läuferspannung und bei Umkehr-Asynchronmotoren 1,5 × Läuferspannung,
4. bei dauernd mit einem Außenpol geerdeten Maschinen 1,25 × Nennspannung[1],
5. bei Maschinen, die im Sternpunkt kurz geerdet sind,
   0,8 × Nennspannung.

Für die Durchführung dieser Prüfung sei auf das
zu §§ 27 und 47 Gesagte hingewiesen.

Die Kommission für Maschinen und Transformatoren hat auf besonderen Antrag hierzu anerkannt, daß
gewisse Spezialmaschinen, wie Hochspannungsgleich-
strommaschinen für Zwecke der drahtlosen Telegraphie
und ähnliche, die Bedingungen des § 50 nicht erfüllen
können. Sie sind demgemäß davon auszunehmen.

Setzt man eine Maschine einer steigenden Prüfspannung aus, so kann man folgendes beobachten:
Von einer bestimmten Spannung an tritt ein knistern-
des Geräusch auf, das mit zunehmender Spannung
stärker wird und allmählich von einer schwachen bläu-
lichen Lichterscheinung, die nur im Dunklen sichtbar
ist und die als unschädlich betrachtet werden kann, be-
gleitet wird. Bei weiter steigender Spannung wird
diese Lichterscheinung noch deutlicher, so daß man sie
schließlich auch bei schwacher Beleuchtung sehen kann.
Später treten hellerleuchtende Gleitfunken entlang der
Oberfläche auf, bis schließlich der Durchschlag eintritt.

Bei längerer Dauer der Prüfzeit wird der Isolierstoff stärker beansprucht, so daß es nicht zulässig erscheint,
in solchem Falle die normalen Prüfspannungswerte beizubehalten. Ein bestimmtes allgemein gültiges Gesetz

---

[1] Dieser gegenüber dem früheren Wert der R.E.M./1923 von
1,1 erhöhte Wert, der in der Annahme beschlossen wurde, daß er
durch die Anpassung an die entsprechende IEC-Arbeit notwendig
würde, soll wieder auf 1,1 herabgesetzt werden.

für die Herabsetzung der Prüfspannung bei größerer Prüfzeit läßt sich nicht aufstellen. Es sind daher von Fall zu Fall besondere Vereinbarungen zu treffen. Da bei Maschinen mit nur 3 Klemmen diese Prüfung nicht durchgeführt werden kann, ist im § 52 für solche in Reihe 2 eine verschärfte Windungsprobe vorgeschrieben worden.

Bei Drehstrommotoren, die von Stern auf Dreieck umschaltbar sind, muß gemäß vorstehender Bestimmung 1. die Prüfspannung unter Zugrundelegung der höchsten der auf dem Leistungschild angegebenen Nennspannungen errechnet werden, auch wenn sie nur mit der kleineren benutzt werden.

Unter Ziffer 4 war im bisherigen Wortlaut der R.E.M. die 1,1=fache Nennspannung angegeben. Dieser Wert ist in der vorliegenden Fassung auf 1,25 erhöht worden, und zwar lediglich um eine Anpassung an einen in der Internationalen Elektrotechnischen Kommission gemachten Vorschlag zu erreichen, mit dessen Annahme man gerechnet hat. In einer Sitzung der J.E.C., die erst nach Beschlußfassung über die R.E.M. stattfand, zeigte sich aber, daß für diesen Wert keine Mehrheit zu erwarten ist, und daß er voraussichtlich nicht angenommen werden wird. Da eine Notwendigkeit zur Erhöhung der Prüfspannung auf Grund der deutschen Erfahrungen nicht vorliegt und die Änderung lediglich zur Erzielung einer Übereinstimmung mit den Bestimmungen der J.E.C. vorgeschlagen war, ist beabsichtigt, den Wert 1,25 bei der Änderung der R.E.M. wieder auf den alten Wert 1,1 oder den von der J.E.C. inzwischen angenommenen Wert festzusetzen. Es liegt somit kein Bedürfnis vor, solche Prüfungen unbedingt mit dem erhöhten Wert auszuführen.

§ 51. Sprungwellenprobe.

Die Sprungwellenprobe dient dazu, festzustellen, daß die Windungsisolierung gegenüber den im Betriebe auf-

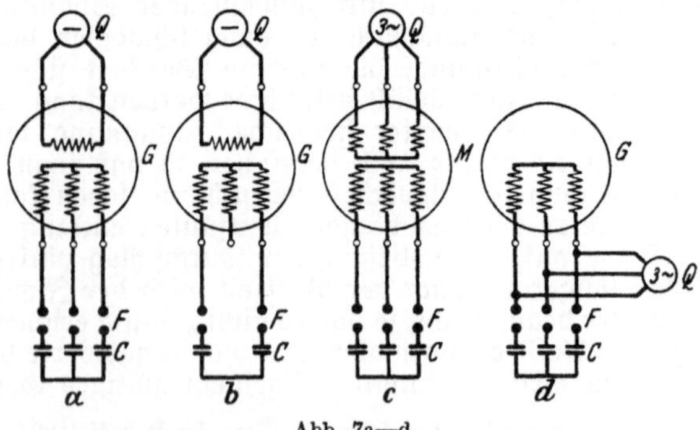

Abb. 7a—d.

tretenden Sprungwellen ausreicht. Die Prüfung soll im Fabrikprüffelde an der fertigen Maschine, und zwar für

Synchron- und Asynchronmaschinen nach Abb. 7a bis 7c vorgenommen werden; sie kann auch mit einer fremden Stromquelle nach Abb. 7d ausgeführt werden.

Die zu prüfende Wicklung der Maschine G oder M ist über Funkenstrecken F aus massiven Kupferkugeln von mindestens 50 mm Durchmesser auf Kabel oder Kondensatoren C geschaltet, deren Kapazität folgendermaßen zu bemessen ist:

Bei Verwendung eines Drehstromkabels ist dessen Betriebskapazität gleich der angegebenen Kapazität zu wählen. Die Betriebskapazität eines Drehstromkabels ist das Doppelte der Kapazität von zweien seiner Leiter, die mit einer Stromquelle verbunden sind, während der dritte Leiter frei bleibt (siehe § 5 der Definition der Eigenschaften gestreckter Leiter, ETZ 1909, S. 1155 und 1184).

Tafel VI.

Prüfkapazität.

Nennspannung in kV	Kapazität in jeder Leitung mindestens μ F
2,5 ... 6	0,05
bis 15	0,02
über 15	0,01

Der Kugelabstand jeder Funkenstrecke wird für einen Überschlag bei 1,1 U eingestellt. Die Maschine ist durch die Stromquelle Q mit Gleichstrom bei normaler Drehzahl bzw. mit Drehstrom von mindestens normaler Frequenz auf etwa das 1,3 fache der Nennspannung zu erregen. Die Funkenstrecken werden auf beliebige Weise gezündet (etwa durch vorübergehende Annäherung der Kugeln oder Überbrückung der Luftzwischenräume) und ein Funkenspiel von 10 s Dauer wird aufrechterhalten. Die Funkenstrecken sind dabei mit einem Luftstrom von etwa 3 m/s Geschwindigkeit anzublasen.

Durch die Funkenüberschläge werden die Kapazitäten von der Wicklungsspannung immer wieder umgeladen, bei jeder plötzlichen Umladung zieht eine Sprungwelle in die zu prüfende Wicklung ein.

Empfohlen wird, alle Zwischenleitungen möglichst kurz zu halten, da bei längeren Leitungen die Beanspruchung der Wicklung nicht eindeutig bestimmt ist.

Mehrphasenmaschinen können auch in der Einphasenschaltung geprüft werden; dabei sind die Anschlüsse so oft zu vertauschen, daß jeder Wicklungstrang der Sprungwellenprobe ausgesetzt wird.

Die Sprungwellenprobe ist erst im Jahre 1923 eingeführt worden. Bei Hochspannungsmaschinen und Transformatoren hatte man die Erfahrung gemacht, daß häufig Durchschläge[1] zwischen benachbarten Windungen oder benachbarten Spulen vorgekommen sind. Die Erklärung für diese Erscheinung wurde darin gefunden, daß sie verursacht waren durch das Auftreffen von Wanderwellen auf die Windungen. Sie haben oft eine so

---

[1] Siehe auch „Elektrische Schaltvorgänge" von R. Rübenberg, 2. Auflage, S. 476.

steile Stirn, daß der erste Leiter einer Spule schon
auf hohe Spannung geladen sein kann, wenn der
zweite oder die folgenden noch spannungsfrei sind.
Es tritt also zwischen benachbarten Windungen ein
starker Spannungsprung auf, der zum Überschlag führt,
wenn diese Windungen nur für die normale Betriebspannung isoliert sind. Man ging infolgedessen, nachdem
man die Ursache erkannt hatte, dazu über, bei Hochspannungswicklungen die Eingangswindungen mit einer ver-
stärkten Isolation zu versehen. Dies erreichte man bei
Maschinen z. B. in der Weise, daß man bei den Eingangswindungen in die Nuten dünnere Leiter einlegte
als in die anderen Nuten, um auf diese Weise Platz
für stärkere Isolationen zu erhalten. Wenn dann alle
Höhlungen noch durch Isolierlack ausgefüllt werden,
so ergeben derartig hergestellte Wicklungen eine große
Sicherheit gegen Wanderwellen, und man hat auf
diese Weise die oben geschilderten Durchschläge fast
ganz vermieden bzw. auf ein geringes Maß zurück-
geführt. Ebenso wie man durch die Überspannungsprobe
die genügende Sicherheit gegen Eisen nachweist, wurde
es nun auch notwendig, die Güte der Windungsisolierung durch eine besondere Probe, die Sprungwellenprobe, zu prüfen. Das geschieht nun in der Weise, daß
man kräftige Überspannungen von Windung zu Windung entstehen läßt, um die Isolierungen der Maschinen
in höherer Weise zu beanspruchen, als das im praktischen Betriebe dann der Fall ist, wenn an irgendeiner
Stelle beabsichtigte oder unbeabsichtigte Schaltungen
vorgenommen werden. Auf Grund umfangreicher Versuche ist nun die in § 51 beschriebene Sprungwellenprobe ausgearbeitet worden, und zwar ist es gelungen,
mit verhältnismäßig geringen Mitteln eine Prüfung
durchzuführen, die annähernd die gleichen Beanspruchungen der inneren Isolation zeigt, wie sie später
im Betrieb tatsächlich vorkommen[1].

Die Höhe der bei dieser Probe erzeugten Sprungwellen ist abhängig von der eingestellten Überschlagspannung der Kugelfunkenstrecke, so daß also dadurch
die Höhe der bei jedem Überschlag in die Wicklung einziehenden Sprungwelle gegeben ist. Daß dies in der Tat
so ist, wurde durch Messungen nachgewiesen, indem
parallel zu der Funkenstrecke eine Meßfunkenstrecke aufgestellt wurde, die zur Erhöhung der Genauigkeit mit
einer Quarzlampe bestrahlt wurde. Es ergab sich aus
diesen Versuchen, daß die mit dieser Meßstrecke fest-
gestellte Spannung der eingestellten Überschlagspannung der Funkenstrecke entsprach. Als Spannungsgrenze, von der ab die Sprungwellenprobe auszuführen
ist, wurden 2500 V festgesetzt. Es wurde hierfür absicht-

---

[1] Bull. d. Schweiz. elektrot. Ver. 1922, S. 437.
G. Courvoisier.

lich eine nicht normale Spannung (vgl. „Normen[1] für Betriebspannungen elektrischer Starkstromanlagen") gewählt, um Unklarheiten sicher auszuschließen.

Für die Durchführung der Sprungwellenprobe wird man vielfach Kabel benutzen, bei denen aber, wie in den Bestimmungen ausdrücklich hervorgehoben ist, die sogenannte „Betriebskapazität" maßgebend ist. Darüber sind die notwendigen Angaben in der vom Elektrischen Verein Berlin aufgestellten „Definition der elektrischen Eigenschaften gestreckter Leiter" enthalten, und zwar im § 5 derselben. Da nun in diesem Paragraphen auch auf den § 4 derselben verwiesen ist, so sind in diesem Buche, und zwar auf S. 256 bis 260 diese beide Paragraphen abgedruckt worden.

Bei der im ersten Entwurf dieser Sprungwellenprobe in Aussicht genommenen Fassung[2] war noch vorgesehen gewesen, daß die mit Kugeln versehenen Schalterkontakte auseinandergezogen werden sollten. Die Folge davon wäre aber gewesen, daß weder die Höhe noch die Dauer der Beanspruchung genau festgelegt gewesen wäre, da der Zeitverlauf der Beanspruchungen von der Geschwindigkeit des Ziehens des Schalters abhängig ist. Durch die Wahl der festeingestellten Funkenstrecke wurde aber erreicht, daß Höhe und Dauer eindeutig festgelegt sind. Des weiteren war im Anfang nicht in Aussicht genommen, daß die Funkenstrecke mit einem Luftstrome angeblasen werden muß. Es hat sich aber gezeigt, daß für kleinere Schlagweiten (unter ca. 6 mm) der Zusammenhang zwischen Überschlagspannung und Funkenstrecke nicht einwandfrei feststeht, da der Lichtbogen nicht richtig löscht. Es war also notwendig, das Löschen durch Anblasen mit Luft, und zwar mit einer Geschwindigkeit von 3 m/s sicherzustellen, was naturgemäß für alle Schlagweiten gilt.

Der im ersten Absatz des § 51 gebrauchte Ausdruck „an der fertigen Maschine" ist dahin zu verstehen, daß die Maschine nicht fertig montiert zu sein braucht, sondern daß nur die einzelnen Teile fertiggestellt sein sollen. Die Maschine braucht also nicht fix und fertig zusammengebaut zu sein.

Bezüglich der Sprungwellenprobe sei auch noch auf ETZ 1925, S. 1003 und El. u. Maschinenb. 1927, S. 41 verwiesen.

§ 52. Windungsprobe.

Die Windungsprobe dient zur Feststellung der ausreichenden Isolierung benachbarter Windungen gegeneinander und zum Auffinden von Wicklungsdurchschlägen, die durch die Sprungwellenprobe eingeleitet sind.

---

[1] Diese „Normen" sind in diesem Buche abgedruckt. Siehe S. 326.

[2] ETZ 1922, S. 362.

Die Prüfung erfolgt bei Leerlauf, und zwar durch Erhöhung der angelegten oder erzeugten Spannung (Motoren oder Generatoren) auf die in Tafel VII angegebenen Werte. Die Frequenz bzw. Drehzahl kann entsprechend erhöht werden. Die Prüfdauer beträgt 3 min.

Tafel VII.

Prüfspannungen für die Windungsprobe.

	I	II
	Wicklungsart	Prüfspannung / Nennspannung
1	Wicklungen, die der Wicklungsprobe von Strang zu Strang nach § 50 nicht unterworfen werden (Wicklungen von Maschinen für weniger als 100 V mit unlosbaren Verbindungen)	1,5
2	Wicklungen mit abgestufter Isolation für dauernde Erdung eines Poles	1,5
3	Alle anderen Wicklungen	**1,3**

Die höhere Spannung unter 1 und 2 soll ein Ersatz für die nicht durchführbare Wicklungsprobe von Strang zu Strang sein.

Da es vorkommen kann, daß die Isolation einer Maschine gegen Körper den Vorschriften genügt, aber bei geringer Steigerung der normalen Spannung in sich durchschlägt, so ist auch die Prüfung der Wicklung in sich notwendig. Es wurde daher vorgeschrieben, daß die Maschine 3 Minuten lang eine um 30 bzw. 50% erhöhte Betriebspannung muß aushalten können. Diese Prozentsätze werden in allen den Fällen genügen, in welchen eine Spannungserhöhung durch plötzliche Entlastung, Drehzahlsteigerung usw. im Betrieb hervorgerufen wird.

Die Bestimmung des § 52 gilt für alle Arten von Maschinen und somit natürlich auch für Gleichstrom. Man findet hin und wieder die Ansicht vertreten, daß diese Prüfung sich nur auf Wechselstrommaschinen bezieht. Zu einer solchen Auslegung des § 52 liegt aber gar kein Grund vor.

Die Windungsprobe kann bei Drehstrommotoren auch im Stillstande ausgeführt werden, wenn man den Rotor mit entsprechender Spannungserhöhung prüfen will.

Es sei noch darauf hingewiesen, daß im § 52 die Prüfdauer auf 3 Minuten festgestellt worden ist, während im § 50 nur 1 Minute eingesetzt wurde. Es ist dies deswegen geschehen, weil hier der Prozentsatz der Erhöhung der Prüfspannung gezwungenermaßen nur geringer gewählt werden konnte. Die Sättigung des Eisens bildet hier oft eine Grenze, welche zu überschreiten man keine Mittel hat.

§ 53. Klemmenprobe.

Die Klemmen von Maschinen müssen eine Prüfspannung gleich der 1.5-fachen Prüfspannung der Wicklung (siehe § 50) aushalten.

Die Dauer der Prüfung beträgt 1 min.

Die Ausführung dieser Prüfung kann aber nur entweder an den zur Maschine gehörenden Klemmenbrettern vor dem Anschluß an die Wicklung oder bei Verzicht auf diese Art der Prüfung an Klemmenbrettern gleicher Type verlangt werden.

F. Wirkungsgrad und Verluste.

§ 54. Allgemeines.

Unterschieden werden:

1. Der direkt gemessene Wirkungsgrad. Er wird durch Messung von Abgabe und Aufnahme ermittelt.
2. Der indirekt gemessene Wirkungsgrad. Er wird aus den Verlusten, die als Unterschied von Aufnahme und Abgabe angesehen werden, ermittelt.

Bei Gewährleistungen für den Wirkungsgrad ist das Meßverfahren anzugeben.

Sofern nichts anderes vereinbart ist, ist unter Wirkungsgrad der indirekt gemessene zu verstehen. Der direkt gemessene soll im allgemeinen nur bei solchen Maschinen oder Maschinensätzen angegeben werden, bei denen ein so beträchtlicher Unterschied zwischen Abgabe und Aufnahme besteht, daß die Meßfehler nicht ins Gewicht fallen.

> Bei Generatoren und Motoren mit mehr als etwa 85% und bei Umformern mit mehr als 90% Wirkungsgrad ist die direkte Messung unzweckmäßig, weil die wahrscheinlichen Meßfehler dann größer als die Ungenauigkeit der indirekten Messung sind.

Wirkungsgradangaben beziehen sich auf den Nennbetrieb, sofern nichts anderes angegeben ist.

Voraussetzung für die nachstehend beschriebenen Prüfungen ist, daß die Maschinen gut eingelaufen sind, insbesondere Kommutator und Bürsten, und daß diese in der für Nennbetrieb vorgeschriebenen Stellung sind. Bei Leerlaufmessungen dürfen jedoch die Bürsten in die neutrale Stellung gebracht werden.

Der direkt gemessene Wirkungsgrad bezieht sich auf den betriebswarmen Zustand.

Bei indirekter Messung sind die mit Gleichstrom gemessenen Widerstände zur Bestimmung der Stromwärmeverluste auf 75° umzurechnen, falls nicht aus einer Dauerprobe die im Nennbetrieb nach § 26 bestimmte Temperatur bekannt ist.

Bei den anderen Verlustmessungen ist keine Temperaturumrechnung vorzunehmen.

Da die nach den verschiedenen Methoden ermittelten Werte für den Wirkungsgrad verschieden ausfallen,

so ist es unbedingt erforderlich, bei Angabe eines Wir=
kungsgrades stets die Methode seiner Ermittlung bei=
zufügen, da sonst die Eindeutigkeit, welche durch die
vorliegenden Regeln erzielt werden soll, verloren gehen
würde.

Die Angaben des § 54, daß bei Generatoren und
Motoren mit mehr als etwa 85% und bei Umformern
mit mehr als 90% Wirkungsgrad die direkte Messung
unzweckmäßig sei, ist im wesentlichen nur bei mittleren
und größeren Maschinen zutreffend. Bei kleinen Ma=
schinen, die unter Umständen auch schon derartige Wir=
kungsgrade erreichen können, kann man dagegen mit
geeigneten Bremsverfahren, wie z. B. Wirbelstrom=
bremsen und Pendelmaschinen, sowie mit Torsions=
dynamotoren die direkte Messung auch sehr genau
durchführen.

§ 55. Verluste in Hilfsgeräten.

Alle Verluste in den zur Maschine allein gehörenden
Hilfsgeräten — jedoch nur diese — sind bei der Ermittlung des Maschinenwirkungsgrades einzubeziehen, insbesondere:

1. die Verluste in Regel-, Vorschalt-, Justier-, Abzweig-
   und ähnlichen Widerständen, Drosselspulen, Hilfstransformatoren u. dgl., die zum ordnungsmäßigen
   Betriebe notwendig sind (siehe jedoch 3),
2. die Verluste in der Erregermaschine bei Eigenerregung.
   aber nicht bei Fremderregung,
3. die Verluste in der Zusatzmaschine von Einankerumformern, wenn sie einen Bestandteil des Um-
   formers bildet, aber nicht die Verluste in den zum Umformer gehörenden Transformatoren und Drosselspulen; diese Verluste sind getrennt anzugeben,
4. die Verluste in den mit der Maschine mitgelieferten
   Lagern, aber nicht in fremden Lagern,
5. der Verbrauch des Lüfters bei Eigenlüftung.
   Der Verbrauch bei Fremdlüftung sowie von
   Wasser- und Ölpumpen ist nicht einzubeziehen, sondern gegebenenfalls getrennt anzugeben.

Bei asynchronen Schleifringmotoren ohne Kurz=
schlußvorrichtung ist der Verlust im Sekundäranker
abhängig von dem Widerstand der Verbindungsleitun=
gen zwischen Schleifringen und Anlaßwiderstand. Es
ist daher vorausgesetzt, daß diese Verbindungsleitungen
eine den üblichen Verhältnissen entsprechende Länge
haben, falls nicht vorher besondere Angaben darüber ge=
macht waren. Wenn der Widerstand in einer ungewöhn=
lich großen Entfernung aufgestellt ist, so würde das Re=
sultat zu ungünstig herauskommen. In solchen Fällen
ist es zulässig, den Anlaßwiderstand für die Wirkungs=
graduntersuchung in der Nähe des Motors aufzustellen.

Hinsichtlich der Verteilung der Reibungsverluste bei
direktem Zusammenbau der elektrischen Maschinen mit

Kraftmaschinen oder Arbeitsmaschinen entstehen hin und wieder Unklarheiten. Es ist in manchen Fällen nicht ohne weiteres zu sagen, ob die Reibung des bzw. der gemeinschaftlichen Lager zum elektrischen Teil oder zu dem mechanischen Teil des Aggregates gehört. Aus diesen Gesichtspunkten heraus wurde von der Kommission eine grundlegende Unterscheidung dahin eingeführt, daß für elektrische Maschinen, welche selbständig arbeiten, d. h. die ohne Zuhilfenahme fremder Lager untersucht werden können, die Reibung als zum elektrischen Teil gehörig betrachtet werden soll, während bei solchen Maschinen, die nicht abkuppelbar sind bzw. nicht ohne Zuhilfenahme fremder Lager in Betrieb genommen werden können, die Reibung nicht zur elektrischen Maschine zu rechnen ist. Es können ferner bei Schwungradmaschinen Unklarheiten darüber entstehen, ob die Luftreibung zur Dampfmaschine oder zum Generator gehört. Eine Entscheidung ist nur von Fall zu Fall möglich auf Grund der bei der Bestellung gemachten Angaben.

§ 56. Wirkungsgrad eines Maschinensatzes.

Wird bei einem Maschinensatz, der aus zwei Maschinen oder Maschine und Transformator oder Generator und Kraftmaschine oder Motor und Arbeitsmaschine besteht, der Gesamtwirkungsgrad oder die Leistungsaufnahme angegeben, so brauchen die Einzelwirkungsgrade nicht angegeben zu werden. Wenn sie trotzdem angegeben werden, so gelten sie als angenähert.

Bei Lieferung von Aggregaten sollte man danach streben, nicht die Wirkungsgrade der einzelnen Teile getrennt anzugeben, sondern nur den Gesamtwirkungsgrad. Dadurch vereinfacht sich die Abnahme des Aggregates ganz außerordentlich, weil es dann nicht notwendig ist, die Einzelwirkungsgrade festzustellen. Es ist also z. B. bei einer Dampfmaschine, die mit einer Dynamo gekuppelt ist, das richtigste, den Wirkungsgrad auf kW und Dampfverbrauch zu beziehen, wodurch sich die komplizierte Einzeluntersuchung des Generators und der Dampfmaschine erübrigt.

§ 57. Direkt gemessener Wirkungsgrad.

Der direkt gemessene Wirkungsgrad wird nach einem der folgenden Verfahren ermittelt:

1. **Leistungsmeßverfahren.** Abgabe und Aufnahme werden mit elektrischen Meßgeräten festgestellt.
2. **Bremsverfahren.** Die mechanische Leistung wird mit Bremse oder Dynamometer, die elektrische mit elektrischen Meßgeräten festgestellt.
3. **Belastungsverfahren.** Die mechanische Leistung wird mit einer geeichten Hilfsmaschine, die elektrische mit elektrischen Meßgeräten festgestellt.

Bei Verwendung einer Bremse hängt die Genauigkeit sehr von der zur Verwendung kommenden Kon-

ftruktion ab, auf die leider oft nicht genügend Rück=
sicht genommen wird. Es war sogar vielfach das Be=
streben vorhanden, die Bremsung mit Rücksicht auf
diese Ungenauigkeiten ganz auszuschließen, doch wurde
davon Abstand genommen, weil sie dem Maschinen=
ingenieur so geläufig ist und weil verbesserte Bremsen
geschaffen worden sind, die eine größere Genauigkeit
ermöglichen.

Für die Prüfung von Motoren werden vielfach
Wirbelstrombremsen oder Pendeldynamos verwendet,
mit denen eine sehr große Genauigkeit erzielt werden
kann.

Bei der Prüfung von Generatoren kann man auch
zum Antrieb eine als Motor arbeitende Pendelmaschine
verwenden, deren Drehmoment durch Wägung be=
stimmt wird. Ein solches Verfahren würde unter den
Begriff „Bremsverfahren" fallen.

Außer den Meßmethoden mittels Riemendynamo=
meter, deren Genauigkeit nicht groß ist, sind noch andere
Arten der direkten Messung mechanischer Leistung, und
zwar solche mittels Torsionsdynamometer ausgearbeitet
worden. Diese beruhen auf der Messung der Torsion
eines zwischen Kraftmaschine und Generator oder Motor
und Arbeitsmaschine eingeschalteten Stahlstückes. Die
Ablesung geschieht, da es sich um sehr geringe Ver=
drehung handelt, mittels Spiegel, wodurch die Anwend=
barkeit der Methoden im allgemeinen auf Labora=
torien und Versuchsräume beschränkt sein wird. In
der Anlage selbst wird es nur in wenigen Fällen mög=
lich sein, mit solchen Hilfsmitteln zu arbeiten. Diese
Torsionsdynamometer zeichnen sich aber durch eine
außerordentlich große Genauigkeit aus, so daß es mit
ihnen gelingt, schon wenige Watt Belastung fest=
zustellen. Z. B. kann man die durch das Auflegen
einer Bürste entstehende Reibung mittels eines solchen
Dynamometers genau messen. Theorie und Beschrei=
bung solcher Torsionsdynamometer siehe Görges und
Weidig: ETZ 1913, S. 701, B. Vieweg: Arch.
Elektrot. Bd. 2, S. 49 und Z. V. d. J. 1913, S. 1217;
1914, S. 1016 und Vieweg und Wetthauer: Z.
Instrumentenk. 1914, S. 137.

§ 58. Indirekt gemessener Wirkungsgrad.

I. Rückarbeitsverfahren zur Messung des
Gesamtverlustes. Zwei gleiche Maschinen werden me=
chanisch und elektrisch derart verbunden, daß sie —
die eine als Generator, die andere als Motor — auf=
einander arbeiten. Die Erregung wird so eingestellt, daß
bei Nenndrehzahl der Mittelwert der Ankerströme gleich
dem Ankernennstrom und die Ankerzweigspannung um
den Spannungsabfall eines Ankerzweiges größer oder
kleiner als die Nennspannung ist, je nachdem ob die Ma=
schinen betriebsmäßig als Generator oder als Motor ver-

wendet werden sollen. Hierbei wird unter Ankerzweigspannung die Spannung an dem den Anker enthaltenden
Stromzweig verstanden. Die zur Deckung der Verluste
erforderliche Leistung wird elektrisch oder mechanisch
oder teils elektrisch und teils mechanisch zugeführt.
Diese Verlustleistung dient nach angemessener Verteilung auf beide Maschinen zur Berechnung der Wirkungsgrade.

II. Übererregungsverfahren (bei Synchronmaschinen). Die Maschine wird leerlaufend als Motor
mit Nennfrequenz und einer Klemmenspannung betrieben, bei der die Eisenverluste die gleichen wie bei
Nennbetrieb sind, und derart übererregt, daß sie den
Nennstrom führt. Falls die hierfür erforderliche Erregerspannung nicht zur Verfügung steht, so kann
auch mit Untererregung gearbeitet werden. Die Leistungsaufnahme einschließlich der auf Nennbetrieb
umzurechnenden Erregungsverluste gilt als Gesamtverlust der Maschine.

III. Einzelverlustverfahren. Hierbei werden
unterschieden:

1. Leerverluste:
   A. Verluste im Eisen, in anderen Metallteilen und
      der Isolation bei Leerlauf (sogenannte Eisenver-
      luste),
   B. Verluste durch Lüftung, Lager- und Bürsten-
      reibung (Reibungsverluste).
2. Erregungsverluste bei Maschinen mit besonderer
   Erregerwicklung:
   C. Stromwärmeverluste in Nebenschluß- und fremd-
      erregten Erregerkreisen (siehe auch § 55, 1 u. 2).
   D. Übergangsverluste an den Erreger-Schleifringen.
3. Lastverluste:
   E. Stromwärmeverluste in Anker- und Reihenschluß-
      wicklungen (siehe auch § 55, 1 u. 2).
   F. Übergangsverluste an Kommutatoren und Schleif-
      ringen, die Laststrom führen.
   G. Zusatzverluste, d. s. alle oben nicht genannten
      Verluste.

<table>
<tr><td colspan="7" align="center">Tafel VIII a.
Verlustverteilung
bei Maschinen mit beson-
derer Erregerwicklung</td></tr>
<tr><td colspan="7" align="center">Gesamtverlust</td></tr>
<tr><td colspan="3" align="center">Leerlauf-
verlust</td><td colspan="4" align="center">Belastungs-
verlust</td></tr>
<tr><td align="center">Leer-
verlust</td><td colspan="2" align="center">Erregungs-
verlust</td><td colspan="4" align="center">Last-
verlust</td></tr>
<tr><td>A</td><td>B</td><td>C</td><td>D</td><td>E</td><td>F</td><td>G</td></tr>
</table>

<table>
<tr><td colspan="5" align="center">Tafel VIIIb.
Verlustverteilung
bei Maschinen ohne
besondere Erreger-
wicklung</td></tr>
<tr><td colspan="5" align="center">Gesamtverlust</td></tr>
<tr><td colspan="2" align="center">Leerlauf-
verlust</td><td colspan="3" align="center">Belastungs-
verlust</td></tr>
<tr><td colspan="2" align="center">Leer-
verlust</td><td colspan="3" align="center">Lastverlust</td></tr>
<tr><td>A</td><td>B</td><td>E</td><td>F</td><td>G</td></tr>
</table>

Als Gesamtverlust, der der Berechnung des Wirkungsgrades zugrunde gelegt wird, gilt die Summe aus den Verlusten A bis G.

Der Verlust beim Leerlauf (Leerlaufverlust) ist immer größer als der Leerverlust.

Die vorstehenden Tafeln zeigen die Aufteilung der Verluste.

Das Rückarbeitsverfahren ist im Gegensatz zu den direkten Methoden insofern theoretisch ungenau, als sich Generatoren und Motoren bei Belastung verschieden verhalten. Es ist aber bei großen Maschinen sehr bequem durchführbar, da man dem System nur den Verlust zuzuführen braucht, wodurch sich eine große Meßgenauigkeit ergibt; die Meßfehler betragen also nur Prozente der Verluste, so daß sie auf das Gesamtresultat nur wenig Einfluß haben. Dies bewirkt, daß es trotz dieser Unvollkommenheit meist doch das bessere ist. Die verschiedenen, zur Ausführung vorgeschlagenen Schaltungsarten von Hopkinson, Kapp, Hutchinson und Blondel sind von Brion[1] eingehend behandelt, woselbst besonders darauf hingewiesen ist, daß die letzten beiden Methoden eine größere Genauigkeit erreichen lassen als die ersten.

Bei dem Übererregungsverfahren für Synchronmaschinen ist die Spannung, mit der die Maschine leerlaufend zu betreiben ist, nicht genau festgelegt. Es ist nur angegeben, daß sie den Wert haben soll, bei dem die Eisenverluste die gleichen sind wie beim Nennbetrieb. Für die Berechnung der EMK der Maschine würde es natürlich nicht richtig sein, wenn man die gesamte Streuspannung einsetzt, da ja das Läuferstreufeld keine Verstärkung des Ständereisenfeldes bewirkt und auch das Nutenstreufeld nur eine teilweise Vermehrung des Zahnfeldes und gar keine Vermehrung des Jochfeldes im Ständer herbeiführt. Die Stirnstreuspannung ist dagegen voll einzusetzen, da sie durch ein verstärktes Eisenfeld überwunden werden muß. Die einzelnen Streuspannungen sind aber an der fertigen Maschine sehr schwer zu ermitteln. Man hat es deswegen als praktisch hinreichend angesehen, wenn man die normale Klemmenspannung der Maschine einsetzt, was namentlich bei Schenkelpolmaschinen, die mit gutem Leistungsfaktor arbeiten, eine durchaus statthafte Vernachlässigung bedeutet. Bei schlechtem Leistungsfaktor dagegen würde eine Korrektur notwendig werden. Die Einzelheiten dazu siehe bei R. Rüdenberg[2] und G. Köhler[3].

Als die ersten Maschinennormalien aufgestellt wurden, mußte man von der Berücksichtigung der zusätzlichen Verluste Abstand nehmen, weil über dieses Ge-

[1] ETZ 1909, S. 865.   [2] ETZ 1924, S. 37.
[3] Fachberichte der XXXI. Jahresversammlung des VDE in Wiesbaden 1926, S. 11.

biet damals noch zu wenig Erfahrungen vorlagen, so
daß man sich auf die sogenannten „meßbaren Verluste"
beschränkte. Bei der Bearbeitung der R.E.M. 1923 war
die Kommission jedoch zu der Ansicht gelangt, daß die
zusätzlichen Verluste bei der Feststellung des Wirkungs=
grades berücksichtigt werden müssen, nachdem in der
Zwischenzeit verschiedenes Versuchsmaterial bekannt
geworden war. Allerdings genügte dieses nur für
Synchronmaschinen, für die eine einfache Prüfmethode
festgelegt wurde[1]. Bei den anderen Maschinenarten
hat man sich darauf beschränkt, eine Aufstellung über
Näherungswerte für diese Verluste zu geben. Die
Absicht, bei der Aufstellung der R.E.M. 1930 diese
zu revidieren, konnte nicht durchgeführt werden, weil
bis zum Abschluß der Arbeiten noch nicht genügend
Versuchsmaterial vorlag. Inzwischen ist jedoch einiges
bekannt geworden, worüber bei § 63 berichtet werden
wird. Voraussichtlich wird bei der nächsten Revision
dann das vorliegende Material verwertet werden
können.

§ 59. Leerverluste.

Die Leerverluste werden nach einem der folgenden
Verfahren ermittelt:

1. **Motorverfahren:** Die Maschine wird leerlaufend
   als Motor betrieben, und zwar:

   Gleichstrommaschinen bei Nennspannung,
   Generatoren zuzüglich und Motoren abzüglich des
   Ohmschen Spannungsabfalles, und bei Nenndrehzahl.

   Wechselstrommaschinen bei Nennspannung,
   Nennfrequenz und Leerlauf-Drehzahl; Synchronmaschinen werden hierbei auf geringste Stromaufnahme erregt.

   Die Leistungsaufnahme abzüglich der Stromwärme-
   und Erregungsverluste gilt als Leerverlust.

   Zur Trennung der Eisen- und Reibungsverluste ist
   außer dem Verfahren nach 1 auch das Auslaufverfahren
   geeignet.

2. **Generatorverfahren:** Die Maschine wird im Leerlauf mit Nenndrehzahl durch einen geeichten Hilfsmotor angetrieben und auf Nennspannung erregt.
   Ihre mechanische Leistungsaufnahme abzüglich der
   Erregungsverluste gilt als Leerverlust. Bei Gleichstrommaschinen ist der Ohmsche Spannungsabfall wie
   unter 1 zu berücksichtigen.

Die Lagerreibung, welche bekanntlich mit der
Temperatur stark veränderlich ist, muß vor Beginn der
Untersuchung einen konstanten Wert angenommen
haben. Bestimmte Zahlen dafür, wann dieser Zustand
erreicht ist, können allgemein nicht angegeben werden,

---

[1] Hierzu siehe auch R. Rüdenberg: Zusätzliche Verluste
in Synchronmaschinen und ihre Messung. ETZ 1924, S. 37,
und Bull. d. Schweiz. Elektrot. Ver. 1923, S. 514 u. 565
sowie R. Pohl: ETZ 1925, S. 1182.

da das von der Größe und Bauart der Lager abhängt. Man führt daher am besten den Versuch so durch, daß man die Maschine bei konstanter Spannung einlaufen läßt und die Leerlaufenergie während der Einlaufperiode ab und zu beobachtet. Tritt keine Änderung mehr ein, so ist die Lagerreibung konstant. Im allgemeinen wird dies nach drei bis fünf Stunden der Fall sein. Es ist notwendig, das Einlaufen der Maschine mit annähernd derjenigen Drehzahl vorzunehmen, bei welcher der Wirkungsgrad bestimmt werden soll. Dies kommt daher, daß die Temperatur des Lagers von der Drehzahl der Welle und die Reibung wieder von der Temperatur abhängt.

Als sehr wichtige Tatsache ist weiter bei der Messung zu beachten, daß der Energieverbrauch der leerlaufenden Maschine nicht allein abhängt von dem in der Maschine liegenden Verlust, sondern auch davon, ob bezüglich des im rotierenden Teile aufgespeicherten Arbeitsvermögens ein Gleichgewichtszustand eingetreten ist. Wenn beispielsweise bei einer Maschine die Drehzahl zu niedrig ist und die Erregung behufs Einregulierung auf richtige Drehzahl geändert wird, so steigt zunächst der Energieverbrauch bedeutend und nimmt allmählich ab, sobald dem Anker so viel Arbeitsvermögen zugeführt worden ist, wie der höheren Drehzahl entspricht. Bei Maschinen, die große Schwungmassen besitzen oder mit einem Schwungrad direkt verbunden sind, kann die Erreichung des Gleichgewichtszustandes längere Zeit in Anspruch nehmen, so daß man darauf bei der Ablesung sorgfältig achten muß. In ähnlicher Weise wirken auch Spannungs- bzw. Frequenzschwankungen der Stromquelle. Bei Gleichstrom ist es daher empfehlenswert, eine große Akkumulatorenbatterie, an die möglichst nichts anderes angeschlossen ist, zu verwenden. Wenn solche Spannungs- oder Frequenzschwankungen nicht ganz zu vermeiden sind, empfiehlt es sich, mehrere Ablesungen zu machen, und wenn dieselben voneinander abweichen, den Mittelwert zu nehmen.

Bei Gleichstrommaschinen ohne Wendepole sind während der Leerlaufsversuche die Bürsten in die neutrale Stellung zu bringen. Näheres hierüber siehe in dem Aufsatz von W. Linke[1]. Während der Dauer dieser Messungen darf die Stellung der Bürsten nicht geändert werden.

Eine vorhandene Verbundwicklung braucht nicht mit eingeschaltet zu werden, da die Erreichung der normalen Feldstärke ohne weiteres durch entsprechende Einregulierung der Nebenschlußwicklung möglich ist. Bei Reihenschlußmaschinen ist es notwendig, eine

---

[1] Die Bestimmung des Wirkungsgrades von Gleichstrommaschinen. ETZ 1908, S. 1049.

fremde Stromquelle zur Erregung der Magnete zu benutzen.

Bei der Untersuchung von Maschinen, die während der Prüfung ganz oder teilweise fremde Lager benutzen, ist es notwendig, die Eisenverluste von den Reibungs= verlusten zu trennen. Das kann geschehen entweder durch das Auslaufverfahren[1] oder durch die frühere sogenannte „Trennungsmethode". Bei dieser werden die Verluste durch Reibung und diejenigen im Eisen zunächst zu= sammen durch Leerlauf als Motor ermittelt und dann wird derjenige für Reibung wieder in Abzug gebracht. Es werden die Leerlaufverluste bei normaler Drehzahl und bei verschiedener Spannung gemessen, wobei man

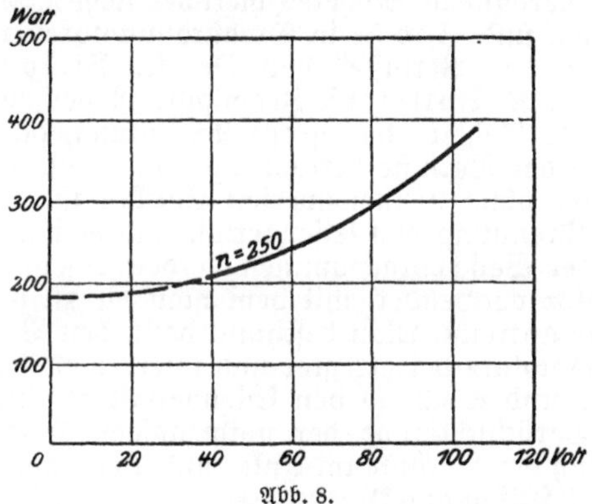

Abb. 8.

mit der Spannung soweit wie nur irgend möglich herunter gehen soll. Trägt man die so erhaltenen Werte (welche natürlich mit Rücksicht auf den bei Leerlauf vorhandenen Verlust im Anker und Übergang zu den Bürsten entsprechend korrigiert sein müssen) graphisch auf, so kann man durch Verlängerung der Kurve den Verlust ermitteln, welcher auftreten würde, wenn man die Maschine mit Null Volt laufen lassen könnte. Da bei Null Volt aber der Verlust im Eisen Null sein muß, so ist der durch Verlängerung der Kurve erhaltene Wert der Verlust für Reibung.

In Abb. 8 ist das Ergebnis der Untersuchung einer solchen Maschine, die ohne fremde Lager nicht in Be= trieb genommen werden konnte, wiedergegeben. Die Maschine war für 65 V 33 Amp. $n = 250$ bestimmt. Der bei normaler Spannung beobachtete Leerverlust beträgt 250 W, während der Reibungsverlust 180 W ist. Der Verlust für Hysteresis und Wirbelströme be= trägt demnach 70 W.

Bezüglich der graphischen Auftragung sei hier auf ein Mittel zur Erhöhung der Genauigkeit hingewiesen.

---

[1] ETZ 1901, S. 393; 1905, S. 610; 1912, S. 1158; 1918, S. 435.

Die Darstellung aus den Veröffentlichungen ETZ 1891, S. 515 und ETZ 1899, S. 203, in welchen der Leerverlust als Funktion der Spannung gezeichnet ist, ist von Dr. Breslauer dahin geändert worden, daß der Verlust als Funktion des Quadrates der Spannung aufgetragen wird. Dadurch rücken die Punkte niedrigerer Spannung näher zusammen, und man hat die Kurve weniger weit zu verlängern, wodurch die Genauigkeit erhöht wird.

Die Trennung der Eisen= und Reibungsverluste ist übrigens nicht nur bei Gleichstrom ausführbar, sondern auch für Wechsel= und Drehstrommaschinen. Bei Drehstrommotoren ist sie unter Umständen mit kleinen Fehlern verbunden. Näheres hierüber siehe „Die Kurvenformen und Ströme in Drehstrommotoren und die Trennung der Verluste" von Dr. K. Simons und Dipl.=Ing. K. Vollmer[1]. Jedenfalls ist der eventuell eintretende Fehler ohne große Bedeutung, da er nur Prozente der Verluste beträgt und somit auf den Wirkungsgrad ohne nennenswerten Einfluß ist.

Die Trennung von Eisenverlust und Reibung kann auch in der Weise vorgenommen werden, daß man einen Hilfsmotor verwendet, mit dem man die zu prüfende Maschine antreibt. Man bestimmt dann den Verbrauch des Hilfsmotors bei erregter und unerregter Versuchsmaschine und erhält so den Eisenverlust als Differenz (unter Berücksichtigung der notwendigen Korrekturen hinsichtlich der Verluste im Anker und Übergangswiderstand des Hilfsmotors).

§ 60. Erregungsverluste.

Die Stromwärmeverluste im Erregerstromkreise werden entweder als Produkt aus Erregerspannung und Erregerstrom oder aus den mit Gleichstrom gemessenen Widerständen berechnet. Bezüglich der Übergangsverluste siehe § 61, 2.

§ 61. Berechnung der Lastverluste.

1. Die Last-Stromwärmeverluste werden aus den mit Gleichstrom gemessenen Widerständen errechnet. Bei Asynchronmaschinen kann der Stromwärmeverlust in der Sekundärwicklung auch aus der Schlüpfung berechnet werden.

Bei Einankerumformern ist der gemessene Ankerwiderstand auf die Gleichstromseite zu beziehen; der hieraus berechnete Verlust ist bei Betrieb mit $\cos\varphi = 1$ mit folgenden Faktoren zu multiplizieren:

Phasenzahl . . .	1	3	4	6	12
Zahl der Schleifringe	2	3	4	6	12
Faktor	1,38	0,56	0,38	0,27	0,21

---

[1] ETZ 1908, S. 93.

2. Die Übergangsverluste werden berechnet, wobei für den Spannungsabfall unter einer Bürstenreihe zu setzen ist:

   1 V bei Kohle- und Graphitbürsten,
   0,3 V bei metallhaltigen Bürsten.

Die Messung des Ankerwiderstandes von Gleichstrommaschinen ist mit Vorsicht durchzuführen; meistens wird dies in betriebsmäßiger Schaltung mit Stromzuführung über die Bürsten geschehen, wobei aber darauf zu achten ist, daß der Meßstrom bei verschiedenen Messungen immer an den gleichen Lamellen ein= und austritt. Dazu zeichnet man sich zweckmäßig die zu benutzenden Lamellen an, worauf schon bei § 36 hingewiesen worden ist. Außerdem ist zu beachten, daß hierbei die Spannung nicht an den Bürsten, sondern unmittelbar an den Lamellen zu messen ist, da sonst der nicht konstante Übergangswiderstand (s. u.) mitgemessen wird. Eine andere Möglichkeit der Bestimmung des Widerstandes besteht darin, bei abgehobenen Bürsten den Strom an bestimmten Lamellen durch die Kommutatorfahnen zuzuführen. Um das tun zu können, muß man aber genau die Wicklungsart kennen und man muß auch wissen, ob Äquipotentialverbindungen da sind. In der Anlage werden solche Angaben aber nicht immer zur Verfügung stehen.

Der Übergangswiderstand einer Maschine ist bekanntlich von dem Zustande des Kollektors und der Bürsten, der Stromdichte, Stromrichtung, Temperatur an der Übergangsstelle, Umfangsgeschwindigkeit, Stromart und dem Auflagedruck abhängig. Man ersieht also, daß seine Bestimmung schwierig und infolgedessen mit großer Vorsicht auszuführen ist. Um diese Schwierigkeiten zu vermeiden, wird von der Messung des Übergangswiderstandes ganz abgesehen und eine rechnerische Bestimmung der Übergangsverluste durchgeführt.

Für die Umrechnung des Wirkungsgrades für Teilbelastungen sei noch darauf hingewiesen, daß der Spannungsabfall unter einer Bürstenreihe von der Belastung praktisch unabhängig ist.

§ 62. Messung der Lastverluste bei Synchronmaschinen.

Bei Synchronmaschinen werden die Stromwärme- und Zusatzverluste nach einem der folgenden Verfahren bestimmt:

1. **Kurzschlußverfahren:** Die Maschine wird bei kurzgeschlossener Ankerwicklung mit Nenndrehzahl durch einen geeichten Hilfsmotor angetrieben und so erregt, daß der Kurzschlußstrom gleich dem Nennstrom ist. Die Leistungsaufnahme ausschließlich der Reibungs- und Erregerverluste gilt als Summe aus Stromwärme- und Zusatzverlust (Kurzschlußverlust).

   Die Kurzschlußverluste können auch durch das Auslaufverfahren ermittelt werden.

2. **Übererregungsverfahren:** Die Lastverluste sind
gleich der Differenz des nach § 58, II (Übererregungsverfahren) gemessenen Gesamtverlustes und der Leer-
lauf- und Erregungsverluste.

   Zur Bestimmung der Leerverluste darf das bei der Prüfung
vorhandene Feld zugrunde gelegt werden.

Wenn die Wicklungsverluste aus dem bei kalter
Maschine durchgeführten Kurzschlußverfahren bestimmt
werden, so ist zu beachten, daß nur die Stromwärmeverluste auf den betriebswarmen Zustand umzurechnen
sind, da die Zusatzverluste mit zunehmendem Widerstand nicht ansteigen.

Bezüglich des Übererregungsverfahrens sei auf das
zu § 50 hinsichtlich der Streuspannungen Gesagte verwiesen.

Über Zusatzverluste in Synchronmaschinen sei auf
folgende Literaturstellen aufmerksam gemacht: Rüdenberg: ETZ 1924, S. 37. Pohl: ETZ 1925, S. 1182.
Roth und Belvils: ETZ 1925, S. 1160. Nietham-
mer: Z. V. d. J. 1925, S. 865. Nach den von Rüdenberg veröffentlichten Messungen an einer gößeren Zahl
von Synchronmaschinen liegen die Zusatzverluste
bei Turbogeneratoren für 3000 und 1500 Umdrehungen
pro Minute im Mittel bei etwa 1,5%, während sie
bei langsam laufenden Drehstromgeneratoren für direkte
Kuppelung niedriger sind und im Mittel etwa 0,6%
betragen werden.

§ 63. Zusatzverluste bei den übrigen Maschinen.

Bei den übrigen Maschinenarten liegen noch nicht genügend zuverlässige Meßverfahren für die Zusatzverlust
vor; daher werden bis auf weiteres die nachstehend zu
sammengestellten Annäherungswerte eingesetzt. Die Prozentwerte beziehen sich bei Generatoren auf die Abgabe, bei Motoren auf die Aufnahme, bei Einankerumformern auf die Gleichstromseite. Angenommen wird, daß
sie proportional dem Quadrat der Stromstärke sind.

1. Kompensierte Gleichstrommaschinen . . 0,5%.
2. Nichtkompensierte Gleichstrommaschinen
        mit oder ohne Wendepole . . . . . . 1 %,
3. Einankerumformer . . . . 0,5%.
4. Asynchronmaschinen . . . . 0,5%.
5. Kaskadenumformer . . . . 1 %,
6. Wechselstrom-Kommutatormaschinen . . . 1 %.

In der vorstehenden Bestimmung sind die Zusatzverluste bei Generatoren auf die Abgabe bezogen, weil
nur für diese auf dem Leistungschild Angaben vorhanden
sind, um so die Berechnung einfacher zu gestalten.

Da für die Ermittlung der Zusatzverluste noch
wenig Unterlagen vorlagen, mußte die Kommission
auch bei dieser Revision der R.E.M. noch davon ab-
sehen, bestimmte Untersuchungsmethoden für alle anderen als Synchronmaschinen anzugeben; es blieb

zunächst nichts anderes übrig, als feste Näherungswerte einzusetzen, wie dieses auch bisher schon geschehen war. Es mögen aber nachstehend einige Literaturstellen, in denen wertvolle Angaben zu finden sind, mitgeteilt werden. ETZ 1908, S. 1074 u. 1102; 1924, S. 988; 1925, S. 1011. — Arch. Elektrot. Bd. 2, S. 81. 1913; Bd. 14, S. 574. 1925; Bd. 20, S. 37, 45, 188 u. 273. 1928; Bd. 23, S. 19. 1929. — El. u. Maschinenb. 1927, S. 737, 756, 881 u. 904. — Siemens-Z. 1927, S. 223.

§ 64. Übersicht.

Nachstehende Tafel IX zeigt die zur Ermittlung der Verluste bei den einzelnen Maschinenarten anzuwendenden Verfahren.

Tafel IX.
Übersicht der Meßverfahren.

	Leerverluste	Erregerverluste		Lastverluste		
		Stromwärme	Stromübergang	Stromwärme	Stromübergang	Zusatzverluste
Gleichstrommaschinen	§ 59	§ 60	—	§ 61	§ 61	§ 63
Synchronmaschinen .	§ 59	§ 60	§ 61	§ 62	§ 61	§ 62
Asynchronmaschinen .	§ 59	—	§ 61	§ 61	§ 61	§ 63
Einankerumformer . .	§ 59	§ 60	§ 61	§ 61	§ 61	§ 63
Kaskadenumformer. .	§ 59	§ 60	—	§ 61	§ 61	§ 63

G. Spannung und Spannungsänderung.

§ 65. Spannungsbereich.

Generatoren sollen bei Nennleistung, Nenndrehzahl und Nennleistungsfaktor eine Spannung entwickeln können, die bis zu $\pm 5\%$ von der Nennspannung abweicht.

Motoren und Einankerumformer sollen bei Nennleistung und Nennfrequenz mit einer Spannung betrieben werden können, die bis zu $\pm 5\%$ von der Nennspannung abweicht.

Bei Betrieb mit diesen Grenzwerten der Spannung darf die Erwärmung die in § 39 angegebenen Grenzwerte um nicht mehr als 5° überschreiten.

Diese Bestimmung gilt nicht für Gleichstrom-Bahngeneratoren.

Die erwähnte Ausnahme für Gleichstrom-Bahngeneratoren bezieht sich nur auf die Überschreitung der Grenzwerte um 5° und nicht etwa auf die Bestimmung, daß sie eine höhere Spannung als die Nennspannung müssen entwickeln können.

§ 66. Abweichung vom Bestellwert.

Wenn die vom Besteller verlangte Spannung um nicht mehr als $\pm 5\%$ von einer der genormten Nennspannungen nach § 9 abweicht, ist die Maschine mit der genormten Nennspannung auszuführen.

Nach vorstehender Bestimmung können für Maschinen, deren Spannung um nicht mehr als ± 5% von einer genormten Nennspannung abweicht, solche mit Normalspannung geliefert werden; sie sind dann auch mit der Normalspannung zu stempeln. Wird dagegen das Schild der Maschine für die abnormale Spannung geschlagen, dann muß sie dieser aber hinsichtlich aller anderen Bestimmungen der R.E.M. genügen.

§ 67. Ausnahmen.

Maschinen für Nennspannungen, die in weiteren Grenzen als ± 5% veränderlich sind, unterliegen nicht den Bestimmungen §§ 65 und 66.

§ 68 siehe § 24.

§ 69. Erregungsfähigkeit.

Generatoren müssen so reichlich bemessen sein, daß sie bei den Nennwerten von Drehzahl, Leistungsfaktor und Erregerspannung bei 25% Stromüberlastung im betriebswarmen Zustande die Nennspannung erzeugen können.

Es erscheint selbstverständlich, daß die Bestimmung des § 69 nur für solche Maschinen Gültigkeit hat, die für annähernd konstante Spannung gebaut sind. Mir ist aber tatsächlich eine Beanstandung einer für veränderliche Spannung gebauten Maschine auf Grund dieses Paragraphen bekanntgegeben worden, so daß es notwendig ist, hier auf die Unrichtigkeit einer solchen Forderung bei derartigen Maschinen hinzuweisen. Es wird also z. B. bei Maschinen mit starker Über-Compoundierung, mit Reihenschlußwicklung sowie bei solchen Spezialmaschinen, bei denen notwendigerweise ein bestimmter Zusammenhang zwischen Spannung und Strom vorhanden ist (Maschinen für Zugbeleuchtung usw.), der § 69 nicht anzuwenden sein.

§ 70. Spannungsänderung bei Gleichstrom-Nebenschluß-Generatoren.

Spannungsänderung eines Gleichstromgenerators mit Nebenschluß- oder Fremdschlußwicklung ist die Spannungserhöhung, die bei Übergang von Nennbetrieb auf Leerlauf auftritt, wenn

1. die Drehzahl gleich der Nenndrehzahl bleibt,
2. die Bürsten in der für Nennbetrieb vorgeschriebenen Stellung bleiben,
3. bei Selbsterregung der Erregerwiderstand, bei Eigenerregung oder Fremderregung der Erregerstrom ungeändert bleibt.

Die Abschaltung des Versuchstromes darf, damit die Drehzahl konstant erhalten werden kann, langsam vorgenommen werden.

§ 71. Spannungsänderung bei Gleichstrom-Doppelschluß-Generatoren.

Spannungsänderung eines Gleichstrom-Doppelschluß-Generators ist der Unterschied zwischen der höchsten und der niedrigsten Spannung, der während des Überganges von Nennbetrieb auf Leerlauf und zurück auf Nennbetrieb auftritt, wenn die in § 70 angegebenen Bedingungen eingehalten werden.

Da bei Doppelſchlußmaſchinen die Spannung bei einer mittleren Belaſtung eine höhere ſein kann als bei Leerlauf und voller Belaſtung, ſo iſt hier ausdrücklich angegeben, daß als Spannungsänderung die Differenz zwiſchen der größten und kleinſten vorkommenden zu nehmen iſt.

§ 72. Spannungsänderung bei Synchrongeneratoren.

Spannungsänderung eines Synchrongenerators mit Eigen- oder Fremderregung ist die Spannungserhöhung, die bei Übergang von Nennbetrieb auf Leerlauf auftritt, wenn
1. die Drehzahl gleich der Nenndrehzahl bleibt,
2. der Erregerstrom ungeändert bleibt.

Die Spannungsänderung soll 50% bei $\cos \varphi = 0{,}8$ nicht überschreiten.

§ 73. Spannungsänderung bei Einanker- oder Kaskadenumformern.

Spannungsänderung eines Einanker- oder Kaskadenumformers ist die Erhöhung der abgegebenen Spannung, die bei Übergang von Nennbetrieb auf Leerlauf auftritt, wenn
1. die der Maschine zugeführte Spannung gleich der Nennspannung bleibt,
2. die Frequenz gleich der Nennfrequenz bleibt,
3. die Bürsten in der für Nennbetrieb vorgeschriebenen Stellung bleiben,
4. bei Selbsterregung der Erregerwiderstand, bei Eigenerregung und Fremderregung der Erregerstrom ungeändert bleibt.

§ 74. Angabe der Spannungsänderung.

Die Spannungsänderung wird angegeben in Prozenten:
1. der Nennspannung bei Generatoren,
2. der von der Maschine abgegebenen Nennspannung bei Einankerumformern.

§ 75. Berechnung der Spannungsänderung.

Falls die Spannungsänderung nicht gemessen werden kann, ist ihre Berechnung aus der magnetischen Charakteristik zulässig. Bei Umrechnung sind die Widerstände auf 75° zu beziehen.

H. Drehsinn und Drehzahl.

§ 76. Drehsinn.

Der Drehsinn einer Maschine, Rechtslauf im Uhrzeigersinn, Linkslauf entgegen dem Uhrzeigersinn, wird bestimmt:

1. Von der dem Kommutator oder der den Schleifringen entgegengesetzten Seite aus, wenn nur ein Kommutator oder Schleifringe auf nur einer Maschinenseite vorhanden sind.
2. Von der Antriebseite (u. U. von der des stärkeren Wellenstumpfes aus), wenn die Bestimmung unter 1. nicht eindeutig ist, also bei zwei Kommutatoren oder Schleifringen auf beiden Maschinenseiten und bei Motoren mit Kurzschlußläufern.
3. Von der Schleifringseite aus, wenn Kommutator und Schleifringe gleichzeitig vorhanden sind und auf verschiedenen Maschinenseiten liegen.
4. Nach besonderer Vereinbarung, wenn die Bestimmungen unter 1., 2. und 3. nicht eindeutig sind:

Als normaler Drehsinn gilt Rechtslauf.

Bei Drehstrommaschinen bis 100 kVA Leistung soll stets die Klemmenfolge UVW der zeitlichen Phasenfolge bei Rechtslauf entsprechen; falls bei Maschinen über 100 kVA Linkslauf vereinbart wird, so soll bei diesem Drehsinn die Klemmenfolge UVW der zeitlichen Phasenfolge entsprechen; dieses ist durch einen Pfeil mit Spitze nach links(◄—) auf dem Leistungschild (siehe § 82, Zu 6) kenntlich zu machen.

> Die Bestimmung entbindet nicht von der Prüfung der Phasenfolge vor der Inbetriebsetzung.

Die vorstehenden Bestimmungen, sowie die im Normblatt DIN VDE 2960 gemachten Angaben über die Anordnung der Klemmen können nicht alle möglichen Fälle erschöpfen. Es sei deswegen noch auf eine viele Sonderfälle berücksichtigende Mitteilung in ETZ 1929, S. 59 verwiesen.

§ 77. Maschinen für beide Drehrichtungen.

Wenn Maschinen beliebig für beide Drehrichtungen verwendet werden sollen, so muß dieses besonders vereinbart werden; bei solchen, die für beide Drehrichtungen verschiedene Bürstenstellungen erfordern, sind beide Bürstenstellungen dauerhaft kenntlich zu machen.

§ 78. Drehzahländerung.

Drehzahländerung eines Motors ist die Drehzahlerhöhung bei Übergang von Nennbetrieb auf Leerlauf, wenn Spannung und Frequenz ungeändert bleiben.

§ 79. Schleuderprobe.

Nachstehende Tafel X enthält die Schleuderdrehzahl für die Schleuderprobe; diese Drehzahl soll während 2 min aufrechterhalten werden.

Die Schleuderprobe gilt als bestanden, wenn sich keine
schädlichen Formänderungen zeigen und die Spannungsproben nach § 48 nachträglich ausgehalten werden.

Tafel X.

Schleuderdrehzahlen.

	I	II
	Maschinengattung	Schleuderdrehzahl
1	Generatoren außer 2 u. 3	$1{,}2 \times$ Nenndrehzahl
2	Generatoren für Wasser-turbinenantrieb	$1{,}8 \times$ Nenndrehzahl
3	Generatoren für Dampf-turbinenantrieb	$1{,}25 \times$ Nenndrehzahl
4	Einanker- und Kaskaden-umformer	$1{,}2 \times$ Nenndrehzahl
5	Motoren für gleichbleibende Drehzahl	$1{,}2 \times$ Leerlaufdrehzahl
6	Motoren mit Drehzahlstufen	$1{,}2 \times$ höchste Leerlauf-drehzahl
7	Motoren mit Drehzahlreglung	$1{,}2 \times$ höchste Leerlauf-drehzahl
8	Motoren mit Reihenschluß-verhalten	$1{,}2 \times$ der auf dem Schild gestempelten Höchstdreh-zahl, mindestens aber $1{,}5 \times$ Nenndrehzahl

Bei Dampfturbinen ist ein Dampfschnellschluß-
ventil anzuwenden, das bei Überschreitung der Nenndrehzahl um 10% anspricht.

Für Turbogeneratoren ist vielfach eine Erhöhung der
Schleuderdrehzahl angeregt worden. Die Kommission
hat aber nach sehr eingehenden Beratungen derartige
Anträge abgelehnt, weil durch Heraufsetzung der Schleuderdrehzahl keine nennenswerte Erhöhung der Sicherheit erzielt worden wäre, denn bei plötzlicher Entlastung der Turbine steigt die Drehzahl über 150% der
Nenndrehzahl, so daß auch eine Prüfung mit diesem
Werte keine Sicherheit bringen würde. Diese kann vielmehr nur erreicht werden durch Anwendung und
ständige Instandhaltung eines bei 10% Erhöhung wir-
kenden Schnellschlußventiles, wie es ja auch bei derartigen Maschinen stets angewendet wird. Die Festsetzung einer zu hohen Schleuderdrehzahl würde aber
den Bau der Turbogeneratoren sehr ungünstig beeinflussen und zu Konstruktionen zwingen, die schlechter
sind als sie bei der jetzt festgesetzten Schleuderdrehzahl
ausführbar sind. Es lag daher im Interesse der Besteller derartiger Maschinen, den Forderungen einer
höheren Schleuderdrehzahl nicht zu entsprechen.

Bezüglich der Reihenfolge, in der die Prüfungen durchzuführen sind, sei auf das zu § 47 Gesagte ver=wiesen.

I. Ursprungzeichen und Schilder.

§ 80. Hersteller und Firmenzeichen.

Jede Maschine muß den Namen des Herstellers oder dessen Firmenzeichen tragen. Diese Angaben können auch auf dem Leistungschild angebracht werden.

Nach § 23 der „Vorschriften für die Ausführung schlagwettergeschützter elektrischer Maschinen, Trans=formatoren und Geräte" müssen alle Maschinen, die diesen Bestimmungen entsprechen und als solche von einer behördlich anerkannten Versuchsstrecke bestätigt sind, mit einem besonderen Zeichen versehen sein, das deutlich sichtbar anzubringen ist. Näheres darüber siehe S. 234.

§ 81. Leistungschild.

Jede Maschine muß ein Leistungschild tragen; dieses soll so befestigt werden, daß es auch im Betriebe bequem gelesen werden kann.

Bei Motoren, die in eine Arbeitsmaschine derart ein-gebaut werden, daß ihr Leistungschild nicht mehr ab-lesbar wäre, ist das Leistungschild an anderer Stelle sichtbar anzubringen; in diesem Falle muß der Motor entweder ein zweites Schild tragen oder es muß der Zusammenhang zwischen dem Motor und dem getrennt angebrachten Leistungschild durch Angabe der Ferti-gungsnummer auf dem Motor selbst sichergestellt sein.

Auf dem Leistungschild sind deutlich und haltbar folgende Angaben entsprechend dem Bestell- oder Listen-wert anzubringen:
a) Für alle Maschinen:
1. Modellbezeichnung oder Listennummer,
2. Fertigungsnummer,
3. Verwendungsart,
4. Nennleistung,
5. Betriebsart,
6. Nenndrehzahl.
b) Ferner die in Tafel XI aufgeführten zusätzlichen An-gaben.

Die Schilder der hier nicht angeführten Maschinen müssen solche Angaben enthalten, daß ohne Nach-messung erkannt werden kann, ob sie für ein bestimmtes Netz und eine bestimmte Arbeitsleistung geeignet sind.

Die auf dem Schilde zu machenden Angaben sind bei den jetzigen Regeln wiederum etwas erweitert worden, nachdem schon bei früheren Fassungen eine Vermehrung der auf den Schildern zu machenden An=gaben stattgefunden hatte.

Mit Rücksicht auf die Einführung des kW als Maß für die Leistung war es notwendig, daß die Benutzungs=

B. **Arbeitsweise**
Generator . . . . Gen.
Motor . . . . Mot.
Blindleistungsmaschine . . . . . Bl.M. (Phas.)
Einankerumformer . . . . E. U.
Kaskadenumformer . . . . K. U.

Zu 4. **Unter Nennleistung** ist anzugeben:
A. Abgabe bei sämtlichen Motoren, ferner bei Gleichstrom- und Asynchrongeneratoren sowie Wechselstrom-Gleichstrom-Einankerumformern (siehe § 11),
B. Scheinleistung bei Synchrongeneratoren, Blindleistungsmaschinen, Gleichstrom-Wechselstrom-Einankerumformern (siehe § 11).

Zu 5. Die **Betriebsart** wird in folgender Weise gekennzeichnet:
A. Dauerbetrieb: Kein Vermerk,
B. Kurzzeitiger Betrieb: KB bzw. DKB und vereinbarte Betrieb- bzw. Belastungzeit.
C. Aussetzender Betrieb: AB bzw. DAB und relative Einschaltdauer.

Zu 6. Bei **Maschinen**, die nur in einer Drehrichtung benutzt werden sollen und bei denen eine Änderung der Drehrichtung nur durch konstruktive Änderungen oder Änderung der inneren Maschinenschaltung möglich ist, ist der Drehzahlangabe
ein Pfeil mit Spitze nach rechts (→) für Rechtslauf,
ein Pfeil mit Spitze nach links (←) für Linkslauf
hinzuzufügen.

Umsetzen der Bürstenhalter ist als konstruktive Änderung anzusehen, nicht aber die Verschiebung der Bürsten.

Der Pfeil mit Spitze nach links ist auch bei Drehstrommaschinen mit Klemmenfolge UVW für Linkslauf anzuwenden (siehe § 76).

Empfohlen wird, den Drehrichtungspfeil auch noch auf der Stirn des freien Wellenstumpfes anzubringen.

Bei Generatoren für Wasserturbinenantrieb sowie bei Motoren mit Reihenschlußverhalten ist außer der Nenndrehzahl die höchstzulässige Drehzahl (in Klammern) anzugeben, z. B. 1000 (1080).

Zu 7. Als **Wechselspannung** ist bei Wechselstrom-Gleichstrom-Einankerumformern die höchste Spannung zwischen zwei Schleifringen bei Nennbetrieb anzugeben.

Zu 8. **Stromangaben** können abgerundet werden (da sie nicht zur Bewertung der Maschine dienen). Angaben über den Strom von Motoren, Asynchrongeneratoren und Einankerumformern sind als angenähert zu betrachten.

Die Abrundung kann betragen:
bei kleineren Motoren etwa 2 ... 3%,
bei größeren Maschinen höchstens 1%.

Zu 10. Bezüglich Leistungsfaktor siehe § 20. Der Leistungsfaktorangabe ist das Zeichen „u" (untererregt) hinzuzufügen bei:

Synchrongeneratoren, die voreilenden kapazitiven Blindstrom liefern sollen und

Synchronmotoren und Blindleistungsmaschinen, die nacheilenden induktiven Blindstrom aufnehmen sollen.

Die Leistungsfaktorangaben von Asynchronmaschinen sind als angenähert zu betrachten.

Zu 12. Die Angaben für den Erregerstrom bei Nennbetrieb sind als angenähert zu betrachten, da sie nur zur Bemessung der Leitungen dienen. Nur Stromstärken über 10 A brauchen angegeben zu werden.

Zu 13. Zur Kennzeichnung der Schaltart von Wechselstromwicklungen sollen die Schaltzeichen nach DIN VDE 710 (siehe Tafel XII) verwendet werden.

Tafel XII.
Schaltzeichen nach DIN VDE 710.

	I	II
	Benennung	Schaltzeichen
1	Einphasen-System mit 2 Leitern bzw. Klemmen	$\mid$
2	Einphasen-System mit Hilfsphase	$\perp$
3	Zweiphasen-System mit 3 Leitern bzw. Klemmen	$\llcorner$
4	Zweiphasen-System mit 4 Leitern bzw. Klemmen	$\times$
5	Dreiphasen-System in Dreieck-Schaltung .	$\triangle$
6	Dreiphasen-System in Stern-Schaltung . .	Y
7	Dreiphasen-System offen	$\parallel\mid$
8	Dreiphasen-System in Sternschaltung mit Nullpunktklemme bzw. 4 Leitern . . .	Y
9	Sechsphasen-System in Doppeldreieck-Schaltung	✡
10	Sechsphasen-System in Sechseck-Schaltung	⬡
11	Sechsphasen-System in Stern-Schaltung .	$\ast$
12	n-Phasen-System offen	$\mid^{n}$
13	Durchmesserspannung	⌽

Zu 14. Bei Dreiphasenläufern bleibt der Vermerk fort.

Bei Zweiphasenmotoren bestehen bezüglich der Stempelung der Schilder zuweilen Unklarheiten. Wenn nämlich sowohl die Außenleiter- wie die Strangspannung aufgeschlagen wird, dann könnte gemäß § 83 das Vorhandensein zweier Nennbetriebe angenommen werden. Die Kommission hält es deswegen für richtig, einen Zweiphasenmotor z. B. zu stempeln mit:

$$2 \times 220 \quad Z \quad \llcorner$$

Bezüglich des Läuferstromes sei auf die zu § 7 gegebenen Erläuterungen verwiesen.

Durch die Angabe abgerundeter Zahlen für die Stromstärke können leicht Differenzen hinsichtlich der für den Wirkungsgrad gegebenen Werte entstehen. Es ist deswegen besonders darauf hingewiesen worden, daß diese abgerundeten Zahlen nicht zur Bewertung der Maschine dienen, da die Angaben über die Stromstärke wesentlich als Grundlage für die Bemessung der Leitungen dienen sollen.

Damit die Fabrikanten nicht gezwungen sind, jeden einzelnen Asynchronmotor auf die Größe des Leistungsfaktors hin genau zu untersuchen, wurde von der Kommission seinerzeit ausdrücklich festgesetzt, daß der Mittelwert des betreffenden Modelles angegeben werden darf. Bei den verhältnismäßig geringen Luftabständen, mit denen die hier in Frage kommenden Motoren gebaut werden, machen die geringsten Abweichungen sich im Leistungsfaktor schon geltend, so daß bei einer Serie vollkommen gleichfabrizierter Motoren trotzdem die Leistungsfaktoren der einzelnen Maschinen etwas abweichen. Es bedeutet also eine erhebliche Vereinfachung, wenn der Mittelwert des Leistungsfaktors der normalen Maschinen gleichmäßig auf alle aufgeschlagen werden kann.

Bei Sekundärankern mit Zweiphasenwicklung kann verkettete Schaltung (3 Schleifringe) und unverkettete Schaltung (4 Schleifringe) angewendet werden. Da bei verketteter Schaltung Verwechslungen zwischen der Spannung eines Stranges und der verketteten Spannung möglich sind, empfiehlt es sich, hier die Stromstärken in den drei Leitungen (es treten hier zwei verschiedene Stromstärken auf) vom Fabrikanten angeben zu lassen.

Über die Schildangaben von Motoren für elektrische Handgeräte sei auf § 25 der „Vorschriften für elektrische Handgeräte mit Kleinstmotoren V.E.Hg.M. 1927 bzw. V.G.K.M. 1929"[1] verwiesen. Über die an Handbohrmaschinen anzubringenden Schilder sind in § 12 (sowie in den dazugehörigen Erklärungen) der „Regeln für die Bewertung und Prüfung von Handbohrmaschinen"[2] besondere Angaben gemacht. Das

---

[1] ETZ 1926, S. 402; 1929, S. 399.
[2] ETZ 1926, S. 568 u. 862; 1929, S. 399.

gleiche trifft zu auf Hand- und Support-Schleif-
maschinen, über die in § 14 der „Regeln für die Bewertung und Prüfung von Hand- und Support-Schleif-
maschinen"[1] Angaben gemacht sind, sowie für Schleif-
und Poliermaschinen, über die in § 17 der „Regeln
für die Bewertung und Prüfung von Schleif- und
Poliermaschinen"[2] Bestimmungen getroffen sind.

§ 83. Mehrfache Stempelungen.

Bei Maschinen, die für zwei oder mehrere Nennbetriebe bestimmt sind, sind für alle Nennbetriebe entsprechende Leistung-, Strom- usw. Angaben zu machen,
nötigenfalls auf mehreren Schildern.

Wenn eine Maschine in einem Spannungsbereich
arbeitet, der den in Abschnitt G, §§ 65 und 66, festgesetzten Bereich überschreitet, so sind die Grenz-
spannungen und die zu ihnen gehörenden Angaben zu
vermerken.

Bei Motoren für mehrere Drehzahlen sind die Grenz-
drehzahlen und die zu ihnen gehörenden Angaben zu
vermerken.

§ 84. Umwicklung.

Wird die Wicklung einer Maschine von einem anderen
als ihrem Hersteller geändert (teilweise oder vollständige Umwicklung, Umschaltung oder Ersatz), so muß
die ändernde Firma neben dem Ursprungschild ein weiteres Schild anbringen, das den Namen der Firma, die
neuen Angaben der Maschine nach §§ 81 u. ff. und die
Jahreszahl der Änderung enthält.

Auf Grund einer bei der Kommission eingegangenen
Anfrage bezüglich des Leistungschildes im Falle der
Umwicklung ist folgendes festgelegt worden:
1. Ein Ursprung- oder Firmenschild, das auf einer zur
   Aufarbeitung eingelieferten alten Maschine noch
   vorhanden ist, darf nicht entfernt werden, gleichgültig ob oder wie weit es noch lesbar ist.
2. Wenn auf einer zur Neuwicklung eingehenden Maschine das Ursprungschild fehlt und der Ursprung
   sich auch nicht ermitteln läßt, ist von der Reparatur-
   firma ein Schild anzubringen.
3. Das in jedem Falle der Neuwicklung von der Auf-
   arbeitungsfirma anzubringende Zusatzschild bzw.
   bei Fehlen des Ursprungschildes das neue Schild
   muß alle Daten nach § 84 der R.E.M. enthalten,
   insbesondere stets erkennen lassen, daß es infolge
   einer Auf- oder Umarbeitung angebracht wurde.
   Der diesbezügliche Vermerk könnte also z. B. lauten
   „Umgearbeitet von ....." oder „Geändert im
   Jahre ....."; um eindeutig anzugeben, daß es

---

[1] ETZ 1924, S. 105, 600 u. 1068; 1925, S. 787 u. 1526;
1929, S. 399.
[2] ETZ 1926, S. 569 u. 862; 1929, S. 399.

sich um eine Umwicklung und nicht um einen Neu=
bau handelt, darf ein Baujahr nicht angegeben werden.
4. Die Anbringung dieses Zusatzschildes bezieht sich
nicht auf einfache Reparaturen, wie Wicklungs=
ausbesserung oder teilweise Erneuerung der Wick=
lung oder dergleichen, wie ja in § 84 auch nur
von Umwicklungen die Rede ist.
5. Für die Daten des neu gestempelten Schildes trägt
die Firma, die es angebracht hat, selbstverständlich
rechtlich die übliche Verantwortung.

§ 85. Motoren mit kleiner Leistung.

Bei Motoren bis einschließlich 500 W Nennleistung
(sogenannte Kleinstmotoren) sind nur folgende zusätz=
liche Angaben zu machen:

Nennspannung,
Nennstrom,
Nennfrequenz.

Durch vorstehenden Wortlaut soll eine Leistungs=
grenze für den Begriff Kleinstmotoren nicht festgelegt
werden. Für Handbohrmaschinen ist eine Grenze in
§ 2 der „Regeln für die Bewertung und Prüfung von
Handbohrmaschinen"[1], und zwar in gleicher Höhe,
wie vorstehend angegeben, mit 500 W festgelegt. Das=
selbe gilt auch für Schleif= und Poliermaschinen, über
die in § 2 der „Regeln für die Bewertung und Prü=
fung von Schleif= und Poliermaschinen"[1] diesbezügliche
Angaben gemacht sind und ebenso für Hand= und
Support=Schleifmaschinen gemäß § 2 der „Regeln für
die Bewertung und Prüfung von Hand= und Support=
Schleifmaschinen"[1].

Um das Schild bei ganz kleinen Maschinen nicht zu
groß ausfallen zu lassen, wird für diese außer den in
§§ 80 und 81 a geforderten Angaben nur noch verlangt,
daß aus ihnen zu ersehen ist Spannung, Strom und
Frequenz. Auf Grund einer bei der Kommission ein=
gelaufenen Anfrage wurde noch entschieden, daß
bei solchen kleinen Motoren die Bestimmungen über
das Schild auch durch Abziehschrift erfüllt werden
können. Es wurde dabei festgestellt, daß über die Aus=
führung des Leistungschildes in den Regeln keine Vor=
schriften gegeben sind. Die Bezeichnung „Schild" hat
sich eingebürgert, weil man im allgemeinen besondere
Blechschilder aufschraubt. Es ist aber ebensogut auch
zulässig, die für das Schild verlangten Angaben direkt
einzugießen, oder in irgendeiner anderen Weise auszu=
führen. Dementsprechend ist es auch bei ganz kleinen
Motoren zulässig, die verlangten Angaben in Abzieh=
schrift anzubringen. Voraussetzung ist nur, daß die
Angaben dauerhaft und deutlich lesbar sind.

Über die Schilder der in Handgeräte, Handbohr=
maschinen, Hand= und Support=Schleifmaschinen sowie

---

[1] ETZ 1929, S. 399.

Tafel XIII.
Toleranzen.

	I. Gewährleistungen für		II. Zulässige Abweichungen		
			bei Nennleistung		
			bis 1,1 kW	über 1,1 ··· 11 kW	über 11 kW
1	Drehzahl von Gleichstrommotoren	mit Nebenschluß-Wicklung	$\pm\,10\%$	$\pm\,7,5\%$	$\pm\,5\%$
2		Doppelschluß-Wicklung	$\pm\,12\%$	$\pm\,8,5\%$	$\pm\,6\%$
3		Reihenschluß-Wicklung	$\pm\,15\%$	$\pm\,10\%$	$\pm\,7\%$
4	Drehzahländerung von Gleichstrommotoren		$\pm\,10\%$ der gewährleisteten Drehzahländerung		
5	Drehzahl von Asynchronmotoren		$\pm\,20\%$ der Sollschlüpfung		
6	Wirkungsgrad η		$\pm\,\dfrac{1-\eta}{10}$ aufgerundet auf $^1/_{1000}$; mindestens aber 0,005		
7	Leistungsfaktor $\cos\varphi$ von Asynchronmaschinen		$\pm\,\dfrac{1-\cos\varphi}{6}$ aufgerundet auf $^1/_{100}$; mindestens aber 0,02, höchstens 0,06		
8	Spannung von Einankerumformern ohne eigenen Transformator für Leistungen bis 20 kW		$\pm\,5\%$ der abgegebenen Nennspannung		
9	Spannungsänderung von Generatoren		$\pm\,20\%$ der gewährleisteten Spannungsänderung, bei Doppelschlußgeneratoren aber mindestens 2% der Nennspannung		
10	Spannungsänderung von Einankerumformern von Kaskadenumformern		$\pm\,1\%$ der Nennspannung $\pm\,3\%$ der Nennspannung		
11	Stoßkurzschlußstrom von Synchronmaschinen		$\pm\,20\%$ des Sollwertes		
12	Dauerkurzschlußstrom von Synchronmaschinen		$\pm\,15\%$ des Sollwertes		
13	Kippmoment von Motoren		$\pm\,10\%$ dieses Momentes		
14	Anlaufmoment von Motoren		$\pm\,10\%$ des Sollwertes		

Schleif- und Poliermaschinen eingebauten Kleinstmotoren sind bei dem zu § 82 Gesagten Angaben gemacht.

§ 85a. Mit der Arbeitsmaschine zusammen-
gebaute Motoren.

Bei Motoren, die mit der Arbeitsmaschine derart zusammengebaut siud, daß die Messung der Abgabe
Schwierigkeiten macht, kann an Stelle der Abgabe die
Aufnahme allein angegeben werden. In diesem Falle muß
die Angabe der Arbeitsweise (Mot. nach § 82, Zu 3, B)
unterbleiben.

§ 86. Fremdlüftung und Wasserkühlung.

Bei Maschinen mit Fremdlüftung oder mit Wasserkühlung ist ein Schild mit folgenden Angaben anzubringen:
1. Erforderliche Menge des Kühlmittels bei Nennbetrieb,
   und zwar in m^3/s bei Luft, in l/min bei Wasser.
2. Erforderliche Luftpressung in mm WS an der Maschine.
3. Höchstzulässige Eintrittstemperatur des Kühlmittels,
   falls diese von 35^0 abweicht.

K. Toleranz.

§ 87. Zulässige Abweichungen.
(Hierzu Tafel XIII nebenstehend.)

Toleranz ist die höchstzulässige Abweichung des
festgestellten Wertes von dem nach den Bestimmungen
dieser Regeln gewährleisteten Werte. Sie soll die unvermeidlichen Ungleichmäßigkeiten in der Beschaffenheit der Rohstoffe, Ungenauigkeiten der Fertigung und
Meßfehler decken.

Bei der Abgabe von Garantien hatte sich mit der Zeit
ein Mißbrauch eingeschlichen. Es wurde vielfach eine
Genauigkeit in den Wirkungsgraden verlangt und auch
zugestanden, welche über die bei der Messung erreichbare hinausging. Es erwies sich daher als notwendig,
hier wie auch bei einigen anderen Angaben Toleranzen
einzuführen, die bei den früheren Normalien nicht vorgesehen waren. Bei dem Leistungsfaktor zum Beispiel
ergeben sich bei den genaueren Messungen im Prüf-
raume Ungenauigkeiten, da die einzelnen Wicklungen
nie symmetrisch sind. Deswegen mußte auch dabei ein
verhältnismäßig hoher Wert für die Toleranz festgelegt werden.

C. Regeln für Bewertung und Prüfung von Transformatoren R.E.T./1930 nebst Erläuterungen dazu.

Einleitung.

Bis zum Jahre 1922 sind die Transformatoren stets gemeinschaftlich mit den elektrischen Maschinen behandelt worden. Die Entstehungs- und Entwicklungsgeschichte dieser Periode ist auf S. 1 bis 4 wiedergegeben. Bei der darauf folgenden grundsätzlichen Umarbeitung erwies es sich jedoch als zweckmäßiger, nunmehr eine Trennung eintreten zu lassen, da viele Bestimmungen nur für eine der beiden Gruppen Geltung haben, so daß sich daraus eine Kürzung der jeweiligen „Regeln" ergab.

Im Jahre 1926 lagen wieder eine Reihe von Abänderungsanträgen bei der Kommission vor, die auch bearbeitet wurde. Von einer Beschlußfassung über die Änderung der R.E.T. hat man aber abgesehen, weil noch weitere Anträge in Aussicht standen. Letztere waren bedingt durch die Verhandlungen mit der Internationalen Elektrotechnischen Kommission, an deren Bestimmungen die R.E.T. nach Möglichkeit angepaßt werden sollen. Man beabsichtigte nun der Jahresversammlung 1928 umfangreiche Abänderungsvorschläge vorzulegen und es wurde ein entsprechender Entwurf veröffentlicht. Er wurde jedoch zurückgezogen, weil es zweckmäßig erschien, noch weitere Änderungen vorzunehmen und allzu oftmaliges Ändern natürlich unerwünscht war. Der Jahresversammlung 1929 konnte dann eine neu bearbeitete Ausgabe der R.E.T. zur Beschlußfassung vorgelegt werden, die auch angenommen worden ist und diesen Erläuterungen zugrunde liegt.

Bezüglich der allgemeinen Gesichtspunkte über Bedeutung und Zweck dieser „Regeln" ist auf Seite 5 alles Nähere angegeben, was natürlich hier sinngemäß gilt.

Wie des weiteren auf S. 7 schon angeführt, soll bei den Erläuterungen über Transformatoren nicht mehr alles das wiederholt werden, was bei Maschinen schon gesagt ist und für Transformatoren sinngemäß Geltung hat. In diesen Fällen wird einfach auf die entsprechende Stelle der früheren Ausführungen verwiesen werden.

Nachstehend sind nun hinter den einzelnen Para=
graphen (soweit notwendig) die Erläuterungen ge=
geben. Um eine leichte Unterscheidung zwischen dem
vom VDE stammenden Wortlaut der R.E.T. und den
vom Verfasser dieses Buches stammenden Erläuterun=
gen zu ermöglichen, sind beide in verschiedener Druckart
ausgeführt, und zwar der offizielle Wortlaut des VDE
in Antiqua und die Erläuterungen, für die gemäß dem
Vorwort der Verfasser die Verantwortung trägt, in
Fraktur.

Zur Erleichterung des Überblickes sei zunächst eine
Inhaltsübersicht der R.E.T. eingefügt, weil nach=
stehend die einzelnen Abschnitte auseinandergerissen
sind, um die Erläuterungen stets unmittelbar den zu=
gehörigen Bestimmungen folgen lassen zu können.

Inhaltsübersicht.

I. Gültigkeit.

II. Begriffserklärungen.

A. Wicklungen.

B. Elektrische Begriffe.

C. Kühlungs-, Lüftungs- und Betriebsarten.

III. Genormte Werte.

IV. Bestimmungen.

A. Allgemeines.

B. Betriebsarten.

C. Erwärmung.

D. Isolierfestigkeit.

E. Wirkungsgrad und Verluste.

F. Spannung.

§ 56. Spannungsbereich.

G. Kurzschlußfestigkeit.

§ 57. Stoßkurzschlußstrom.

H. Schaltzeichen und Klemmenanordnung.

§ 58. Schaltzeichen.
§ 59. Klemmenanordnung.

I. Parallelbetrieb.

§ 60. Art des Parallelbetriebes.
§ 61. Bedingungen für Parallelbetrieb.
§ 62. Transformatoren mit Anzapfungen.

K. Ursprungzeichen und Schilder.

§ 63. Hersteller und Firmenzeichen.
§ 63a. Leistungschild.
§ 64. Bemerkungen zu den Leistungschild-Angaben.
§ 65. Mehrfache Stempelungen.
§ 66. Umwicklung.
§ 67. Fremdlüftung und Wasserkühlung.
§ 68. Ölumlauf.

L. Toleranz.

§ 69. Zulässige Abweichungen.

Anhang: Regeln für die Bewertung und Prüfung von Drehtransformatoren.

I. Gültigkeit.

§ 1. Geltungsbeginn.

Diese Regeln gelten für die in § 3 genannten Transformatoren und Drosselspulen, deren Herstellung nach dem 1. Januar 1930 begonnen wird.

Hierfür gilt sinngemäß das zu § 1 der R.E.M. auf S. 10 Gesagte.

§ 2. Gültigkeit.

Diese Regeln gelten allgemein. Abweichungen hiervon sind ausdrücklich zu vereinbaren. Die Bestimmungen §§ 63a bis 68 und 82 über die Schildangaben müssen jedoch immer erfüllt sein.

Hierfür gilt sinngemäß das zu § 2 der R.E.M. auf S. 11 Gesagte.

§ 3. Geltungsbereich.

Diese Regeln gelten für die nachstehend angeführten Arten von Transformatoren und Drosselspulen, ausgenommen Schutztransformatoren mit Kleinspannungen und nicht ortsfeste Bahntransformatoren:

1. **Transformatoren (T)** mit gegeneinander festliegenden, getrennten Primär- und Sekundärwicklungen, bei denen beide Wicklungen parallel zu den entsprechenden Netzen liegen, ausgenommen Prüftransformatoren, Spannungswandler, Klingel- und ähnliche Kleintransformatoren.

2. **Spartransformatoren (SpT)** mit gegeneinander festliegenden Wicklungen, bei denen beide Wicklungen in Reihe geschaltet sind.

> Spartransformatoren werden angewendet, wenn eine gegebene Netzspannung erhöht oder erniedrigt werden soll und Primär- und Sekundärspannung nur geringe Unterschiede aufweisen. In Stromkreisen mit mehr als 250 V gegen Erde soll in der Regel der Unterschied nicht mehr als 25% betragen.

3. **Zusatztransformatoren (ZT)** mit gegeneinander festliegenden Wicklungen, bei denen beide Wicklungen nicht leitend verbunden sind und die Sekundärwicklung zur Spannungserhöhung oder -erniedrigung eines Stromkreises dient.

> Zusatztransformatoren können eine oder mehrere Stufen in der Zusatzwicklung haben. Die Umschaltung von einer Stufe auf die nächste kann entweder in spannungslosem Zustande vorgenommen werden oder auch bei Verwendung entsprechend durchgebildeter Regelschalter unter Spannung.

4. **Stromtransformatoren (ST)** mit gegeneinander festliegenden, getrennten Primär- und Sekundärwicklungen, bei denen die Primärwicklung in Reihe mit einem Netze liegt, ausgenommen Stromwandler.

> Stromtransformatoren dienen zum Anschluß von Reglern, z. B. Schlupfreglern, die eine Leistung aufnehmen, die mit den gewöhnlichen Meßwandlern nicht mehr aufgebracht werden kann. Die Primärwicklung liegt in Reihe mit einem Netz, das irgendeine beliebige Netzspannung haben kann und z. B. einen Motor speist. An die Sekundärwicklung ist der Regelapparat angeschlossen.

Allen Transformatoren (T, SpT, ZT, ST) ist gemeinsam, daß sie ohne mechanische Bewegung elektrische Leistung in elektrische Leistung umwandeln. Alle, mit Ausnahme der Stromtransformatoren, haben ein praktisch unveränderliches Wechselfeld, während der Stromtransformator ein veränderliches Wechselfeld hat, das von dem Primärstrom und der in den sekundären Stromkreis eingeschalteten Impedanz abhängig ist.

5. **Drosselspulen (Dl)** und **Kurzschluß-Drosselspulen (KDl)**, deren letztgenannte zur Begrenzung der Kurzschlußströme in die Leitung in Reihe eingeschaltet werden, ausgenommen Drosseln, die Zubehörteile bilden von Anlassern, Meßgeräten und anderen Apparaten, ebenso die in Reihe mit der

Leitung liegenden Drosseln für Überspannungschutz-
geräte.

Über die Regeln für die Bewertung und Prüfung
von Drehtransformatoren siehe §§ 70 u. ff.

Die Schußtransformatoren mit Kleinspannungen
sind deswegen hier ausgenommen, weil für sie besondere
„Regeln für die Konstruktion und Prüfung von Schußtransformatoren mit Kleinspannungen" vom VDE aufgestellt sind, die seit dem 1. Januar 1929 gelten. Diese
Regeln sind auf S. 235 bis 241 nebst dazugehörigen
Erklärungen abgedruckt.

Die „nicht ortsfesten Bahntransformatoren" die
im § 3 ausgenommen sind, werden in den „Regeln
für die Bewertung und Prüfung von elektrischen
Maschinen und Transformatoren auf Bahn- und
anderen Fahrzeugen R.E.B./1930" behandelt. (Siehe
S. 153 bis 193).

Die Spannungswandler fielen nach den bis Ende
1922 in Geltung gewesenen „Normalien" in deren
Bereich. Nach den jetzt gültigen R.E.T. dagegen sind
sie aus ihnen ausgeschlossen.

Unter die Gruppe 4 Stromtransformatoren fallen
naturgemäß auch die sogenannten Reihenschluß- oder
Serientransformatoren wie sie z. B. früher für Beleuchtungsanlagen angewendet wurden. (Siehe z. B.
ETZ 1896, S. 142.)

Über Schubtransformatoren sind zunächst noch
keine besonderen Angaben gemacht. Sie ähneln in
mancher Beziehung den Drehtransformatoren, in
anderer aber den gewöhnlichen Transformatoren.

II. Begriffserklärungen.

A. Wicklungen.

§ 4. Einteilung nach Energierichtung.

Unterschieden werden:

1. Primärwicklung: die elektrische Leitung aufnehmende Wicklung.
2. Sekundärwicklung: die elektrische Leistung abgebende Wicklung.
3. Tertiärwicklung: eine in sich geschlossene Wicklung, die keine Leistung abgibt.

   Ein Transformator kann mehrere Primär- und Sekundärwicklungen haben.

Der vorstehende Hinweis, daß ein Transformator
mehrere Primär- und Sekundärwicklungen haben kann
und der entsprechende in § 5, daß ein Transformator
mehrere Unterspannungswicklungen haben kann, sollen
sich auch auf die jetzt mehrfach verwendeten Drei-
Wicklungstransformatoren beziehen. Da es nur selten
vorkommt, daß ein solcher Transformator 2 Ober-
spannungswicklungen besitzt, ist dieser Fall im Wort-

laut nicht berücksichtigt worden. Ein solcher Ausnahme=
fall ist z. B. ETZ 1929, S. 790 beschrieben.

§5. Einteilung nach Netzspannung.

Unterschieden werden:

1. **Oberspannungswicklung:** die mit dem Netz der höchsten Spannung verbundene Wicklung.
2. **Unterspannungswicklung:** die mit dem Netz der niederen Spannung verbundene Wicklung.

Ein Transformator kann mehrere Unterspannungswicklungen haben.

Wird bei einem Zusatztransformator mit beispielsweise 6000/1000 V die 1000 V-Wicklung in Reihe mit einem Netz von 20000 V geschaltet, die dazu dient, seine Spannung auf 21000 V zu erhöhen, so ist in diesem Falle die 1000 V-Wicklung die Oberspannungswicklung, die 6000 V-Wicklung die Unterspannungswicklung.

Bezüglich der Drei=Wicklungstransformatoren siehe
die Erläuterungen zu § 4 der R.E.T.

§ 6. Anzapfungen.

Anzapfungen sind Anschlüsse an Wicklungen, die die Benutzung einer geringeren Windungzahl als der vollen gestattet (siehe § 20).

Bei angezapften Wicklungen heißt der Anschluß für die volle Windungzahl Stufe I, für die nächstniedere Windungzahl Stufe II usw.

Anzapfungen sind oft aus betriebstechnischen Grün=
den erforderlich. Infolge des größeren Wicklungs=
querschnittes und des hohen Prozentsatzes, den die
Spannung einer Windung auf der Unterspannungs=
seite ausmacht, ist es zweckmäßig, sie auf dieser anzu=·
bringen.

Bei den Einheitstransformatoren nach DIN VDE
2601 werden Anzapfungen bei + 4% und — 4% vor=
gesehen, so daß also drei Stufen vorhanden sind, die
den im allgemeinen vorkommenden Fällen genügend
Rechnung tragen. Bei diesen Einheitstransformatoren
wird davon ausgegangen, daß die Schaltstufen ohne
Abheben des Deckels betätigt werden können, wobei
es freigestellt bleibt, ob die Anzapfungen an besonderen
Durchführungsisolatoren sitzen, oder ob sie durch Son=
derumschalter im Innern von außen betätigt werden
Die Stufen können während des Betriebes nicht be=
dient werden. Auf der Oberspannungseite müssen
die zugehörigen Schalter vorher geöffnet werden und,
falls mehrere Transformatoren auf der Unterspannung=
seite parallel arbeiten, auch die Schalter auf dieser
Seite.

Die Klemmenbezeichnung von Anzapfungen wird
im allgemeinen so durchgeführt, daß die kleinste Index=
ziffer der größten Windungzahl entspricht. Zwei dies=
bezügliche Schaltungen sind in Tafel VIIIb des Ent=
wurfes zu dem neuen Wortlaut der „Regeln für die

Bezeichnung von Klemmen bei Maschinen nebst Anlassern und Reglern, sowie bei Transformatoren"[1] angegeben. Die Klemmenbezeichnung der Anzapfungen steht in einem gewissen Widerspruch mit der Benennung der Stufen. Der Anschluß für die volle Windungszahl heißt Stufe 1 usw., während die Klemmenbezeichnung beispielsweise $u - u_1 - u_2 - \cdots$ ist.

§ 7. Normalstufe.

Normalstufe ist eine besonders ausgezeichnete Anzapfung. Sie ist mit der Stufe II identisch, wenn der Prozentsatz der insgesamt abschaltbaren Windungen nicht mehr als 10% beträgt. Ist der Prozentsatz der insgesamt abschaltbaren Windungen größer als 10%, so ist die Normalstufe besonders zu vereinbaren.

§ 8. Einteilung nach Schaltgruppen.

Vorwiegend werden folgende Schaltungen angewendet:

A_2 bei kleinen Verteilungstransformatoren mit sekundär wenig belastbarem Nulleiter;

C_1 bei großen Verteilungstransformatoren mit sekundär voll belastbarem Nulleiter;

C_2 bei Haupttransformatoren großer Kraftwerke und Unterstationen, die nicht zur Verteilung dienen;

C_3 bei kleinen Verteilungstransformatoren mit sekundär voll belastbarem Nulleiter.

Die Schaltung bei Drehstromtransformatoren wird nach dem Verwendungszweck gewählt. Wenn keine besonderen Gründe vorliegen, wird gewöhnlich Stern-Stern-Schaltung vorgesehen. Diese Schaltung eignet sich jedoch nur für Betriebe, in denen der sekundäre Nullpunkt überhaut nicht oder nur zu Erdungszwecken benutzt wird. Bei 3-schenkeligen Kerntransformatoren ist eine Belastung des Nullpunktes mit höchstens 10% des Nennstromes zulässig, bei Manteltransformatoren dagegen nicht. Zur Speisung von Verteilungsnetzen mit viertem (neutralem) Leiter eignet sich diese Schaltung somit meistens nicht; es wird dann vorteilhaft bei kleineren Leistungen Stern-Zickzack-Schaltung und bei größeren Leistungen Dreieck-Stern-Schaltung vorgesehen. Beide Schaltungen sind in dieser Beziehung gleichwertig. Es sind meistens Fragen konstruktiver Natur, die den Hersteller veranlassen, entweder Stern-Zickzack oder Dreieck-Stern zu empfehlen. Dreieck-Stern-Schaltung oder Stern-Dreieck-Schaltung wird bei großen Transformatoren außerdem oft gewählt, um das Austreten eines magnetischen Flusses aus dem Kern und damit zusätzliche Verluste zu vermeiden.

Transformatoren, die der gleichen Schaltgruppe angehören, laufen unter sich ohne weiteres bei Verbindung gleichnamiger Klemmen parallel, entsprechende Kurzschlußspannung und gleiches Leerlauf-Übersetzungsverhältnis vorausgesetzt (siehe §§ 60 u. ff.).

Von Transformatoren verschiedener Schaltgruppen können nur die der Gruppen C und D parallel laufen,

---

[1] ETZ 1929, S. 1497.

Tafel I.
Schaltungen und Schaltgruppen.

	Vektorbild		Schaltungsbild	
	Ober-	Unter- spannung	Ober-	Unter- spannungen
I. Dreiphasen- transformatoren:				
Schaltgruppe A — A_1				
A_2				
A_3				
Schaltgruppe B — B_1				
B_2				
B_3				
Schaltgruppe C — C_1				
C_2				
C_3				
Schaltgruppe D — D_1				
D_2				
D_3				
II. Einphasen- transformatoren: Schaltgruppe E				

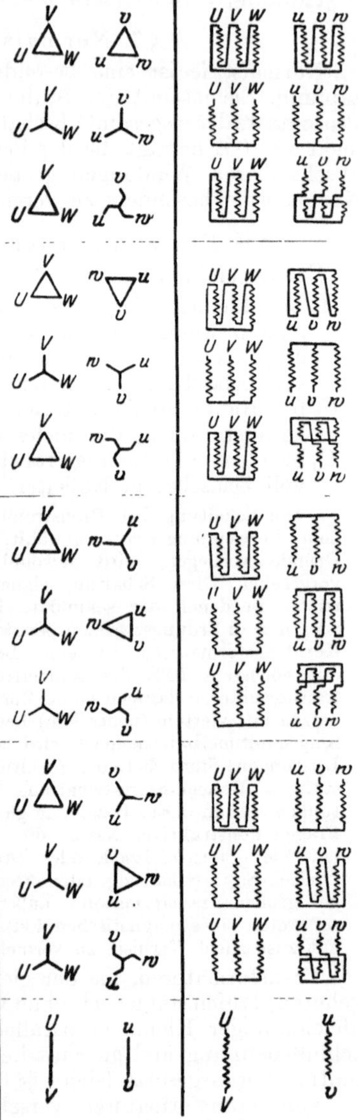

Der Schaltsinn ist so, daß der Wickel-
sinn von gleichbezeichneten Klemmen
ausgegangen, gleichsinnig ist.

wenn die Verbindung ihrer Klemmen nach folgendem Schema erfolgt:

Sammelschienen	R	S	T	r	s	t
Anschluß der	Oberspannung			Unterspannung		
Schaltgruppe $C_1\,C_2\,C_3$	U	V	W	u	v	w
$D_1\,D_2\,D_3$ oder oder	U	W	V	w	v	u
	W	V	U	v	u	w
	V	U	W	u	w	v

Werden in Ausnahmefällen andere Kombinationen von Schaltungen der Ober- und Unterspannungswicklungen bei Drehstromtransformatoren benutzt, so wird als Bezeichnung di e Schaltgruppe ohne Zahlenindex gewählt, für die die Bedingung erfüllt ist, daß Parallellauf mit Transformatoren der gleichen Schaltgruppe bei Verbindung gleichnamiger Klemmen möglich ist. Beispielsweise wird die Schaltung

(Oberspannung) 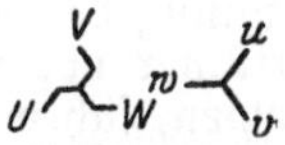   (Unterspannung)

Abb. 9.

als Schaltgruppe C ohne Index bezeichnet.

Über die Parallelschaltung siehe § 61, letzter Absatz.

Bei der Parallelschaltung von Drehstromtransformatoren sind früher vielfach dadurch Schwierigkeiten entstanden, daß infolge verschiedenen Wicklungsinnes und verschiedener Schaltungsart ein Parallelbetrieb nicht möglich war, ohne Änderungen an dem Drehstromtransformator vorzunehmen. Es sei hier auf die Arbeiten von Dr. Stern[1] und von Faye-Hansen[2] hingewiesen. Die Kommission hat die Angelegenheit einer eingehenden Bearbeitung unterzogen und infolgedessen schon im Jahre 1909 eine Ergänzung der damaligen Normalien in Vorschlag gebracht. Durch die vorgenommene Einteilung in Gruppen ist eine gute Übersichtlichkeit über die verschiedenen Schaltungen erzielt worden, so daß man sich stets leicht klar darüber werden konnte, ob ein neu aufzustellender Transformator mit einem alten vorhandenen Transformator parallel arbeiten kann oder nicht, bzw. wie man den neuen einzurichten hat, damit er mit dem vorhandenen parallel arbeiten kann.

Während zunächst in den Normalien 12 normale Schaltarten für Transformatoren angegeben waren, ist die Zahl später auf 9 reduziert worden, und zwar hat man dies getan, weil man nur solche Schaltungen aufnehmen wollte, bei welchen ein richtiges Parallelarbeiten durch Verbindung gleichnamiger Klemmen erzielt wird. Die vorher angegebenen 12 Schaltungen enthielten tatsächlich auch noch nicht alle möglichen Fälle. Im ganzen sind viele Kombinationen denkbar, von denen

---

[1] ETZ 1907, S. 981.   [2] ETZ 1908, S. 1081.

allerdings manche keine praktische Bedeutung haben. Aber auch andere Schaltungen kommen verhältnismäßig wenig vor, so daß die Kommission sich damals entschlossen hatte, in Zukunft nur noch die 9 praktisch wichtigsten Schaltungen in den Normalien selbst festzulegen und nur in den Erläuterungen noch 3 weitere Schaltungen zu berücksichtigen. In der jetzigen Fassung des § 8 sind diese letzteren 3 Schaltungen wieder in die Bestimmungen, und zwar als vierte Gruppe (D) aufgenommen worden.

Die Schaltungsbilder der Tafel I sollen nicht etwa die innere Schaltung des Transformators festlegen, sondern nur die relative Lage der Spannungsvektoren und damit der Klemmen untereinander.

Transformatoren der Schaltgruppe A können in Schaltgruppe B und ebenso solche der Schaltgruppe C in Schaltgruppe D umgeschaltet werden.

Da bei der Bezeichnung der Klemmen von Transformatoren leicht Irrtümer vorkommen können, wird in jedem Falle empfohlen, sich von der Richtigkeit der Klemmenbezeichnung durch Zwischenschalten von Lampen, Spannungsmessern, Sicherungen für geringe Stromstärke usw. zu überzeugen.

B. Elektrische Begriffe.

§ 9. Nennbetrieb.

Nennbetrieb heißt der Betrieb des Transformators mit der Primärspannung (siehe § 13), der Frequenz, dem Sekundärstrom und der Betriebsart, die auf dem Schilde genannt sind.

§ 10. Leistung.

Abgabe ist die abgegebene Leistung an den Sekundärklemmen.

Aufnahme ist die aufgenommene Leistung an den Primärklemmen.

Die Einheit der Leistung ist das Watt (W), das Kilowatt (kW) oder das Megawatt (MW).

Scheinleistung ist das Produkt aus Strom und Spannung mal Phasenfaktor (bei Drehstrom gleich $\sqrt{3}$).

Die Einheit der Scheinleistung ist das Voltampere (VA), das Kilovoltampere (kVA) oder das Megavoltampere (MVA).

Bei Transformatoren wird unter Leistung die Scheinleistung verstanden.

Bei Spartransformatoren kann man in gewissen Fällen zweifelhaft sein, was als Nennleistung anzugeben ist. Die Kommission hat sich dahin entschieden, daß die zu gelten hat, welche sich in der Sekundärwicklung ergibt, wenn man sich die Wicklungen getrennt denkt. Bei regulierbaren Spartransformatoren gilt der höchste Wert.

§ 11. Übersetzung.

Übersetzung ist unter Berücksichtigung der Schaltart das Verhältnis der Windungszahl der Oberspannungswicklung zu der der Unterspannungswicklung.

Bei Leerlauf ist das Verhältnis der Spannungen im allgemeinen gleich der Übersetzung; es stimmt jedoch nur dann mit der Übersetzung überein, wenn der durch den Leerlaufstrom bedingte Spannungsabfall vernachlässigbar ist.

§ 12. Spannung und Strom.

Der Ausdruck Wechselstrom umfaßt sowohl Einphasen- als auch Mehrphasenstrom.

Drehstrom ist verketteter Dreiphasenstrom.

Spannung- und Stromangaben bedeuten Effektivwerte, sofern nichts anderes angegeben ist.

Spannung ist bei Drehstrom die verkettete, bei Zweiphasenstrom die Spannung zwischen zwei Leitern eines Stranges.

Der Ausdruck „Strang" ist Erſatz für das Wort „Phaſe". Es ſoll zur Bezeichnung eines Wicklungsteiles dienen, während „Phaſe" lediglich als Zeitbezeichnung zu verwenden iſt.

§ 13. Nennspannung.

Nenn-Primärspannung ist die Spannung der Normalstufe (siehe § 7); sie wird durch Vorsetzen von „Nenn-" auf dem Schilde gekennzeichnet.

Der Nennwert der Spannung muß als solcher gekennzeichnet sein, weil bei Transformatoren mit angezapften Wicklungen auch die diesen Anzapfungen entsprechenden Spannungen auf das Schild gestempelt werden. Aus dem Schilde ist also genau ersichtlich, welche Spannung und damit welche Wicklungstufe für den Nennbetrieb maßgebend ist.

Nenn-Sekundärspannung ist die aus der Nenn-Primärspannung und der Übersetzung (siehe § 11) berechnete Spannung.

Zu beachten ist, daß die Nenn-Sekundärspannung die Sekundärspannung des leerlaufenden Transformators ist. Die wirklich bei Nennbetrieb auftretende Sekundarspannung ist nach § 16 zu berechnen.

Die Sefundärſpannung eines Transformators iſt bei Nennbetrieb um den Spannungsabfall niedriger als die Leerlaufſpannung.

§ 13a. Nennstrom.

Nennstrom ist der aus der Nennleistung und der Nennspannung berechnete Strom.

Ein Transformator von 50 kVA und cos $\varphi = 0{,}8$, der 15 000 V zugeführt befommt, liefere eine Sefundärſpannung im Leerlauf von 231 V. Bei Nennleiſtung betrage die Sefundärſpannung etwa 222 V. Wenn derſelbe Transformator von der Unterſpannungſeite aus betrieben wird, ſo würde er oberſpannungſeitig bei Leerlauf 14 410 V liefern und bei Belastung mit Nennleistung würde er dann 13 960 V geben.

Es ist zu beachten, daß der Nenn-Primärstrom bei starker Phasenverschiebung nicht dem für geringe Phasenverschiebung bzw. für cos $\varphi = 1$ angegebenen Wert entspricht.

§ 14. Nennleistung.

Nennleistung ist die auf dem Schilde genannte abgegebene Scheinleistung.

Zu beachten ist, daß die Nennleistung verschieden ist von der bei Nennbetrieb abgegebenen Scheinleistung, da die Nenn-Sekundärspannung (Leerlaufspannung) sich um den Betrag des inneren Spannungsabfalles von der sekundären Klemmenspannung unterscheidet (siehe § 13).

§ 15. Kurzschlußspannung und -strom.

Kurzschlußspannuug ist die Spannung, die bei kurzgeschlossener Sekundärwicklung an die Primärwicklung gelegt werden muß, damit sie den Nenn-Primärstrom aufnimmt.

Die Nenn-Kurzschlußspannung u_k wird aus der bei Schaltung auf Normalstufe gemessenen Kurzschlußspannung berechnet. Sie wird in Prozenten der Nenn-Primärspannung ausgedrückt.

Für die Berechnung der Nenn-Kurzschlußspannung ist bei Transformatoren der Betriebsart DB unter 10 kVA sowie bei allen Transformatoren der Betriebsart LB die Wicklungstemperatur des betriebswarmen Zustandes, bei allen übrigen Transformatoren eine Wicklungstemperatur von 75° zugrunde zu legen.

Kurzschlußstrom ist der Primärstrom, der aufgenommen würde, wenn bei kurzgeschlossener Sekundärwicklung die Nennspannung an die Primärwicklung gelegt würde. Er wird als Vielfaches des Nenn-Primärstromes ausgedrückt. Das Verhältnis $\dfrac{\text{Kurzschlußstrom}}{\text{Nenn-Primärstrom}}$ ist gleich $\dfrac{1}{\text{Nenn-Kurzschlußspannung}}$.

Beispiel: Bei einer Nenn-Kurzschlußspannung von 5% beträgt der Kurzschlußstrom das $\dfrac{1}{5\%} = \dfrac{100}{5} = 20$-fache des Nennstromes

§ 16. Spannungsänderung.

Spannungsänderung eines Transformators bei einem anzugebenden Leistungsfaktor ist der Abfall der Sekundärspannung, der bei Übergang von Leerlauf auf Nennbetrieb auftritt, wenn Primärspannung und Frequenz ungeändert bleiben.

Die Spannungsänderung wird in Prozenten der Nenn-Sekundärspannung ausgedrückt. Die Spannungsänderung

u_φ wird ermittelt aus der Nenn-Kurzschlußspannung u_k in Prozenten und der relativen Ohmschen Spannung u_r in Prozenten, die dem Wicklungsverlust (siehe § 53) entspricht.

Die Spannungsänderung u_φ wird im allgemeinen nach folgender Formel berechnet:

$$u_\varphi = u'_\varphi + 1 - \sqrt{1 - u''^2_\varphi} = u'_\varphi + 0{,}5\,u''^2_\varphi\,.$$

Hierin bedeutet

$$u'_\varphi = u_r \cos\varphi + u_s \sin\varphi\,,$$

$$u''_\varphi = u_r \sin\varphi - u_s \cos\varphi\,.$$

Die Streuspannung ist $u_s = \sqrt{u_k^2 - u_r^2}$.

Bei Streuspannungen bis etwa 4% ist die Annäherung $u_\varphi = u'_\varphi$ ausreichend.

Beispiel: Bei einer Nenn-Kurzschlußspannung $u_k = 5\%$ und einer relativen Ohmschen Spannung $u_r = 3{,}7\%$ ist die Streuspannung $u_s = 3{,}3\%$.

Bei einem Leistungsfaktor von 0,8 ($\varphi = 36{,}9^0$; $\sin\varphi = 0{,}6$; $\cos\varphi = 0{,}8$) berechnet sich

$$u'_\varphi = 3{,}7\% \cdot 0{,}8 + 3{,}3\% \cdot 0{,}6$$

$$= \frac{3{,}7}{100} \cdot 0{,}8 + \frac{3{,}3}{100} \cdot 0{,}6 = \frac{4{,}94}{100} = 4{,}94\%\,.$$

$$u''_\varphi = 3{,}7\% \cdot 0{,}6 - 3{,}3\% \cdot 0{,}8$$

$$= \frac{3{,}7}{100} \cdot 0{,}6 - \frac{3{,}3}{100} \cdot 0{,}8 = -\,\frac{0{,}42}{100} = -\,0{,}42\%\,.$$

Die Spannungsänderung wird daher

$$u_\varphi = 4{,}94\% + 0{,}5 \cdot (-\,0{,}42\%)^2$$

$$= \frac{4{,}64}{100} + 0{,}5 \cdot \left(\frac{-\,0{,}42}{100}\right)^2 \approx \frac{4{,}94}{100} \approx 4{,}94\%\,.$$

§ 17 siehe § 26.

C. Kühlungs-, Lüftungs- und Betriebsarten.

§ 18. Einteilung nach Kühlungs- und Lüftungsarten.

Unterschieden werden:

I. Trockentransformatoren

1. mit Selbstkühlung (TS): Der Transformator wird durch Strahlung und natürlichen Zug gekühlt.
2. mit Fremdlüftung (TF): Die Kühlluft wird durch einen Lüfter oder künstlichen Zug bewegt.
3. mit Wasserkühlung (TW): Einzelne Teile werden durch Wasser gekühlt.

II. Öltransformatoren

1. mit Selbstkühlung (OS): Der Ölkasten wird durch Strahlung und natürlichen Zug gekühlt.

2. mit Fremdlüftung (OF): Der Ölkasten wird durch Luft gekühlt, die durch einen Lüfter oder künstlichen Zug bewegt wird.

3. mit Ölumlauf und Fremdlüftung (OFU): Der Ölkasten wird durch Luft gekühlt, die durch einen Lüfter oder künstlichen Zug bewegt wird. Der Ölumlauf erfolgt zwangweise.

4. mit Ölumlauf und innerer Wasserkühlung (OWI): Das Öl wird durch einen Wasserkühler im Innern des Ölkastens gekühlt.

5. mit Ölumlauf und äußerer Wasserkühlung (OWA): Das Öl wird in einem Wasserkühler außerhalb des Ölkastens gekühlt. Der Ölumlauf erfolgt zwangweise.

6. mit Ölumlauf und äußerer Selbstkühlung (OSA): Das Öl wird in einem Luftkühler außerhalb des Ölkastens durch Strahlung und natürlichen Zug gekühlt. Der Ölumlauf erfolgt zwangweise.

7. mit Ölumlauf und äußerer Fremdlüftung (OFA): Das Öl wird in einem Luftkühler außerhalb des Ölkastens gekühlt. Die Kühlluft wird durch einen Lüfter oder künstlichen Zug bewegt. Der Ölumlauf erfolgt zwangweise.

Zur Isolierung der Transformatoren können Harzöle oder Mineralöle Verwendung finden[1]. Die ersteren geben bei lang andauernder Erwärmung sehr wenig saure Ausscheidungen, die sich zudem leicht im Harzöl wieder lösen. Die sauren Ausscheidungen der Mineralerdöle dagegen sind unlöslich und wirken ungünstig. Die Mängel der Mineralerdöle werden jedoch durch den niedrigeren Preis gegenüber Harzölen aufgewogen, und es werden daher vorwiegend für Transformatoren Mineralerdöle verwendet. Aus diesem Grunde beziehen sich auch die vom Verbande Deutscher Elektrotechniker aufgestellten „Vorschriften für Transformatoren- und Schalteröle", die auf S. 261 bis 271 abgedruckt sind, nur auf diese.

In Transformatoren dient das Öl sowohl als Isolation wie zur Wärmeabfuhr. Die Öle müssen also eine hohe Isolierfestigkeit und Leichtflüssigkeit besitzen und müssen wärmebeständig sein. Für Transformatoren, die im Freien aufgestellt werden, ist auch Kältebeständigkeit notwendig. Weiter ist notwendig, daß die Öle alkali- und säurefrei sind.

Die Öle neigen dazu, Wasser aufzunehmen; deswegen muß ihnen vor Einfüllen in die Transformatoren die Feuchtigkeit entzogen werden. Bei allen Arbeiten mit Öl ist größte Sauberkeit zu beachten und dafür zu sorgen, daß keine Feuchtigkeit in das Öl hinein kann. Beim Trocknen des Öles ist darauf Rücksicht

---

[1] Über die Eigenschaften, Behandlung und Prüfung der Öle siehe ETZ 1924, S. 931.

zu nehmen, daß es keinen Schaden leidet. Ferner soll das Trocknen kurz vor Einführung des Öles geschehen, damit es nicht wieder Feuchtigkeit aufnehmen kann

Bei allen Transformatoren, die ein Ausdehnungs= gefäß (Ölkonservator) haben, wird das Öl sehr geschont, weil es nur geringe Berührung mit der Luft hat.

Wenn mehrere Öle, die an sich einwandfrei sein können, gemischt werden oder neues Öl auf altes ge= gossen wird, kann Schlammbildung eintreten, was für die Isolierstoffe unter Umständen nachteilig sein kann.

Über die Eigenschaften, die Transformatorenöle be= sitzen müssen, sowie über die Prüfmethoden, die dabei in Anwendung zu kommen haben, hat sich eine außer= ordentlich umfangreiche Literatur entwickelt. Soweit sie heute noch von Bedeutung ist, ist sie unten an= gegeben[1].

Für die Regenerierung unbrauchbar gewordener Transformatorenöle gibt es mehrere Methoden, die auf dem Prinzip des Filtrierens, des Zentrifugierens oder chemischer Reaktion beruhen. Über diesen verschie= denen Reinigungsmethoden steht eine ziemlich umfang= reiche Literatur zur Verfügung, wie unten aufgeführt[2].

Auf Grund der langjährigen Erfahrungen, die in Elektrizitätswerksbetrieben gesammelt sind, hat die Vereinigung der Elektrizitätswerke ein Buch unter dem Titel „Die Ölbewirtschaftung" herausgegeben, das wert= volle Angaben enthält. Dieses Buch ist eine Betriebs= anweisung für die Prüfung, Überwachung und Pflege der Isolier= und Dampfturbinenöle und enthält außer= ordentlich wertvolle allgemeine Angaben über Trans= formatorenöle, Prüfverfahren für solche, Angaben be= züglich ihrer Überwachung im Betriebe und bezüglich der Behandlung der Öle. Am Schlusse ist ein wert= volles Verzeichnis der Literatur auf diesem Gebiete, soweit sie für den Betriebsmann von Bedeutung ist, aufgenommen. Zu beziehen ist dasselbe von der „Ver= einigung der Elektrizitätswerke E. V.", Berlin W 62. Sein Zweck ist, Angaben über das Verhalten der Öle

---

[1] ETZ 1924, S. 391, 1059 u. 1415; 1925, S. 889 u. 1264; 1926, S. 480, 701 u. 1291; 1927, S. 1613; 1928, S. 138; 1929, S. 1524; El. Be. 1924, S. 237; 1925, S. 275, Z. V. d. J. 1927, S. 1391; Elektrizitätswirtsch. 1927, Nr. 437, S. 305—330; El. u. Maschinenb. 1927, S. 1009. Ferner sei auf die Druckschrift 77 des Deutschen Verbandes für die Materialprüfung der Technik „Studien über die Prüfung der Transformatorenöle" (Berlin NW 7, Ingenieurhaus) aufmerksam gemacht.

[2] ETZ 1922, S. 692; 1924, S. 376; 1925, S. 1518; 1926, S. 945; 1927, S. 550 u. 1225. El. u. Maschinenb. (Wien) 1927, S. 289. El. Betrieb 1925, S. 2 u. 215; 1926, S. 15 (Sonderhefte der Vereinigung der Elektrizitätswerke vom Oktober 1924 und vom April 1926). Elektrizitätswirtsch. 1926 Nr. 406 und 1927, Nr. 437. Festschrift der ETZ zur XXIX. Jahresversammlung des VDE 1923, S. 29 (Sonderheft der ETZ zur Leipziger Frühjahrsmesse 1924, S. 16).

im Betriebe zu machen und Anweisungen zur Be=
stimmung des Zustandes und der Verwendbarkeits=
grenze der im Gebrauch befindlichen Öle zu geben,
während die vorerwähnten Vorschriften des VDE sich
im wesentlichen mit den Eigenschaften der Öle, die eine
Beurteilung ihrer Eignung im neuen oder angelieferten
Zustande gestatten, beschäftigen.

Bei der Internationalen Elektrotechnischen Kom=
mission ist übrigens auch ein Ausschuß eingesetzt worden,
der die Aufgabe hat, Prüfverfahren für Transfor=
matorenöle miteinander zu vergleichen und wenn mög=
lich ein internationales, allgemein anzunehmendes
Verfahren vorzuschlagen. Über das Ergebnis dieser
Arbeiten kann zur Zeit noch nichts berichtet werden.

Die Erfahrung hat gezeigt, daß Isolieröle beim
längeren Aufbewahren leicht Veränderungen unter=
worfen sind, worüber jedoch bis jetzt noch wenig zu=
verlässige Angaben vorliegen. Das Beobachtungs=
material darüber ist zusammengestellt in der Elektrizi=
tätswirtschaft 1927, Nr. 437, S. 328. Danach sind nicht
nur Veränderungen bei Aufbewahrung an Licht
beobachtet worden, sondern auch bei Aufbewahrung
im Dunkeln.

Nach den Bestimmungen des § 7 der „Vorschriften
nebst Ausführungsregeln für die Errichtung von Stark=
stromanlagen mit Betriebsspannungen von 1000 V
und darüber VES 2/1930" muß bei Transformatoren
der Ölstand im Kessel erkennbar sein. Es muß ferner
an diesem ein Ölablaß sich befinden und es muß die
Möglichkeit bestehen, Ölproben aus dem Transformator
entnehmen zu können.

In den gleichen Vorschriften ist bestimmt, daß bei
Transformatoren mit Selbstkühlung auf ausreichende
Lüftung des Aufstellungsraumes besonders zu achten ist[1].

§ 18a. Einteilung nach Betriebsarten.

Unterschieden werden Transformatoren:

1. für Dauerbetrieb (DB): Die Betriebzeit ist so
   lang, daß die dem Beharrungzustand entsprechende
   Endtemperatur erreicht wird (siehe § 29).
2. für kurzzeitigen Betrieb (KB): Die durch Ver=
   einbarung bestimmte Betriebzeit ist so kurz, daß die
   Beharrungstemperatur nicht erreicht wird.

   Die Betriebspause, während der der Transformator
   spannungslos ist, ist lang genug, daß die Abkühlung
   auf die Temperatur des Kühlmittels erreicht wird
   (siehe § 30).
3. für Dauerbetrieb mit kurzzeitiger Belastung
   (DKB): Die durch Vereinbarung bestimmte Belastungzeit ist so kurz, daß die Beharrungstemperatur nicht
   erreicht wird.

---

[1] ETZ 1929, S. 1623.

Die Belastungspause, während der der Transformator leerläuft, ist lang genug, daß die Abkühlung auf die Beharrungstemperatur bei Leerlauf erreicht wird (siehe § 30).

4. für aussetzenden Betrieb (AB): Einschaltzeiten wechseln mit spannungslosen Pausen ab, deren Dauer nicht genügt, daß die Abkühlung auf die Temperatur des Kühlmittels erreicht wird (siehe § 31).

5. für Dauerbetrieb mit aussetzender Belastung (DAB): Belastungzeiten wechseln mit Leerlaufpausen ab, deren Dauer nicht genügt, daß die Abkühlung auf die Beharrungstemperatur bei Leerlauf erreicht wird (siehe § 31).

Die gesamte Spieldauer, die sich bei

AB		DAB
	aus	
Einschaltzeit und spannungsloser Pause		Belastungzeit und Leerlaufpause

zusammensetzt, beträgt höchstens 10 min.

Beide Betriebsarten werden durch die relative Einschaltdauer gekennzeichnet.

Relative Einschaltdauer ist das Verhältnis von Einschalt- bzw. Belastungzeit zu Spieldauer.

Spieldauer ist die Summe von Einschaltzeit und spannungsloser Pause bzw. von Belastungzeit und Leerlaufpause.

Bei unregelmäßiger Größe der Spieldauer und ihrer Teile wird die relative Einschaltdauer aus dem Verhältnis der Summe der Einschalt- bzw. Belastungzeiten zur Summe der Spieldauern über eine genügend lange Betriebsperiode bestimmt.

Der Betrieb ist meistens auch noch hinsichtlich der Belastung unregelmäßig.

Als normale Werte der relativen Einschaltdauer gelten 15, 25 und 40%.

6. für landwirtschaftlichen Betrieb (LB): Etwa 500 h im Jahr beträgt die tägliche Überlastung 100% des Nenn-Sekundärstromes während 12 h (siehe § 32).

Bezüglich der unter 6. aufgeführten Öltransformatoren für landwirtschaftlichen Betrieb sei auf die Einheitstransformatoren der Sonderreihe S.E.T. 23 nach DIN VDE 2601 und die dazu gegebenen Erläuterungen auf S. 390 hingewiesen.

Hierfür gilt sinngemäß das zu § 19a der R.E.M. auf S. 24 Gesagte.

III. Genormte Werte.

§ 19. Frequenzen.

Genormte Nennfrequenz ist 50 Hz, für Einphasen-Bahnnetze 16⅔ Hz.

Der Ausschuß für Einheiten und Formelgrößen hat als Einheit der Frequenz das „Hertz" vorgeschlagen und zwecks internationaler Anerkennung einen Antrag bei der Internationalen Elektrotechnischen Kommission gestellt.

§ 19 a. Spannungen.

Tafel II.

Genormte Nennspannungen in Volt für Transformatoren über 100 V.

Betriebspannung nach DIN VDE 2	Wechselstrom 50 Hz Nenn-		Einphasenstrom 16⅔ Hz Nenn-	
	Primär-Spannung	Sekundär-Spannung	Primär-Spannung	Sekundär-Spannung
125	125	130	—	—
220	220	230	—	. 220
380	380	400	—	—
500	500	525	—	—
1000	1000	1050	—	—
3000	3000	3150	—	—
(5000)	(5000)	(5250)	—	—
6000	6000	6300	6000	6600
10000	10000	10500	—	—
15000	15000	15750	15000	16500
20000	20000	21000	—	—
30000	30000	31500	—	—
45000	45000	47250	—	—
60000	60000	65000	—	—
80000	80000	84000	—	—
100000	100000	105000	100000	110000
150000	150000	157500	—	—
200000	200000	210000	—	—
300000	300000	315000	—	—

Die fettgedruckten Spannungen bedeuten Vorzugspannungen, die in erster Linie sowohl für Neuanlagen als auch für umfangreiche Erweiterungen empfohlen werden.

Die eingeklammerte Spannung von 5000 V ist in der Spannungsreihe nach DIN VDE 2 nicht mehr enthalten.

Die vorstehenden Nennspannungen sind in Anlehnung an die „Normen für Betriebspannungen elektrischer Starkstromanlagen des VDE" aufgestellt, die auf S. 326 abgedruckt sind. Nach diesen Normen gilt außer den Spannungen über 100 V auch noch 24 und 42 V als genormte Spannung. Dies sind die sogenannten Kleinspannungen, deren Benutzung in § 3 der „Vorschriften nebst Ausführungsregeln für die Errichtung von Starkstromanlagen mit Betriebsspannung unter 1000 V VES. 1/1930" als eine der dort vorgesehenen Schutzmaßnahmen gilt, wodurch bedenkliche Berührungsspannungen unmöglich gemacht werden. Weiter ist noch zu erwähnen, daß es neben diesen Normen auch noch „Normen für Spannungen elektrischer Anlagen unter 100 V" gibt, die ETZ 1920, S. 433 abgedruckt sind.

Bezüglich der Transformatoren für Bahnzwecke sei noch darauf hingewiesen, daß sie normalerweise mit einem Pol an Erde liegen.

§ 19b. Leistungen.
Tafel III.
Genormte Nennleistungen in Kilovoltampere bei 50 Hz.

Drehstrom			Einphasenstrom
	100	1000	10000	1
	125	1250	usw.	2
5	160	1600		
10	200	2000		3,5
20	250	2500		7
30	320	3200		13
50	400	4000		20
75	500	5000		35
	640	6400		50
	800	8000		70

Bezüglich der genormten Nennleiſtung von Transformatoren ſei auf die Normblätter DIN VDE 2600
und 2610, die auf S. 387 u. 402 abgedruckt ſind, hingewieſen.

§ 19c. Kurzschlußdrosselspulen.
Tafel IV.
Genormte Werte.

Dauer-Nennstrom in A	160	200	25 / 250	320	40 / 400	64 / 640	100 / 1000
Nennspannung in %		(3)	5		6		10
Netzspannung in kV	3	(5)	6	10	**15**	20	**30**

Die fettgedruckten Spannungen bedeuten Vorzugspannungen,
die in erster Linie sowohl für Neuanlagen als auch für umfangreiche Erweiterungen empfohlen werden.

Die eingeklammerte Spannung von 5 kV ist in der Spannungsreihe nach DIN VDE 2 nicht mehr enthalten.

Kurzschlußdrosselspulen von 3% werden nur dann verwendet, wenn ein zusätzlicher Spannungsabfall in den Leitungen
zwischen Generator und Drosselspule vorhanden ist.

Bezüglich der Kurzſchlußfeſtigkeit der Kurzſchluß-
droſſelſpulen ſei auf die Beſtimmungen §§ 57 und 80
hingewieſen.

§ 20. Anzapfungen.
Bei Transformatoren mit Anzapfungen, die nicht
besonderen Zwecken dienen, sind drei Stufen normal.
Die den Anzapfungen entsprechenden Spannungen sind,
wenn der Prozentsatz der insgesamt abschaltbaren Windungen nicht mehr als 10% beträgt, für die Wicklungs-
seite anzugeben, auf der die Anzapfungen liegen.
Bei Transformatoren für großen Regelbereich mit
Anzapfungen, die so angeordnet sind, daß in der betreffenden Wicklung betriebsmäßig keine höhere als die

Nennspannung auftreten kann, können die den Anzapfungen entsprechenden Spannungen für die Wicklungseite angegeben werden, auf der keine Anzapfungen liegen; sie sind dann einzuklammern.

Hat z. B. ein Transformator das Übersetzungsverhältnis 15000/384 — 400 — 416 V und Anzapfungen in der 15000 V-Wicklung, so wird das Schild gestempelt 15600 — 15000 — 14400/400 V und der Normalstufe entspricht in diesem Falle 15000/400 V.

Hat ein Ofentransformator für 15000/50 — 70 — 100 V die Anzapfungen in der Mitte der 15000 V-Wicklung, so kann das Schild gestempelt werden 15000/(50) — (70) — 100 V, falls als Normalstufe 15000/100 V vereinbart ist (siehe § 7).

IV. Bestimmungen.

A. Allgemeines.

§ 21. Sinusform von Spannungskurven.

Die folgenden Bestimmungen gelten unter der Annahme einer praktisch sinusförmigen Welle der Primärspannung (siehe R.E.M. §§ 14 und 21).

Bezüglich der Methoden zur Bestimmung und Beurteilung der Sinusform von Spannungswellen sei auf die Erläuterungen zu § 14 und 21 der R.E.M. verwiesen.

Nach den „Leitsätzen für Maßnahmen an Fernmelde- und an Drehstromanlagen im Hinblick auf gegenseitige Näherungen des VDE" dürfen gemäß § 9 derselben Transformatoren im Eisen nicht zu hoch gesättigt sein. Nach § 10 dieser Bestimmungen sind bei Anlagen mit unmittelbar oder über einen kleinen Widerstand geerdetem Symmetriepunkt (Nullpunktserdung) Leistungstransformatoren, sofern die Spannung der geerdeten Seite mehr als 12 kV beträgt, derart zu schalten oder mit einer besonderen Wicklung derart auszuführen, daß die magnetischen Flüsse der breizahligen Harmonischen im Transformator möglichst unterdrückt werden.

Nach den „Leitsätzen für den Schutz elektrischer Anlagen gegen Überspannungen" des VDE sind bezüglich der Transformatoren folgende Bestimmungen getroffen:

„Für Transformatoren in Kraftwerken empfiehlt sich Dreieck-Sternschaltung. Sie sichert dem Transformator eine ungezwungene Magnetisierung und verhindert infolgedessen das Auftreten von breifachen Harmonischen.

Bei Transformatoren in Stern-Sternschaltung bestehen wesentliche Unterschiede zwischen den Transformatoren ohne freien magnetischen Rückschluß (Kerntransformatoren mit nur brei Schenkeln) und solchen mit freiem magnetischem Rückschluß (Manteltransformatoren, Vier- oder Fünfschenkeltransformatoren, sowie brei zu einem Dreiphasensatz zusammengeschaltete Einphasentransformatoren).

Transformatoren mit freiem magnetischem Rückschluß in Stern-Sternschaltung führen in den Sternspannungen beträchtliche Oberschwingungen 3ter, 9ter,
15ter usw. Ordnung. Diese können bei höheren Spannungen von etwa 50 kV ab auch bei ungeerdetem
Sternpunkt die Wicklung infolge ihrer Erdkapazität
durch Resonanzüberspannungen gefährden.

Eine Tertiärwicklung in geschlossenem Dreieck macht
sämtliche Formen in Stern-Sternschaltung der Dreieck
Sternschaltung gleichwertig. Durch Zickzackschaltung
kann man zwar das Auftreten der dreifachen Oberwellen in ihrer Sternspannung unterdrücken, nicht
aber im magnetischen Fluß und infolgedessen auch
nicht in der in Stern geschalteten anderen Wicklung.

Was für Kraftwerktransformatoren gesagt ist, gilt
in gleicher Weise für Großtransformatoren in Unterwerken.

Spartransformatoren eignen sich ebensowenig für
den Anschluß von Generatoren, wie für das Kuppeln
von Hochspannungsnetzen über 6 kV, wenn das Übersetzungsverhältnis den Wert 1,25 übersteigt, weil dann
im Falle eines Erdschlusses der Unterspannungsteil
zu stark beansprucht wird.

Hochgesättigte Transformatoren können mittelbar
zur Ausbildung höherer Harmonischer in der Spannung
führen. Bei sehr hoher Spannung ist es wegen der
Resonanzgefahr geboten, mit mäßiger Kraftliniendichte
im Eisen zu arbeiten.

Für die Erdung des Sternpunktes eignen sich alle
Transformatoren, die irgendeine Dreieckwicklung besitzen, sei es primär, sekundär oder tertiär. Fehlt diese
Dreieckwicklung, so kann bei hohen Eisensättigungen
die dritte Oberwelle in erheblicher Stärke auftreten.

Die unmittelbare Erdung des Hochspannungssternpunktes von Transformatoren mit freiem magnetischem Rückschluß in Stern-Stern- oder Stern-Zickzackschaltung ohne Tertiärwicklung ist zu vermeiden. Die
dritte Oberwelle kann die Ursache von Kippüberspannungen werden. Weiterhin kann die Erdung des Sternpunktes derartiger Transformatoren zur Beeinflussung von Fernmeldeleitungen durch Oberwellen führen. Bei großen Transformatoren empfiehlt es sich,
wegen ihrer geringen Dämpfung für Wanderwellen
die Isolatoren der Nullpunktdurchführungen (und
ebenso die Stützer der Nullpunktsammelschienen) für
die verkettete Spannung zu bemessen. Der Anschluß
geerdeter Spannungswandler zur Erdschlußüberwachung und von Erdungsdrosselspulen zur Ableitung
statischer Ladungen ist zulässig. Sie sollen jedoch betriebsmäßig mit höchstens 7000 Gauß gesättigt werden,
weil dann unter dem Einfluß ihres hohen Widerstandes Kippüberspannungen im allgemeinen nicht auftreten.

Zusatztransformatoren mit fester Wicklung sollen möglichst mit einer in Dreieck geschalteten Erregerwicklung oder einer Dreiecktertiärwicklung versehen sein. Bei Drehtransformatoren sind wegen des Luftspaltes solche Maßnahmen nicht erforderlich."

Da bei sinusförmiger Primärspannung infolge zu starker Magnetisierung des Transformators eine Verzerrung der Kurve durch den Magnetisierungstrom hervorgerufen werden kann, ist verschiedentlich angeregt worden, einen Grenzwert für die Eisensättigung der Transformatoren allgemein festzulegen. Hiervon ist jedoch abgesehen worden, weil dadurch die Weiterentwicklung in der Herstellung von Transformatoren unterbunden werden könnte und weil die theoretischen Zusammenhänge noch nicht so weit geklärt sind, daß man eine feste Vorschrift aufstellen könnte.

§ 22. Symmetrie von Mehrphasensystemen.

Die folgenden Bestimmungen gelten unter der Annahme, daß Mehrphasensysteme praktisch symmetrisch sind (siehe R.E.M. §§ 15 und 22).

Hierfür gilt sinngemäß das zu § 15 und 22 der R.E.M. auf S. 19 u. 29 Gesagte.

§ 23. Aufstellungsort.

Die folgenden Bestimmungen gelten unter der Annahme, daß der Aufstellungsort des Transformators nicht höher als 1000 m ü. M. liegt. Für einen höher gelegenen Aufstellungsort sind besondere Vereinbarungen zu treffen.

Bei größeren Höhen verringern sich Isolationsfestigkeit und Wärmeabgabe; hierauf ist bei der Prüfung Rücksicht zu nehmen.

Bezüglich des Einflusses, den die Höhe des Aufstellungsortes auf die Erwärmung hat, sind in der Erläuterung zu § 23 der R.E.M. auf S. 29 bis 31 ausführliche Angaben gemacht. Für Transformatoren mit Selbstkühlung und Fremdlüftung (nicht mit Wasserkühlung) gelten ähnliche Verhältnisse, wie sie für Maschinen angegeben sind. Zum Ausgleich der verschlechterten Wärmeabfuhr muß entweder die Nennleistung des Transformators je nach der Höhenlage vermindert oder die Abkühlung verbessert werden, was durch Vergrößerung des Ölkastens erreichbar ist. Nach den bei Maschinen schon erwähnten ausführlichen Angaben von Dr. Lubowsky ist die Nennleistung eines selbstkühlenden Transformators bei mehr als 1000 m Höhenlage für je 100 m näherungsweise um 0,5% zu vermindern. Abb. 10 gibt darüber Anhaltspunkte.

Anstatt die Nennleistung des Transformators herabzusetzen, kann die normale Transformatorentype in einen Ölkasten höherer Nennleistung gesetzt werden.

Näheres darüber ist aus Abb. 11 zu ersehen. Dadurch entstehen naturgemäß Mehrkosten, und es ist Rech-

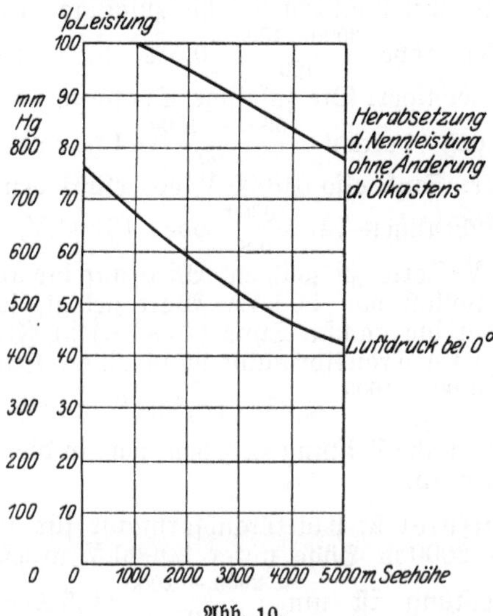

Abb. 10.

nungssache, festzustellen, ob es wirtschaftlicher ist, die Nennleistung herabzusetzen oder den Ölkasten zu vergrößern.

Die Überschlagspannung und die Betriebspannung kann mit genügender Annäherung für Höhen über

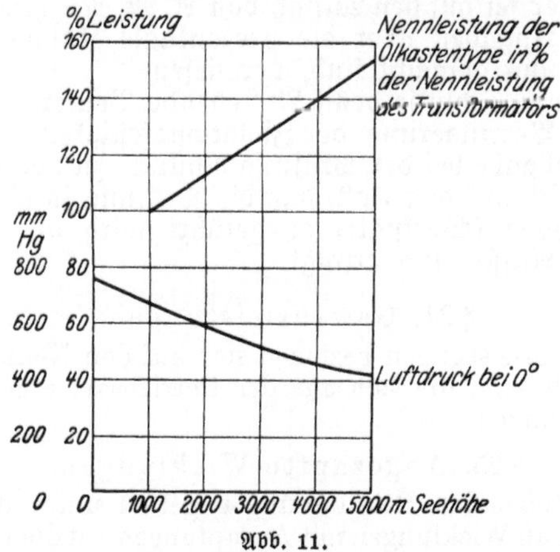

Abb. 11.

1000 m um 1% für je 100 m vermindert werden, um der verringerten dielektrischen Festigkeit der Luft Rechnung zu tragen.

Nachstehend seien aus dem Aufsatz von Dr. Lubowsky zwei Beispiele wiedergegeben:

Beispiel 1: „Ein Transformator für 50 kVA und 10000 V soll in 3000 m Höhe ausgestellt werden. Er leistet mit Rücksicht auf die zulässige Erwärmung in dieser Höhe $\frac{3000-1000}{100}\cdot 0{,}5\%$, d. h. 10% oder 5 kVA weniger. Die zulässige Spannung der Durchführungen beträgt $\frac{3000-1000}{100}\cdot 1\%$ oder 20% weniger. Sind also 10000 V vorgeschrieben, so sind Durchführungen für $\frac{10000}{0{,}8}$ oder 12500 V, d. h. die 15000 V-Serie zu wählen. Wird auf die unverminderte Vollast von 50 kVA Wert gelegt, so kommt entweder die nächste Type (75 kVA) in Frage oder der 50 kVA-Transformator ist in einen Ölkasten für etwa $\frac{3000-1000}{100}\cdot 1{,}33\%$ erhöhte Nennleistung, d. h. die 1,27-fache Leistung zu setzen, was in diesem Falle billiger wird.

Beispiel 2: Ein Transformator für 1000 kVA soll in 2000 m Höhe unter 20000 V arbeiten. Die Nennleistung ist um $\frac{2000-1000}{100}\cdot 0{,}5\% = 5\%$ zu vermindern. Der Transformator kann dauernd mit 950 kVA belastet werden. Die Erhöhung der Nennspannung der Durchführungen beträgt $\frac{2000-1000}{100}\cdot 1\%$, d. h. nur 10%. Die Serie kann also beibehalten werden."

Weiter sei auf den Aufsatz von A. M. Montringer[1] in dem Angaben über die prozentuale Zunahme der Erwärmung gemacht sind, verwiesen.

Die am Schlusse des § 23 stehende Bemerkung, daß auf die Verringerung der Isolationsfestigkeit und der Wärmeabgabe bei der Prüfung Rücksicht zu nehmen ist, bezieht sich auf den Fall, daß die Prüfung in einer anderen Höhe (Werkstatt) ausgeführt wird als die, in der die Aufstellung erfolgt.

§ 24. Gewährleistungen.

Gewährleistungen beziehen sich auf den Nennbetrieb (siehe § 9) und die sich aus der Betriebsart ergebenden Überlastungen.

§ 25. Angezapfte Wicklungen.

Die folgenden Bestimmungen gelten unter der Annahme, daß Wicklungen mit Anzapfungen auf die Normalstufe geschaltet sind.

Bei Anzapfungen bis einschließlich ± 5% der Windungzahl der Normalstufe gelten die Bestimmungen über die Erwärmung für alle Stufen bei gleicher Nennleistung.

---

[1] ETZ 1918, S. 408.

§ 25a. Luftdrosselspulen.

Luftdrosselspulen müssen so angeordnet werden oder so aufgestellt sein, daß keine eisernen Gegenstände unter der Wirkung des Magnetfeldes des Stoßkurzschlußstromes durch Hineinfliegen Windungschluß verursachen können.

§ 26. Betriebswarmer Zustand.

Sofern nichts anderes angegeben ist, beziehen sich die folgenden Bestimmungen auf den betriebswarmen Zustand, d. i. die Temperatur, die der Transformator am Ende des Probelaufes bei Nennbetrieb annimmt, wenn während seiner Dauer die mittlere Raum- oder Kühlmitteltemperatur 20^0 betragen hat.

Wird die Endtemperatur nicht unmittelbar durch Messung festgestellt, so ist sie für die Umrechnung mit 75^0 einzusetzen.

Hinsichtlich der Bezugstemperatur sei auf § 42 der R.E.T. verwiesen.

§ 27. Prüfungen.

Die Prüfungen nach diesen Regeln sind nach Möglichkeit in den Werkstätten des Herstellers an dem neuen trockenen, betriebsfertigen Transformator vorzunehmen. Insbesondere sollen die Spannungsproben gemäß § 46 in den Werkstätten des Herstellers durchgeführt werden, weil die Erzeugung und richtige Messung der Prüfspannung nur bei Beachtung zahlreicher Vorsichtsmaßregeln möglich ist.

Prüfungen am Aufstellungsort sind besonders zu vereinbaren. Bei einer Wiederholung der Wicklungsprobe am Aufstellungsort darf mit einer Spannung geprüft werden, die das Mittel zwischen der Betriebspannung und der nach § 47 bestimmten Prüfspannung (Tafel VII) ist.

Betriebsmäßige Abdeckungen, Ummantelungen, ferner Regendächer u. dgl. dürfen bei den Prüfungen nicht geöffnet oder geändert werden; Transformatoren für Fremdlüftung sind mit den Vorrichtungen für diese zu prüfen.

Bezüglich der Messung der Prüfspannung und der Wiederholung der Prüfungen am Aufstellungsort sind bei § 27 der R.E.M. auf S. 32 dieses Buches Angaben gemacht. Bei einem Transformator für z. B. 15 kV ist gemäß § 47 die erstmalige Wicklungsprobe mit 41,25 kV vorzunehmen. Wird sie aber am Aufstellungsorte wiederholt, so ist dann nur mit 28,125 kV zu prüfen.

§ 27a. Erdung.

An den Kesseln von Öltransformatoren bzw. an den mit dem Kern in guter Verbindung stehenden Eisenkon-

struktionsteilen für Lufttransformatoren ist ein Erdungsanschluß vorzusehen, der ausreichend bemessen, als
Erdungsanschluß gekennzeichnet und leicht zugänglich
sein muß.

Für die Ausführung der Erdungen gelten die „Leitsätze
für Schutzerdungen in Hochspannungsanlagen" und die
„Leitsätze für Erdungen und Nullung in Niederspannungsanlagen".

Wenn der Sternpunkt von Wicklungen mit mehr als
250 V gegen Erde betriebsmäßig kurz geerdet werden soll,
ist die Durchführungsklemme mindestens entsprechend
einem Zehntel der Nennspannung zu isolieren; wenn
Sternpunktsleitungen ausgeführt und nicht kurz geerdet
werden, so müssen sie für die volle Nennspannung isoliert
werden (siehe „Vorschriften für den elektrischen Sicherheitsgrad von Starkstromanlagen mit Betriebspannungen
von 1000 V und darüber V.S.G.").

Über die Erdung, Nullung und Schutzschaltung als
Schutzmaßnahme gemäß § 3d der Errichtungsvorschriften sind in der Erläuterung zu § 27a der R.E.M. auf
S. 32 bis 34 ausführliche Unterlagen gegeben.

Die Vorschriften für den elektrischen Sicherheitsgrad von Starkstromanlagen VSG des VDE sind
noch nicht fertiggestellt. Ein zweiter Entwurf derselben
ist aber ETZ 1928, S. 1557 veröffentlicht.

Die Isolation des betriebsmäßig kurz geerdeten
Sternpunktes ist entsprechend $^1/_{10}$ der Nennspannung
auszuführen, d. h. es ist eine Sternpunktsdurchführung
zu wählen, deren Reihenspannung einen Wert von
mindestens $^1/_{10}$ der Nennspannung des Transformators besitzt. Dieser Reihenspannung ist durch die
R.E.H.=Prüfformel eine bestimmte Prüfspannung zugeordnet.

§ 27b. Schlagweiten.

Für die in Luft befindlichen Teile der Stützer
oder Durchführungen von Transformatoren gelten die
in den „Regeln für die Konstruktion, Prüfung und
Verwendung von Wechselstrom-Hochspannungsgeräten
für Schaltanlagen R. E. H." festgesetzten Schlagweiten.

Die in den „Regeln für die Konstruktion, Prüfung
und Verwendung von Wechselstrom=Hochspannungs=
geräten für Schaltanlagen R.E.H./1929" für Innenräume festgesetzten Schlagweiten sind nachstehend
wiedergegeben. Nach diesen Regeln ist unter Schlagweite der kürzeste in Luft gemessene Abstand Spannung
führender blanker Teile gegeneinander oder gegen Erde
zu verstehen. Für in freier Luft aufgestellte Transformatoren sind Schlagweiten noch nicht vorgeschrieben.
Die angegebenen Werte beziehen sich auf den Abstand gegen Erde und verschiedener Pole gegeneinander.

Tafel der Schlagweiten.

Nennspannung in kV	Schlagweiten in mm
1	40
3	75
6	125
10	125
15	180
20	180
30	260
45	360
60	470
80	580
100	720

B. Betriebsarten.

§ 28 siehe § 18a.

§ 29. Dauerbetrieb.

Der Nennbetrieb (siehe § 9) muß beliebig lange Zeit hindurch geführt werden können, ohne daß die Erwärmung die in § 42 angegebenen Grenzwerte überschreitet; dabei müssen alle anderen Bestimmungen erfüllt werden.

§ 30. Kurzzeitiger Betrieb und Dauerbetrieb mit kurzzeitiger Belastung.

Der Nennbetrieb (siehe § 9) muß die vereinbarte Zeit hindurch geführt werden können, ohne daß die Erwärmung die in § 42 angegebenen Grenzwerte überschreitet; dabei müssen alle anderen Bestimmungen erfüllt werden.

Bei Anlaßtransformatoren dürfen diese Grenzwerte um 10⁰ überschritten werden.

Bezüglich der Bestimmung über Anlaßtransformatoren können leicht Mißverständnisse dadurch entstehen, daß die Betriebsart des Motors und diejenige des Anlaßtransformators verwechselt werden. Bei einem Motor für Dauerbetrieb wird der Anlaßtransformator nur kurze Zeit und in größeren Zeitabständen benutzt, während bei einem Motor für kurzzeitigen Betrieb der Anlaßtransformator öfter benutzt wird. Ein Anlaßtransformator mit kurzzeitigem Betrieb gehört also zu einem Motor mit Dauerbetrieb, und für diesen ist also die Erhöhung der Grenzwerte um 10⁰ durchaus berechtigt. Die Kennzeichnung der Betriebsart bezieht sich also auf den Anlaßtransformator und nicht etwa auf den zugehörigen Motor.

§ 31. Aussetzender Betrieb und Dauerbetrieb mit aussetzender Belastung.

Der Nennbetrieb (siehe § 9) muß bei regelmäßigem Spiel mit der angegebenen relativen Einschaltdauer beliebig lange Zeit hindurch geführt werden können, ohne daß die Erwärmung die in § 42 angegebenen Grenzwerte überschreitet; dabei müssen alle anderen Bestimmungen erfüllt werden.

Über den aussetzenden Betrieb usw. sind in der Er=
läuterung zu § 19a der R.E.M. auf S. 24 u. 25 dieses
Buches ausführliche Angaben gemacht.

§ 32. Landwirtschaftlicher Betrieb.

Der Nennbetrieb wird nicht durch die Erwärmung,
sondern durch den Spannungsabfall bestimmt.

Bei 100%-Überlast nach § 18a darf die Erwärmung
die in § 42 angegebenen Grenzwerte um 10^0 überschreiten.

> Solche Transformatoren können in der Regel mit dem
> 1,6-fachen Nenn-Sekundärstrom dauernd belastet werden, ohne
> daß die Erwärmung die in § 42 angegebenen Grenzwerte über-
> schreitet.

Da die Transformatoren für landwirtschaftliche
Zwecke hinsichtlich ihrer Belastungsverhältnisse eine
Ausnahmestellung einnehmen, ist für diese auch eine
besondere Klasse der Betriebsart geschaffen worden.
Bei den „Einheitstransformatoren“ (siehe Abschn. L)
entspricht dieser Betriebsart die sogenannte „Sonder=
reihe“.

Bezüglich des landwirtschaftlichen Betriebes sei
auch auf die zu § 18a der R.E.T. gegebenen Erläute=
rungen verwiesen.

C. Erwärmung.

§ 33. Begriffserklärung.

Erwärmung eines Transformatorenteiles ist bei den
Betriebsarten DB, AB, DAB und LB der Unterschied zwischen seiner Temperatur und der des zutretenden Kühlmittels, bei den Betriebsarten KB und DKB der Unterschied seiner Temperaturen beim Beginn und am Ende
der Prüfung.

§ 34. Probelauf.

Die Erwärmungsprobe wird mit Ausnahme der Betriebsart LB im Nennbetrieb vorgenommen bzw. auf
diesen bezogen. Bezüglich der Dauer gilt:

1. **Dauerbetrieb (DB):** Der Probelauf kann bei kaltem
   oder warmem Transformator begonnen werden.
2. **Kurzzeitiger Betrieb (KB):** Der Probelauf wird
   entweder bei kaltem Transformator begonnen oder,
   wenn die Temperatur der wärmsten Wicklung um nicht
   mehr als 3^0 höher als die Temperatur des Kühlmittels ist. Er wird bei Ablauf der vereinbarten
   Betriebszeit abgebrochen.
3. **Dauerbetrieb mit kurzzeitiger Belastung
   (DKB):** Der Probelauf wird begonnen, wenn der
   Transformator die Beharrungstemperatur bei Leerlauf erreicht hat. Er wird nach Ablauf der vereinbarten
   Belastungzeit abgebrochen.
4. **Aussetzender Betrieb (AB) und Dauerbetrieb
   mit aussetzender Belastung (DAB):** Der Trans-

formator wird einem regelmäßig aussetzenden Betriebe mit der angegebenen relativen Einschaltdauer unterworfen. Der Probelauf kann bei kaltem oder warmem Transformator begonnen werden. Er wird nach Ablauf der Hälfte der letzten Einschalt- bzw. Belastungzeit abgebrochen. Während des Probelaufs beträgt die Spieldauer 10 min.

Der Probelauf für die Betriebsarten DB, AB, DAB ist als beendet anzusehen, wenn die Erwärmung nicht mehr merklich steigt, d. h. wenn sie nicht um mehr als 1^0 in 1 h zunimmt und dabei mit Rücksicht auf die verhältnismäßig große Zeitkonstante der Transformatoren mindestens 5^0 unter der gewährleisteten Grenze liegt.

Der Abzug von 5^0 von der zulässigen Grenzerwärmung ergibt sich aus folgender Überlegung:

Die Erwärmung Θ eines wärmeaufnehmenden und wärmeabgebenden Körpers wird aus der Gleichung

$$\Theta = T \frac{\mathrm{d}\vartheta}{\mathrm{d}t} + \vartheta$$

berechnet, worin T die Zeitkonstante des Körpers in h ist, d. h. die Zeit, nach deren Verlauf der Körper die Temperatur Θ des normalen Dauerbetriebes erreichen würde, wenn er keine Wärme abgeben würde. Wenn der Dauerbetrieb in einem Zeitpunkt abgebrochen wird, in dem nach Verlauf der letzten Stunde die Erwärmung um 1^0 gestiegen ist, ist maximal

$$\frac{\mathrm{d}\vartheta}{\mathrm{d}t} = \frac{1^0}{1\,\mathrm{h}} = 1\,.$$

Die Zeitkonstante T für Öltransformatoren der Kühlart OS beträgt ungefähr 5 h. Dann ist der maximal noch mögliche Temperaturanstieg beim Abbrechen des Dauerbetriebs:

$$\Theta - \vartheta = 5^0\,.$$

5. **Landwirtschaftlicher Betrieb (LB):** Die 60%-Überlast wird wie Dauerlast behandelt; die 100%-

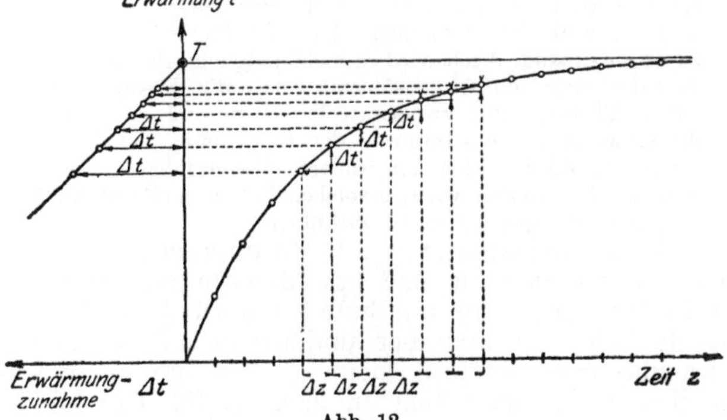

Abb. 12.

Überlast wird bei einer Öltemperatur begonnen, die einer Dauerlast bei Nennbetrieb entspricht. Die

100%-Überlast soll nicht länger als 12 h anhalten.

Zur Bestimmung der Enderwärmung Θ bei DB und LB benutzt man zweckmäßig das nachstehend beschriebene Verfahren, weil die Messung der Erwärmung ϑ gegen Ende der Probe unregelmäßigen Schwankungen infolge von Änderungen der Kühlmitteltemperatur unterliegt.

Die Erwärmung (ϑ) wird in gleichen Zeitabständen ($\varDelta t$) gemessen und die Erwärmungzunahme ($\varDelta \vartheta$) in Abhängigkeit von der Erwärmung (ϑ) aufgetragen. Die Verlängerung der Geraden durch die so entstehende Punktschar schneidet auf der Erwärmungsachse die Enderwärmung (Θ) ab.

Die Genauigkeit dieses Verfahrens ist mindestens so groß wie die des fortgesetzten Erwärmungsversuches.

Hierfür gilt sinngemäß das zu §§ 30 und 32 der R.E.M. auf S. 35 u. 36 Gesagte.

Des weiteren sei darauf hingewiesen, daß zwischen den Bestimmungen § 32 der R.E.M. und § 34 der R.E.T. ein Unterschied bezüglich der Zeit besteht, nach welcher die Proben abgebrochen werden können, weil die Erwärmung als nicht mehr merklich steigend betrachtet wird. Die andere Zeitkonstante der Transformatoren rechtfertigte bei diesen die Festsetzung von 1° C.

§ 35. Bestimmung der Wicklungserwärmung.

Als Erwärmung einer Wicklung bei Trockentransformatoren gilt der höhere der beiden folgenden Werte:

1. Mittlere Erwärmung errechnet aus der Widerstandszunahme während des Probelaufes.
2. Örtliche Erwärmung an der vermutlich heißesten zugänglichen Stelle, gemessen mit dem Thermometer.

Bei Öltransformatoren wird die Erwärmung aus der Widerstandzunahme ermittelt.

In manchen Fällen, z. B. bei Transformatoren für sehr hohe Ströme, wird es nicht immer möglich sein, aus der Widerstandzunahme einwandfrei die Temperaturzunahme zu ermitteln, weil die Messungen der sehr kleinen Widerstände zu ungenau sind. Auch wird es nicht möglich sein, wenn dieser Transformator ein Öltransformator ist, die Erwärmung mit einem Thermometer zu ermitteln. Hier muß entweder auf die einwandfreie Bestimmung der Erwärmung der Wicklung verzichtet oder vorher ein anderes Meßverfahren vereinbart werden. Empfohlen wird in solchen Fällen, sich auf die Messung der Öltemperatur zu beschränken.

Bei Transformatoren mit Anzapfungen könnte es vorkommen, daß die aus der Widerstandzunahme ermittelte Erwärmung innerhalb der zugelassenen Grenzwerte liegt, daß aber der zwischen den Anzapfungen liegende Wicklungsteil, wenn er für sich allein gemessen wird, einen höheren Wert ergibt. Ein solcher würde dann aber nicht als unzulässig bezeichnet werden können, weil ja durch die Widerstandmethode anerkanntermaßen eine „mittlere" Temperatur bestimmt

wird, wobei es natürlich ist, daß einige Teile der Ge=
samtwicklung wärmer sind, als diesem Mittelwert ent=
spricht, was insbesondere bei dem in der oberen heißen
Ölschicht liegenden Wicklungsteile vorkommen kann.
Es wäre widersinnig, diese höhere örtliche Erwärmung
an solchen Stellen zuzulassen, an denen sie nicht nach=
gewiesen werden kann, sie dagegen zu beanstanden, wenn
sie durch das Vorhandensein von Anzapfungen zufällig
meßbar ist. (Darübersiehe auch ETZ 1929, S. 1368.

Über die Erwärmungsmessungen mit Thermometer
siehe auch Erläuterung zu § 35 der R.E.M. auf S. 40
dieses Buches.

§ 36. Erwärmungsmessung des Eisenkernes und des Öles.

Die Erwärmung des Eisenkernes bei Trocken=
transformatoren ist an der vermutlich heißesten, zugäng=
lichen Stelle mit dem Thermometer zu bestimmen.

Die Erwärmung des Öles ist in der obersten Öl=
schicht des Kastens mit dem Thermometer zu bestimmen.

Zur Einführung eines Thermometers muß eine Ein=
richtung am Transformator vorhanden sein, deren Loch=
durchmesser mindestens 12 mm beträgt.

Über die Erwärmungsmessung mit Thermometer
siehe Erläuterung zu § 35 der R.E.M. auf S. 40.

Über Einschraubthermometer sind vom Deutschen Nor=
menausschuß Angaben in DIN E 3800 gemacht worden.

§ 37. Berechnung der Wicklungserwärmung aus der Widerstandzunahme.

Die Erwärmung Θ von Kupferwicklungen wird nach
folgenden Formeln aus der Widerstandzunahme be=
rechnet, in denen

ϑ_{kalt} die Temperatur der kalten Wicklung,

$\vartheta_{\text{Kühlmittel}}$ die Temperatur des Kühlmittels (siehe § 40),

R_{kalt} den Widerstand der kalten Wicklung,

R_{warm} den Widerstand der warmen Wicklung

bedeuten:

1. bei allen Transformatoren, ausgenommen Betriebsart
   KB und DKB:

$$\Theta = \frac{R_{\text{warm}} - R_{\text{kalt}}}{R_{\text{kalt}}} (235 + \vartheta_{\text{kalt}}) - (\vartheta_{\text{Kühlmittel}} - \vartheta_{\text{kalt}}),$$

2. bei Transformatoren der Betriebsart KB und DKB
   für Betrieb unter 1 h:

$$\Theta = \frac{R_{\text{warm}} - R_{\text{kalt}}}{R_{\text{kalt}}} (235 + \vartheta_{\text{kalt}}),$$

wobei die Werte ϑ_{kalt} und R_{kalt} für den Beginn der
Prüfung gelten.

Darauf zu achten ist, daß alle Teile der Wicklungen
bei Messung von R_{kalt} die gleiche, mit dem Thermometer zu
messende Temperatur ϑ_{kalt} haben.

Bezüglich der Berechnung der Erwärmung von Kupferwicklungen aus der Widerſtandzunahme ſind in der Erläuterung zu § 34 der R.E.M. auf S. 38 dieſes Buches ausführliche Angaben gemacht.

Der Wortlaut des § 37 der R.E.T. berückſichtigt nur Kupferwicklungen, da ſolche aus Aluminium jetzt kaum noch vorkommen. Wenn dieſes ausnahmsweiſe doch der Fall ſein ſollte, ſo iſt der für Kupfer angegebene Koeffizient von 235 durch 255 zu erſetzen.

§ 38. Erwärmungsmessung mit Thermometer.

Zur Temperaturmessung mit Thermometer sollen Ausdehnungsthermometer (mit Quecksilber- oder Alkoholfüllung) verwendet werden. Zur Messung von Öl- und Oberflächentemperaturen sind auch elektrische Thermometer (Thermoelemente oder Widerstandspulen) zulässig, doch ist im Zweifelfalle das Ausdehnungsthermometer maßgebend.

In allen Fällen muß für möglichst gute Wärmeübertragung von der Meßstelle auf das Thermometer und geringe störende Wärmeableitung von der Meßstelle fort gesorgt werden. Die Meßstelle darf von Kühlluft nicht bestrichen werden. Bei Messung von Oberflächentemperaturen sind daher Meßstelle und Thermometer gemeinsam mit einem schlechten Wärmeleiter zu bedecken.

Hierfür gilt ſinngemäß das zu § 35 der R.E.M. auf S. 41 Geſagte.

§ 39. Ausführung der Messungen.

Die Messung der Widerstandzunahme ist möglichst unmittelbar nach dem Ausschalten vorzunehmen. Der Zufluß von Kühlluft bzw. Kühlwasser ist gleichzeitig mit dem Ausschalten abzustellen.

Die Thermometermessung ist möglichst während des Probelaufes, nötigenfalls mit Maximalthermometer, sonst aber nach dem Ausschalten vorzunehmen.

Wenn auf dem Thermometer nach dem Ausschalten höhere Temperaturen als während des Probelaufes abgelesen werden, so sind diese höheren Werte maßgebend.

Ist vom Augenblick des Ausschaltens bis zu den Messungen so viel Zeit verstrichen, daß eine merkliche Abkühlung anzunehmen ist, so sollen die Meßergebnisse durch Extrapolation auf den Augenblick des Ausschaltens umgerechnet werden.

Bei der Unterſuchung von Transformatoren mit künſtlicher Kühlung iſt darauf zu achten, daß die letztere gleichzeitig mit der Belaſtung abgeſchaltet wird. Läßt man die Kühlung länger im Betrieb, als der Transformator belaſtet iſt, ſo wird er ſtark abgekühlt, ſo daß dann die Temperaturmeſſung unter Umſtänden zu günſtig ausfallen kann.

Des weiteren sei auf das zu § 36 der R.E.M. auf S. 42 Gesagte verwiesen, und zwar hinsichtlich der Einführung des Thermometers und hinsichtlich der Ausführung der Extrapolation auf den Augenblick des Ausschaltens.

§ 40. Temperatur des Kühlmittels.

Als Temperatur des Kühlmittels gilt für den Probelauf bei Transformatoren

1. mit Selbstkühlung (TS, OS, OSA), die die Kühlluft dem Transformatorenraum entnehmen: der Durchschnittswert der während des letzten Viertels der Versuchzeit in gleichen Zeitabschnitten gemessenen Temperaturen der Umgebungsluft.

   Es sind zwei oder mehrere Thermometer zu verwenden, die in 1...2 m Entfernung vom Transformator (ungefähr in Höhe der Transformatorenmitte) zur Messung der mittleren Zulufttemperatur angebracht werden. Die Thermometer dürfen weder Luftströmungen noch Wärmebestrahlung ausgesetzt sein.

2. mit Fremdlüftung (TF, OF, OFU, OFA), denen die Kühlluft durch besondere Leitungen zuströmt, und

3. mit Wasserkühlung (TW, OWI, OWA): der Durchschnittswert der während des letzten Viertels der Versuchzeit in gleichen Zeitabschnitten am Eintrittstutzen gemessenen Temperatur des Kühlmittels.

   Findet bei solchen Transformatoren auch eine nennenswerte Wärmeabgabe an die Umgebungsluft statt, so gilt als Temperatur des Kühlmittels ein Mittelwert nach der Mischungsregel

$$\vartheta_m = \frac{\vartheta_K W_K + \vartheta_L W_L}{W_K + W_L}.$$

Hierin bedeutet:

ϑ_L die Temperatur der Umgebungsluft,

ϑ_K die Temperatur des anderen Kühlmittels,

W_L die Wärmeabgabe an die Umgebungsluft,

W_K die Wärmeabgabe an das andere Kühlmittel.

Die an die Luft abgegebene Wärmemenge kann z. B. dadurch bestimmt werden, daß man die an das Kühlwasser abgegebene Wärmemenge feststellt und von den Gesamtverlusten abzieht. Für den Fall, daß beim Versuch die Temperatur des zufließenden Wassers geringer als 25^0 und die der Kühlluft geringer als 35^0 war, ist dann durch Umrechnung festzustellen, ob die Erwärmung bei 25^0 des zufließenden Wassers und 35^0 Umgebungstemperatur den Bestimmungen entspricht.

Große Transformatoren folgen den Temperaturschwankungen der Umgebungsluft nur langsam nach. Der dadurch etwa bedingte Meßfehler ist durch geeignete Vorkehrungen auszugleichen, z. B. durch einen Vergleich mit einem ähnlichen, nicht angeschlossenen Transformator, der den gleichen Kühlungsverhältnissen ausgesetzt ist.

Hierfür gilt sinngemäß das zu § 37 der R.E.M. auf S. 45 Gesagte.

§ 41. Wärmebeständigkeit der Isolierstoffe.

Tafel V.
Wärmebeständigkeit-Klassen.

I		II	III
Klasse		Isolierstoff	Behandlung
1	O	Baumwolle, Seide, Papier und ähnliche Faserstoffe	ungetränkt und nicht unter Öl
2	$A*$	Baumwolle, Seide, Papier und ähnliche Faserstoffe	getränkt
		Lackdraht	—
3	A_1*	Baumwolle, Seide, Papier und ähnliche Faserstoffe Lackdraht	in Füllmasse
4	A_0	Baumwolle, Seide, Papier und ähnliche Faserstoffe Lackdraht	unter Öl
5	B	Glimmer- und Asbestpräparate u. ähnliche mineralische Stoffe	mit Bindemittel
6	C	Glimmer	ohne Bindemittel
		Porzellan, Glas, Quarz und ähnliche feuerfeste Stoffe	—

* Anmerkung zu 2 und 3: Eine Isolierung wird als „getränkt" bezeichnet, wenn die Luft zwischen den Fasern durch einen geeigneten Stoff ersetzt wird, auch wenn dieser Stoff nicht alle Räume zwischen den einzelnen isolierten Leitern vollständig ausfüllt.

Sind diese Zwischenräume vollständig ausgefüllt, so wird die Isolierung als „in Füllmasse" bezeichnet.

Das Tauchen einer mit ungetränktem Draht gewickelten Spule ohne Anwendung von Druck oder Vakuum gilt nicht als Tränkung.

Von einem brauchbaren Tränkmittel wird verlangt, daß es gute Isoliereigenschaften hat, daß es die Fasern vollständig einhüllt und sie aneinander und am Leiter haften läßt, daß es keine Hohlräume infolge Verdunstung des Lösungsmittels oder infolge anderer Ursachen bildet, daß es bei der zugelassenen Grenztemperatur nicht weich wird und, daß es wärmebeständig ist.

Von einer brauchbaren Füllmasse wird verlangt, daß sie gute Wärmeleitfähigkeit und erforderliche Isoliereigenschaften hat' daß sie die Hohlräume zwischen den isolierten Leitern vollständig ausfüllt und keine Hohlräume bildet, daß sie bei der zugelassenen Grenztemperatur nicht tropfbar weich wird und, daß sie sich bei dauernder Erwärmung nicht verändert.

Hierfür gilt sinngemäß das zu § 38 der R.E.M. auf S. 47 Gesagte.

§ 42. Grenzwerte.

Die in Tafel VI zusammengestellten höchstzulässigen Grenzwerte der Erwärmung gelten unter der Voraussetzung, daß

1. bei Luftkühlung die Kühlmitteltemperatur 35^0,
2. bei Wasserkühlung die Kühlmitteltemperatur 25^0 nicht überschreitet (Ausnahmen siehe §§ 30, 32 und 56).

Für die Temperatur gelten Grenzwerte, die 35^0 über den Werten in Tafel VI liegen. Diese Grenzwerte für die Temperatur gelten immer. Die Grenzwerte für die Erwärmung dürfen nur dann überschritten werden, wenn die Kühlmitteltemperatur im Betriebe stets so niedrig bleibt, daß die Grenztemperaturen nicht überschritten werden und über die Erfüllung dieser Voraussetzung eine Vereinbarung getroffen wird. Auf dem Schild soll in diesem Falle auch die vereinbarte Kühlmitteltemperatur angegeben werden.

Tafel VI.

Grenzerwärmungen.

	I	II	III	IV	V	VI
	Wicklungen mit Isolierung nach Klasse	O	A u. A_f	A_o	B	C
	Einlagige blanke, ebenso dauernd kurzgeschlossene* Wicklungen	55^0	65^0	75^0	85^0	Nur beschränkt durch den Einfluß auf benachbarte Isolierteile
2	Alle anderen Wicklungen	50^0	60^0	70^0	80^0	

	I	II			
3	Eisenkerne bei { Trockentransform.	60^0			
4	Öltransformat.	70^0			
5	Öl in der obersten Schicht	60^0			
6	Alle anderen Teile	Nur beschränkt durch den Einfluß auf benachbarte Isolierteile.			

Meßverfahren.

Alle Wicklungen mit Ausnahme der einlagigen blanken	Widerstandszunahme
Einlagige blanke, ebenso dauernd kurzgeschlossene Wicklungen sowie alle anderen Teile	Thermometermessung

* Anmerkung zu 1: Wicklungen in Dreieckschaltung und Ausgleichwicklungen mit mehr als einer Windung gelten nicht als Kurzschlußwicklungen.

Bei Öltransformatoren darf die Ölgrenztemperatur (95⁰) nicht als Maßstab für etwa zulässige Überlastungen angesehen werden. Es ist also nicht ohne weiteres zulässig, die Belastung zu steigern, bis die Ölgrenztemperatur erreicht ist. Die Beachtung dieser Bestimmung ist notwendig, weil die Wicklungen gegenüber dem Öl Temperaturunterschiede aufweisen, die mit der Überlastung ungefähr quadratisch steigen.

Die Grenzerwärmung gilt bei neuen Transformatoren sowohl für Luft- als auch für Wasserkühlung.

Da bei Wasserkühlung die Kühlmitteltemperatur mit 25⁰ angenommen wird, so ergeben sich für die wassergekühlten Transformatoren (TW, OWI, OWA) Temperaturen, die um 10⁰ unter den vorstehend bestimmten Grenztemperaturen liegen. Diese geringeren Werte gelten für den neuen Transformator. Während des Betriebes dürfen die Temperaturen infolge der unvermeidlichen Verunreinigungen der Kühler auf die Grenzwerte anwachsen; die Grenzerwärmungen können in diesem Falle also auch um 10⁰ zunehmen.

Wenn im Betriebe die Temperatur des wassergekühlten Transformators um 5⁰ höher als die des neuen Transformators geworden ist, wird empfohlen, bereits den Kühler zu reinigen.

Bei der Wahl oder Anordnung des Aufstellungsortes ist auf die vom Transformator abgegebene Wärmemenge Rücksicht zu nehmen.

Wenn die natürliche Kühlung eines Transformators durch Aufstellung in einem zu engen Raume oder durch einen nachträglich angebrachten Schutzkasten behindert wird, so kann der Transformator dauernd nur eine geringere Leistung oder die dem Nennbetrieb entsprechende Leistung nur verhältnismäßig kürzere Zeit abgeben.

Die Erwärmung von Kurzschlußdrosselspulen bei Kurzschluß unmittelbar hinter der Spule darf 180⁰ über Umgebungstemperatur nicht überschreiten.

Die Messung dieser Erwärmung ist direkt nicht möglich; sie wird in folgender Weise rechnerisch festgestellt:

$$\vartheta_G = \vartheta_D + 0{,}008 \cdot s^2 \cdot t.$$

Hierin bedeutet:

$\vartheta_G =$ die Grenzerwärmung,

$\vartheta_D =$ die Erwärmung im Dauerbetriebe (aus Widerstandszunahme im Dauerbetrieb errechnet),

$s =$ die Stromdichte in A/mm² bei Dauerkurzschlußstrom,

$t =$ die Dauer des Kurzschlusses in s.

Kurzschlußdrosselspulen müssen den ihrer prozentualen Nennspannung entsprechenden Kurzschlußstrom, jedoch höchstens den 20-fachen Nennstrom während längstens 6 s aushalten.

Hinsichtlich der Bezugstemperatur von 20⁰ bzw. 35⁰ und 25⁰ sei auf das zu §§ 26 und 39 der R.E.M. auf S. 32 und 49 Gesagte verwiesen, ebenso auch bezüglich der Umgebungstemperatur von 35⁰ auf das

S. 50 und bezüglich des Aufstellungsortes auf S. 29 u. 30 Gesagte.

Für Transformatoren, die in Freiluftanlagen eingebaut sind, kann die höhere Außentemperatur, der sie im Sommer ausgesetzt sind, eine besondere Bemessung notwendig machen. Es sind darüber noch keine Angaben in den R.E.T. gemacht, weil noch nicht genügend Erfahrungsmaterial vorliegt. Die Frage ist auch deswegen von Bedeutung, weil bei vielen Überlandzentralen die Belastung infolge der Erntezeit gerade in der Zeit der größten Sonnenstrahlung am höchsten ist. Es dürfte also empfehlenswert sein, hierauf in solchen Fällen besonders zu achten.

In Fällen, in denen die natürliche Kühlung des Transformators durch Aufstellung in einem zu engen Raume oder durch einen nachträglich angebrachten Schutzkasten behindert wird, ist gleichfalls besondere Vorsicht geboten. Näheres darüber ist in der Erläuterung zu § 39 der R.E.M. auf S. 52 angegeben. Weiteres siehe auch ETZ 1929 S. 1623.

Die für die rechnerische Ermittlung der Erwärmung von Kurzschlußdrosselspulen angegebene Formel gilt für die Ausführung in blankem Kupfer. Bei anderen Ausführungen kann der Faktor 0,008 etwas verringert werden.

Die Temperaturzunahme von 180° bei Kurzschlußdrosselspulen darf, wie im § 42 deutlich gesagt ist, nur nach einem Kurzschluß unmittelbar hinter den Spulen auftreten. Bei allen anderen Apparaten der R.E.T. ist über die Temperatur nach einem Kurzschluß von gewisser Dauer keine Vorschrift gemacht. Selbstverständlich können für diese kurzzeitigen Belastungen ganz andere Temperaturerhöhungen erlaubt werden als bei Dauerbelastung.

Bestimmte Isolationsmaterialien werden für Kurzschlußdrosselspulen nicht vorgeschrieben; ihre Wahl bleibt der konstruierenden Firma mit der Maßgabe überlassen, daß bei der relativ selten auftretenden Enderwärmung von 215° keine schädlichen Folgen eintreten dürfen.

§ 43 siehe § 41.

§ 44. Geschichtete Stoffe.

Bei mehreren geschichteten Stoffen verschiedener Wärmebeständigkeit gilt im allgemeinen als Grenztemperatur die des weniger wärmebeständigen, falls seine Zerstörung den Betrieb des Transformators beeinträchtigt.

Dagegen gilt als Grenztemperatur die des wärmebeständigeren Stoffes, falls der weniger wärmebeständige Stoff nur in kleinen Mengen zum Aufbau verwendet wird und der Zerstörung unterliegen darf, ohne die Isolierung zu beeinträchtigen.

9*

Hierfür gilt sinngemäß das zu § 40 der R.E.M. auf
S. 53 Gesagte.

§ 45. Zweierlei Isolationen.

Wenn für verschiedene räumlich getrennte Teile der
gleichen Wicklung zwei oder mehrere Isolierstoffe von
verschiedener Wärmebeständigkeit verwendet werden,
so gilt bei Temperaturbestimmung aus der mittleren
Widerstandzunahme die für den wärmebeständigeren
Stoff zulässige Grenztemperatur, sofern die Thermometermessung an den weniger wärmebeständigen Stoffen
keine Überschreitung der für sie zulässigen Grenztemperaturen ergibt.

D. Isolierfestigkeit.

§ 46. Allgemeines.

Die Wicklungsisolation soll folgenden Spannungsproben unterworfen werden:
1. Wicklungsprobe nach § 47,
2. Sprungwellenprobe nach § 48 für Wicklungen über
   2,5 kV.
3. Windungsprobe nach § 49.

Bei dauernd mit einem Außenpol geerdeten Transformatoren soll dieser Außenpol lösbar sein.

Die Prüfungen dürfen an dem kalten **Transformator**
vorgenommen werden, falls der Transformator im warmen Zustand nicht zur Verfügung steht.

Die Prüfungen sollen in der Reihenfolge 1, 2, 3 vorgenommen werden.

Die Prüfungen gelten als bestanden, wenn an der
Wicklung weder Durchschlag noch Überschlag erfolgt
und keine Gleitfunken auftreten (Ausnahme siehe
Tafel VII).

Bezüglich der Isolierfestigkeit sind allgemeine An=
gaben in der Erläuterung zu § 48 der R.E.M. auf
S. 57 bis 59 gemacht, die hier sinngemäß gelten.

Für die Durchführung dieser Prüfungen sei auf
§ 27 und § 50 der R.E.T. verwiesen.

Bezüglich reparierter Maschinen hat, wie auf S. 59
angegeben ist, die Kommission, auf eine Anfrage hin,
entschieden, daß sich auf sie die Prüfvorschriften nicht
beziehen. Das gilt natürlich auch für Transformatoren.

Bezüglich der Spannungsmessung mit der Kugel=
funkenstrecke in Luft sei auf den Wortlaut der dies=
bezüglichen, vom VDE aufgestellten Bestimmungen,
die auf S. 246 bis 255 abgedruckt sind, verwiesen.
Weiter siehe auch Z. techn. Phys. Bd. 10, S. 317. 1929
und Z. d. V. J. 1930, S. 29.

§ 47. Wicklungsprobe.

Die Wicklungsprobe dient zur Feststellung der ausreichenden Isolierung von Wicklungen gegeneinander
und gegen Körper.

Ein Pol der Stromquelle wird an die zu prüfende Wicklung, der andere an die Gesamtheit der untereinander und mit dem Körper verbundenen anderen Wicklungen gelegt.

Die Prüfspannung soll praktisch sinusförmig, ihre Frequenz gleich der Nennfrequenz oder 50 Hz sein.

Bei der Vornahme der Prüfung darf höchstens 50% der Prüfspannung durch Einschalten mittels Schalter auf das Prüfobjekt gegeben werden. Die Steigerung der Spannung vom halben Wert zum Endwert muß stetig oder in einzelnen Stufen von höchstens je 5% der Endspannung erfolgen. Die Zeit der Spannungsteigerung vom halben Wert bis zum Endwert soll nicht kleiner als 10 s sein. Der Endwert der Prüfspannung ist während 1 min einzuhalten.

Wird die Prüfzeit über 1 min ausgedehnt, so soll die Prüfspannung herabgesetzt werden.

In Tafel VII bedeutet U

1. bei einzelnen Wicklungen die Nennspannung der Wicklung,
2. bei leitend verbundenen Wicklungen eines oder mehrerer Transformatoren die höchste gegen Körper beim Körperschluß eines Poles auftretende Spannung,
3. bei Wicklungen von Stromtransformatoren bzw. Zusatztransformatoren mit getrennten Wicklungen die Nennspannung des Stromkreises, mit dem die Wicklung in Reihe liegt,
4. bei hintereinandergeschalteten Wicklungen die Summenspannung,
5. bei Wicklungen von Transformatoren, deren Unterspannung durch Zu- und Abschalten von Oberspannungswindungen geändert wird, die Spannung, die bei Erreichung der maximalen Unterspannung an der Oberspannungswicklung auftritt,
6. bei Kurzschlußdrosselspulen die Nennspannung des Netzes.

Empfohlen wird entsprechend dem Gebrauch bei Hochspannungsgeräten und Isolatoren im allgemeinen für U die Reihenspannung U_r unter Berücksichtigung des ihr zugeordneten Spannungsbereiches einzusetzen.

Die Reihenspannung entspricht von 1 kV an stets einer der genormten Betriebspannungen nach DIN VDE 2 (siehe § 19a, Tafel II) und umfaßt für einen bestimmten Wert einen Spannungsbereich vom 1,15-fachen dieses Wertes bis zum 1,15-fachen der nächstniederen genormten Betriebspannung.

Bei der Prüfung ist durch Verfolgung der Stromaufnahme festzustellen, daß die Prüfspannung die Isolation nicht angegriffen hat.

Bei konstanter Spannung darf nicht dauernd der Strom steigen, und es sollen keine Zuckungen bemerkbar sein.

Tafel VII.
Prüfspannungen für die Wicklungsprobe.

	I		II	III
	Wicklung von		Prüfspannung U_p kV	mindestens aber
1	allen Transforma- toren mit Aus- nahme von 4—5*	bis 10 kV	$3{,}25\ U$	2,5 kV
2		über 10 kV	$1{,}75\ U + 15$	—
3		über 60 kV	$2\ U$	—
4	Trockentransfor- matoren (TS, TF, TW) im kal- ten Zustand*	bis 10 kV	$3{,}6\ U$	2,8 kV
5		über 10 kV	$2\ U + 16$	—
6	Kurzschluß- drosselspulen	Wicklung u. metallenes Gestell gegen Erde	bis 2,5 kV[1] $10\ U$ über 2,5 kV $2{,}2\ U + 20$	—
7		Wicklung gegen me- tallenes Gestell**	bis 2,5 kV[1] $5\ U$ über 2,5 kV $1{,}1\ U + 10$	—

* Anmerkung zu 1—5: Bei Transformatoren beträgt die Gleitfunkengrenze nur $0{,}8\ U_p$.

** Anmerkung zu 7: Falls Wicklung und metallenes Gestell betriebsmäßig verbunden sind, ist diese Verbindung bei der Probe zu entfernen.

Dauernd mit einem Punkt der Wicklung kurz geerdete Transformatoren mit abgestufter Isolation werden nur der Windungsprobe nach § 49 unterworfen.

Hierfür gilt sinngemäß das zu § 50 der R.E.M. auf S. 61 Gesagte.

Obwohl die Bestimmungen bezüglich der Isolationsprüfung von Ober- und Unterspannungswicklungen an Transformatoren sehr klar in den Vorschriften behandelt wurden, sind, wie eingegangene Anfragen zeigen, doch noch Mißverständnisse eingetreten. Es wurde z. B. angenommen, daß die Unterspannungswicklung nicht nur gegen die Oberspannungswicklung, sondern auch gegen Körper mit der der Oberspannung entsprechenden Prüfspannung geprüft werden soll. Diese Ansicht ist natürlich irrtümlich. Es würde demnach bei einem

---

[1] Der von der Jahresversammlung 1929 genehmigte Schlußentwurf enthält nur die Prüfspannungen von $2{,}2\ U + 20$ bzw. $1{,}1\ U + 10$; da die aus diesen Formeln errechneten Prüfspannungen infolge der Größe des konstanten Gliedes für niedrige Spannungen extrem hohe Werte annehmen würden, so wird der **Jahresversammlung 1930** die Abänderung gemäß obigen Vorschlägen unterbreitet werden.

Transformator für 220/15 000 V die Prüfspannung der Unterspannungswicklung gegen Körper 2500 V, der Oberspannungswicklung gegen Körper 41 250 V und die Prüfspannung der beiden Wicklungen gegeneinander 41 250 V betragen müssen.

Die Ziffer 2 war in erster Linie gedacht für 3 bei Drehstrom in Stern geschaltete Einphasentransformatoren bzw. 2 Transformatoren für Zweiphasenstrom, wenn der Sternpunkt nicht geerdet ist. Dadurch wird erreicht, daß die Isolation der Transformatorenwicklungen von vornherein festgelegt und dadurch die Herstellung der Transformatoren vereinfacht ist. Auch die Angabe unter Ziffer 6 ist zur Einführung einer weitgehenden Normung aufgenommen worden.

Für die Durchführung dieser Prüfung sei auf §§ 27 und 50 der R.E.T. verwiesen.

Die Empfehlung, „für U die Reihenspannung U, unter Berücksichtigung des ihr zugeordneten Spannungsbereiches einzusetzen", ist eine Abweichung gegenüber den R.E.M.; sie ist im Hinblick auf die Normung aufgenommen worden, die ja bereits teilweise durch die Verwendung genormter Durchführungsisolatoren gegeben ist. Spannung führende Wicklungen oder Spannung führende Widerstände sind nach der Nennspannung zu bemessen, die Isolation jedoch nach der Reihenspannung.

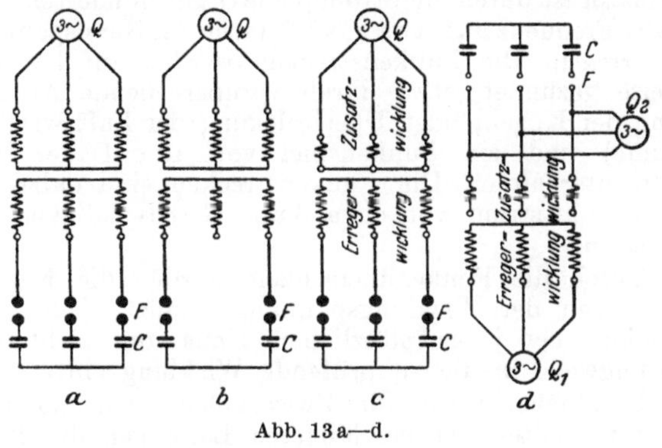

Abb. 13 a—d.

§ 48. Sprungwellenprobe.

Die Sprungwellenprobe dient dazu, festzustellen, daß die Windungsisolation gegenüber den im Betriebe auftretenden Sprungwellen ausreicht. Die Prüfung soll an Wicklungen für Nennspannungen von 2,5 ... 60 kV im Fabrikprüffeld an den fertigen Transformatoren, und zwar für Transformatoren T und SpT wahlweise nach Abb. 13a oder 13b, für Transformatoren ZT und DrT nacheinander nach Abb. 13c und 13d vorgenommen werden.

Die zu prüfende Wicklung des Transformators ist über Funkenstrecken F aus massiven Kupferkugeln von mindestens 50 mm Durchmesser auf Kabel oder Kondensatoren C geschaltet, deren Kapazität folgendermaßen zu bemessen ist:

Tafel VIII.
Prüfkapazität.

Nenn-spannung in kV	Kapazität in jeder Leitung mindestens μF	Zweckmäßige Form der Kapazität
2,5 bis 6	0,05	Kabel oder Kondensator
„ 15	0,02	„ „ „
„ 35	0,01	„ „ „
„ 60	0,005	Kondensator

Bei Verwendung eines Drehstromkabels ist dessen Betriebskapazität gleich der angegebenen Kapazität zu wählen. Die Betriebskapazität eines Drehstromkabels ist das Doppelte der Kapazität von zweien seiner Leiter, die mit einer Stromquelle verbunden sind, während der dritte Leiter frei bleibt (siehe § 5 der Definition der Eigenschaften gestreckter Leiter, ETZ 1909, S. 115 und 1184).

Der Kugelabstand jeder Funkenstrecke wird für einen Überschlag bei $1,1\,U$ eingestellt. Der Transformator ist durch die Stromquelle Q mit mindestens normaler Frequenz auf etwa das 1,3-fache der Nennspannung zu erregen. Die Funkenstrecken werden auf beliebige Weise gezündet (etwa durch vorübergehende Annäherung der Kugeln oder Überbrückung der Luftzwischenräume) und ein Funkenspiel von 10 s Dauer wird aufrechterhalten. Die Funkenstrecken sind dabei mit einem Luftstrom von etwa 3 m/s Geschwindigkeit anzublasen.

Durch die Funkenüberschläge werden die Kapazitäten von der Wicklungspannung immer wieder umgeladen, bei jeder plötzlichen Umladung zieht eine Sprungwelle in die zu prüfende Wicklung ein.

Empfohlen wird, alle Zwischenleitungen möglichst kurz zu halten, da bei längeren Leitungen die Beanspruchung der Wicklung nicht eindeutig bestimmt ist.

Mehrphasentransformatoren können auch in der Einphasenschaltung geprüft werden; dabei sind die An-

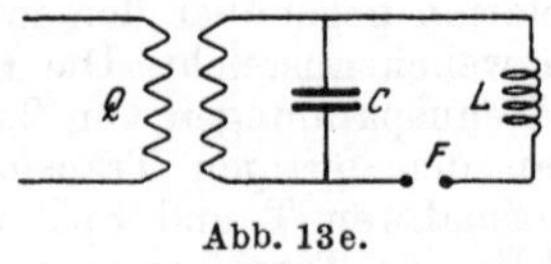

Abb. 13e.

schlüsse so oft zu vertauschen, daß jeder Wicklungsstrang der Sprungwellenprobe ausgesetzt wird.

Bei Kurzschlußdrosselspulen ist die Sprungwellen=
prüfung nach Abb. 13e durchzuführen mit einer Über=
schlagspannung der Funkenstrecke von 2,2 U, wobei U
die Nennspannung des Netzes (siehe § 47) ist; sind
Parallelwiderstände vorhanden, so dürfen sie bei dieser
Prüfung nicht entfernt werden.

Bezüglich der Sprungwellenprobe bei Transforma=
toren gilt natürlich alles das, was betreffend Maschinen
zu § 51 der R.E.M. auf S. 63 bis 65 gesagt ist, sinn=
gemäß. An Versuchsmaterial liegt aber bezüglich Trans=
formatoren in der Literatur mehr vor als betreffend
Maschinen. Insbesondere sei hier auf den Aufsatz von
G. Courvoisier im Bull. Schweiz. Elektrot. Ver.
Jahrg. 1922, S. 437 „Über Sprungwellenbeanspru=
chung von Transformatoren" sowie auf ETZ 1925,
S. 1003 hingewiesen.

In dem ersten Entwurf für die Sprungwellenprobe
von Transformatoren war die Einfügung einer Frei=
leitung vorgesehen worden; sie wurde später fallen ge=
lassen, weil im praktischen Betriebe alle Entfernungen
von der Überschlagstelle, d. h. alle Leitungslängen
zwischen Überschlagstelle und Transformatoren bzw.
Maschinen möglich sind. Wenn schon eine spezielle
Leitungslänge herausgehoben werden sollte, so konnte
dies aus praktischen Gründen nur die Leitungslänge
Null sein, die also einem Klemmenüberschlag entspricht.
Die Einfügung einer Freileitung zwischen Prüfobjekt
und Funkenstrecke hätte nur undefinierte Bedingungen
geschaffen, während auf der anderen Seite nicht fest=
gestellt werden konnte, daß durch die Einfügung der
Freileitung eine Verschärfung herbeigeführt worden
wäre. Nach eingehenden Verhandlungen über diesen
Teil des ersten Entwurfes wurde die Freileitungs=
strecke bei Transformatoren fallen gelassen und so eine
Übereinstimmung mit den R.E.M. erzielt.

§ 5 der Definition der Eigenschaften gestreckter Leiter
ist auf S. 257 bis 260 abgedruckt.

Die Einfügung von „mindestens" im 4. Absatz er=
leichtert die Prüfung sehr großer Transformatoren.
An und für sich ist es ja für die Sprungwellenprüfung
belanglos, ob der für 50 Hz bestimmte Transformator
bei der Sprungwellenprobe mit 60 oder gar mit 70 Hz
erregt wird. Die aufgenommene Magnetisierungs=
leistung wird aber entsprechend kleiner, so daß sehr
große Maschinensätze vermieden werden.

Bei der in Abb. 13 dargestellten Schaltung ist der
im allgemeinen vorliegende Fall berücksichtigt, daß
nur die Oberspannungswicklung eine höhere Spannung
als 2,5 kV aufweist, und daß dementsprechend nur
diese Wicklung der Sprungwellenprobe unterzogen wer=
den braucht. Wenn aber an einem Transformator
nicht nur die Spannung der Oberspannungseite, son=
dern auch die der Unterspannungseite höher als 2,5 kV

ist, dann muß auch die letztere der Sprungwellenprobe unterzogen werden, so daß also für diese eine besondere Sprungwellenprobe auszuführen ist, da ja bei der in Abb. 13a und b dargestellten Schaltung nur die Wicklungen geprüft werden, an welche die Funkenstrecken angeschlossen sind.

Bei Transformatoren ZT und DrT, bei denen gemäß Abb. 13c und d sowohl die Erregerwicklung wie die Zusatzwicklung geprüft werden muß, ist in solchen Fällen, in denen die Zusatzwicklung so liegt, daß Sprungwellen von beiden Seiten aus in letztere eintreten können, die Prüfung nach Abb. 13d zweimal vorzunehmen, damit beide Enden der Zusatzwicklung geprüft werden.

Bei der Prüfung nach Abb. 13d ist die Stromquelle Q_2 auf den 1,3fachen Wert der Nennspannung des Stromkreises einzustellen, mit dem die Wicklung in Reihe liegt.

Für die Durchführung dieser Prüfung sei auf §§ 27 und 50 der R.E.T. verwiesen.

§ 49. Windungsprobe.

Die Windungsprobe dient zur Feststellung der ausreichenden Isolation benachbarter Windungen gegeneinander und zum Auffinden von Wicklungsdurchschlägen, die durch die Sprungwellenprobe eingeleitet sind.

Die Prüfung erfolgt bei Leerlauf; die Frequenz kann entsprechend erhöht werden. Die Prüfdauer beträgt 5 min.

Tafel IX.

Prüfspannungen für die Windungsprobe.

	I		II
	Wicklung von		Prüfspannung / Nennspannung
1	allen Transformatoren mit Ausnahme von 3	bis 1000 kVA	2
2		über 1000 kVA	möglichst 2 mindestens 1,3
3	dauernd in einem Punkt der Wicklung kurzgeerdeten Transformatoren mit abgestufter Isolation		2

Bei Drosselspulen wird sich im allgemeinen die Windungsprobe nicht vornehmen lassen.

Bezüglich der Windungsprobe sei auf das zu § 52 der R.E.M. auf S. 66 Gesagte und hinsichtlich der Durchführung dieser Prüfung auf §§ 27 und 50 der R.E.T. verwiesen.

§ 50. Nachmessung der Widerstände.

Vor und nach Vornahme der drei Spannungsproben wird empfohlen, die Widerstände der Wicklungen zu messen. Unterschiede zwischen den beiden Widerstandsmessungen zeigen das Auftreten von Wicklungschäden an.

§ 51. Durchführungsisolatoren.

Die Prüfung, die nach den „Vorschriften für den
elektrischen Sicherheitsgrad von Starkstromanlagen mit
Betriebspannungen von 1000 V und darüber V.S.G.“[1]
vorzunehmen ist, kann nur entweder an den zu den
Transformatoren gehörenden Isolatoren vor Zusammenbau mit dem Transformator, jedoch mit zugehörendem
Flansch, oder bei Verzicht auf diese Art der Prüfung
an Isolatoren gleicher Type verlangt werden.

Die Prüfung gilt als bestanden, wenn weder Durchschlag noch Überschlag erfolgt und keine Gleitfunken
längs der isolierenden Oberfläche unterhalb der Gleitfunkengrenze auftreten.

In der nachstehenden Tafel bedeutet U_r die mit der
genormten Betriebspannung nach DIN VDE 2 (siehe
§ 19b, Tafel II, sowie § 47) übereinstimmende Reihenspannung; die Werte der Tafel gelten, auch wenn die
Nennspannung des Transformators die Reihenspannung
der zugehörigen Durchführungen bis zu 15 % überschreitet.

Tafel X.

Prüfspannungen für Durchführungsisolatoren.

	I	II	III	IV
	Reihenspannung U_r kV	Prüfspannung in kV		
		Durchschlag U_d	Überschlag U_u	Gleitfunken U_{Gl}
1	bis 2,5	$10\,U_r$ mindestens aber 2,5	$11\,U_r$ mindestens aber 2,75	$8\,U_r$
2	über 2,5	$2,2\,U_r + 20$	$2,42\,U_r + 22$	$1,75\,U_r + 15$

Die Vorschriften für den elektrischen Sicherheitsgrad von Starkstromanlagen V.E.S./1929 sind noch
nicht fertiggestellt. Es liegt aber ein zweiter Entwurf
vor, der ETZ 1928, S. 1557 abgedruckt ist. Ferner
waren zum ersten Entwurf ETZ 1928, S. 112, Erläuterungen beigegeben. Es ist anzunehmen, daß die
Vorschriften der Jahresversammlung 1930 des VDE
vorgelegt werden.

E. Wirkungsgrad und Verluste.

§ 52. Wirkungsgrad.

Der Wirkungsgrad wird aus den nachstehend definierten Verlusten, die als Unterschied von Aufnahme

---

[1] Vgl. ETZ 1928, S. 1557 und ff. (Entwurf 2 der V.E.S.
1929).

und Abgabe angesehen werden, ermittelt:
1. Leerlaufverlust,
2. Wicklungsverlust.

§ 52a. Leerlaufverlust.

Leerlaufverlust ist die Aufnahme bei Nenn-Primärspannung, Nennfrequenz und offener Sekundärwicklung. Er besteht aus Eisenverlusten, Verlusten im Dielektrikum und Stromwärmeverlusten des Leerlaufstromes. Bei Transformatoren mit Anzapfungen ist die der benutzten Nennspannung entsprechende Stufe zu wählen.

Die Messung wird im allgemeinen von der Unterspannungseite aus vorgenommen.

Bei großen Transformatoren ist es oft nicht möglich, die Messungen am warmen Transformator vorzunehmen. Es erschien daher wichtig festzustellen, ob durch Messung der Leerlaufverluste in kaltem Zustande ein nennenswerter Fehler in die Messungen kommen kann. Es mögen daher nachstehend einige Versuchsergebnisse mitgeteilt werden, aus denen hervorgeht, daß es ganz unbedenklich ist, die Verluste in kaltem Zustande zu messen. Der Unterschied zwischen kaltem und warmem Zustande ist so gering, daß er innerhalb der Meßgenauigkeit liegt. Hierbei muß man eben berücksichtigen, daß die Eisenverlustmessung die Differenz zweier mit erheblicher Phasenverschiebung arbeitender Leistungsmesserablesungen ist, so daß eine allzu große Genauigkeit nicht zu erwarten ist.

Theoretisch muß eine Verringerung der Eisenverluste bei höherer Temperatur eintreten, da der Widerstand der Bleche mit der Erwärmung zunimmt, so daß also die Wirbelströme abnehmen. Allerdings ist hierbei zu beachten, daß der Temperaturkoeffizient des legierten Bleches ein sehr geringer ist. Es wird daher der Einfluß der Erwärmung ein geringer sein. Wie sich aus nachstehenden Zahlen, die die Firma Brown, Boveri & Co., Mannheim-Käfertal, freundlichst zur Verfügung gestellt hat, ergibt, ist in der Tat der Einfluß der Erwärmung sehr gering. Die Zahlen sind im Epsteinapparat gewonnen:

Temperatur	Verlust bei $B = 10000$	Verlust bei $B = 15000$
25⁰	1,21	3,00
47⁰	1,22	3,02
57⁰	1,237	3,02
78⁰	1,22	2,98
106⁰	1,185	2,95

Die Siemens-Schuckert-Werke, Nürnberg, haben folgende an fertigen Transformatoren gewonnene Zahlen mitgeteilt:

Leistung kVA	Verlust kalt	Verlust warm
15	109,5	107
20	161	159
20	62	62
40	316	310
1000	3 250	3 250
1000	3 470	3 400
1500	5 350	5 250
3000	16 500	16 200

Man ersieht also daraus, daß die Differenzen inner=
halb von 2% bleiben und daß bei Messung in kaltem
Zustande der Leerlaufverlust sich ein wenig zu groß
ergibt.

Über die Messung von Eisenverlusten nach einer
von Biermanns vorgeschlagenen Brückenmethode
sind von Dr. J. Goldstein in der ETZ 1924, S. 1270
Angaben gemacht worden. Diese neue Methode hat
deswegen Bedeutung, weil die Messung der Eisen=
verluste mittels Leistungsmesser bei der großen Phasen=
verschiebung oft sehr ungenau ist.

§ 53. Wicklungsverlust.

Wicklungsverlust ist die gesamte Stromwärmeleistung
bei Nennstrom und Nennfrequenz, die in allen Wicklungen und Ableitungen (also zwischen den Klemmen)
im betriebswarmen Zustande verbraucht wird. Wenn
der betriebswarme Zustand nicht festgestellt ist, ist der
dem Gleichstromwiderstand entsprechende Teil der Verluste auf 75° umzurechnen; dieser Betrag ist um den im
kalten Zustand bestimmten Wert der Wirbelstromverluste zu erhöhen.

Der Wicklungsverlust wird ermittelt, indem bei kurzgeschlossener Sekundärwicklung die Kurzschlußspannung
an die Primärwicklung gelegt wird. Etwa vorhandene
zusätzliche Verluste durch Wirbelströme sind hierbei im
Wicklungsverlust enthalten.

Wenn das Verhältnis Sekundärspannung zu Sekundärstrom sehr klein ist, z. B. bei Transformatoren für hohe Stromstärken, kann der gemessene Verlust durch den Kurzschlußbügel wesentlich vergrößert werden. In solchen Fällen ist eine
entsprechende Korrektur vorzunehmen, um den wirklichen
Wicklungsverlust zu ermitteln.

Wenn der betriebswarme Zustand nicht festgestellt
ist, soll der dem Gleichstromwiderstand entsprechende
Teil der Verluste auf 75° umgerechnet werden; dieser
Betrag ist um den in kaltem Zustande bestimmten Wert
der Wirbelstromverluste zu erhöhen. Da die letzteren

in warmem Zustande etwas kleiner sind, wird also hier etwas zu ungünstig gerechnet.

§ 54. Drosselspulen.

Die Verluste in Drosselspulen werden auf Grund besonderer Vereinbarungen, am besten kalorimetrisch, festgestellt.

Die kalorimetrische Feststellung der Verluste in Drosselspulen ist deswegen empfohlen, weil Messungen mit Leistungsmessern bei sehr niedrigem Leistungsfaktor oft Schwierigkeiten machen. Wenn man dagegen über einen Leistungsmesser verfügt, mit dem mit genügender Genauigkeit die Verluste gemessen werden können, so steht dem nichts im Wege.

§ 55. Leistungsaufnahme von Hilfsgeräten.

Die Leistungsaufnahme des Motors von Lüftern bei Fremdlüftung und von Umlaufpumpen für Wasser oder Öl ist getrennt anzugeben.

F. Spannung.

§ 56. Spannungsbereich.

Transformatoren sollen auch bei Spannungen, die bis zu $\pm 5\%$ von der Nennspannung abweichen, die Nennleistung abgeben können. Bei einer um 5% verminderten Spannung dürfen die in § 42 angegebenen Grenzwerte um höchstens 5^0 überschritten werden.

G. Kurzschlußfestigkeit.

§ 57. Stoßkurzschlußstrom.

Transformatoren (T, SpT, ZT, ST) sowie Drosselspulen (Dl) müssen einen Stoßkurzschlußstrom aushalten, dessen Höchstwert nicht mehr als das $30 \cdot 1{,}8 \cdot \sqrt{2}$-fache (rd. das 75-fache) des Nennstromes (Effektivwert) beträgt.

Dieser Höchstwert des Stoßkurzschlußstromes enthält das Gleichstromglied und entspricht einer auf den Nennstrom bezogenen kleinsten Kurzschlußspannung von etwa 3,3%, wenn die Stromquelle so groß ist, daß durch den Kurzschluß keine Verminderung der Nenn-Primärspannung eintritt.

Es ist nicht möglich, die Wicklungen gegen die sich bei höheren Stoßkurzschlußströmen ergebenden Kräfte abzustützen; daher muß bei einer derartigen Sachlage durch Einbau von Drosselspulen der Stoßkurzschlußstrom auf das erwähnte Maß herabgesetzt werden, falls der Spannungsabfall von der Energiequelle bis zum Transformator nicht schon hierfür ausreicht.

Hierauf ist besonders bei Spar- und Zusatztransformatoren mit kleinen Werten der Übersetzung zu achten, da sich hier im Falle eines Totalkurzschlusses an den Sekundärklemmen ein höherer Stoßkurzschlußstrom als das 75-fache des Nennstromes ergeben kann.

Kurzschlußdrosselspulen (KDl) müssen ohne Verlagerung der Wicklung einen Stoßkurzschlußstrom aushalten, dessen Höchstwert nicht mehr als das $20 \cdot 1{,}8 \cdot \sqrt{2}$-fache (rd. das 50-fache) des Nennstromes (Effektivwert) beträgt.

Die Prüfung der Transformatoren, Drosselspulen und Kurzschlußdrosselspulen auf Kurzschlußfestigkeit läßt sich im allgemeinen nicht in den Fabrikprüffeldern, sondern nur im Betriebe durchführen, da nur dort die nötigen Maschinengrößen zur Verfügung stehen. Bei einer solchen Prüfung soll lediglich die mechanische Festigkeit des Wicklungsbaues festgestellt werden. Der Kurzschluß muß so schnell abgeschaltet werden, daß die thermische Beanspruchung der Wicklung in zulässigen Grenzen bleibt; insbesondere soll bei Kurzschlußdrosselspulen die Dauer des Kurzschlusses nicht mehr als 6 s betragen (siehe § 42).

Sofern Transformatoren eine höhere Kurzschlußspannung als 3,3% haben, brauchen sie auch nicht einen Kurzschlußstrom vom 75-fachen des Nennstromes auszuhalten. Hat der Transformator z. B. 5% Kurzschlußspannung, so würde er nur einen Stoßkurzschlußstrom auszuhalten brauchen, dessen Höchststrom nicht mehr als das $20 \cdot 1{,}8 \cdot \sqrt{2}$-fache, also rund das 50-fache des Nennstromes beträgt.

H. Schaltzeichen und Klemmenanordnung.

§ 58. Schaltzeichen.

Zur Kennzeichnung der Schaltart von Wechselstromwicklungen sollen die Schaltzeichen nach DIN VDE 710 (siehe Tafel XI) verwendet werden:

Tafel XI.
Schaltzeichen nach DIN VDE 710.

	I	II
	Benennung	Schaltzeichen
1	Einphasen-System mit 2 Leitern bzw. Klemmen	│
2	Dreiphasen-System in Dreieck-Schaltung .	△
3	Dreiphasen-System in Sternschaltung . .	Y
4	Dreiphasen-System offen	‖‖
5	Dreiphasen-System in Sternschaltung mit Nullpunkt-Klemme bzw. 4 Leitern . . .	⊥Y
6	Dreiphasen-System in Zickzack-Schaltung	⋋
7	Sechsphasen-System in Doppeldreieck-Schaltung	✡
8	Sechsphasen-System in Sechseck-Schaltung	⬡
9	Sechsphasen-System in Sternschaltung . .	✳
10	n-Phasen-System offen	│n

§ 59. Klemmenanordnung.

Bei Drehstromtransformatoren sollen grundsätzlich von dem vor der Oberspannungseite stehenden Beschauer aus gesehen, die Klemmen U, V, W bzw. u, v, w von links nach rechts angeordnet sein.

Gleichfalls von der Oberspannungseite aus gesehen, soll die Klemme O für den herausgeführten Nullpunkt möglichst links neben U, und die Klemme o für den herausgeführten Nullpunkt jedoch stets links neben u liegen.

Sofern es sich daher oberspannungseitig um drei, unterspannungseitig um vier Klemmen handelt, ergibt sich demgemäß folgende Anordnung:

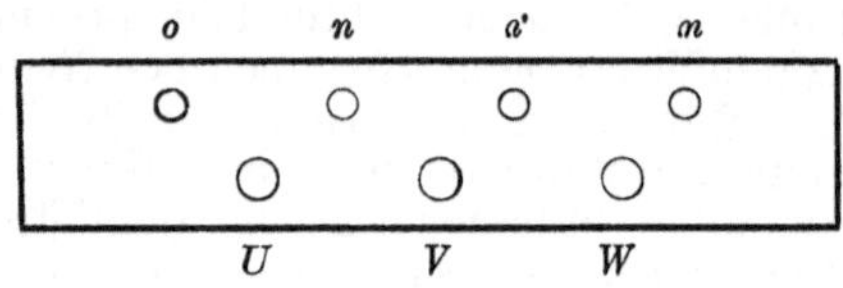

Bezüglich der Herausführung des Nullpunktes bei Einheitstransformatoren sei auf S. 399 verwiesen.

I. Parallelbetrieb.

§ 60. Art des Parallelbetriebes.

Parallelbetrieb von Transformatoren bedeutet, daß sie sowohl primär als sekundär parallel geschaltet sind.

Empfohlen wird, vom Dauer-Parallelbetrieb bei Transformatoren, deren Nennleistungsverhältnis größer als 3 : 1 ist, abzusehen.

Es ist zwischen Sammelschienen- und Netz-Parallellauf zu unterscheiden.

Bei Sammelschienen-Parallellauf müssen die Kurzschlußspannungen den unter § 61 gegebenen Bedingungen genügen. Bei Netz-Parallellauf ist dieses im allgemeinen nicht notwendig, weil durch die zwischen den einzelnen Transformatoren liegenden längeren Netzstrecken ein Ausgleich geschaffen wird.

Bei Sammelschienen-Parallellauf ist darauf zu achten, daß die gute Verteilung der Last nicht durch verschieden lange Verbindungen zwischen Transformator und Speisepunkt oder durch Überstrom- und Überspannung-Schutzgeräte gestört wird.

§ 61. Bedingungen für Parallelbetrieb.

Der einwandfreie Parallelbetrieb, d. h. die Verteilung der Belastung entsprechend den Nennleistungen der Transformatoren gilt als erreicht, wenn die Nenn-Kurzschlußspannungen nicht mehr als $\pm 10\%$ vom Mittel der Kurzschlußspannungen der vorhandenen Transformatoren abweichen, sofern nicht andere Bestimmungen vorliegen.

Außerdem ist erforderlich:

1. Gleiche Nennspannung primär und sekundär,
2. gleiche Schaltgruppe (siehe § 8),

3. Verbindung gleichnamiger Klemmen (siehe § 8),
4. Nennleistungsverhältnis möglichst nicht größer als 3 : 1 (siehe § 60).

Wenn Transformatoren verschiedener Nennleistungen, deren Kurzschlußspannungen aber voneinander abweichen, parallel arbeiten sollen, ist für den kleineren Transformator die größere Kurzschlußspannung zu empfehlen.

Diesem Grundsatz genügt etwa die Abstufung der Kurzschlußspannungen bei den Einheitstransformatoren (Hauptreihe HET 23 und Sonderreihe SET 23) nach DIN VDE 2600 und 2601; ihm wird bei Transformatoren mit größeren Leistungen praktisch hinreichend Rechnung getragen, wenn das Verhältnis der Kurzschlußspannungen gleich dem zweier Einheitstransformatoren mit gleichem Leistungsverhältnis gewählt wird.

Notwendig ist, vor der erstmaligen Parallelschaltung von Transformatoren durch Messung festzustellen, daß zwischen den zu verbindenden Klemmen keine Spannung eintritt.

Die in § 61 stehende Empfehlung, wonach für den kleineren Transformator die größere Kurzschlußspannung genommen werden soll, erklärt sich folgendermaßen. An sich würde für guten Parallelbetrieb die Gleichheit der Kurzschlußspannungen zweckmäßig sein, wenn keine Toleranzen für letztere zugelassen werden müßten. Da solche aber mit Rücksicht auf die wechselnden Eigenschaften der zu verarbeitenden Baustoffe unbedingt notwendig sind, so würde der kleinere Transformator gefährdet sein durch zu große anteilige Leistungsaufnahme, wenn er gerade die kleinere Kurzschlußspannung hätte. Diese Gefahr wird aber vermieden, wenn man von vornherein den kleineren Transformator mit größerer Kurzschlußspannung ausführt.

Über das Parallelschaltproblem von Transformatoren sind in der Literatur verschiedene Aufsätze zu finden, und zwar El. u. Maschinenb. 1927, S. 457; 1928, S. 393 und ETZ 1929, S. 1797. Weiter befindet sich in ETZ 1927, S. 1457 noch ein Bericht betreffend Parallelbetrieb von Transformatoren mit ungleicher Kurzschlußspannung.

§ 62. Transformatoren mit Anzapfungen.

Bei Transformatoren mit angezapften Wicklungen kann der einwandfreie Parallelbetrieb nicht immer auf allen Stufen verlangt werden, wenn die Spannungsabstufungen nicht genügend gleich gewählt werden können.

Dieser Fall kann eintreten, wenn die Spannungen klein sind und die Spannung je Windung bei beiden Transformatoren verschieden groß ist.

K. Ursprungzeichen und Schilder.

§ 63. Hersteller und Firmenzeichen.

Jeder Transformator muß den Namen des Herstellers oder dessen Firmenzeichen tragen. Diese Angaben können auch auf dem Leistungschild angebracht werden.

Nach § 23 der „Vorschriften für die Ausführung schlagwettergeschützter elektrischer Maschinen, Transformatoren und Geräte" müssen alle Transformatoren, die diesen Bestimmungen entsprechen und als solche von einer behördlich anerkannten Versuchstrecke bestätigt sind, mit einem besonderen Zeichen versehen sein, das deutlich sichtbar anzubringen ist. Näheres darüber siehe S. 234.

§ 63a. Leistungschild.

Jeder Transformator muß ein Leistungschild tragen; dieses soll so befestigt werden, daß es auch im Betriebe bequem gelesen werden kann. Auf dem Leistungschild sind deutlich und haltbar folgende Angaben anzubringen:

a) Für alle Transformatoren:
1. Modellbezeichnung oder Listennummer,
2. Fertigungsnummer,
3. Nennleistung,
4. Nenn-Primärstrom,
5. Betriebsart,
6. Nenn-Frequenz,
7. Kühlungsart.

Tafel XII.
Zusätzliche Angaben.

	I	II	III	IV	V
	Transformator T	Spartransformator SpT	Zusatztransformator ZT	Stromtransformator ST	Drosselspule DI
8	—	—	Netzspannung	Netzspannung	Netzspannung
9	Nenn-Primärspannung	Nenn-Primärspannung	Nenn-Primärspannung	—	Nenn-Primärspannung
10	Nenn-Sekundärspannung	Nenn-Sekundärspannung	Nenn-Sekundärspannung	Nenn-Sekundärspannung	—
11	Nenn-Sekundärstrom	Nenn-Sekundärstrom	Nenn-Sekundärstrom	Nenn-Sekundärstrom	—
12	Schaltgruppe	—	Schaltgruppe	—	—
13	Nenn-Kurzschl.-spannung	Nenn-Kurzschl.-spannung	Nenn-Kurzschl.-spannung	—	—

b) Ferner die in Tafel XII aufgeführten zusätzlichen Angaben.

Bei Kurzschlußdrosselspulen (KDl) sind die folgenden zusätzlichen Vermerke auf dem Leistungschild anzugeben:

Netzspannung (bei einphasigen Kurzschlußdrosselspulen im Drehstromnetz der Bruch- $\dfrac{\text{Netzspannung}}{\sqrt{3}}$, z. B. $\dfrac{6000}{\sqrt{3}}$), Nennspannung in Volt und in Prozent, Nenndauerstrom, Dauerkurzschlußstrom, max. Kurzschlußzeit.

Transformatoren der unter § 47, 5 gekennzeichneten Art müssen auf dem Schilde einen Vermerk über die höchste, zwischen den Klemmen auftretende Spannung erhalten, sofern diese Spannung die Nenn-Betriebspannung um mehr als 20% überschreitet.

Bei allen in Sparschaltung ausgeführten Transformatoren sind die der durchgehenden Leistung entsprechenden Werte anzugeben.

Hierfür gilt sinngemäß das zu § 82 der R.E.M. auf S. 89 Gesagte.

§ 64. Bemerkungen zu den Leistungschild-Angaben.

Zu 3. Unter Nennleistung (Scheinleistung) ist anzugeben:

A. Abgabe bei sämtlichen Transformatoren mit Ausnahme der unter B genannten (siehe §§ 10 und 14).

B. Aufnahme bei Gleichrichtertransformatoren (siehe § 10).

Zu 5. Die Betriebsart wird in folgender Weise gekennzeichnet:

A. Dauerbetrieb: Kein Vermerk.

B. Kurzzeitiger Betrieb: KB bzw. DKB und vereinbarte Betriebs- bzw. Belastungzeit.

C. Aussetzender Betrieb: AB bzw. DAB und relative Einschaltdauer.

Zu 8. bis 10. Wenn ein Transformator mit zwei oder drei Stufen versehen ist, so sind die diesen entsprechenden Spannungen auf dem Schilde zu vermerken.

Wenn mehr als drei Stufen vorgesehen sind, so brauchen nur die der Normalstufe und den Endstufen entsprechenden Spannungen auf dem Schilde vermerkt zu werden (siehe § 20).

Zu 13. Die Nenn-Kurzschlußspannung ist nach § 15 aus den gemessenen Werten der Kurzschlußspannung zu bestimmen.

Bezüglich der Spartransformatoren sei auf die Erläuterung zu § 10 S. 104 verwiesen.

§ 65. Mehrfache Stempelungen.

Bei Transformatoren, die für zwei oder mehrere Nennbetriebe bestimmt sind, sind für alle Nennbetriebe entsprechende Leistung-, Strom- usw. Angaben zu machen, nötigenfalls auf mehreren Schildern.

Bei Transformatoren, die für zwei verschiedene Spannungen umschaltbar eingerichtet sind, sind für beide Spannungen entsprechende Leistung-, Strom- usw. Angaben zu machen, nötigenfalls auf mehreren Schildern.

§ 66. Umwicklung.

Wird die Wicklung eines Transformators von einem anderen als seinem Hersteller geändert (teilweise oder vollständige Umwicklung, Umschaltung oder Ersatz), so muß die ändernde Firma neben dem Ursprungschild ein weiteres Schild anbringen, das den Namen der Firma, die neuen Angaben des Transformators nach §§ 63a u. ff. und die Jahreszahl der Änderung enthält.

Hierfür gilt sinngemäß das zu § 84 der R.E.M. auf S. 90 Gesagte.

§ 67. Fremdlüftung und Wasserkühlung.

Bei Transformatoren mit Fremdlüftung oder mit Wasserkühlung ist ein Schild mit folgenden Angaben anzubringen:

1. Erforderliche Menge des Kühlmittels bei Nennbetrieb, und zwar in m^3/s bei Luft, in l/min bei Wasser.

2. Erforderliche Luftpressung in mm WS am Transformator.

3. Höchstzulässige Eintrittstemperatur des Kühlwassers, falls diese von 25^0 abweicht.

§ 68. Ölumlauf.

Bei Transformatoren mit Ölumlauf ist ein Schild mit Angabe der umlaufenden Ölmenge in l/min anzubringen.

L. Toleranz.

§ 69. Zulässige Abweichungen.

Toleranz ist die höchstzulässige Abweichung des festgestellten Wertes von dem nach den Bestimmungen dieser Regeln gewährleisteten Werte. Sie soll die unvermeidlichen Ungleichmäßigkeiten in der Beschaffenheit der Rohstoffe, Ungenauigkeiten der Fertigung und Meßfehler decken. (Tafel XIII.)

Tafel XIII.

Toleranzen.

	I	II
	Gewährleistungen für	Zulässige Abweichung
1	Leerlaufverlust nach § 52	10%
2	Wicklungsverlust nach § 53	15%
3	Kurzschlußspannung	± 10%
4	Nennspannung von eisenlosen Drosselspulen	± 20%

Anhang.
Regeln für die Bewertung und Prüfung von Drehtransformatoren.

Inhaltsübersicht.

I. Gültigkeit.
§ 70. Gültigkeit.

Im allgemeinen werden die Bestimmungen für Transformatoren angewendet, soweit sie nicht durch die nachstehenden Sonderbestimmungen ersetzt oder ergänzt sind.

II. Begriffserklärungen.
§ 71. Arbeitsweise.
(Ergänzung zu § 3.)

Drehtransformatoren (DrT) sind Transformatoren mit gegeneinander beweglichen Wicklungen. Sie werden in der Regel als Zusatztransformatoren oder als Spartransformatoren (siehe § 3) benutzt.

Drehtransformatoren sind nach Art der Asynchronmaschinen gebaut. Die Größe oder die Phase der Sekundärspannung wird duch Verdrehung des Läufers geändert.

§ 72. Bestandteile.
(Ergänzung zu §§ 4 u. ff.)

Ständer ist der feststehende, Läufer der drehbare
Teil des Drehtransformators.

§ 73. Übersetzung.
(Änderung von § 11.)

Übersetzung ist unter Berücksichtigung der Wick-
lungsfaktoren das Verhältnis der sekundären zur primären
Windungszahl.

Bei Drehtransformatoren sind die Verhältniswerte des
Leerlaufstromes und der Streuung wesentlich größer als bei
den übrigen Transformatoren. Infolgedessen ist schon bei
Leerlauf das Verhältnis von Sekundär- zu Primärspannung
nicht mehr gleich der Übersetzung.

§ 74. Nennspannung.
(Änderung von § 13.)

Nenn-Sekundärspannung ist die höchste erreichbare
Spannung an der Sekundärwicklung bei Leerlauf mit der
Nenn-Primärspannung.

Die bei Belastung sich ergebende Sekundärspannung ist
um einen von dem Spannungsabfall abhängigen Betrag von
der Nenn-Sekundärspannung verschieden.

§ 75. Kurzschlußspannung und -strom.
(Änderung von § 15.)

Kurzschlußspannung ist die bei Verdrehung des
Läufers auftretende geringste Spannung, die an die
Primärwicklung gelegt werden muß, damit in der kurzgeschlossenen Sekundärwicklung der Nenn-Sekundärstrom fließt.

Nenn-Kurzschlußspannung ist die Kurzschlußspannung des Drehtransformators, bezogen auf den betriebswarmen Zustand (siehe § 26). Sie wird in Prozenten der
Nenn-Primärspannung ausgedrückt.

Kurzschlußstrom ist der Primärstrom, der aufgenommen würde, wenn bei kurzgeschlossener Sekundärwicklung und bei der Läuferstellung, bei der die Kurzschlußspannung gemessen wird, die Nennspannung an die
Primärwicklung gelegt würde. Er wird als Vielfaches des
Nenn-Primärstromes ausgedrückt. Das Verhältnis

$$\frac{\text{Kurzschlußstrom}}{\text{Nenn-Primärstrom}} \text{ ist gleich } \frac{1}{\text{Nenn-Kurzschlußspannung}}.$$

Beispiel: Bei einer Nenn-Kurzschlußspannung von 8%
beträgt der Kurzschlußstrom das $\dfrac{1}{8\%} = \dfrac{100}{8} = 12{,}5$-fache
des Nennstromes.

§ 75a. Spannungsänderung.
(Ergänzung zu § 16.)

Die Spannungsänderung u_φ von Drehtransformatoren in Zusatzschaltung wird angenähert nach folgender Formel berechnet:

$$u_\varphi = \frac{u'_\varphi}{a} + 0,5\,\frac{u''^2_\varphi}{a^2} \qquad \text{wobei} \qquad a = \frac{1}{\ddot{u}} \pm 1 \quad \text{ist.}$$

Hierin ist $\ddot{u}$ die Übersetzung (siehe § 73); u'_φ und u''_φ haben die in § 16 angegebene Bedeutung (prozentuale Werte, bezogen auf die Eigenleistung); das $+$- oder $-$-Zeichen wird gewählt, je nachdem, ob der Läufer sich in der Stellung der äußersten Spannungserhöhung oder -erniedrigung befindet.

Die Berechnung der Spannungsänderung ist für Drehtransformatoren, die nicht in Zusatzschaltung arbeiten, die gleiche wie die in § 16 angegebene.

III. Genormte Werte.
§ 76. Leistungen.
(Ergänzung zu § 19b.)

Die in § 19b angeführten Leistungen sind Eigenleistungen der Drehtransformatoren. Sie gelten nur als Anhaltswerte.

IV. Bestimmungen.
C. Erwärmung.
§ 77. Grenzwerte.
(Änderung von § 42.)

Für luftgekühlte Drehtransformatoren gelten die gleichen Werte wie für Asynchronmotoren (R.E.M. § 39).

Für ölgekühlte Drehtransformatoren gelten die gleichen Werte wie für Öltransformatoren (R.E.T.) § 42.

D. Isolierfestigkeit.
§ 78. Wicklungsprobe.
(Änderung von § 47.)

Luftgekühlte Drehtransformatoren bis einschließlich 1000 V werden wie Asynchronmotoren geprüft (R.E.M. § 48 u. ff.).

Alle übrigen Drehtransformatoren werden nach R.E.T. (§§ 46 u. ff.) geprüft.

E. Wirkungsgrad und Verluste.
§ 79. Leerlaufverlust.
(Änderung von § 52, Anmerkung.)

Die Messung des Leerlaufverlustes wird in vielen Fällen von der Oberspannungseite aus vorzunehmen sein.

§ 79a. Wicklungsverlust.
(Änderung von § 53.)

Der Wicklungsverlust wird ermittelt, indem die Zusatzwicklung kurzgeschlossen und der Strom auf den Nennstrom eingestellt wird.

G. Kurzschlußfestigkeit.

§ 80. Stoßkurzschlußstrom.
(Änderung von § 57.)

Drehtransformatoren müssen, ohne betriebsunfähig zu werden, einen Stoßkurzschlußstrom aushalten können, dessen Höchstwert das $20 \cdot 1{,}8 \cdot \sqrt{2}$-fache (rd. das 50-fache) des Nennstromes (Effektivwert) beträgt.

Drehtransformatoren, die als Zusatztransformatoren geschaltet sind, nehmen im Falle eines Totalkurzschlusses an den Sekundärklemmen einen Stoßkurzschlußstrom auf, dessen Höchstwert in der ungünstigsten Stellung — bei Vernachlässigung des dämpfenden Einflusses von Zwischentransformatoren und Leitungen — gleich werden kann dem Kurzschlußstrom (Effektivwert)

$$1{,}8 \cdot \sqrt{2}\left[1 + \frac{1}{\text{Übersetzung}}\right].$$

Bei kleinen Werten der Übersetzung kann sich im Falle eines Totalkurzschlusses an den Sekundärklemmen ein höherer Stoßkurzschlußstrom als das 50-fache des Nennstromes ergeben.

Es ist nicht möglich, die Wicklungen gegen die sich bei höheren Stoßkurzschlußströmen ergebenden Kräfte abzustützen; daher muß bei einer derartigen Sachlage durch Einbau von Drosselspulen der Stoßkurzschlußstrom auf das erwähnte Maß herabgesetzt werden, falls der Spannungsabfall von der Energiequelle bis zum Drehtransformator nicht schon hierfür ausreicht.

I. Parallelbetrieb.

§ 81. Bedingungen für Parallelbetrieb.
(Änderung von § 61.)

Die Abweichung der Nenn-Kurzschlußspannungen vom Mittel kann größer sein als in § 61 angegeben ist, darf aber 25% nicht übersteigen.

Bei Mehrphasen-Drehtransformatoren mit einem Läuferkörper wird bei Verdrehung des Läufers auch die Phase der Spannung verdreht. Hierauf ist bei Parallelschalten und Parallelbetrieb zu achten. In mehrfach verketteten Netzen oder in neuen Stationen, in denen mehrere Drehtransformatoren parallel laufen, wird die Verwendung von Doppel-Drehtransformatoren empfohlen, die nur die Größe, nicht aber die Phase der Spannung verändern.

K. Ursprungzeichen und Schilder.

§ 82. Leistungschild.
(Ergänzung zu § 63 a.)

Anzugeben sind: Gattung (DrT), Nenn-Eigenleistung, Nennfrequenz, Kühlungsart, Betriebsart, Netzspannung, Nenn-Primärspannung, Nenn-Sekundärspannung, Nenn-Primärstrom, Nenn-Sekundärstrom, Nenn-Kurzschlußspannung.

Hierbei sind (im Gegensatz zu den übrigen Transformatoren) nicht die der durchgeleiteten Leistung, sondern die der Eigenleistung entsprechenden Werte zu stempeln.

D. Regeln für die Bewertung und Prüfung von elektrischen Maschinen und Transformatoren auf Bahn- und anderen Fahrzeugen R.E.B./1930 nebst Erläuterungen dazu.

Einleitung.

Die Bahnmotoren und die sonstigen Maschinen und Transformatoren auf Triebfahrzeugen fielen, seitdem vom VDE überhaupt Bestimmungen über Maschinen und Transformatoren aufgestellt worden waren, bis Ende des Jahres 1922 unter diese. Die Regelung betr. Angabe der Leistung von Straßenbahnmotoren war, wie auf S. 1 ausgeführt ist, seinerzeit sogar einer der Anlässe zur Aufstellung einheitlicher Bestimmungen über Maschinen und Transformatoren gewesen. In den Jahren 1901 bis 1922 wurden also alle im Bahnbetriebe benutzten Maschinen und Transformatoren im wesentlichen genau so behandelt wie die in anderen Betrieben benutzten. Es war nur hinsichtlich der Erwärmung seinerzeit die besondere Bestimmung gegeben worden, daß eine um 20° höhere Temperaturzunahme zulässig sei, was in der Verwendungsart seine Begründung hatte.

Bei der in den Jahren 1921/22 vorgenommenen grundlegenden Revision der Bestimmungen für Maschinen und Transformatoren ließ sich eine erhebliche Erweiterung dieser Bestimmungen entsprechend der Weiterentwicklung des gesamten Elektromaschinenbaus nicht vermeiden. Da nun aber auch hinsichtlich der Bahn-Maschinen und Transformatoren ein wesentlicher Ausbau der Bestimmungen notwendig geworden war, so würden diese Bestimmungen einen zu großen Umfang angenommen haben, was für die Benutzer zu Unbequemlichkeiten geführt hätte. Da nun für die Maschinen und die Transformatoren schon eine Trennung der Bestimmungen als zweckmäßig erachtet wurde und andererseits die Bestimmungen über Maschinen und Transformatoren für das Bahngebiet einen vollkommen abgeschlossenen Interessenkreis haben, so erschien es zweckmäßiger, die gesamten Bestimmungen über Maschinen und Transformatoren in drei Teile zu teilen, und zwar unter Einführung der neuen Bezeichnungen als sogenannte „Regeln" in

1. Regeln für alle Maschinen mit Ausnahme für das Bahngebiet.

2. Regeln für alle Transformatoren mit Ausnahme für das Bahngebiet.

3. Regeln für Maschinen und Transformatoren für das Bahngebiet.

Durch diese Einteilung wurde erreicht, daß die unter 1. und 2. erwähnten Regeln nicht mit den Sonderbestimmungen, wie sie bei den eigenartigen Verhältnissen des Bahnbetriebes sich als notwendig erwiesen, belastet wurden, und andererseits konnten manche Bestimmungen der unter 1. und 2. genannten Regeln weggelassen werden, die für das Bahngebiet ganz nutzlos waren. Es wurden dementsprechend die nachstehenden „Regeln für die Bewertung und Prüfung von elektrischen Bahnmotoren und sonstigen Maschinen und Transformatoren auf Triebfahrzeugen", abgekürzt R.E.B., im Laufe des Jahres 1923 von der Bahnkommission des VDE ausgearbeitet und mit Beginn des Jahres 1925 in Kraft gesetzt. Diese Fassung hat auf der Jahresversammlung des VDE 1925 in Danzig noch ein paar kleine Änderungen erfahren, die ETZ 1925, S. 1457 abgedruckt sind. Entsprechend den im Jahre 1929 herausgegebenen umfangreichen Änderungen der R.E.M. und R.E.T. mußten auch die R.E.B. eine gründliche Umarbeitung erfahren. Auf diese ist ETZ 1929, S. 1863 hingewiesen worden. Der neue Wortlaut wurde vom Vorstand des VDE am 10. 12. 1929 beschlossen und mit dem 1. 1. 1930 in Kraft gesetzt. Den nachstehenden Erläuterungen liegt diese Fassung, die ETZ 1930, S. 25 veröffentlicht wurde, zugrunde.

Nachstehend sind nun hinter den einzelnen Paragraphen (soweit notwendig) die Erläuterungen gegeben. Um eine leichte Unterscheidung zwischen dem vom VDE stammenden Wortlaut der R.E.B. und den vom Verfasser dieses Buches stammenden Erläuterungen zu ermöglichen, sind beide in verschiedener Druckart ausgeführt, und zwar der offizielle Wortlaut des VDE in Antiqua und die Erläuterungen, für die gemäß dem Vorwort der Verfasser die Verantwortung trägt, in Fraktur.

Um einen Gesamtüberblick über die R.E.B. zu ermöglichen, ist zunächst eine Inhaltsübersicht eingefügt, weil nachstehend die einzelnen Abschnitte auseinandergerissen sind, um die Erläuterungen stets unmittelbar den zugehörigen Bestimmungen folgen lassen zu können.

Diese Regeln sind in Anlehnung an die ,,Regeln für die Bewertung und Prüfung von elektrischen Maschinen R.E.M." und an die ,,Regeln für die Bewertung und Prüfung von Transformatoren R.E.T." aufgestellt. Jedoch haben nur solche Bestimmungen, Maschinenarten, Klassen von Isolierstoffen usw. Aufnahme gefunden, die für die Bewertung und Prüfung von elektrischen Maschinen und Transformatoren auf Bahn- und anderen Fahrzeugen in Betracht kommen.

Inhaltsübersicht.

I. Gültigkeit.

II. Begriffserklärungen.

III. Genormte Werte.

IV. Bestimmungen.

A. Allgemeines.

B. Betriebsarten.

C. Erwärmung.

I. Gültigkeit.

§ 1. Geltungsbeginn.

Diese Regeln gelten für die in § 3 genannten Maschinen und Transformatoren, deren Herstellung nach dem 1. Januar 1930 begonnen wird.

Hierfür gilt sinngemäß das zu § 1 der R.E.M. auf S. 10 Gesagte.

§ 2. Gültigkeit.

Diese Regeln gelten allgemein. Abweichungen hiervon sind ausdrücklich zu vereinbaren. Die Bestimmungen §§ 58 bis 64 über die Schildangaben müssen jedoch immer erfüllt sein.

Hierfür gilt sinngemäß das zu § 2 der R.E.M. auf S. 11 Gesagte.

§ 3. Geltungsbereich.

Diese Regeln gelten für die nachstehend angeführten Arten von umlaufenden Maschinen sowie von Maschinensätzen, die aus solchen bestehen, und von Transformatoren, die auf Bahn- und anderen Fahrzeugen verwendet werden:

1. Gleichstrommaschinen,
2. Asynchronmaschinen,
3. Wechselstrom-Kommutatormaschinen

> Hilfsmaschinen, die im wesentlichen wie Maschinen für Dauerbetrieb arbeiten, wie z. B. gewisse Maschinen für Beleuchtung, fallen unter die R.E.M. Dagegen fallen Hilfsmaschinen für die Steuerung und solche, die nicht dauernd belastet durchlaufen, unter die R.E.B.

4. Transformatoren aller Art, deren Wicklungen vom Strom der Fahrmotoren durchflossen oder beeinflußt werden (ausgenommen Meßwandler) und zwar:

   a) Transformatoren mit gegeneinander festliegenden getrennten Primär- und Sekundärwicklungen oder mit gegeneinander festliegenden Wicklungen in Sparschaltung

   b) Hilfstransformatoren zur Steuerung der Motoren, auch genannt Spannungsteiler, Stromteiler oder Schaltdrosselspulen

   c) Drosselspulen.

   > Hilfstransformatoren, die im wesentlichen wie Transformatoren für Dauerbetrieb arbeiten, wie z. B. Transformatoren für Beleuchtung, Hilfsmaschinen usw., fallen unter die R.E.T. Werden jedoch derartige Transformatoren oder solche für Meßzwecke im Ölkessel von Transformatoren, die unter 4a) bis c) fallen, untergebracht, so fallen sie unter die R.E.B.

Fahrmotoren für Krane fallen gemäß Entscheidung der Kommission für Bahnwesen nicht unter diese Bestimmungen, sondern unter die R.E.M.

Bei Maschinen, die zur Beleuchtung von Fahrzeugen dienen, sind zwei Ausführungen zu unterscheiden je nach der Antriebs- und Betriebsart, und zwar:

1. ſolche, die im allgemeinen dauernd laufen und auch meiſtens voll belaſtet arbeiten. Sie werden beiſpiels= weiſe als Turbogeneratoren für Dampflokomotiv= beleuchtung oder als Motorgeneratoren auf elek= triſchen Lokomotiven und Triebwagen gebaut. Dieſe Maſchinen fallen unter die R.E.M.

2. ſolche, die von der Fahrzeugachſe aus angetrieben werden und daher einem ausſetzenden Betriebe unterworfen ſind, da ſie nur bei der Fahrt laufen, dagegen bei Stillſtand des Zuges ausſetzen. Die Belaſtungsverhältniſſe ſolcher Maſchinen kommen denen der Bahnmotoren gleich. Auch haben ſie wie jene beſonders günſtige Kühlungsverhältniſſe, da ſie meiſt unter dem Wagen aufgehängt ſind. Sie fallen demnach unter die R.E.B.

II. Begriffserklärungen.

§ 4. Bestandteile von Maschinen.

Ständer ist der feststehende Teil, Läufer der umlaufende Teil der Maschine.

Anker ist der Teil der Maschine, in dessen Wicklungen durch Umlauf in einem magnetischen Felde oder durch Umlauf eines magnetischen Feldes elektrische Spannungen erzeugt werden.

Bei Asynchronmaschinen wird zwischen Primär- und Sekundäranker unterschieden. Sofern nichts anderes angegeben ist, wird in den folgenden Bestimmungen vorausgesetzt, daß der Ständer den Primäranker, der Läufer den Sekundäranker bildet.

Hierfür gilt ſinngemäß das zu § 4 der R.E.M. auf S. 12 Geſagte.

§ 4a. Wicklungen von Transformatoren.

1. Nach der Energierichtung werden unterschieden:
   a) Primärwicklung: die elektrische Leistung aufnehmende Wicklung,
   b) Sekundärwicklung: die elektrische Leistung abgebende Wicklung,
   c) Tertiärwicklung: eine in sich geschlossene Wicklung, die keine Leistung abgibt.
   > Ein Transformator kann mehrere Sekundärwicklungen haben.
2. Nach der Netzspannung werden unterschieden:
   a) Oberspannungswicklung: die mit dem Netz der hohen Spannung verbundene Wicklung,
   b) Unterspannungswicklung: die mit dem Netz der niederen Spannung verbundene Wicklung.
   > Ein Transformator kann mehrere Unterspannungswicklungen haben.
3. Anzapfungen sind Anschlüsse an Wicklungen, die die Benutzung einer geringeren Windungzahl als der vollen gestatten (siehe § 20).
4. Übersetzung ist unter Berücksichtigung der Schaltart das Verhältnis der Windungzahl der Ober-

spannungswicklung zu der der Unterspannungswicklung.

Bei Leerlauf ist das Verhältnis der Spannungen im allgemeinen gleich der Übersetzung; es stimmt jedoch nur dann mit der Übersetzung überein, wenn der durch den Leerlaufstrom bedingte Spannungsabfall vernachlässigbar ist.

Hierfür gilt sinngemäß das zu §§ 4 und 6 der R.E.T. auf S. 100 Gesagte.

§ 5. Spannung und Strom.

Der Ausdruck Wechselstrom umfaßt sowohl Einphasen- als auch Mehrphasenstrom.

Drehstrom ist verketteter Dreiphasenstrom.

Spannungs- und Stromangaben bei Wechselstrom bedeuten Effektivwerte, sofern nichts anderes angegeben ist.

Spannung ist bei Drehstrom die verkettete.

Läuferspannung bei Asynchronmaschinen mit umlaufendem Sekundäranker ist die in der offenen Sekundärwicklung im Stillstand auftretende Spannung zwischen zwei Schleifringen, Läuferstrom der bei Nennbetrieb auftretende Schleifringstrom.

Durchmesserspannung bei geschlossenen Gleichstromwicklungen ist die Wechselspannung zwischen zwei um eine Polteilung entfernten Punkten der Wicklung.

Dauerkurzschlußstrom ist der Strom, der sich bei Klemmenkurzschluß und der dem Nennbetrieb entsprechenden Erregung einstellt.

Stoßkurzschlußstrom ist der höchste Augenblickswert des Stromes, der bei plötzlichem Klemmenkurzschluß im ungünstigsten Schaltaugenblick auftreten kann.

Hierfür gilt sinngemäß das zu § 7 der R.E.M. auf S. 13 Gesagte.

§ 6. Arbeitsweise.

Generator (Stromerzeuger) ist eine umlaufende Maschine, die mechanische Leistung in elektrische Leistung umwandelt.

Motor ist eine umlaufende Maschine, die elektrische Leistung in mechanische Leistung umwandelt.

Umformer ist eine umlaufende Maschine oder ein Maschinensatz zur Umwandlung elektrischer Leistung in elektrische Leistung.

Sofern nichts anderes angegeben ist, wird in den folgenden Bestimmungen bei Umformern die Arbeitsweise Wechselstrom‑ Gleichstrom vorausgesetzt.

Transformator ist ein Gerät, das ohne mechanische Bewegung elektrische Leistung in elektrische Leistung umwandelt (für Gleichrichter bestehen z. Z. noch keine Bestimmungen).

Hierfür gilt sinngemäß das zu § 8 der R.E.M. auf S. 15 Gesagte.

§ 7. Nennbetrieb.

Bei Maschinen ist der Nennbetrieb gekennzeichnet durch die Werte, die auf dem Schilde genannt sind. Diese Werte und die aus ihnen abgeleiteten werden durch den Zusatz „Nenn-" gekennzeichnet (Nennleistung, Nennspannung, Nennstrom, Nennfrequenz, Nenndrehzahl, Nenn-Leistungsfaktor usw.).

Bei Transformatoren heißt Nennbetrieb der Betrieb mit der Primärspannung, der Frequenz, dem Sekundärstrom und der Betriebsart, die auf dem Schilde genannt sind.

Hierfür gilt sinngemäß das zu § 6 der R.E.M. auf S. 12 Gesagte.

§ 8. Nennspannung von Transformatoren.

Nenn-Primärspannung der Leistungstransformatoren ist die Betriebspannung der Fahrleitung; sie wird durch Vorsetzen von „Nenn-" auf dem Schilde gekennzeichnet.

Nenn-Sekundärspannung ist die aus der primären Nennspannung und der Übersetzung berechnete Spannung.

Zu beachten ist, daß die Nenn-Sekundärspannung die Sekundärspannung des leerlaufenden Transformators ist.

§ 9. Nennstrom.

Nennstrom ist der aus der Nennleistung und der Nennspannung berechnete Strom.

§ 10. Leistung.

Abgabe ist die abgegebene Leistung an den Klemmen bei Generatoren, an der Welle bei Motoren und an den Sekundärklemmen bei Umformern und Transformatoren.

Aufnahme ist die aufgenommene Leistung an der Welle bei Generatoren, an den Klemmen bei Motoren und an den Primärklemmen bei Umformern und Transformatoren.

Die Einheit der Leistung ist das Kilowatt (kW).

Scheinleistung ist das Produkt aus Strom und Spannung mal Phasenfaktor (bei Drehstrom gleich $\sqrt{3}$).

Die Einheit der Scheinleistung ist das Kilovoltampere (kVA).

Bei Transformatoren wird unter Leistung die Scheinleistung verstanden.

Zahnradvorgelege, die zur unmittelbaren oder mittelbaren Übertragung der Leistung der Motoren an die Triebachsen der Fahrzeuge dienen, sollen, auch wenn die Lager der Vorgelegewelle Teile des Motors sind, nicht als zum Motor gehörend angesehen werden. Die Abgabe des Motors ist daher an der Motorwelle selbst zu messen, die in den Zahnradvorgelegen entstandenen Verluste sind demnach in dem Wirkungsgrade des Motors nicht enthalten.

Hierfür gilt sinngemäß das zu § 11 der R.E.M. auf S. 16 und das zu § 10 der R.E.T. auf S. 104 Gesagte.

§ 10a. Nennleistung.

Die Nennleistung von Fahrzeug-Haupttransformatoren wird von den Klemmen der größten Spannung des Fahrstromes über die zugehörenden Stromteiler entnommen.

§ 11. Leistungsfaktor.

Leistungsfaktor (cos φ) ist das Verhältnis von Leistung in kW zur Scheinleistung in kVA.

Hierfür gilt sinngemäß das zu § 12 der R.E.M. auf S. 17 Gesagte.

§ 12. Wirkungsgrad.

Wirkungsgrad ist das Verhältnis von Abgabe zur Aufnahme.

Bei Transformatoren wird der Wirkungsgrad aus Leerlaufverlust und Wicklungsverlust, die als Unterschied von Aufnahme und Abgabe angesehen werden, ermittelt.

§ 13. Erregung.
A. Einteilung nach Stromquelle.

Unterschieden werden:

1. Selbsterregung: Erregung einer Maschine durch einen von ihr selbst erzeugten Strom.
2. Eigenerregung: Erregung einer Maschine durch eine mit ihr unmittelbar oder mittelbar gekuppelte Erregermaschine, die nur diesem Zwecke dient.
3. Fremderregung: Erregung einer Maschine durc eine andere als die vorstehend genannten Stromquellen.

Nenn-Erregerspannung bei Eigen- und Fremderregung ist die auf dem Schilde der Maschine genannte Spannung, für die die Erregerwicklung bemessen ist.

B. Einteilung nach Schaltung.

Unterschieden werden:

1. Reihenschlußerregung, d. i. Erregung durch den Ankerstrom.
2. Reihenschlußerregung mit Feldschwächung.
   Bei Erregerwicklungen ohne Anzapfung gilt der Wert:

$$\frac{\text{Feldstrom}}{\text{Ankerstrom}},$$

anzugeben in Prozenten, als Maß für die Erregung; bei Erregerwicklungen mit Anzapfungen der Wert:

$$\frac{\text{Stromdurchflossene Windungen}}{\text{Gesamt-Windungen}}$$

3. Nebenschlußerregung, d. i. Erregung durch einen Zweigstrom, unabhängig vom Ankerstrom.
4. Verbunderregung, d. i. teils Reihenschluß-, teils Nebenschlußerregung.

Nennerregung ist die Erregung, bei der der Motor die Nennleistung und die Nenndrehzahl, der Generator die Nennleistung und die Nennspanung hat.

§ 14. Drehzahlverhalten und Drehzahlregelung.

A. Drehzahlverhalten.

Nach der Abhängigkeit der Drehzahl von der Abgabe werden unterschieden:

1. **Motoren mit fast gleichbleibender Drehzahl (Nebenschlußverhalten).**

     Die Drehzahl ändert sich nur wenig mit der Abgabe (z. B. Nebenschluß- und Asynchronmotoren).

2. **Motoren mit stark veränderlicher Drehzahl (Reihenschlußverhalten).**

     Die Drehzahl steigt bei Entlastung stark an (z. B. Reihenschlußmotoren).

     Zwischen diesen beiden Gruppen gibt es Zwischenstufen, z. B. Motoren mit Doppelschlußwicklung.

B. Drehzahlregelung.

Nach der Drehzahl bei gleichbleibendem Drehmoment werden unterschieden:

1. **Motoren mit nur einer Drehzahl.**
2. **Motoren mit mehreren Drehzahlstufen.**

     Der Motor kann mit einigen bestimmten Drehzahlen laufen. In der Regel ist jede dieser Drehzahlen annähernd gleichbleibend im Sinne von A 1 (z. B. Asynchronmotoren mit Polumschaltung).

3. **Motoren mit Drehzahlregelung.**

     Die Drehzahl kann innerhalb eines bestimmten Bereiches eingestellt werden. Die eingestellte Drehzahl ist entweder:

     a) fast gleichbleibend im Sinne von A 1 (z. B. Nebenschlußmotoren mit Feldregelung) oder

     b) veränderlich im Sinne von A 2 (Reihenschlußmotoren sowie Motoren aller Art in Verbindung mit Hauptstromreglern).

Hierfür gilt sinngemäß das zu § 17 der R.E.M. auf S. 21 Gesagte.

§ 15. Kühlungs- und Lüftungsarten.

Unterschieden werden:

A. bei Maschinen.

1. **Selbstkühlung:** Die Kühlluft wird durch die umlaufenden Teile der Maschine ohne Zuhilfenahme eines besonderen Lüfters bewegt.
2. **Eigenlüftung:** Die Kühlluft wird durch einen am Läufer angebrachten oder von ihm angetriebenen Lüfter bewegt.
3. **Fremdlüftung:** Die Kühlluft wird durch einen Lüfter mit eigenem Antriebsmotor bewegt.

B. bei Trockentransformatoren.

1. **Selbstkühlung (TS):** Der Transformator wird durch Strahlung und natürlichen Zug gekühlt.
2. **Fremdlüftung (TF):** Die Kühlluft wird durch einen Lüfter oder künstlichen Zug bewegt.

C. bei Öltransformatoren.

1. **Selbstkühlung (OS):** Der Ölkasten wird durch Strahlung und natürlichen Zug gekühlt.
2. **Fremdlüftung (OF):** Der Ölkasten wird durch Luft gekühlt, die durch einen Lüfter oder künstlichen Zug bewegt wird.
3. **Ölumlauf und Fremdlüftung (OFU):** Der Ölkasten wird durch Luft gekühlt, die durch einen Lüfter oder künstlichen Zug bewegt wird. Der Ölumlauf erfolgt zwangsweise.
4. **Ölumlauf und äußere Selbstkühlung (OSA):** Das Öl wird in einem Luftkühler außerhalb des Ölkastens gekühlt. Der Ölumlauf erfolgt zwangsweise.
5. **Ölumlauf und äußere Fremdlüftung (OFA):** Das Öl wird in einem Luftkühler außerhalb des Ölkastens gekühlt. Die Kühlluft wird durch einen Lüfter oder künstlichen Zug bewegt. Der Ölumlauf erfolgt zwangsweise.

Hierfür gilt sinngemäß das zu § 18 der R.E.M. auf S. 21 und das zu § 18 der R.E.T. auf S. 108 Gesagte.

§ 16. Schutzarten für Maschinen.

A. Offene Maschinen:

1. **Offene Maschinen:** Die Zugänglichkeit der Strom führenden und inneren umlaufenden Teile ist nicht wesentlich erschwert.

B. Geschützte Maschinen:

2. **Geschützte Maschinen:** Die zufällige oder fahrlässige Berührung der Strom führenden und inneren umlaufenden Teile sowie das Eindringen von Fremdkörpern ist erschwert. Das Zuströmen von Kühlluft aus dem umgebenden Raum ist nicht behindert. Gegen Staub, Feuchtigkeit und Gasgehalt der Luft ist die Maschine nicht geschützt.
3. **Spritz- oder schwallwassergeschützte Maschinen:** Schutz nach 2; außerdem ist das Eindringen von Wassertropfen und Wasserstrahlen aus beliebiger Richtung verhindert.

C. Geschlossene Maschinen:

4. **Geschlossene Maschinen mit Rohranschluß:** Die Maschine ist bis auf die an Rohre oder andere Luftleitungen angeschlossenen Zuluft- und Abluftstutzen allseitig abgeschlossen.

> Beim Fehlen eines oder beider Rohre fällt die Maschine unter Bauart B.

5. **Geschlossene Maschinen mit Mantelkühlung:** Die Strom führenden und inneren umlaufenden Teile sind allseitig abgeschlossen. Die Maschine wird durch Eigenlüftung der Außenfläche gekühlt.
6. **Gekapselte Maschinen:** Die Maschine ist allseitig abgeschlossen. Die Wärme wird lediglich durch Strahlung, Leitung und natürlichen Zug abgeführt.

Ein völlig luft- und staubdichter Abschluß ist wegen
der unvermeidlichen Atmung auch bei geschlossenen Maschinen nach C nicht möglich.

Hierfür gilt sinngemäß das zu § 19 der R.E.M. auf
S. 22 Gesagte.

§ 16a. Betriebsarten.

Zu unterscheiden ist zwischen dem Fahrbetrieb und
der Betriebsart bei der Prüfung.

A. Fahrbetrieb.

Fahrbetrieb ist die planmäßig festgesetzte Benutzung der Maschinen und Transformatoren auf einer
oder mehreren festgesetzten Fahrstrecken.

Im planmäßigen Fahrbetriebe auf der Fahrstrecke
kommt die dauernde Abgabe einer gleichbleibenden Leistung mit Ausnahme seltener Fälle nicht vor. Vielmehr
arbeiten die Bahnmaschinen und -transformatoren häufig
einen erheblichen Teil der Betriebzeit mit Leistungen,
die größer als ihre Dauerleistung sind, insbesondere z. B.
beim elektrischen Bremsen.

B. Betriebsarten bei der Prüfung.

Da eine Nachahmung des Fahrbetriebes auf dem
Prüfstande undurchführbar ist, wird zum Zwecke der
Bewertung der Maschinen und Transformatoren eine
Prüfung im Dauerbetrieb bzw. im kurzzeitigen Betrieb
zugrunde gelegt.

1. Dauerbetrieb (DB): Die Betriebzeit ist so lang,
   daß die dem Beharrungzustand entsprechende Endtemperatur erreicht wird (siehe § 26).
2. Kurzzeitiger Betrieb (KB): Die durch Vereinbarung bestimmte Betriebzeit ist so kurz, daß die
   Beharrungstemperatur nicht erreicht wird (siehe § 26).

Wenn nichts anderes vereinbart ist, gilt für Fahrzeug-
Antriebsmotoren als Nennleistung die Stundenleistung.

III. Genormte Werte.

§ 16b. Frequenz.

Für Einphasenbahnnetze ist die genormte Nennfrequenz 16⅔ Hz.

Hierfür gilt sinngemäß das zu § 9a der R.E.M. auf
S. 25 Gesagte.

§ 16c. Spannungen.

(Hierzu Tafel I und II auf S. 165.)

Hinsichtlich der Spannungen für Bahngeneratoren
sei auf die Bestimmungen des § 9 der R.E.M. auf
S. 26 verwiesen.

Von 550 bzw. 750 V ab sind die Nennspannungen
jeweils durch Verdoppelung entstanden. Zunächst ist
die Reihe nur bis 3000 V geführt, da wohl in abseh-
barer Zeit Gleichstrombahnen mit höherer Spannung
in Deutschland nicht entstehen werden. Sollte jedoch
ein diesbezügliches Bedürfnis eintreten, so empfiehlt

Tafel I.
Genormte Nennspannungen für Maschinen in Volt.

Betriebspannung nach DIN VDE 2	Gleichstrom*		Einphasenstrom 16⅔ Hz	
	Motoren** Nennspannung	Generatoren auf Fahrzeugen	Fahrmotoren	Hilfsmotoren
220	220			200
440	—			—
550	550	nicht	nicht	—
750	750	genormt	genormt	—
1100	1100			—
1500	1500			—
3000	3000			—

* Für Maschinen, die mit Akkumulatoren zusammen arbeiten, werden genormte Nennspannungen nicht festgesetzt.

** Über den Betrieb mit Überspannungen siehe § 56b.

Tafel II.
Genormte Nennspannungen für Transformatoren in Volt, Einphasenstrom 16²/₃ Hz.

Betriebspannung nach DIN VDE 2	Primär		Sekundär	
	Nennspannung	Transformatoren müssen noch betrieben werden können bei	für Fahrbetrieb	für Sonderzwecke* (Steuerung, Hilfsmotoren, Heizung)
220	—	—		200
390	—	—		—
—	—	—	nicht	600
—	—	—	genormt	800
1000	—	—		1000
6000	—	—		—
15000	15000	16500		—

* Diese Spannungen werden in der Regel von Anzapfungen des Haupttransformators entnommen.

es sich natürlich, das vorstehend angegebene Prinzip der Verdoppelung weiterzuführen.

Es sei noch hervorgehoben, daß in der Reihe der genormten Nennspannungen, gegenüber dem Wortlaut des Normblattes DIN VDE 2 die Spannung von 2200 V nicht mehr enthalten ist. Das ist auf Veranlassung der Kommission für Bahnwesen geschehen, weil die Spannung von 2200 V nicht mehr als Normalspannung für Bahnbetrieb in Frage kommt. Da sie nur für solche in Aussicht genommen war, ist sie überhaupt zwecklos geworden und wird in Zukunft in dem genannten Normblatt gestrichen werden.

Bezüglich der Transformatoren für Bahnzwecke sei noch darauf hingewiesen, daß sie normalerweise mit einem Pol an Erde liegen.

IV. Bestimmungen.

A. Allgemeines.

§ 17. Sinusform von Spannungskurven.

Die folgenden Bestimmungen gelten unter der Annahme einer praktisch sinusförmigen Welle der Wechselspannung; bei Transformatoren ist die Primärspannung maßgebend (siehe R.E.M., §§ 14 u. 21; R.E.T., § 21).

Hierfür gilt sinngemäß das zu §§ 14 und 21 der R.E.M. auf S. 18 und 28 und das zu § 21 der R.E.T. auf S. 114 bis 116 Gesagte.

§ 18. Aufstellungsort.

Die folgenden Bestimmungen gelten unter der Annahme, daß die Fahrstrecken nicht höher als 1000 m ü. M. liegen. Für höher gelegene Fahrstrecken sind besondere Vereinbarungen zu treffen.

> Bei größeren Höhen verringern sich Isolationsfestigkeit und Wärmeabgabe; hierauf ist bei der Prüfung Rücksicht zu nehmen.

Hierfür gilt sinngemäß das zu § 23 der R.E.M. auf S. 29 und das zu § 23 der R.E.T. auf S. 116 Gesagte.

§ 19. Bürstenstellung.

Die folgenden Bestimmungen gelten unter der Annahme, daß sich bei Maschinen mit fester Bürstenstellung die Bürsten in der für Nennbetrieb vorgeschriebenen Stellung befinden und ihre Stellung auch während der Probe unverändert bleibt.

§ 20. Angezapfte Wicklungen.

Die folgenden Bestimmungen gelten unter der Annahme, daß die Leistung von Fahrzeug-Haupttransformatoren die Nennleistung ist (siehe § 10a).

§ 21 siehe § 23.

§ 22. Prüfungen.

Die Prüfungen nach diesen Regeln sind nach Möglichkeit in den Werkstätten des Herstellers an den neuen trockenen, betriebsfertig eingelaufenen Maschinen bzw. Transformatoren vorzunehmen. Insbesondere sollen die Spannungsproben gemäß § 43 in den Werkstätten des Herstellers durchgeführt werden, weil die Erzeugung und richtige Messung der Prüfspannung nur bei Beachtung zahlreicher Vorsichtsmaßregeln möglich ist.

Prüfungen im Fahrzeug sind besonders zu vereinbaren. Bei einer Wiederholung der Spannungsprobe im Fahrzeug darf mit einer Spannung geprüft werden, die das Mittel zwischen der Betriebspannung und der nach § 43 bestimmten Prüfspannung (Tafel VIII) ist.

Maschinen und Transformatoren sind mit ihren Lüftungsvorrichtungen zu prüfen. Der durch das Fahren entstehende Luftzug darf jedoch bei Motoren nicht nachgeahmt werden; bei Transformatoren oder hierzu gehörenden Kühleinrichtungen ist dieses erlaubt, worüber gegebenenfalls besondere Vereinbarungen getroffen werden können.

Die Schutzart der Maschine darf für den Probelauf nicht geändert werden.

Hierfür gilt sinngemäß das zu § 27 der R.E.M. auf S. 32 Gesagte.

§ 23. Betriebswarmer Zustand.

Sofern nichts anderes angegeben ist, beziehen sich die folgenden Bestimmungen auf einen mittleren betriebswarmen Zustand, und zwar soll die diesem entsprechende Temperatur einheitlich zu 75° angenommen werden; gemessene Wirkungsgrade oder Verluste sind auf diese Temperatur umzurechnen.

§ 24. Gewährleistungen.

Gewährleistungen beziehen sich auf den Nennbetrieb (siehe §§ 7 und 16a).

Gewährleistungen über den Betrieb bei elektrischer Bremsung bleiben besonderen Vereinbarungen vorbehalten.

B. Betriebsarten.
§ 25. Fahrbetrieb.

Der Fahrbetrieb (siehe § 16a) muß in der vereinbarten Art und Dauer geführt werden können, ohne daß die auftretenden Temperaturspitzen die in § 35 (Tafeln VI u. VII) angegebenen Grenzwerte der Temperaturen überschreiten.

Die Grenztemperaturen beziehen sich auf eine Temperatur der Außenluft bis 25° (meteorologische Luft- oder Schattentemperatur). Bei selten auftretenden höheren Temperaturen der Außenluft ist eine Überschreitung bis 10° zulässig.

Bei der Benutzung der Motoren im praktischen Betriebe ist es unbedingt erforderlich, die Belastung mit einer genügenden Reserve zu wählen. Infolgedessen prüft z. B. die Deutsche Reichsbahngesellschaft zwar ihre Motoren nach den R.E.B. Sie betreibt sie aber mit den Grenztemperaturen der R.E.M., die wesentlich niedriger sind. Bei der Erprobung im Prüffelde bei kurzzeitigem wie bei Dauerbetrieb wird nur die Erwärmung ohne Rücksicht auf die Temperatur des Kühlmittels und die Grenztemperaturen festgestellt. Näheres über die Temperaturgrenzen und Temperaturmessungen bei Vollbahnen ist aus „Elektrische Bahnen" 1925, S. 9 zu ersehen.

§ 26. Prüfbetrieb.

A. Dauerbetrieb.

Der Nennbetrieb mit Dauerleistung (siehe § 28) muß beliebig lange Zeit hindurch geführt werden können, ohne daß die Erwärmung die in § 35 angegebenen Grenzwerte überschreitet; dabei müssen alle anderen Bestimmungen erfüllt werden.

Bei gekapselten Fahrmotoren ist diese Probe mit verminderter Spannung durchzuführen, deren Betrag besonders zu vereinbaren und auf dem Leistungschilde anzugeben ist.

B. Kurzzeitiger Betrieb.

Der Nennbetrieb mit Zeitleistung (siehe § 28) muß die vereinbarte Zeit hindurch geführt werden können, ohne daß die Erwärmung die in § 25 angegebenen Grenzwerte überschreitet; dabei müssen alle anderen Bestimmungen erfüllt werden.

C. Erwärmung.

§ 27. Begriffserklärung.

Erwärmung eines Maschinen- oder Transformatorenteiles ist bei Dauerbetrieb der Unterschied zwischen seiner Temperatur und der des zutretenden Kühlmittels, bei kurzzeitigem Betrieb der Unterschied seiner Temperaturen beim Beginn und am Ende der Prüfung.

§ 28. Probelauf.

Die Erwärmungsprobe wird bei Nennbetrieb vorgenommen bzw. auf diesen bezogen. Bezüglich der Dauer gilt:

1. **Dauerbetrieb (DB).** Der Probelauf kann bei kalter oder warmer Maschine (Transformator) begonnen werden.

Zur Bestimmung der Enderwärmung Θ bei DB benutzt man zweckmäßig das nachstehend beschriebene Verfahren, weil die Messung der Erwärmung ϑ gegen Ende der Probe unregelmäßigen Schwankungen infolge von Änderungen der Kühlmitteltemperatur unterliegt.

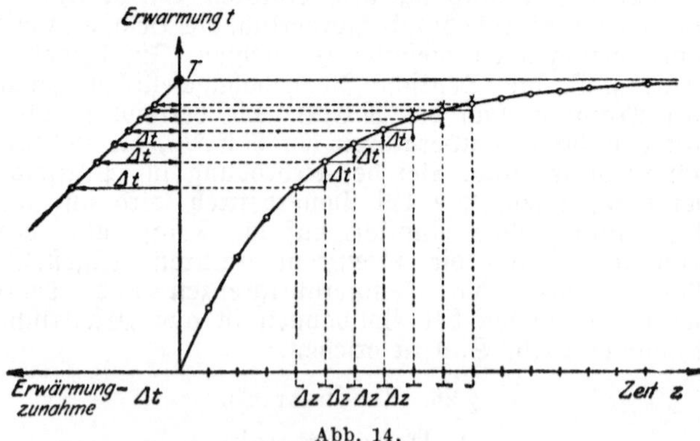

Abb. 14.

Die Erwärmung (ϑ) wird in gleichen Zeitabständen (Δt) gemessen und die Erwärmungzunahme ($\Delta\vartheta$) in Abhängigkeit von der Erwärmung (ϑ) aufgetragen. Die Verlängerung der Geraden durch die so entstehende Punktschar schneidet auf der Erwärmungsachse die Enderwärmung (Θ) ab.

Die Genauigkeit dieses Verfahrens ist mindestens so groß wie die des fortgesetzten Erwärmungsversuches.

Der Probelauf ist als beendet anzusehen, wenn die Erwärmung nicht mehr merklich steigt, d. h. wenn sie bei Maschinen nicht mehr als 2°, bei Transformatoren nicht mehr als 1° in 1 h zunimmt.

2. **Kurzzeitiger Betrieb (KB).** Der Probelauf wird entweder bei kalter Maschine (Transformator) begonnen oder, wenn die Temperatur der wärmsten Wicklung um nicht mehr als 3° höher als die Temperatur des Kühlmittels ist. Er wird bei Ablauf der vereinbarten Betriebzeit abgebrochen.

§ 29. Bestimmung der Wicklungserwärmung.

Für die Erwärmung einer Wicklung von Maschinen und Trockentransformatoren gilt einer der beiden folgenden Werte:

1. Mittlere Erwärmung, errechnet aus der Widerstandzunahme während des Probelaufes.
2. Örtliche Erwärmung an der vermutlich heißesten zugänglichen Stelle, gemessen mit dem Thermometer.

Wenn beide Meßverfahren anwendbar sind, so sollen im allgemeinen die Temperaturangaben durch Thermometer, sofern sie die für die Thermometermessung nach § 35 zulässigen Werte überschreiten, nicht maßgebend sein, solange nicht die nach diesem Verfahren erhaltenen Werte höher als die nach der Widerstandmessung zulässigen Erwärmungen liegen.

Wenn bei Maschinen die Widerstandmessung untunlich ist, so wird die Thermometermessung allein angewendet. Dieses gilt besonders für Kommutatoranker mit mehr als 4 Polen.

Bei Öltransformatoren wird die Erwärmung aus der Widerstandzunahme ermittelt.

Hierfür gilt sinngemäß das zu § 35 der R.E.T. auf S. 124 Gesagte.

Bei Kommutatorankern mit mehr als 4 Polen ist das Abheben der zahlreichen Kohlen, besonders am heißen Motor, sehr schwierig und dauert sehr lange, so daß dadurch die Messung sehr unsicher würde. Es ist deswegen hier die Thermometermessung gewählt worden.

§ 29a. Erwärmungsmessung des Eisenkernes und des Öles.

Die Erwärmung des Eisenkernes bei Trockentransformatoren ist an der vermutlich heißesten zugänglichen Stelle mit dem Thermometer zu bestimmen.

Die Erwärmung des Öles ist in der obersten Ölschicht des Kastens mit dem Thermometer zu bestimmen.

Zur Einführung eines Thermometers muß eine Einrichtung am Transformator vorhanden sein, deren Lochdurchmesser mindestens 12 mm beträgt.

Hierfür gilt sinngemäß das zu § 36 der R.E.T. auf S. 125 Gesagte.

§ 30. Berechnung der Wicklungserwärmung aus der Widerstandzunahme.

Die Erwärmung Θ von Kupferwicklungen wird nach folgenden Formeln aus der Widerstandzunahme berechnet, in denen

ϑ_{kalt} die Temperatur der kalten Wicklung,
$\vartheta_{\text{Kühlmittel}}$ die Temperatur des Kühlmittels,
R_{kalt} den Widerstand der kalten Wicklung,
R_{warm} den Widerstand der warmen Wicklung

bedeuten:

1. bei allen Maschinen und Transformatoren, ausgenommen Betriebsart KB:

$$\Theta = \frac{R_{\text{warm}} - R_{\text{kalt}}}{R_{\text{kalt}}} (235 + \vartheta_{\text{kalt}}) - (\vartheta_{\text{Kühlmittel}} - \vartheta_{\text{kalt}}) ;$$

2. bei Maschinen und Transformatoren der Betriebsart KB für Betrieb von 1 h und darunter:

$$\Theta = \frac{R_{\text{warm}} - R_{\text{kalt}}}{R_{\text{kalt}}} (235 + \vartheta_{\text{kalt}}) ,$$

wobei die Werte ϑ_{kalt} und R_{kalt} für den Beginn der Prüfung gelten.

Darauf zu achten ist, daß alle Teile der Wicklungen bei der Messung von R_{kalt} die gleiche mit dem Thermometer zu messende Temperatur ϑ_{kalt} haben.

Hierfür gilt sinngemäß das zu § 34 der R.E.M. auf S. 38 Gesagte.

§ 31. Erwärmungsmessung mit Thermometer.

Zur Temperaturmessung mit Thermometer sollen Ausdehnungsthermometer (mit Quecksilber- oder Alkoholfüllung) verwendet werden. Zur Messung von Öl- und Oberflächentemperaturen sind auch elektrische Thermometer (Thermoelemente oder Widerstandspulen) zulässig, doch ist im Zweifelfalle das Ausdehnungsthermometer maßgebend.

In allen Fällen muß für möglichst gute Wärmeübertragung von der Meßstelle auf das Thermometer und geringe störende Wärmeableitung von der Meßstelle fort gesorgt werden. Die Meßstelle darf von Kühlluft nicht bestrichen werden. Bei Messung von Oberflächentemperaturen sind daher Meßstelle und Thermometer gemeinsam mit einem schlechten Wärmeleiter zu bedecken.

Hierfür gilt sinngemäß das zu § 35 der R.E.M. auf S. 40 Gesagte.

Im Gegensatz zu den R.E.M. findet bei Bahn= motoren keine Messung mit Thermoelementen statt; dieses entspricht dem Beschluß des JEC=Komitees für Bahnwesen, das ohne Rücksicht auf den für Maschinen gefaßten Beschluß der JEC die Messung mit Thermo= elementen bei Straßenbahnmotoren als zu umständlich, obwohl an sich wünschenswert, abgelehnt hat.

§ 32. Ausführung der Messungen.

Die Messung der Widerstandzunahme ist bei Maschinen möglichst während des Probelaufes, sonst aber unmittelbar nach dem Abstellen, bei Transformatoren stets unmittelbar nach dem Ausschalten vorzunehmen. Der Zufluß von Kühlluft ist gleichzeitig mit dem Ausschalten abzustellen. Die Auslaufzeit ist, wenn nötig, künstlich abzukürzen.

Die Thermometermessung ist möglichst während des Probelaufes, nötigenfalls mit Maximalthermometer, sonst aber nach dem Abstellen vorzunehmen.

Wenn auf dem Thermometer nach dem Abstellen höhere Temperaturen als während des Probelaufes abgelesen werden, so sind diese höheren Werte maßgebend. Ausgenommen hiervon sind Messungen an solchen Stellen, in deren Nähe eine höhere Erwärmung als an der Meßstelle selbst zulässig ist.

Ist vom Augenblick des Ausschaltens bis zu den Messungen so viel Zeit verstrichen, daß eine merkliche Abkühlung anzunehmen ist, so sollen die Meßergebnisse durch Extrapolation auf den Augenblick des Ausschaltens umgerechnet werden.

Hierfür gilt sinngemäß das zu § 36 der R.E.M. auf S. 42 und das zu § 39 der R.E.T. auf S. 126 Ge= sagte.

§ 33. Temperatur des Kühlmittels.

Als Temperatur des Kühlmittels gilt für den Probelauf:

1. bei Maschinen mit Selbstkühlung oder Eigenlüftung und bei Transformatoren mit Selbstkühlung bzw. mit Ölumlauf und äußerer Selbstkühlung (TS, OS, OSA), die die Kühlluft dem Betriebsraum entnehmen, der Durchschnittswert der während des letzten Viertels der Versuchzeit in gleichen Zeitabschnitten gemessenen Temperaturen der Umgebungsluft.

   Zwei oder mehrere Thermometer sind zu verwenden, die in 1 ... 2 m Entfernung von der Maschine (dem Transformator) [ungefähr in Höhe der Maschinen-(Transformatoren-)mitte] zur Messung der mittleren Zulufttemperatur angebracht werden. Die Thermometer dürfen weder Luftströmungen noch Wärmebestrahlung ausgesetzt sein;

2. bei Maschinen mit Eigen- oder Fremdlüftung und Transformatoren mit Fremdlüftung (TF, OF, OFU, OFA), denen die Kühlluft durch besondere Leitungen zuströmt, der Durchschnittswert der während des letzten Viertels der Versuchzeit in gleichen Zeitabschnitten am Eintrittstutzen gemessenen Temperatur der Kühlluft.

Hierfür gilt sinngemäß das zu § 37 der R.E.M. auf S. 45 Gesagte.

§ 34. Wärmebeständigkeit der Isolierstoffe.

Tafel III.
Wärmebeständigkeitsklassen.

I	II	III
Klasse	Isolierstoff	Behandlung
1 O	Baumwolle, Seide, Papier und ähnliche Faserstoffe	ungetränkt und nicht unter Öl
2 A^*	Baumwolle, Seide, Papier und ähnliche Faserstoffe	getränkt
3 $A_1{}^*$	Baumwolle, Seide, Papier und ähnliche Faserstoffe	in Füllmasse
4 A_0	Baumwolle, Seide, Papier und ähnliche Faserstoffe	unter Öl
5 B	Glimmer- und Asbestpräparate und ähnliche mineralische Stoffe	mit Bindemittel
6 C	Glimmer	ohne Bindemittel
	Porzellan, Glas, Quarz und ähnliche feuerfeste Stoffe	—

* Anmerkung zu 2 und 3: Eine Isolierung wird als „getränkt" bezeichnet, wenn die Luft zwischen den Fasern durch einen geeigneten Stoff ersetzt wird, auch wenn dieser Stoff nicht alle Räume zwischen den einzelnen isolierten Leitern vollständig ausfüllt.

Sind diese Zwischenräume vollständig ausgefüllt, so wird die Isolierung als „in Füllmasse" bezeichnet.

Das Tauchen einer mit ungetränktem Draht gewickelten Spule ohne Anwendung von Druck oder Vakuum gilt nicht als Tränkung.

Von einem brauchbaren Tränkmittel wird verlangt, daß es gute Isoliereigenschaften hat, daß es die Fasern vollständig einhüllt und sie aneinander und am Leiter haften läßt, daß es keine Hohlräume infolge Verdunstung des Lösungsmittels oder infolge anderer Ursachen bildet, daß es bei der zugelassenen Grenztemperatur nicht weich wird und daß es wärmebeständig ist.

Von einer brauchbaren Füllmasse wird verlangt, daß sie gute Wärmeleitfähigkeit und erforderliche Isoliereigenschaften hat, daß sie die Hohlräume zwischen den isolierten Leitern vollständig ausfüllt und keine Hohlräume bildet, daß sie bei der zugelassenen Grenztemperatur nicht tropfbar weich wird und daß sie sich bei dauernder Erwärmung nicht verändert.

Hierfür gilt sinngemäß das zu § 38 der R.E.M. auf S. 47 Gesagte.

§ 35. Grenzwerte.

Die höchstzulässigen Grenzwerte der Erwärmung für die Prüfung sind in Tafeln IV und V, die höchstzulässigen Grenzwerte für die Temperatur im Fahrbetrieb in Tafeln VI und VII zusammengestellt.

Bei Öltransformatoren darf die Ölgrenztemperatur (95^0) nicht als Maßstab für etwa zulässige Überlastungen angesehen werden. Es ist also nicht ohne weiteres zulässig, die Belastung zu steigern, bis die Ölgrenztemperatur erreicht ist. Die Beachtung dieser Bestimmung ist notwendig, weil die Wicklungen gegenüber dem Öl Temperaturunterschiede aufweisen, die mit der Überlastung ungefähr quadratisch steigen

Tafel IV.
Grenzerwärmungen von Maschinen auf dem Prüfstand.

	I		II	III	IV
	Wicklungen mit Isolierung nach Klasse		A*u. A_f*	B	C
1	Im Dauer-	Widerstandzunahme	85^0	105^0	Nur beschränkt durch den Einfluß auf benachbarte Isolierteile
2	betrieb	Thermometer	65^0	85^0	
3	Im kurzzeiti-	Widerstandzunahme	100^0	120^0	
4	gen Betrieb	Thermometer	75^0	95^0	

* Anmerkung zu II: Bei Wicklungen für Gleichstrom-Nebenschlußerregung müssen die Grenzerwärmungen für Klasse A und A_f um 20^0 niedriger sein.

	I	II
5	Kommutatoren und Schleifringe — Dauerbetrieb	85^0
6	Kommutatoren und Schleifringe — kurzzeitiger Betrieb	90^0
7	Tatzenlager von gekapselten Straßenbahnmotoren für Schmalspur	75^0
8	Alle anderen Lager	55^0
9	Eisenkerne	Wie die eingebetteten Wicklungen nach § 29
10	Alle anderen Teile	Nur beschränkt durch den Einfluß auf benachbarte Isolierteile

Meßverfahren.

Alle Wicklungen	Widerstandzunahme und Thermometer
Alle anderen Teile	Thermometer

Tafel V.
Grenzerwärmungen von Transformatoren auf dem Prüfstand.

	I	II	III	IV	V
	Wicklungen mit Isolierung nach Klasse	A, A_f u. A_o	B	C	unisoliert
1	Einlagige blanke Wicklungen	—	—	—	Nur beschränkt durch den Einfluß auf benachbarte Isolierteile
2	Alle anderen Wicklungen	80⁰	100⁰		

	I	II
3	Öl in der obersten Schicht	70⁰
4	Eisenkerne sowie alle anderen Teile	Nur beschränkt durch den Einfluß auf benachbarte Isolierteile

Meßverfahren

Alle Wicklungen mit Ausnahme der einlagigen blanken	Trockentransformatoren	Widerstandzunahme und Thermometer
	Öltransformatoren	Widerstandzunahme
Einlagige blanke Wicklungen sowie alle anderen Teile		Thermometer

Tafel VI.
Grenztemperaturen von Maschinen im Fahrbetrieb.

	I	II	III	IV
	Wicklungen mit Isolierung nach Klasse	A^* u. A_f^*	B	C
1	Widerstandzunahme	105⁰	125⁰	Nur beschränkt durch den Einfluß auf benachbarte Isolierteile
2	Thermometer	95⁰	115⁰	

* Anmerkung zu II: Bei Wicklungen für Gleichstrom-Nebenschlußerregung müssen die Grenztemperaturen für Klasse A und A_f um 20⁰ niedriger sein.

	I	II
3	Kommutatoren und Schleifringe	105⁰
4	Eisenkerne	Wie die eingebetteten Wicklungen nach § 29
5	Alle anderen Teile	Nur beschränkt durch den Einfluß auf benachbarte Isolierteile

Tafel VI (Fortsetzung).
Meßverfahren

Alle Wicklungen	Widerstandzunahme und Thermometer
Alle anderen Teile	Thermometer

Tafel VII.
Grenztemperaturen von Transformatoren
im Fahrbetrieb.

	I	II	III	IV	V
	Wicklungen mit Isolierung nach Klasse	A, A_f u. A_0	B	C	unisoliert
1	Einlagige blanke Wicklungen	—	—	—	Nur beschränkt durch den Einfluß auf benachbarte Isolierteile
2	Alle anderen Wicklungen	105^0	125^0		

	I	II
3	Öl in der obersten Schicht	95^0
4	Eisenkern sowie alle anderen Teile	Nur beschränkt durch den Einfluß auf benachbarte Isolierteile

Meßverfahren

Alle Wicklungen mit Ausnahme der einlagigen blanken	Trockentransformatoren	Widerstandzunahme und Thermometer
	Öltransformatoren	Widerstandzunahme
Einlagige blanke Wicklungen sowie alle anderen Teile		Thermometer

Hierfür gilt sinngemäß das zu § 39 der R.E.M. auf S. 49 Gesagte.

§ 36. Geschichtete Stoffe.

Bei mehreren geschichteten Stoffen verschiedener Wärmebeständigkeit-Klassen gilt im allgemeinen als Grenztemperatur die des weniger wärmebeständigen, falls seine Zerstörung den Betrieb der Maschine beeinträchtigt.

Dagegen gilt als Grenztemperatur die des wärmebeständigeren Stoffes, falls der weniger wärmebeständige Stoff nur in kleinen Mengen zum Aufbau verwendet wird und der Zerstörung unterliegen darf, ohne die Isolierung zu beeinträchtigen.

Hierfür gilt sinngemäß das zu § 40 der R.E.M. auf S. 53 Gesagte.

§ 37. Zweierlei Isolationen.

Wenn für verschiedene räumlich getrennte Teile der gleichen Wicklung zwei oder mehrere Isolierstoffe von ver-

schiedener Wärmebeständigkeits-Klasse verwendet werden, so gilt bei Temperaturbestimmung aus der mittleren
Widerstandzunahme die für den wärmebeständigeren
Stoff zulässige Grenztemperatur, sofern die Thermometermessung an den weniger wärmebeständigen Stoffen
keine Überschreitung der für sie zulässigen Grenztemperaturen ergibt.

Die vorstehenden, gegenüber den bei ortsfesten
Maschinen zugelassenen höheren, Erwärmungen be=
zwecken eine schärfere Inanspruchnahme der Motoren
im Prüffeld.

Damit wird der Tatsache Rechnung getragen,
daß auch im Betriebe die Beanspruchung der Bahn=
motoren verhältnismäßig größer sein kann als die
gleich großer, ortsfester Maschinen, und zwar einmal,
weil die Außenkühlung dann wirksamer in die Erschei=
nung tritt, außerdem weil anhaltende hohe Kühl=
mitteltemperaturen bis zu 35°, wie sie bei ortsfesten
Maschinen häufig sind, im Bahnbetrieb bei Ländern
der gemäßigten Zone nur ausnahmsweise vorkommen.

Die im Betriebe meistens erreichten Temperaturen
der Bahnmotoren entsprechen dann denen, die laut
R.E.M. bei ortsfesten Maschinen dauernd zugelassen
werden. Wenn auch hin und wieder, dem Wesen des
Bahnbetriebes entsprechend, diese Temperaturen über=
schritten werden, so ist die durchschnittliche Lebens=
dauer der Motoren im Bahnbetriebe deshalb nicht
geringer.

Das Maß der zugelassenen Überschreitung ist ab=
hängig von deren Häufigkeit, d. h. von der Betriebs=
art und den Streckenverhältnissen. Bestimmungen
können hierfür nicht gegeben werden; sie sind beson=
deren Vereinbarungen von Fall zu Fall vorbehalten.

D. Überlastung, Kommutierung.

§ 38. Allgemeines.

Die folgenden Bestimmungen sollen nur die mechanische und elektrische Überlastbarkeit ohne Rücksicht
auf Erwärmung feststellen.

§ 39. Überlastung.

A. bei laufender Maschine:

Maschinen müssen ohne Beschädigung und bleibende
Formänderung folgende Überlastungen aushalten:

Gleichstrom- und Asynchronmotoren zum Antrieb
des Fahrzeuges bei vollem Feld und Nennspannung:

während 1 min den 1,7-fachen Stundenleistungs-
strom, stoßweise den 2-fachen Stundenleistungs-
strom;

Wechselstrom-Kommutatormotoren zum Antrieb
des Fahrzeuges bei 3% der größten Betriebsdrehzahl:

während 1 min den 1,7-fachen Stundenleistungs-
strom:

Generatoren und Hilfsmaschinen entsprechend § 3, Ziffern 1 bis 3, bei Nennspannung und Nenndrehzahl: während 2 min den 1,5fachen Nennstrom.

B. bei Stillstand:

Bedingungen bleiben besonderer Vereinbarung vorbehalten.

C. bei elektrischer Bremsung:

Bedingungen bleiben besonderer Vereinbarung vorbehalten.

Die Prüfung darf nur mit einer solchen Temperatur der Maschine begonnen werden, daß die Grenztemperaturen nach Tafeln VI und VII nicht überschritten werden.

Kommutatoren dürfen nur solche Brandspuren aufweisen, die beim Laufen nach einigen Stunden wieder verschwinden.

§ 40. Kommutierung.

Maschinen mit Kommutator müssen bei den verschiedenen betriebsmäßigen Erregungen bei jeder Belastung bis zur Nennleistung praktisch funkenfrei arbeiten. Bei den Überlastungsproben nach § 39 müssen sie derart kommutieren, daß weder die Betriebsfähigkeit von Kommutator und Bürsten beeinträchtigt wird noch Rundfeuer auftritt.

Vorausgesetzt wird, daß:

1. der Kommutator in gutem Zustande ist und die Bürsten gut eingelaufen sind;
2. bei Gleichstrommotoren mit oder ohne Wendepole, die zum Fahrzeugantrieb dienen, die Bürsten in der neutralen Zone stehen;
3. bei sonstigen Gleichstrommaschinen mit oder ohne Wendepole die Bürstenstellung im ganzen Belastungsbereich des Nenndrehsinnes unverändert bleibt;
4. bei Wechselstrommotoren sich die Probe nur auf den Leistungsbereich erstreckt, der bei der betreffenden Bürstenstellung zulässig ist.

Ein Betrieb gilt als praktisch funkenfrei, wenn Kommutator und Bürsten in betriebsfähigem Zustande bleiben.

Bei Wechselstrom-Kommutatormotoren kann beim Anlauf vorübergehend stärkeres Bürstenfeuer auftreten, das aber den betriebsfähigen Zustand nicht beeinträchtigen darf.

Das gleiche gilt auch für Gleichstrommotoren bei elektrischer Bremsung.

Hierfür gilt sinngemäß das zu § 44 der R.E.M. auf S. 55 Gesagte.

Es sei noch darauf hingewiesen, daß ein Normenblatt DIN VDE 3220, Bl. 1 und 2 unter der Bezeichnung „Kohlenbürsten für Bahnmotoren" besteht, in dem alle notwendigen Angaben über Abmessungen und Toleranzen gemacht sind.

§ 41. Kurzschlußfestigkeit.

Die Transformatoren nach § 3 müssen einen plötzlichen Kurzschluß an den Sekundärklemmen bei Nenn-Primärspannung aushalten können, ohne daß ihre Betriebsfähigkeit beeinträchtigt wird.

Hierbei ist angenommen, daß der Transformator einen Kurzschluß an den Sekundärklemmen vertragen muß, auch wenn die Stromquelle so groß ist, daß durch den Kurzschluß keine Verminderung der Primärspannung eintritt.

Die Prüfung auf Kurzschlußfestigkeit läßt sich im allgemeinen nicht in den Fabrikprüffeldern, sondern nur im Betriebe durchführen, da nur dort die nötigen Maschinengrößen zur Verfügung stehen.

E. Isolierfestigkeit.

§ 42. Allgemeines.

Die Wicklungsisolation soll folgenden Spannungsproben unterworfen werden:

1. **Wicklungsprobe** nach § 43, ausgenommen Transformatorenwicklungen, die betriebsmäßig nicht lösbar mit dem Körper verbunden sind;
2. **Sprungwellenprobe** nach § 44 bei Transformatoren, sofern sie die Fahrdrahtspannung führen;
3. **Windungsprobe** nach § 45 bei allen Transformatoren.

Die Prüfungen dürfen an der kalten Maschine oder an dem kalten Transformator vorgenommen werden, falls die Maschine oder der Transformator im warmen Zustande nicht zur Verfügung steht. Die Prüfungen sollen in der Reihenfolge 1, 2, 3 vorgenommen werden; sie gelten als bestanden, wenn weder Durchschlag noch Überschlag erfolgt und keine Gleitfunken auftreten.

Bei Maschinen und Transformatoren brauchen betriebsmäßig nicht lösbare Verbindungen zwischen verschiedenen Wicklungen oder mit dem Körper nicht getrennt zu werden. Bei Transformatoren brauchen Wicklungen, die betriebsmäßig nicht lösbar mit dem Körper verbunden sind, nur der Windungsprobe unterworfen zu werden.

Als betriebsmäßig nicht lösbare Verbindungen gelten Verbindungen der Erdseite der Hochspannungswicklungen von Transformatoren nach § 3, Ziffer 4a) dann, wenn die Isolation der Wicklungen und Klemmen nur entsprechend dem Potentialgefälle gegen Erde ausgeführt ist.

Vor und nach Vornahme der drei Spannungsproben wird empfohlen, die Widerstände der Wicklungen zu messen. Unterschiede zwischen den beiden Widerstandsmessungen zeigen das Auftreten von Wicklungschäden an.

Hierfür gilt sinngemäß das zu § 48 der R.E.M. auf S. 57 Gesagte.

Für die Durchführung dieser Prüfungen sei auf § 22 der R.E.B. hingewiesen.

Bezüglich der Spannungsmessung mit der Kugelfunkenstrecke in Luft geben die Seiten 246 bis 255
die notwendigen Angaben.

§ 43. Wicklungsprobe.

Die Wicklungsprobe dient zur Feststellung der ausreichenden Isolierung von Wicklungen gegeneinander
und gegen Körper.

Ein Pol der Stromquelle wird an die zu prüfende
Wicklung, der andere an die Gesamtheit der untereinander und mit dem Körper verbundenen anderen Wicklungen gelegt.

Die Prüfspannung soll praktisch sinusförmig, ihre
Frequenz gleich der Nennfrequenz oder 50 Hz sein.

Bei der Vornahme der Prüfung dürfen höchstens 50%
der Prüfspannung durch Einschalten mittels Schalter auf
das Prüfobjekt gegeben werden. Die Steigerung der
Spannung vom halben Wert zum Endwert muß stetig
oder in einzelnen Stufen von höchstens je 5% der Endspannung erfolgen. Die Zeit der Spannungsteigerung vom
halben Wert bis zum Endwert soll nicht kleiner als 10 s
sein. Der Endwert der Prüfspannung ist während 1 min
einzuhalten.

Wird die Prüfzeit über 1 min ausgedehnt, so soll die
Prüfspannung herabgesetzt werden.

Gleitfunken dürfen bei Maschinen vor Überschreitung
der Nennspannung um 25% nicht auftreten. Bei Trockentransformatoren beträgt die Gleitfunkengrenze nur das
0,8-fache der Prüfspannung, bei Öltransformatoren dürfen
Gleitfunken überhaupt nicht auftreten.

Kurzschlußwicklungen brauchen nicht geprüft zu
werden.

Bei Trockentransformatoren mit Fremdlüftung (TF)
sind die Lüfter bei dieser Probe einzuschalten.

In Tafeln VIII und IX bedeutet U:

a) bei Maschinen:

   1. die Nennspannung, bei Feldwicklungen die Nenn-
      Erregerspannung,
   2. bei leitend verbundenen Wicklungen einer oder
      mehrerer Maschinen die höchste gegen Körper
      beim Körperschluß eines Poles auftretende Span-
      nung,
   3. bei Läuferwicklungen von Asynchronmotoren, die
      dauernd in einer Richtung umlaufen, die Läufer-
      spannung und bei Umkehr-Asynchronmotoren
      $1,5 \times$ Läuferspannung;

b) bei Transformatoren:

   1. bei Transformatoren nach § 3, Ziffer 4a) das
      1,1-fache der Nennspannung der Wicklungen,
   2. bei Transformatoren nach § 3, Ziffer 4b) die Nenn-
      spannung der Stromkreise, mit denen die Wick-
      lung in Reihe liegt.

Tafel VIII.
Prüfspannung für die Wicklungsprobe von Maschinen.

	I	II		III	IV
	Wicklung	Bereich		Prüfspannung in Volt (der größere der Werte)	
1		Nennleistung kleiner als 1 kW		2 U + 500	
2	Alle Wicklungen	Nennleistung von 1 kW an	bis 1000 V	2 U + 1000	1500
3			bis 3000 V	3 U	
4			über 3000 V	2 U + 3000	

Tafel IX.
Prüfspannung für die Wicklungsprobe von Transformatoren.

	I		II	III
	Wicklung von		Prüfspannung U_p	
			kV	mindestens aber
1	allen Transformatoren	bis 10 kV	3,25 U	2,5 kV
2		über 10 kV	1,75 U + 15	—

Hierfür gilt sinngemäß das zu § 50 der R.E.M. auf S. 61 und das zu § 47 der R.E.T. auf S. 134 Gesagte.

Für die Durchführung der Prüfung sei auf §§ 22 und 57 hingewiesen.

§ 44. Sprungwellenprobe für Transformatoren.

Die Sprungwellenprobe dient dazu, festzustellen, daß die Windungsisolation gegenüber den im Betriebe auftretenden Sprungwellen ausreicht. Die Prüfung soll an Wicklungen für Nennspannungen von 2,5 kV an im

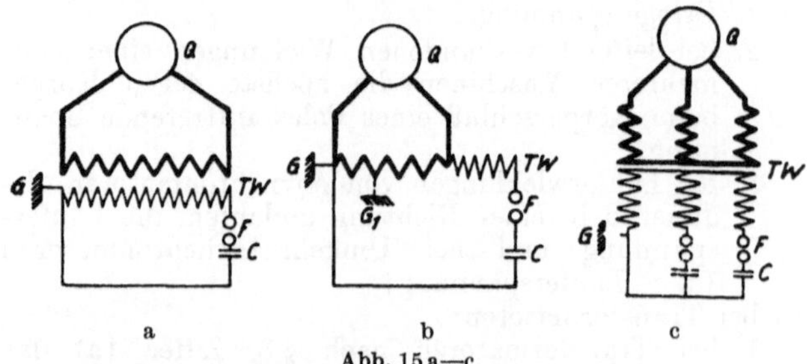

Abb. 15 a—c.

Fabrikprüffeld an den fertigen Transformatoren, und zwar wahlweise nach Abb. 15 a, b oder c vorgenommen werden.

Die zu prüfende Wicklung des Transformators, die in Punkt G bzw. G_1 der betriebsmäßigen Schaltung entsprechend geerdet wird, ist über Funkenstrecken F aus massiven Kupferkegeln von mindestens 50 mm Durchmesser auf Kabel oder Kondensatoren C geschaltet, deren Kapazität folgendermaßen zu bemessen ist:

Tafel X.
Prüfkapazität.

Nenn-spannung kV	Kapazität in jeder Leitung mindestens μ F	Zweckmäßige Form der Kapazität
2,5 ... 6	0,05	Kabel oder Kondensator
über 6 ...15	0,02	,, ,, ,,

Bei Verwendung eines Drehstromkabels ist dessen Betriebskapazität gleich der angegebenen Kapazität zu wählen. Die Betriebskapazität eines Drehstromkabels ist das Doppelte der Kapazität von zweien seiner Leiter, die mit einer Stromquelle verbunden sind, während der dritte Leiter frei bleibt (siehe § 5 der Definition der Eigenschaften gestreckter Leiter, ETZ 1909, S. 1115 u. 1184).

Der Kugelabstand der Funkenstrecke wird für einen Überschlag bei 2,2 U eingestellt. Der Transformator ist durch die Stromquelle Q mit mindestens normaler Frequenz auf etwa das 1,3-fache der Nennspannung zu erregen. Die Funkenstrecken werden auf beliebige Weise gezündet (etwa durch vorübergehende Annäherung der Kugeln oder Überbrückung der Luftzwischenräume) und ein Funkenspiel von 10 s Dauer wird aufrechterhalten. Die Funkenstrecken sind dabei mit einem Luftstrom von etwa 3 m/s Geschwindigkeit anzublasen.

Durch die Funkenüberschläge werden die Kapazitäten von der Wicklungspannung immer wieder umgeladen. Bei jeder plötzlichen Umladung zieht eine Sprungwelle in die zu prüfende Wicklung ein.

Empfohlen wird, alle Zwischenleitungen möglichst kurz zu halten, da bei längeren Leitungen die Beanspruchung der Wicklung nicht eindeutig bestimmt ist.

Mehrphasentransformatoren können auch in der Einphasenschaltung geprüft werden; dabei sind die Anschlüsse so oft zu vertauschen, daß jeder Wicklungstrang der Sprungwellenprobe ausgesetzt wird.

Hierfür gilt sinngemäß das zu § 48 der R.E.T. auf S. 137 Gesagte.

Für die Durchführung der Prüfung sei auf § 22 hingewiesen.

Vorstehend ist gefordert, daß der Kugelabstand der Funkenstrecken für einen Überschlag von 2,2 U einzustellen ist, während in den R.E.M. und in den R.E.T. 1,1 U gefordert ist. Das ist darauf zurückzuführen, daß es ſich bei den R.E.B. nur um eine Funkenſtrecke handelt, während bei den R.E.M. und R.E.T. je zwei Funken-ſtrecken in Frage kommen.

Es ſei hier ausdrücklich darauf hingewieſen, daß die Sprungwellenprobe nicht mit der Frequenz von 16²/₃, ſondern mit 50 Hz gemacht werden ſoll, damit nicht die Zahl der überſchlagenden Funken zu gering wird.

Der § 5 der Definition der Eigenſchaften geſtreckter Leiter iſt auf S. 257 bis S. 260 abgedruckt.

§ 45. Windungsprobe für Transformatoren.

Die Windungsprobe dient zur Feststellung der aus-reichenden Isolation benachbarter Windungen gegenein-ander und zum Auffinden von Wicklungsdurchschlägen. die durch die Sprungwellenprobe eingeleitet sind.

Die Prüfung erfolgt bei Leerlauf durch Aufdrücken einer Prüfspannung mindestens gleich $2 \times$ Nennspan-nung. Die Frequenz kann entsprechend erhöht werden: Prüfdauer 5 min.

Bei Wicklungen, die betriebsmäßig nicht lösbar mit dem Körper verbunden und infolgedessen nach § 42 nur der Windungsprobe zu unterwerfen sind, hat der oben angegebenen Prüfung noch eine verschärfte Windungs-probe von 1 min Dauer voranzugehen, während der die Prüfspannung auf die für die Wicklungsprobe geltenden Werte von Tafel IX zu steigern ist.

Hierfür gilt ſinngemäß das zu § 52 der R.E.M. auf S. 66 Geſagte.

Für die Durchführung der Prüfung ſei auf § 22 hingewieſen.

§ 46. Durchführungsisolatoren.

Die Prüfung, die nach den ,,Vorschriften für den elek-trischen Sicherheitsgrad von Starkstromanlagen mit Be-triebspannungen von 1000 V und darüber V. S. G.‘‘[1] vor-zunehmen ist, kann nur entweder an den zu den Trans-formatoren gehörenden Isolatoren vor Zusammenbau mit dem Transformator, jedoch mit zugehörendem Flansch. oder bei Verzicht auf diese Art der Prüfung an Isolatoren gleicher Type verlangt werden.

Die Prüfung gilt als bestanden, wenn weder Durch-schlag noch Überschlag erfolgt und keine Gleitfunken längs der isolierenden Oberfläche unterhalb der Gleit-funkengrenze auftreten.

In der nachstehenden Tafel bedeutet U, die mit der genormten Betriebspannung nach DIN VDE 2 überein-stimmende Reihenspannung; die Werte der Tafel gelten, auch wenn die Nennspannung des Transformators die Reihenspannung der zugehörenden Durchführungen bis zu 15% überschreitet.

---

[1] Vgl. ETZ 1928 S. 1557 u. ff.

Tafel XI.
Prüfspannungen für Durchführungsisolatoren.

I	II	III	IV
Reihen-spannung U_r kV	Durchschlag U_d	Prüfspannung in kV Überschlag $U_{ü}$	Gleitfunken U_{Gl}
1	bis 2,5	$10\,U_r$, mindestens 2,5	$11\,U_r$, mindestens aber 2,75	$8\,U_r$
2	über 2,5	$2,2\,U_r + 20$	$2,42\,U_r + 22$	$1,75\,U_r + 15$

Hierfür gilt sinngemäß das zu § 51 der R.E.T. auf S. 139 Gesagte.

F. Wirkungsgrad.
§ 47. Allgemeines.

Unterschieden werden:

1. der direkt gemessene Wirkungsgrad. Er wird durch Messung von Abgabe und Aufnahme ermittelt;
2. der indirekt gemesene Wirkungsgrad. Er wird aus den Verlusten, die als Unterschied von Aufnahme und Abgabe angesehen werden, ermittelt.

Bei Gewährleistungen für den Wirkungsgrad ist das Meßverfahren anzugeben.

Sofern nichts anderes vereinbart ist, ist bei Transformatoren nach § 3, Ziffer 4a unter Wirkungsgrad der indirekt gemessene zu verstehen.

Wirkungsgradangaben beziehen sich auf den Nennbetrieb (kurzzeitige Leistung oder Dauerleistung oder beides), sofern nichts anderes angegeben ist.

Hierfür gilt sinngemäß das zu § 54 der R.E.M. auf S. 68 Gesagte.

§ 48. Wirkungsgrad-Bestimmungen bei Maschinen.

Voraussetzung für die nachstehend beschriebenen Prüfungen ist, daß die Maschinen gut eingelaufen sind, insbesondere Kommutator und Bürsten und, daß diese in der für Nennbetrieb vorgeschriebenen Stellung sind.

Der direkt gemessene Wirkungsgrad bezieht sich auf den betriebswarmen Zustand.

Bei indirekter Messung sind die mit Gleichstrom gemessenen Widerstände zur Bestimmung der Stromwärmeverluste auf 75° umzurechnen (siehe § 23).

Bei anderen Verlustmessungen ist keine Temperaturumrechnung vorzunehmen.

§ 49. Verluste in Hilfsgeräten.

Alle Verluste in den zur Maschine allein gehörenden Hilfsgeräten — jedoch nur diese — sind bei der Ermittlung des Maschinenwirkungsgrades einzubeziehen, insbesondere:

1. die Verluste in Regel-, Vorschalt-, Justier-, Abzweig-
   und ähnlichen Widerständen, Drosselspulen, Hilfstransformatoren u. dgl., die zum ordnungsmäßigen
   Betriebe notwendig sind;
2. die Verluste in der Erregermaschine bei Eigenerregung,
   aber nicht bei Fremderregung;
3. die Verluste in den mit der Maschine mitgelieferten
   Lagern, aber nicht in fremden Lagern;
4. der Verbrauch des Lüfters bei Eigenlüftung.

Der Verbrauch für Fremdlüftung sowie von Ölpumpen ist nicht einzubeziehen, sondern gegebenenfalls getrennt anzugeben.

Nicht einzubeziehen sind die Verluste in Zahnrädern
und Lagern von Vorgelegewellen.

Für Motoren nach Straßenbahnbauart (Tatzenlager-
motoren) ist es allgemein üblich, in Kurvenblättern und
Druckschriften die Zugkräfte und Geschwindigkeiten am
Umfange des Laufrades für verschiedene Zahnradüber-
setzungen anzugeben. Eine eindeutige Messung der Zahn-
radverluste ist nicht möglich, da bei dem gleichen Motor
diese Verluste je nach dem Zustande der Zahnräder und
der Art der Schmierung verschieden sind. Zwecks einheitlicher Bewertung der Verluste in Zahnrädern und
Vorgelegelagern sollen für Motoren mit einfacher Zahn-
radübersetzung die folgenden Werte, die sich als Mittelwerte vieler Versuche ergeben haben, verwendet werden:

Tafel XII.

Verluste des einfachen Vorgeleges
und der Tatzengleitlager.

Aufnahme in % der Aufnahme bei 1 h-Leistung	Verluste in % der Aufnahme
200	3,5
150	3,0
125	2,7
100	2,5
75	2,5
60	2,7
50	3,2
40	4,4
30	6,7
25	8,5

Die mit Hilfe dieser Tafel ermittelten Werte gelten
nicht als Gewährleistungen.

Sollten jedoch bei Motoren nach Straßenbahnbauart
die Wirkungsgrade einschließlich der Verluste der Zahnräder und der Vorgelegelager gemessen werden, so sind
die zu gewährleistenden Wirkungsgrade für die Abgabe
an der Ankerwelle unter Verwendung der vorstehenden
Werte zu berücksichtigen.

Hierfür gilt sinngemäß das zu § 55 der R.E.M. auf
S. 68 Gesagte.

§ 50. Direkt gemessener Wirkungsgrad.

Der direkt gemessene Wirkungsgrad wird nach einem der folgenden Verfahren ermittelt:

1. **Leistungsmeßverfahren.** Abgabe und Aufnahme werden mit elektrischen Meßgeräten festgestellt;
2. **Bremsverfahren.** Die mechanische Leistung wird mit Bremse oder Dynamometer, die elektrische mit elektrischen Meßgeräten festgestellt;
3. **Belastungsverfahren.** Die mechanische Leistung wird mit einer geeichten Hilfsmaschine, die elektrische mit elektrischen Meßgeräten festgestellt.

Als geeichte Hilfsmaschine kann auch eine Maschine gleicher Bauart verwendet werden, die mechanisch gekuppelt wird. Als Wirkungsgrad einer Maschine darf dann der Wurzelwert aus dem Gesamtwirkungsgrad angenommen werden.

Hierfür gilt sinngemäß das zu § 57 der R.E.M. auf S. 70 Gesagte.

§ 51. Indirekt gemessener Wirkungsgrad.

A. **Rückarbeitsverfahren zur Messung des Gesamtverlustes.** Zwei gleiche Maschinen werden mechanisch und elektrisch derart verbunden, daß sie — die eine als Generator, die andere als Motor — aufeinander arbeiten. Die zur Deckung der Verluste erforderliche Leistung kann elektrisch oder mechanisch oder teils elektrisch und teils mechanisch zugeführt werden. Die elektrische Zuführung kann entweder durch Zusatzspannung oder durch Zusatzstrom erfolgen. Die zugeführte Leistung dient nach angemessener Verteilung auf beide Maschinen zur Berechnung der Wirkungsgrade.

Dieses Verfahren ist bei Wechselstrom-Kommutatormaschinen nicht anzuwenden.

B. **Einzelverlustverfahren.** Hierbei werden unterschieden:

a) Verluste im Eisen, in anderen Metallteilen und in der Isolation bei Leerlauf (sog. Eisenverluste),
b) Verluste durch Eigenlüftung, Lager- und Bürstenreibung (Reibungsverluste),
c) Stromwärmeverluste in Nebenschluß- und fremderregten Erregerkreisen (siehe auch § 49, Ziffern 1 und 2),
d) Stromwärmeverluste in Anker- und Reihenschlußwicklungen, also einschließlich der Erregerverluste bei Reihenschlußmotoren,
e) Übergangsverluste an Kommutatoren und Schleifringen, die Laststrom führen,
f) Zusatzverluste, d. s. alle oben nicht genannten Verluste.

Als Gesamtverlust, der der Berechnung des Wirkungsgrades zugrunde gelegt wird, gilt die Summe aus den Verlusten a) bis f).

Hierfür gilt sinngemäß das zu § 58 der R.E.M. auf S. 72 Gesagte.

§ 52. Eisen- und Reibungsverluste.

Die Eisen- und Reibungsverluste werden nach einem der folgenden Verfahren ermittelt:

A. Bei Gleichstrom-Reihenschlußmotoren

1. **Motorverfahren:** Die Maschine wird leerlaufend als Motor betrieben, und zwar bei einer Ankerspannung, die der Nennspannung abzüglich des Ohmschen Spannungsabfalles entspricht, und derart fremd erregt, daß die Nenndrehzahl entsteht. Die Leistungsaufnahme an den Ankerklemmen, abzüglich der Stromwärmeverluste, ergibt die Eisen- und Reibungsverluste.

2. **Generatorverfahren:** Die Maschine wird im Leerlauf mit Nenndrehzahl durch einen geeichten Hilfsmotor angetrieben und auf Nennspannung abzüglich des Ohmschen Spannungsabfalles erregt. Ihre mechanische Leistungsaufnahme ergibt die Eisen- und Reibungsverluste.

B. Wechselstrom-Reihenschluß- (Kommutator-) Motoren werden ebenfalls im Leerlauf mit Nenndrehzahl und abgehobenen Bürsten durch einen geeichten Hilfsmotor angetrieben. Die Hauptfeldwicklung wird mit Nennfrequenz und der Spannung (Kraftfluß) erregt, die bei Nennleistung an dieser Wicklung gemessen wird. Die Summe der mechanischen Leistungsaufnahme und der elektrischen Leistungsaufnahme der Feldwicklung — abzüglich der Stromwärmeverluste in der Feldwicklung, jedoch zuzüglich der besonders zu messenden Bürstenreibungsverluste — ergibt die Eisen- und Reibungsverluste.

Die Stillstand-Eisenverluste ergeben sich bei stillstehendem Motor sinngemäß.

Hierfür gilt sinngemäß das zu § 59 der R.E.M. auf S. 73 Gesagte.

§ 53. Erregungsverluste.

Die Stromwärmeverluste im Erregerstromkreise werden aus den mit Gleichstrom gemessenen Widerständen oder bei Gleichstrommaschinen auch aus dem Produkt von Erregerspannung und Erregerstrom berechnet.

§ 54. Berechnung der Lastverluste.

1. Die Laststromwärmeverluste werden aus den mit Gleichstrom gemessenen Widerständen errechnet. Bei Asynchronmaschinen kann der Stromwärmeverlust in der Sekundärwicklung auch aus der Schlüpfung berechnet werden.

2. Die Übergangsverluste werden bei Kohle- und Graphitbürsten zu $2\,V \times$ Gesamtstrom berechnet.

Hierfür gilt sinngemäß das zu § 61 der R.E.M. auf S. 77 Gesagte.

§ 55. Zusatzverluste.

Als Zusatzverluste werden die nachstehend zusammengestellten Annäherungswerte eingesetzt. Die Prozentwerte beziehen sich bei Generatoren auf die Abgabe, bei Motoren auf die Aufnahme. Angenommen wird, daß bei Reihenschlußmotoren die Prozentwerte bei der Nennspannung unabhängig von der Belastung, bei den übrigen Maschinen proportional dem Quadrat der Stromstärke sind:

1. Kompensierte Gleichstrommaschinen mit 0,5%;
2. nichtkompensierte Gleichstrommaschinen mit oder ohne Wendepole mit 1%;
3. Wechselstrom-Kommutatoren mit 1%;
4. Asynchronmaschinen mit 0,5%.

Hierfür gilt sinngemäß das zu § 63 der R.E.M. auf S. 78 Gesagte.

§ 56. Verluste von Transformatoren.

1. **Leerlaufverlust.** Leerlaufverlust ist die Aufnahme bei Nenn-Primärspannung, Nennfrequenz und offener Sekundärwicklung. Er besteht aus Eisenverlusten, Verlusten im Dielektrikum und Stromwärmeverlusten des Leerlaufstromes. Bei Transformatoren mit Anzapfungen ist die der benutzten Nennspannung entsprechende Stufe zu wählen.

2. **Wicklungsverlust.** Wicklungsverlust ist die gesamte Stromwärmeleistung bei Nennstrom und Nennfrequenz, die in allen Wicklungen und Ableitungen (also zwischen den Klemmen) im betriebswarmen Zustande verbraucht wird. Wenn der betriebswarme Zustand nicht festgestellt ist, ist der dem Gleichstromwiderstand entsprechende Teil der Verluste auf 75° umzurechnen; dieser Betrag ist um den im kalten Zustand bestimmten Wert der Wirbelstromverluste zu erhöhen.

Der Wicklungsverlust wird ermittelt, indem bei kurzgeschlossener Sekundärwicklung dem Transformator der Nennstrom zugeführt wird. Etwa vorhandene zusätzliche Verluste durch Wirbelströme sind hierbei im Wicklungsverlust enthalten.

Wenn das Verhältnis Sekundärspannung zu Sekundärstrom sehr klein ist, z. B. bei Transformatoren für hohe Stromstärken, kann der gemessene Verlust durch den Kurzschlußbügel wesentlich vergrößert werden. In solchen Fällen ist eine entsprechende Korrektur vorzunehmen, um den wirklichen Wicklungsverlust zu ermitteln.

Hierfür gilt sinngemäß das zu §§ 52a und 53 der R.E.T. auf S. 140 u. 141 Gesagte.

§ 56a. Leistungsaufnahme von Hilfsgeräten.

Die Leistungsaufnahme von Lüftern bei Fremdlüftung und von Umlaufpumpen für Öl ist getrennt anzugeben.

G. Spannung.
§ 56b. Spannungsbereich.

Gleichstrommotoren sollen bei der Nennleistung mit folgenden Überspannungen praktisch funkenfrei betrieben werden können.

Tafel XIII.
Überspannungen bei Gleichstrommotoren.

Nennspannung V	Überspannung V
220	265
550	660
750	900
1100	1320
1500	1800
3000	3600

Die Erwärmungsgrenzen nach § 36 brauchen hierbei nicht eingehalten zu werden.

Bestimmungen über Überspannungen bei elektrischer Bremsung bleiben besonderen Vereinbarungen vorbehalten.

H. Mechanische Festigkeit.
§ 57. Schleuderprobe.

Nachstehende Tafel XIV enthält die Schleuderzahl für die Schleuderprobe; diese Drehzahl soll während 2 min aufrechterhalten werden.

Die Schleuderprobe gilt als bestanden, wenn sich keine schädlichen Formänderungen zeigen und die Spannungsprobe nach § 43 nachträglich ausgehalten wird.

Tafel XIV.
Schleuderdrehzahl.

	I	II
	Maschinengattung	Schleuderdrehzahl
1	Fahrzeug-Antriebsmotoren*	1,25 × höchster Betriebsdrehzahl
2	Hilfsmaschinen mit Nebenschlußverhalten	1,2 × Leerlaufdrehzahl
3	Hilfsmaschinen mit Reihenschlußverhalten	1,5 × Nenndrehzahl

* Anmerkung zu 1: Fahrzeug-Antriebsmotoren bis 100 kW Stundenleistung, für die die höchste Betriebsdrehzahl (z. B. Straßenbahnmotoren) nicht bekannt oder unsicher ist, sind mindestens mit 2,5 × Stundendrehzahl zu prüfen.

I. Ursprungzeichen und Schilder.
§ 58. Hersteller und Firmenzeichen.

Die Maschinen und Transformatoren müssen den Namen des Herstellers oder dessen Firmenzeichen tragen.

Diese Angaben können auch auf dem Leistungschild angebracht werden.

§ 59. Leistungschild.

Jede Maschine (jeder Transformator) muß ein Leistungschild tragen; dieses soll so befestigt werden, daß es auch im Betriebe bequem gelesen werden kann.

Auf dem Leistungschild sind deutlich und haltbar folgende Angaben anzubringen:

A. Für alle Maschinen und Transformatoren:
  1. Modellbezeichnung oder Listennummer,
  2. Fertigungsnummer,
  3. Nennleistung,
  4. Betriebsart.

B. Ferner für sämtliche

Maschinen:	Transformatoren:
5. Verwendungsart,	5. Nenn-Frequenz,
6. Nenndrehzahl,	6. Kühlungsart,

sowie die in

Tafel XV bzw. Tafel XVI

ausgeführten zusätzlichen Angaben.

Tafel XV.
Zusätzliche Angaben für Maschinen.

	I	II	III
	Gleichstrommaschinen	Asynchron-maschinen	Wechselstrom-Kommutator-maschinen
7	Nennspannung	Nennspannung Läufer-spannung	Nennspannung
8	Nennstrom	Nennstrom Läuferstrom	Nennstrom
9	—	Nennfrequenz	Nennfrequenz
10	—	Nenn-Leistungs-faktor	Nenn-Leistungs-faktor
11	Bei Eigen- und Fremderregung: Nenn-Erregerspannung	—	—
12	Bei Reihenschluß-erregung, wenn von 100% abweichend: Nennerregung	—	—
13	—	Schaltart der Ständer-wicklung	—
14	—	Schaltart der Läuferwicklung	—

Die Schilder der hier nicht genannten Maschinen (Transformatoren) müssen solche Angaben enthalten, daß ohne
Nachmessung erkannt werden kann, ob sie für ein bestimmtes Netz oder eine bestimmte Arbeitsleistung geeignet sind.

Tafel XVI.

Zusätzliche Angaben für Transformatoren.

	I	II
	Transformatoren	Hilfstransformatoren
7	—	Höchste Spannung gegen Erde
8	Nenn-Primärspannung	Nenn-Primärspannung
9	Nenn-Sekundärspannung	Nenn-Sekundärspannung
10	Nenn-Sekundärstrom	Nenn-Sekundärstrom
11	Schaltart	—

Hierfür gilt sinngemäß das zu § 81 der R.E.M.
auf S. 84 Gesagte.

§ 60. Bemerkungen zu den Leistungschildangaben.
Zu 3. Unter Nennleistung ist anzugeben:
A. Abgabe in kW bei
   sämtlichen Motoren,
   ferner bei
   Gleichstromgeneratoren.
B. Scheinleistung in kVA bei
   sämtlichen Transformatoren.
Zu 4. Die Betriebsart wird in folgender Weise gekenn-
   zeichnet:
A. Dauerbetrieb:
   kein Vermerk,
B. kurzzeitiger Betrieb:
   KB und vereinbarte Betriebzeit,
            für Maschinen
Zu 5. Als Verwendungsart müssen Stromart und Ar-
   beitsweise angegeben werden, wobei folgende Abkür-
   zungen zulässig sind:
   A. Stromart:
      Gleichstrom G,
      Einphasenstrom E,
      Drehstrom D,
      Sechsphasenstrom S.
   B. Arbeitsweise:
      Generator Gen,
      Motor Mot.
Zu 6. Angaben über die Drehzahl von Gleichstrom- und
   Asynchronmotoren sind als angenähert zu betrachten
   (siehe § 14).

Bei Maschinen, die nur in einer Drehrichtung benutzt werden sollen und bei denen eine Änderung der Drehrichtung nur durch konstruktive Änderungen oder Änderung der inneren Maschinenschaltung möglich ist,
ist der Drehzahlangabe
ein Pfeil → mit Spitze nach rechts für Rechtslauf,
ein Pfeil ← mit Spitze nach links für Linkslauf
hinzuzufügen.

Umsetzen der Bürstenhalter ist als konstruktive Änderung anzusehen, nicht aber die Verschiebung der Bürsten.

Empfohlen wird, den Drehrichtungspfeil auch noch auf der Stirn des freien Wellenstumpfes anzubringen.

Zu 8. Stromangaben können abgerundet werden (da sie nicht zur Bewertung der Maschine dienen). Angaben über den Strom von Motoren sind als angenähert zu betrachten.

Die Abrundung kann betragen:
bei kleineren Motoren etwa 2 … 3%,
bei größeren Maschinen höchstens 1%.

Zu 10. Die Leistungsfaktorangaben von Asynchronmaschinen und Kommutatormotoren sind als angenähert zu betrachten.

Zu 13. Zur Kennzeichnung der Schaltart von Wechselstromwicklungen sollen die Schaltzeichen nach DIN VDE 710 (siehe Tafel XVII) verwendet werden.

Zu 14. Bei Dreiphasenläufern bleibt der Vermerk fort.

Tafel XVII.

Schaltzeichen nach DIN VDE 710.

	I	II
	Benennung	Schaltzeichen
1	Einphasen-System mit 2 Leitern bzw. Klemmen	
2	Einphasen-System mit Hilfsphase	
3	Dreiphasen-System in Dreieck-Schaltung	△
4	Dreiphasen-System in Stern-Schaltung	Y
5	Sechsphasen-System in Doppeldreieck-Schaltung	
6	Dreiphasen-System offen	|||
7	Dreiphasen-System in Sternschaltung mit Nullpunktklemme bzw. 4 Leitern	
8	n-Phasen-System offen	
9	Durchmesserspannung	

Für Transformatoren.

Zu 12. Zur Kennzeichnung der Schaltart von Wechselstromwicklungen sollen die Schaltzeichen nach DIN
VDE 710 (siehe Tafel XVII) verwendet werden.

Bei Einphasentransformatoren ist die Schaltgruppe durch Hinzufügung des Buchstabens E anzugeben.

§ 61. Fremdlüftung.

Bei Maschinen (Transformatoren) mit Fremdlüftung
ist ein Schild mit folgenden Angaben anzubringen:
1. erforderliche Luftmenge bei Nennbetrieb, und zwar
in $\dfrac{\text{m}^3}{\text{s}}$;
2. erforderliche Luftpressung in mm-Wassersäule an
der Maschine oder dem Transformator.

§ 62. Ölumlauf.

Bei Transformatoren mit Ölumlauf ist ein Schild mit
Angabe der umlaufenden Ölmenge in $\dfrac{\text{l}}{\text{min}}$ anzubringen.

§ 63. Mehrfache Stempelungen.

Bei Maschinen (Transformatoren), die für zwei oder
mehrere Nennbetriebe bestimmt sind, sind für alle Nennbetriebe entsprechende Angaben zu machen, nötigenfalls
auf mehreren Schildern.

Bei Fahrzeug-Antriebsmotoren kann das Leistungschild für kurzzeitige und Dauerleistung gestempelt werden. Die Spannung bei Dauerleistung braucht nicht mit
der Nennspannung bei Zeitleistung übereinzustimmen.

§ 64. Umwicklungen.

Wird die Wicklung einer Maschine (eines Transformators) von einem anderen als dem Hersteller geändert
(teilweise oder vollständige Umwicklung, Umschaltung
oder Ersatz), so muß die ändernde Firma neben dem Ursprungschild eine weiteres Schild anbringen, das den
Namen der Firma, die neuen Angaben der Maschine
(des Transformators) nach §§ 60 u. ff. und die Jahreszahl der Änderung enthält.

Hierfür gilt sinngemäß das zu § 84 der R.E.M. auf
S. 90 Gesagte.

K. Toleranzen.

§ 65. Zulässige Abweichungen.

Toleranz ist die höchstzulässige Abweichung des festgestellten Wertes von dem nach den Bestimmungen
dieser Regeln gewährleisteten Werte. Sie soll die unvermeidlichen ungleichmäßigen Beschaffenheiten der
Rohstoffe, Ungenauigkeiten der Fertigung und Meßfehler decken.

Tafel XVIII.
Toleranzen.

	I	II
	Gewährleistungen für	zulässige Abweichungen
1	Drehzahl von Reihenschlußmotoren	bei Nennleistung über 1,1 kW bis 11 kW $\pm$ 10% über 11 kW $\pm$ 7%
2	Drehzahl von Asynchronmotoren	$\pm$ 20% der Sollschlüpfung
3	Wirkungsgrad η von Maschinen	$\dfrac{1-\eta}{10}$ aufgerundet auf $\dfrac{1}{1000}$ mindestens 0,005
4	Leistungsfaktor cos φ von Maschinen	$\dfrac{1-\cos\varphi}{6}$ aufgerundet auf $\dfrac{1}{100}$, mindestens 0,02 höchstens 0,06
5	Leerlaufverlust von Transformatoren nach § 56	10%
6	Wicklungsverlust von Transformatoren nach § 56	15%

Hierfür gilt sinngemäß das zu § 87 der E.R.M. auf S. 93 Gesagte.

E. Normalbedingungen
für den Anschluß von Motoren an öffentliche Elektrizitätswerke nebst Erläuterungen dazu[1].

Einleitung.

Während man es bei Privatanlagen in der Hand hat, das Licht- und Kraftnetz zu trennen, um so durch Motoren veranlaßte Stöße vom Lichtnetz fernzuhalten, ist man bei öffentlichen Elektrizitätswerken im allgemeinen nicht in der Lage, ein solches Mittel zur Anwendung zu bringen. Nur in wenigen industriereichen Orten ist ein getrenntes Netz für Kraftversorgung durchgeführt worden. In der Regel ist man mit Rücksicht auf die außerordentlichen Kosten, welche durch die Leitungsanlage verursacht werden, gezwungen, für Kraft- und Lichtversorgung das gleiche Netz zu verwenden. Die Elektrizitätswerke haben also ein berechtigtes Interesse, große Stromstöße an solchen Stellen des Netzes, wo sie Lichtabnehmern unangenehm werden können, zu vermeiden. Da sie andererseits aber auch ein großes Interesse daran haben, Motoren an ihr Netz angeschlossen zu erhalten, um dadurch eine gute Tagesbelastung zu schaffen und die Ausnutzung der Maschinen zu erhöhen, so ist es notwendig, hier ein Kompromiß zu schließen. Dabei gelang es den Leitern von Elektrizitätswerken nicht überall, für die Anschlußbedingungen von Motoren an ihre Werke die richtige mittlere Linie zu finden, so daß vielfach Vorschriften für Motorenanschlüsse erlassen wurden, die eine große Erschwerung für den Anschluß der Motoren bedeuteten, wenn nicht stellenweise sogar hindernd wirkten. Besonders zeigten sich die Schwierigkeiten bei Wechselstromwerken, und hier besonders bezüglich der Bedingungen für den Leistungsfaktor. Es wurde seinerzeit, wie z. B. Schüler[1] gezeigt hat, für einen 5 PS-Drehstrommotor verlangt von dem Elektrizitätswerk Mainz ein Leistungsfaktor von 0,8, vom Elektrizitätswerk Aachen ein solcher von 0,85 und von dem Kreiselektrizitätswerk Schwelm sogar ein solcher von 0,89. Da die normalen Motoren, wie

---

[1] Unter teilweiser Benutzung der Erläuterungen von L. Schüler: ETZ 1906, S. 357.

sie für die Industrie verwendet werden, den Be=
stimmungen des Schwelmer Kreiselektrizitätswerkes
keinesfalls genügten, so wurde es für die einzelnen
Firmen notwendig, entweder jedesmal für das ge=
nannte Elektrizitätswerk einen abnormalen Motor zu
liefern, oder auf die Lieferung dieser Motoren zu ver=
zichten. Die Folge von solchen hohen Anforderungen
ist dann, daß sich nur eine oder zwei Firmen finden,
welche überhaupt diese abnormalen Maschinen liefern,
so daß also die Konkurrenz beschränkt wird. Da nun
die Herstellung solcher abnormaler Maschinen an sich
schon ziemlich teuer ist und da die Konkurrenz, wie
gezeigt, nur sehr gering ist, so bewirken die unnötig
scharfen Bestimmungen, daß die Motoren bei solchen
Elektrizitätswerken viel teurer geliefert werden als bei
anderen, die etwas geringere Anforderungen an den
Leistungsfaktor stellen. Dadurch werden die Konsu=
menten benachteiligt.

Einige Werke sind früher noch erheblich weiter ge=
gangen und haben sogar Vorschriften über Wirkungs=
grad oder über die Konstruktion der Motoren gemacht.
Über letztere Vorschriften zu machen, ist ganz unzulässig,
da den Fortschritten im Bau der Maschinen keines=
falls vorgegriffen werden darf. Durch solche kann
lediglich eine Schädigung der Konsumenten herbei=
geführt werden. Vorschriften über den Wirkungsgrad
der Motoren zu machen ist aber überflüssig. Es muß
jedem Konsumenten überlassen bleiben, nach dieser
Richtung hin selbst für den jeweiligen Fall das Richtige
zu wählen. Es wäre doch nutzlos, wollte man einen
Konsumenten, dessen Motor täglich vielleicht nur eine
halbe Stunde gebraucht wird, zwingen, sich einen
Motor zu kaufen, der einen sehr hohen Wirkungsgrad
hat, während er einen solchen mit etwas niedrigerem
Wirkungsgrad billiger erhalten kann. Die geringe Er=
sparnis an Strom steht dann in keinem Verhältnis zu
der Verzinsung und Amortisation, so daß also durch
eine zwar ganz wohlgemeinte, aber doch in Wirklichkeit
unzweckmäßige Bestimmung der Konsument benach=
teiligt wird. Das Elektrizitätswerk ist aber hier sogar
im Vorteil, wenn der Wirkungsgrad des Motors etwas
schlechter ist, da es dann ja so viel mehr Strom verkauft.
Es ist ja richtig, daß der Wirkungsgrad der Motoren
nicht zu schlecht sein soll, um den Motorenbetrieb
nicht in Mißkredit zu bringen. Es hat daher auch eine
gewisse Bedeutung gehabt, derartige Bestimmungen
zu erlassen, zu einer Zeit, wo der Bau elektrischer Ma=
schinen noch in der Entwicklung begriffen war. Bei dem
jetzigen hohen Stande desselben sind solche Bestim=
mungen aber völlig wertlos, da schon die scharfe Kon=
kurrenz jede Fabrik zwingt, in bezug auf Wirkungs=
grad und Bauart etwas möglichst Vollkommenes zu
liefern.

Die Vereinheitlichung von Anschlußbedingungen hat aber noch nach anderer Richtung hin eine besonders hohe Bedeutung. Vielfach werden mit Werkzeugmaschinen, Aufzügen, Kranen usw. direkt eingebaute Motoren von den Maschinenfabrikanten mitgeliefert. Wenn dann jedes Werk andere Bestimmungen hat, so kann es sehr leicht vorkommen (und es ist auch früher vielfach vorgekommen), daß nicht nur ein abnormaler Motor, sondern auch eine ganz abnormale Arbeitsmaschine gebaut werden muß, bloß weil die Vorschriften über den Leistungsfaktor mit dem normalen Modell nicht eingehalten werden konnten. Außerdem würde es für die Maschinenfabrikanten wie auch für die Zwischenhändler notwendig, jeweils einzelne Fabrikate besonders zu behandeln, während sie bei Vorhandensein normaler Anschlußbedingungen die Fabrikate ohne weiteres ab Lager liefern können.

Aus den vorstehend geschilderten Gesichtspunkten heraus hat nun Herr Oberingenieur L. Schüler Anfang 1905 bei der Elektrotechnischen Gesellschaft zu Frankfurt a. M. die Schaffung einheitlicher Anschlußbedingungen angeregt. Von der genannten Gesellschaft ist eine Kommission eingesetzt worden, welche die Durchführbarkeit dieser Anregung geprüft hat. Sie kam zu dem Resultat, daß die Verwirklichung des Vorschlages als äußerst wünschenswert zu bezeichnen sei, worauf dann die Elektrotechnische Gesellschaft zu Frankfurt a. M. bei dem Verband Deutscher Elektrotechniker die Bearbeitung einheitlicher Anschlußbedingungen gemeinschaftlich mit der Vereinigung der Elektrizitätswerke angeregt hat. Auf der Jahresversammlung 1905 wurde dieser Antrag angenommen und die Erledigung desselben der Kommission für Maschinennormalien überwiesen. Diese hat auf Grund des von der Elektrotechnischen Gesellschaft zu Frankfurt a. M. eingereichten Materials die Angelegenheit in mehreren Sitzungen, welche gemeinschaftlich mit einem von der Vereinigung der Elektrizitätswerke eingesetzten Komitee stattfanden, bearbeitet. Schon der Jahresversammlung 1906 konnte ein Entwurf zu solchen normalen Anschlußbedingungen vorgelegt werden, der Annahme fand. Auch die Generalversammlung der Vereinigung der Elektrizitätswerke hat den gleichen Entwurf angenommen. Auf den Jahresversammlungen 1909 und 1912 wurden Abänderungen dieser Bestimmungen beschlossen, die ETZ 1909, S. 506 und 1912, S. 94 bekanntgegeben sind.

Nach der völligen Umarbeitung der alten Maschinennormalien zu den R.E.M. wurden auch die „Anschlußbedingungen" im Jahre 1922 einer grundlegenden Änderung unterzogen und in gemeinschaftlichen Beratungen des VDE und der Vereinigung der Elektrizitätswerke in die nachstehende Fassung gebracht. Zur Zeit befindet sich wiederum eine Neubearbeitung im Gang.

Normalbedingungen für den Anschluß von Motoren an öffentliche Elektrizitätswerke[1].

I. Geltungstermin und Geltungsbereich.

§ 1. Geltungstermin.

Diese Bedingungen treten am 1. Januar 1923 in Kraft.

§ 2. Geltungsbereich.

Motoren und Anlasser, die diesen Bedingungen entsprechen, können an öffentliche Elektrizitätswerke angeschlossen werden, sofern nicht örtliche Schwierigkeiten dem im Wege stehen (s. a. § 6).

Die Bedingungen gelten für Gleichstrom- und Drehstrommotoren bis einschl. 100 kW Nennleistung und Nennspannungen bis einschl. 500 V bei 50 Per/s.

Die bis Ende 1922 in Geltung gewesenen „Anschlußbedingungen" enthielten Bestimmungen über Gleichstrom-, Drehstrom- und Einphasenmotoren. Die letzteren sind nun im jetzigen Wortlaut ganz herausgelassen worden, weil es nur noch ganz wenige Werke gibt, die Einphasenstrom verteilen. Soweit sie nicht umgebaut worden sind, werden sie jedenfalls mit dieser Stromart nicht mehr erweitert, so daß sie also keine erhebliche Bedeutung mehr für die öffentliche Stromverteilung besitzen. Hinzu kommt noch, daß der größte Teil der noch bestehenden Einphasenwerke eigne Anschlußbedingungen aufgestellt hatte, so daß also diese in den früheren Anschlußbedingungen des VDE und der Vereinigung enthalten gewesenen Angaben eigentlich nur auf dem Papier standen. Bei Gleichstrom- und Drehstromwerken dagegen wurde fast allgemein mit den normalen Anschlußbedingungen gearbeitet, so daß dort eine Neufassung auch wirklich Wert besaß.

§ 3.

Der Anschluß anderer Motoren als in § 2 angegeben, ferner solcher, die mit Rücksicht auf die Antriebsverhältnisse diesen Bedingungen nicht entsprechen, unterliegt besonderer Vereinbarung. Solche Motoren sind u. a.:

a) Kran- und Aufzugmotoren,
b) Drehstrommotoren für Drehzahlen unter 500 in der min,
c) Synchronmotoren,
d) Motoren für Antriebe, deren Anlaufsverhältnisse schwerer sind als in § 5 „Vollastanlauf" gekennzeichnet,

---

[1] Angenommen durch die Jahresversammlung 1922. Veröffentlicht: ETZ 1922, S. 700 und 858.
Frühere Fassungen:

	Beschlossen:	Gültig ab:	Veröffentl. ETZ:
1. Fassung	15. 6. 06	1. 7. 06	06 S. 663
1. Änderung	3. 6. 09	1. 7. 09	09 S. 506
2. Änderung	6. 6. 12	1. 7. 12	12 S. 94

oder bei denen aus besonderen Gründen eine von der normalen abweichende Bauart gefordert wird (z. B. vergrößerter Luftspalt, Kapselung usw.).

II. Begriffserklärungen.

§ 4. Nenngrößen.

Nennleistung ist die auf dem Schilde des Motors verzeichnete Abgabe mechanischer Leistung in kW, die er bei der angegebenen Betriebsart, bei der angegebenen Nennspannung und Nennfrequenz entwickeln kann.

Nenndrehmoment ist das bei Nennleistung und kurzgeschlossenem Anlasser entwickelte Drehmoment.

Nennaufnahme ist die bei Abgabe der Nennleistung aufgenommene elektrische Leistung in kW.

Nennstrom ist der auf dem Schild angegebene, bei Nennleistung, Nennspannung und Nennfrequenz dem Netz entnommene Strom.

§ 5. Anlaßgrößen.

Anlaß-Spitzenstrom ist der während des Anlaßvorganges dem Netz entnommene höchste Strom.

Schaltstrom ist der Strom, bei dem das Weiterschalten erfolgen soll.

Als ordnungsgemäßer Anlaßvorgang gilt ein solcher, bei dem das Weiterschalten von einer Anlaßstellung auf die nächste erfolgt, wenn der Strom auf den Schaltstrom gesunken ist.

Als mittlerer Anlaßstrom gilt

$$\sqrt{\text{Anlaß-Spitzenstrom} \times \text{Schaltstrom}}.$$

Vollastanlauf ist ein Anlauf, bei dem der Motor mindestens sein Nenndrehmoment während des ganzen Anlaßvorganges entwickelt. Hierbei soll das Verhältnis $\dfrac{\text{mittl. Anlaßstrom}}{\text{Nennstrom}}$ den Wert 1,3 nicht überschreiten.

III. Bestimmungen.

§ 6. Allgemeines.

Der Anschlußnehmer oder sein Vertreter soll für jeden anzuschließenden Motor dem Elektriziätswerke angeben, ob der Motor diesen Bedingungen entsprechen soll oder zu den in § 3 aufgezählten Sondermotoren gehört. Ist letzteres der Fall, so sollen angegeben werden:

a) Nennleistung und Betriebsart,

b) Art des Motors,

c) Art des Antriebes bzw. der Arbeitsmaschine.

Ergeben sich bezüglich des Anschlusses eines Motors hierbei Schwierigkeiten, so soll der Anschlußnehmer oder sein Vertreter hiervon dem Lieferer des Motors Kenntnis geben.

§ 7. Zu beachtende Vorschriften.

Die Motoren müssen den „Regeln für die Bewertung und Prüfung von elektrischen Maschinen R.E.M." entsprechen.

Die Anlasser müssen ab 1. Juli 1928 den „Regeln für Anlasser und Steuergeräte R.E.A." entsprechen.

Die Schaltgeräte müssen den Regeln für Niederspannungs- bzw. Hochspannungs-Schaltgeräte R.E.S. bzw. R.E.H. entsprechen.

Ein besonderer Hinweis, daß die Motoren den R.E.M. entsprechen müssen, erschien deswegen notwendig, weil ja solche auch vom Auslande nach Deutschland kommen, insbesondere wenn sie in Werkzeugmaschinen, Arbeitsmaschinen usw., die im Auslande hergestellt sind, direkt eingebaut sind. Bei solchen Motoren könnten sich nun z. B. bei der Ermittlung des Leistungsfaktors Schwierigkeiten herausstellen. Sie könnten aber auch eine Anzahl anderer Eigenschaften, die man im Interesse der Käufer verlangen muß, nicht besitzen. Da aber das Elektrizitätswerk ein Interesse daran hat, daß die anzuschließenden Motoren mindestens die Bestimmungen der R.E.M. erfüllen, so erschien die Aufnahme dieser eigentlich selbstverständlich erscheinenden Angabe doch notwendig. Bei den Regeln für Anlasser und Steuergeräte und den für Niederspannungs- bzw. Hochspannungs-Schaltgeräten gilt natürlich das gleiche.

Die R.E.A. sind Seite 272 bis 297 abgedruckt.

§ 8. Anlaßstrom von Gleichstrommotoren.

Das Verhältnis Anlaß-Spitzenstrom zu Nennstrom soll bei Vollastanlauf nicht überschreiten:

Nennleistung . . . . kW	1,5 bis 5	über 5 bis 100
$\dfrac{\text{Anlaß-Spitzenstrom}}{\text{Nennstrom}}$	1,75	1,6

Die beim Anlassen der Motoren auftretenden Stromstöße können leicht große Spannungschwankungen im Netz erzeugen, so daß andere Abnehmer benachteiligt werden könnten. Deswegen hat man für die normalen Fälle eine Begrenzung des Anlaß-Spitzenstromes nach oben festgelegt. Bei Motoren unter 1,5 kW ist davon abgesehen worden, weil sie das Netz wohl nicht erheblich beeinflussen werden.

§ 9. Anlaßstrom von Drehstrommotoren.

a) Bei Schleifringmotoren und Vollastanlauf soll das Verhältnis Anlaß-Spitzenstrom zu Nennstrom nicht überschreiten:

Nennleistung . . . . kW	1,5 bis 5	über 5 bis 100
$\dfrac{\text{Anlaß-Spitzenstrom}}{\text{Nennstrom}}$	1,75	1,6

b) Bei **Kurzschlußmotoren** soll das Verhältnis Anlaß-Spitzenstrom zu Nennstrom nicht überschreiten:

Nennleistung. . . . . kW	1,5 bis 15
Anlaß-Spitzenstrom	
Nennstrom	
bei 3000 und 1500 Umdr./min	2,4
„ 1000 „ 750 „	2,1
„ 600 „ 500 „	1,7

Die Kurzschlußmotoren werden etwas günstiger behandelt, um ihre Anwendung möglichst zu fördern. Sie haben den großen Vorteil, daß sie einfachster Bauart sind, und außerdem ist, wie die Tabelle in § 14 zeigt, ihr Leistungsfaktor bis zu Leistungen von 11 kW besser als der von Schleifringmotoren.

Weiter siehe auch Erläuterung zu vorstehendem § 8.

Über den Anschluß von Kurzschlußmotoren an Elektrizitätswerke besteht eine ziemlich umfangreiche Literatur, und zwar ETZ 1921, S. 1255; 1927, S. 721, 1127 u. 1163; 1928, S. 939; 1929, S. 759; Mitt. V. El.-Werke 1919, Nr. 239 und Elektrizitätswirtschaft 1929, Nr. 477, S. 77.

§ 10. Messung des Anlaßstromes.

Alle Anlaßströme sind mit einem Strommesser mit vorgeschobenem Zeiger zu messen.

Um bei den Messungen von der verschiedenen Dämpfung der Strommesser unabhängig zu werden, ist vorgesehen worden, solche Instrumente mit vorschiebbarem Zeiger zu verwenden. Es ist nicht notwendig, daß in jedem Falle ein derartiges Spezialinstrument Verwendung findet, sondern nur, wenn Meinungsverschiedenheiten über die Erfüllung der zugelassenen Werte auftreten. Hitzdrahtinstrumente, deren richtiger Ausschlag erst nach Verlauf einer verhältnismäßig langen Zeit eintritt, sind von der Verwendung grundsätzlich ausgeschlossen. Bei solchen würde auch die Anwendung einer Einrichtung zum Vorschieben des Zeigers zwecklos sein, da der richtige Wert sich doch erst nach längerer Zeit einstellt.

§ 11. Leistungsgrenze von Kurzschlußmotoren.

Im Anschluß an Niederspannungsverteilungsnetze sind Kurzschlußmotoren im allgemeinen bis zu Leistungen von 4 kW einschließlich zulässig, wenn das vom Motor beim Anlauf zu überwindende Drehmoment nicht größer ist als ein Drittel seines Nenndrehmomentes; Kurzschlußmotoren größerer Leistung nur dann, wenn das vom Motor beim Anlauf zu überwindende Drehmoment nicht größer ist als ein Sechstel seines Nenndrehmomentes und der Anlaßstrom nicht größer ist, als 10 kVA entspricht.

In Anlagen, die aus einem besonderen Transformator bis zu 100 kVA gespeist werden, sind Kurzschlußmotoren bis zu 15 kW zulässig.

Übersteigt die Leistung des Einzeltransformators
100 kVA, so können mit dem Elektrizitätswerke auch
höhere Leistungen für Kurzschlußmotoren vereinbart
werden.

§ 12. Anlaßvorrichtungen.

Bei Gleichstrommotoren und Drehstrom-Kurzschluß-
motoren bis einschließlich 1,1 kW Nennleistung sind
Anlaßschalter ohne Anlaßstufe an Stelle eines Anlassers
zulässig.

Bei Kurzschlußmotoren von 2 kW Nennleistung an
müssen Anlaßgeräte verwendet werden, die während des
Überganges von der Anlaß- zur Betriebsstellung zwang-
läufig einen Drehzahlabfall verhindern. Dies kann beispielsweise erreicht werden durch sprungweise Überschaltung oder durch Überschaltung ohne Stromunterbrechung.

§ 13. Motoren mit selbsttätigem Anlauf.

Bei Gleichstrommotoren bis 3 und Drehstrommotoren
bis 4 kW, die durch selbsttätige Vorrichtungen angelassen werden, soll der Anlaßstrom nicht größer sein,
als 10 kVA entspricht.

§ 14. Leistungsfaktor.

Für den Leistungsfaktor normaler Drehstrommotoren
bei Nennleistung, Nennspannung und Nennfrequenz gilt
die folgende Tabelle:

Normale Leistung		Kurzschlußanker						Schleifringanker						Genormte Leistung	
		Leistungsfaktor für Umdr./min						Leistungsfaktor für Umdr./min							
kW	PS	3000	1500	1000	750	600	500	3000	1500	1000	750	600	500	kW	PS
0,125	0,17	0,78	0,70	0,66										0,125	0,17
0,2	0,27	0,80	0,73	0,69	0,6									0,2	0,27
0,33	0,45	0,82	0,76	0,71	0,64									0,33	0,45
0,5	0,7	0,84	0,79	0,73	0,67									0,5	0,7
0,8	1,1	0,86	0,80	0,75	0,70									0,8	1,1
1,1	1,5	0,87	0,82	0,77	0,72					0,71	0,66			1,1	1,5
1,5	2	0,88	0,83	0,78	0,74				0,8	0,74	0,69			1,5	2
2,2	3	0,89	0,85	0,80	0,76			0,86	0,82	0,76	0,72			2,2	3
3	4	0,89	0,86	0,81	0,78			0,86	0,83	0,78	0,75			3	4
4	5,5	0,89	0,87	0,82	0,80			0,86	0,84	0,80	0,77			4	5,5
5,5	7,5	0,89	0,87	0,84	0,82			0,87	0,84	0,82	0,79			5,5	7,7
7,5	10	0,89	0,87	0,85	0,83	0,81		0,87	0,85	0,83	0,81	0,79		7,5	10
11	15	0,89	0,87	0,85	0,84	0,82	0,79	0,88	0,86	0,84	0,82	0,80	0,77	11	15
15	20	0,89	0,87	0,85	0,84	0,82	0,79	0,89	0,87	0,85	0,84	0,81	0,78	15	20
22	30	0,90	0,88	0,86	0,85	0,82	0,79	0,90	0,88	0,86	0,85	0,82	0,79	22	30
30	40	0,90	0,89	0,87	0,86	0,83	0,80	0,90	0,89	0,87	0,86	0,83	0,81	30	40
40	55	0,90	0,90	0,88	0,87	0,84	0,81	0,90	0,90	0,88	0,87	0,84	0,82	40	55
50	68	0,91	0,90	0,88	0,87	0,85	0,82	0,91	0,90	0,88	0,87	0,85	0,83	50	70
64	87	0,91	0,90	0,89	0,88	0,86	0,83	0,91	0,90	0,89	0,88	0,86	0,84	64	87
80	110	0,91	0,90	0,89	0,88	0,86	0,85	0,91	0,90	0,89	0,88	0,86	0,85	80	110
100	136	0,91	0,90	0,89	0,88	0,86	0,85	0,91	0,90	0,89	0,88	0,86	0,85	100	136

Die Bestimmung des Leistungsfaktors geschieht durch gleichzeitige Leistungs-, Strom- und Spannungsmessung bei Nennleistung. Die Messungen sind bei Nennspannung durchzuführen. Toleranz für den Leistungsfaktor nach den R.E.M.

Bei solchen Arbeitsmaschinen, bei denen man es nicht in einfacher Weise in der Hand hat, jede beliebige Belastung des Motors herzustellen, genügt es, wenn durch Bremsung mittels eines Brettes an der Riemenscheibe bzw. der Kupplung oder an einem geeigneten Teile der Arbeitsmaschinen usw. annähernd die volle Belastung kurzzeitig hergestellt wird. Da der Leistungsfaktor in der Gegend der vollen Belastung im allgemeinen sich nicht sehr stark ändert, so wird es auch nicht von Bedeutung sein, ob die Belastung wirklich genau der Nennleistung des Motors entspricht.

Während man es bei Einzelanlagen in der Hand hat, bei der Abnahme die Spannung so zu regulieren, wie es zweckmäßig erscheint, ist man bei Elektrizitätswerken hierzu außerstande. Da nun in den verschiedenen Stadtteilen und zu verschiedenen Tageszeiten die Spannung immer etwas wechseln wird, so ist man vielfach gar nicht in der Lage, die Versuche wirklich mit der genauen Spannung durchzuführen. Damit nun nicht unnötige Erschwerungen gemacht oder Beanstandungen der Messungen daraus gefolgert werden, war in der früheren Fassung eine Spannungsunterschreitung bis zu 5% für zulässig erklärt worden. Dies kann wohl auch jetzt noch als Richtlinie gelten. Sollte die Spannung zu hoch sein, so könnten bei Mehrphasenmotoren unter Umständen dadurch Schwierigkeiten entstehen, daß der Leistungsfaktor nicht eingehalten wird. In solchen Fällen hat man es aber leicht in der Hand, etwas Spannung zu vernichten, so daß man sich immer helfen kann, wenn wirklich der $\cos \varphi$ infolge zu hoher Spannung nicht eingehalten ist. Eine zu hohe Spannung wird daher nur in wenigen Fällen Schwierigkeiten bieten.

F. „Normen für die Bezeichnung von Klemmen bei Maschinen, Anlassern, Reglern und Transformatoren" nebst Erläuterungen dazu[1].

Einleitung.

Früher hatte jede Firma ein eigenes System zur Bezeichnung der Klemmen von Maschinen, dazugehörigen Apparaten und Transformatoren. Um nun diese Angaben verstehen zu können, war man stets auf das mitgegebene Schema angewiesen. War dieses nicht zur Stelle, so konnte man aus den Bezeichnungen in der Regel nicht klug werden und mußte versuchen, so gut es ging, durchzukommen und nötigenfalls durch Probieren die richtige Schaltung herauszufinden. Bei großen Maschinen und Spezialausführungen würde dies allgemein nicht zu Unannehmlichkeiten geführt haben, da dort das Anschließen in der Regel durch sachkundiges Personal der liefernden Firma geschieht. Anders ist es aber bei kleinen Maschinen, insbesondere bei Motoren, welche heute schon vielfach durch Zwischenhändler, die gar keine Fachkenntnisse haben, vertrieben werden. Vielfach werden solche Motoren in Arbeitsmaschinen direkt eingebaut und so durch den Lieferanten dieser Maschine in die Hände der Kunden gebracht. Wenn in solchen Fällen das Schaltungsschema im geeigneten Moment nicht zur Stelle war, entstanden Schwierigkeiten und Zeitverlust beim Ingangsetzen der Maschine. Das alles wird vermieden durch die normalen Klemmenbezeichnungen, die natürlich nicht nur auf gängige Maschinen ausgedehnt werden sollen, sondern auf alle Maschinen, da ja auch bei großen nachträglich Änderungen oder Revisionen der Schaltung vorkommen können, ohne daß es gelingt, das Schema zur Stelle zu schaffen.

Der Dresdener Elektrotechnische Verein hatte in Erkenntnis dieser Schwierigkeiten beim Verbande die

---

[1] Die erste am 12. 6. 1908 beschlossene, ETZ 1908, S. 74 veröffentlichte Fassung, die ab 1. 7. 1908 galt, wurde am 3. 6. 1909 ergänzt. Die Ergänzungen sind abgedruckt ETZ 1909, S. 506 und gelten ab 1. 7. 1909. Erläuterungen siehe ETZ 1908, S. 469. Letztere sind hier teilweise benutzt.

Schaffung einheitlicher Klemmenbezeichnungen in Anregung gebracht, die sehr gern aufgenommen worden ist. Die Erledigung dieser Arbeit wurde der Maschinennormalienkommission übertragen, welcher es in kurzer Zeit gelang, unter weitgehender Mithilfe der fabrizierenden Firma zu einem Vorschlage zu kommen. Eine ganz besondere Unterstützung haben die Bestrebungen der Kommission durch Herrn Dr.-Ing. F. Natalis erfahren, der, obwohl er der Kommission nicht angehört, sich doch stets an der Mitarbeit beteiligt hat. Die großen Erfahrungen des Herrn Natalis auf diesem Gebiete sind für die Arbeiten äußerst wertvoll gewesen.

Die Normen konnten schon der Jahresversammlung 1908 zur Beschlußfassung vorgelegt, und da sie bindende Vorschriften nicht darstellen, konnte ihre Gültigkeit schon auf den 1. Juli 1908 festgesetzt werden. Erfreulicherweise haben sich die einheitlichen Klemmenbezeichnungen auch sehr schnell bei den meisten Firmen eingeführt, so daß sie jetzt ziemlich allgemein in Verwendung sind. Bei der Durchführung der neuen Bezeichnungen hatte sich gezeigt, daß für Umkehranlasser die im ersten Entwurf angegebenen Bezeichnungen nicht genügten. Es wurde daher im Frühjahr 1909 eine diesbezügliche Ergänzung beschlossen, die von der Jahresversammlung 1909 angenommen wurde. Diese vervollständigte Fassung liegt den nachstehenden Erläuterungen zugrunde.

Schon seit einigen Jahren befindet sich aber eine weitgehende Umgestaltung dieser „Klemmenbezeichnungen" in Arbeit. Ein neuer Entwurf nebst Bemerkungen von O. Hammerer hierzu ist auch bereits ETZ 1929, S. 1497 und S. 1475 veröffentlicht. Über diesen wird aber erst die Jahresversammlung 1930 des VDE beschließen, so daß er hier noch nicht berücksichtigt werden kann.

A. Allgemeines.

Es wird empfohlen, auf den Maschinen, den dazugehörigen Apparaten und Transformatoren der im allgemeinen üblichen Bauart (Gleichstrommaschinen mit Nebenschluß-, Reihenschluß- und Verbundwickelung mit oder ohne Wendepole bzw. Kompensationswickelung, Ein- und Mehrphasenmaschinen, Umformer, Doppelgeneratoren, Transformatoren, Anlasser, Regler usw.) einheitliche Bezeichnungen an den Klemmen anzubringen. Bei Spezialausführungen (z. B. Zweikollektormaschinen, Kommutatormaschinen für Wechselstrom, Sonderanlasser usw.) werden für die notwendigen Ergänzungen vorläufig keine eineinheitlichen Bezeichnungen festgelegt.

Die normale Klemmenbezeichnung soll das Schaltungsschema nicht ersetzen.

Eine Klemme kann bzw. muß unter Umständen mehrere Buchstaben erhalten.

Bei der Ausarbeitung des Prinzips der Klemmen=
bezeichnungen wurde besonders darauf Rücksicht ge=
nommen, daß auch größere komplizierte Schaltungs=
schemata sich ausführen lassen und daß auch bei diesen
eine leichte Übersicht möglich ist. Die Grundsätze,
welche bei der Ausarbeitung maßgebend waren, hat
Herr Dr.=Ing. Natalis[1], einem Wunsche der Kom=
mission nachkommend, zusammengestellt. Sie seien hier
wörtlich wiedergegeben:

„1. Für die Bezeichnungen sollten nur die großen
und kleinen Buchstaben des lateinischen Alphabets
verwendet werden, während deutsche und griechische
Buchstaben sowie römische und arabische Zahlen für
besondere Zwecke reserviert werden. Da aber die
Anzahl der Klemmenbezeichnungen die Zahl 25 über=
stieg, so war es nicht ganz zu vermeiden, daß derselbe
Buchstabe mehrfach benutzt wurde. Dieselben Zeichen
sind aber nur dann wieder verwandt worden, wenn sie
entweder technisch gleichartige Gegenstände betreffen
(z. B. Primär= und Sekundärwicklung von Motoren
und Transformatoren) oder wenn Verwechselungen
nicht zu befürchten waren. Allerdings muß man hier=
bei einige Mißhelligkeiten mit in Kauf nehmen, z. B.
wenn ein Drehstromgenerator mit den Klemmen U, V,
W mit der Niederspannungswicklung eines Transfor=
mators u, v, w zu verbinden ist, während die Ober=
spannungswicklung des Transformators wieder die
Klemmenbezeichnung U, V, W trägt. Es erschien aber
ausgeschlossen, für solche Fälle weitere Klemmenbezeich=
nungen festzulegen, sofern man mit einem Alphabet
auskommen wollte.

2. Für die Hauptbezeichnungen sollten nach Mög=
lichkeit Indexe vermieden werden, da derartige Indexe
für besondere Unterscheidungen, z. B. von zwei Ma=
schinen, doch erforderlich sind und eine starke Häufung
der Indexe stattfinden würde, falls bereits die Haupt=
bezeichnungen derartige Indexe enthielten.

3. Die Verwendung mnemotechnischer Anhalts=
punkte für die Klemmenbezeichnung schien zwar sehr
erwünscht, ließ sich aber nicht überall durchführen (z. B.
L Leitung, M Anschluß für die Magnetwicklung,
N Negativ, P Positiv, O Nulleiter, R Anlasserklemme
(Rheostat), X, Y, Z Ende der Wicklungen. Die großen
Buchstaben wurden im wesentlichen für die Haupt=
bezeichnungen benutzt, während die kleinen Buch=
staben l, o und u bis z für induzierte Wicklungen ver=
wendet wurden, außerdem wurden noch einige kleine
Buchstaben q, s, t belegt für Magnetregulatoren
(schwache Ströme), da die Unterbringung dieser Bezeich=
nungen in dem großen Alphabet nicht ausführbar war.

4. Es erschien ferner erwünscht, eine Verständigung

---

[1] ETZ 1908, S. 469.

über den Drehsinn für Motoren und Maschinen herbei=
zuführen, und zwar ist der Drehsinn stets von der An=
triebs= bzw. Abtriebseite der Maschinen aus zu ver=
stehen. Wenn eine Riemenscheibe nicht vorhanden ist, so
gilt die Kupplung oder ein längerer Wellenstumpf
als Antriebseite. Werden daher zwei sonst gleich=
artige Maschinen durch eine Kupplung verbunden,
so läuft die eine rechts, die andere links herum. Bei
Maschinen mit zwei Kollektoren ist der Drehsinn eben=
falls nach der Antriebseite zu bestimmen. Ist aber
eine Antriebseite überhaupt nicht vorhanden, z. B. bei
einer Ausgleichsmaschine mit zwei Kollektoren oder
bei einem Drehstrom=Kurzschlußmotor mit zwei Wellen=
enden, oder besitzt eine Maschine, welche sonst völlig
symmetrisch gebaut ist, zwei Antriebsseiten (doppelte
Wellenverlängerung), so ist durch einen aufgeschlagenen
Pfeil mit der Bezeichnung „R" ein Drehsinn für die
Maschine als Rechtsdrehsinn zu bestimmen. Handelt es
sich um eine Gleichstrommaschine mit einem Kollektor,
aber zwei Wellenverlängerungen, so ist die dem Kol=
lektor abgewandte Seite für die Bestimmung des
Antriebssinnes maßgebend.

5. Ebenso erschien es erwünscht, über den erforder=
lichen Stromlauf in Gleichstrommaschinen und Motoren
bei Rechts= und Linkslauf eine Verständigung herbei=
zuführen, ferner über die zeitliche Stromfolge der
Phasen eines Drehstomnetzes."

Die gleichfalls von Natalis aufgestellten und an der
oben bezeichneten Stelle veröffentlichten Tafeln I und II
geben eine gute allgemeine Übersicht über die Verwen=
dung der einzelnen Buchstaben, auf die im einzelnen
später noch zurückgekommen werden soll.

Tafel I.

Be= zeich= nung	Klemmen für	Anwendung
A B	} Anker	
C D	} Nebenschlußwickelung	für Gleichstrommotoren und Gleichstromdynamos
E F	} Hauptstromwickelung	
G (G_1, G_2) H (H_1, H_2)	} Wendepol= bzw. Kom= pensationswickelung	für Gleichstrommotoren und Gleichstromdynamos
J K	} Fremderregte Magnet= wickelung	für Glcichstromdynamos „ Wechselstromdynamos „ Umformer
L	Leitung unabhängig von Polarität	für Gleich= und Wechsel= stromapparate (L führt bei Anlassern zum Schleifkon= takt und ist mit einem Netzpol zu verbinden)

Be=zeich=nung	Klemmen für	Anwendung
L_1, L_2	Stromtransformator, Netzseite	für Wechselstrom
M	Anlasser	für den Anschluß der Nebenschlußwickelung von Gleichstrommotoren
N O P	Gleich=strom Dreileiter N / Gleich=strom= Zweileiter P	für Gleichstromnetze
O	Nulleiter, Mittelleiter, Nullpunkt	für Gleichstrom=Dreileiter=netze „ Einphasen=Wechsel=strom=Dreileiternetze „ Drehstromnetze mit besonderem Nulleiter „ Drehstromgeneratoren „ Drehstrommotoren
Q R S T	Dreh=strom Q R S T / Einphasen=Wechsel=strom / Zweiphasen=Wechsel=strom	für Wechselstromnetze
R	Anlasser	Anschluß für den Endpunkt des Widerstandes für Gleichstrommotoren
U V W	Anker bzw. Primäranker Oberspannungswickelung — An=fangs=punkte der Wickelungen	für Drehstrom=generatoren / „ Drehstrommotoren / „ Drehstromtransformatoren — bei verketteter und offener Schaltung
X Y Z	Anker bzw. Primäranker Oberspannungswickelung Primäranlasser — End=punkte der Wickelungen	für Drehstrom=generatoren u. =Motoren / „ Transformatoren / „ Drehstrommotoren — bei offener Schaltung
U V W / X Y Z	desgleichen	für Ein= und Zweiphasengeneratoren, =Motoren, und =Transformatoren
U_1 U_2 / V_1 V_2 / W_1 W_2	Primäranlasser	für Drehstrommotoren ohne aufgelösten Nullpunkt

Um mit den zur Verfügung stehenden Buchstaben
auszukommen, war eine Beschränkung in der Anwen=
dung der Klemmenbezeichnungen nötig. Man hat in=
folgedessen nur die Maschinen und Transformatoren
der allgemein üblichen Bauart einbezogen und Spezial=
ausführungen freigelassen. Sofern später auch hierfür

Tafel II.

Be=zeich=nung	Klemmen für		Anwendung	
a	—		—	
b	—		—	
c	—		—	
d	—		—	
e	—		—	
f	—		—	
g	—		—	
h	—		—	
i	—		—	
k	—		—	
$l_1\,l_2$	Stromtransformator, Apparatseite		für Wechselstrom	
m	—		—	
n	—		—	
o	Nullpunkt für Drehstrom u. Mittelleiter für Einpha=senstrom	Unter=span=nung	für Wechselstrom	
p	—		—	
q	Magnetregulatoren		Anschluß für den Aus=schaltekontakt für Gleich=strom= und Wechselstrom=generatoren	
r	—		—	
s	Magnetregulatoren		Anschluß für den Schleif=kontakt für Gleichstrom= und Wechselstromgenera=toren und Gleichstrom=motoren	
t	Magnetregulatoren		Anschluß für den Endpunkt des Widerstandes für Gleichstrom= und Wechsel=stromgeneratoren und Gleichstrommotoren	
u	Rotor (Sekun=däranker)	An=fangs=punkte der Wicke=lungen	für Drehstrommo=toren	bei ver=ketteter
v	Anlasser		„ „	und
w	Unterspan=nungswicke=lung		„ Drehstrom=transforma=toren	offener Schal=tung
x	Roter (Sekun=däranker)	End=punkte der Wicke=lungen	für Drehstrommo=toren	bei
y				offener
z	Unterspan=nungswicke=lung		„ Drehstrom=transforma=toren	Schal=tung
u, v	Roter (Sekun=däranker	An=fangs=punkte	für zweiphasige Anker	ein= und mehr=
	Anlasser		„ zweiphasige Anker	phasiger Motoren
x y	Unterspan=nungswicke=lung	End=punkte	„ zweiphasige Transfor=matoren	

noch ein Bedürfnis sich ergeben sollte, würde die Ausdehnung auch auf diese Gebiete noch vorgenommen
werden. Es ist aber kaum anzunehmen, daß dieser
Fall eintreten wird, da Maschinen und dazugehörige
Apparate in Spezialausführung wohl ausschließlich von
sachkundigem Personal angeschlossen werden.

Bei einigen Schriftarten werden Buchstaben des
großen und kleinen Alphabets genau gleich geschrieben
(z. B. O, S, U, V, W, X, Z) und unterscheiden sich nur
durch die Größe. Das kann natürlich leicht zu Verwechslungen Anlaß geben. Es empfiehlt sich daher,
bei der Herstellung der Klemmenbezeichnungen solche
Schriftarten zu verwenden, bei welchen sich auch die
großen und kleinen Buchstaben durch ihre Form unterscheiden, z. B. also für die großen Buchstaben Block-
schrift und für die kleinen Kursivschrift. In den nachstehenden Beispielen ist dies auch immer berücksichtigt worden.

In den Klemmenbezeichnungen ist ausdrücklich
darauf hingewiesen, daß ein für die Aufstellung und
das Anschließen notwendiges Schaltungsschema durch
die vorliegenden Bestimmungen nicht überflüssig gemacht werden soll. Wenn man auch in den meisten
Fällen durch die einheitliche Klemmenbezeichnung in
der Lage sein wird, jeden Motor ohne besonderes dazu-
gehöriges Schema anzuschließen, so soll doch die Bei-
fügung desselben nicht unterlassen werden, da es
doch schon in den Fällen notwendig ist, wo dem An-
schließenden auch die normalen Klemmenbezeichnungen nicht bekannt sind. Außerdem erleichtert ein
Schema mit ausgezogenen Verbindungen doch noch
ganz wesentlich das Verständnis der Schaltung.

Früher sind kreuzende Leitungen, bei welchen eine
Verbindung nicht vorhanden war, vielfach durch eine
kleine bogenförmige Ausbuchtung gekennzeichnet worden. Schon in den Errichtungsvorschriften, welche
seit dem 1. Januar 1908 Gültigkeit hatten, ist diese
Bezeichnungsweise verlassen worden, und es wurden die
Leitungen einfach gerade durchgezogen. Die Tatsache,
daß eine Verbindung existiert, wurde dadurch markiert,
daß ein deutlicher Punkt an die Kreuzungsstelle gemacht wurde. Dieselbe Methode der Kennzeichnung
ist auch hier angewandt worden, und es bezeichnet die
nachstehende Abb. 16a eine Leitungskreuzung, bei welcher keine Verbindung vorhanden ist. Abb. 16b stellt
eine solche Kreuzung mit Verbindung dar und Abb. 16c
eine Abzweigung.

Um das Verfolgen von Hilfsleitungen zu erleichtern,
empfiehlt es sich, die beiden Enden mit gleichen arabischen Ziffern zu bezeichnen; ebenso können diese
Ziffern an den zusammengehörigen Klemmen getrennt
voneinander aufgestellter Stufenschalter und Stufen-
widerstände verwendet werden. Es empfiehlt sich hier-

bei, die Nr. 1 derjenigen Klemme zu geben, für welche
der Widerstand kurz geschlossen ist. Ist eine dauernd
eingeschaltete Vorstufe vorhanden, so ist es zweck=
mäßig, den Anschluß für diese mit *O* zu bezeichnen.

Abb. 16a.   Abb. 16b.   Abb. 16c.

Es sind Zweifel darüber aufgetaucht, ob die nor=
malen Klemmenbezeichnungen sich auch auf die An=
schlußklemmen beziehen, welche direkt auf Schalttafeln
aufgesetzt sind. Die Kommission hat sich hiermit aus=
drücklich beschäftigt und ist zu dem Beschluß gekommen,
daß solche Klemmen auf Schalttafeln, die einen Teil
eines Anlassers oder Reglers bilden, den Normen ent=
sprechend bezeichnet werden sollen. Alle übrigen auf
Schalttafeln angebrachten Klemmen brauchen aber
eine Bezeichnung nicht zu erhalten. Es würde demnach
die normale Klemmenbezeichnung nur bei solchen
Schalttafeln durchzuführen sein, auf welche Anlasser
oder Regler direkt montiert sind.

B. Maschinen und dazugehörige Apparate.

Der Drehsinn (Rechtslauf: im Uhrzeigersinn, Linkslauf: entgegen dem Uhrzeigersinn) ist bei Maschinen stets
von der Riemenscheiben- bzw. Kupplungsseite aus gesehen zu verstehen.

I. Gleichstrom.

Dei einheitliche Bezeichnung der Klemmen von
Gleichstrommaschinen, Anlassern und Reglern soll sein:

Anker . . . . mit *A—B*
Nebenschlußwickelung . . . . „ *C—D*
Reihenschlußwickelung . . . . . . „ *E—F*
Wendepolwickelung bzw. Kompen-
    sationswickelung. . . . . „ *G—H*
Fremderregte Magnetwickelung . . „ *J—K*
Leitung, unabhängig von Polarität „ *L*
Netz, Zweileiter . . . . „ *N—P*
  „   Dreileiter . . . . „ *N—O—P*
  „   Nulleiter . . . . „ *O*
Anlasser . . . . „ *L, M, R.*
    wobei

L mit *N* oder *P* verbunden werden
          kann,
M „ *C* „ *D* (evtl. über einen
          Regulator),
R „ *A* „ *B, E, F, G, H,* je
          nach Schaltung.

Bei Umkehranlassern sind diejenigen Klemmen, deren Vertau-
schung zur Änderung des Motordreh-
sinnes erwünscht ist, doppelt zu bezeichnen, wobei die für einen der beiden Drehsinne gültige Gruppe in
Klammern zu setzen ist, z. B. bei
Stromumkehrung im Anker . . . $A\,(B)$ und $B\,(A)$
Es empfiehlt sich, nach Montage die
nicht benutzten Bezeichnungen ungültig zu machen

Bei Magnet-Reglern sind die
Klemmen, welche mit dem Wider-
stand verbunden sind . . . . . . mit $s{-}t$
zu bezeichnen, wobei s mit dem
Schleifkontakt unmittelbar in Verbindung steht und mit

C oder D bei Selbsterregung,
J „ K „ Fremderregung
zu verbinden ist.

Wenn eine mit dem Ausschalt-
kontakt verbundene Klemme vorhanden ist, so wird sie. . . . . . . „ q
bezeichnet.

Wiederholen sich Bezeichnungen an der gleichen
Maschine, so sind dieselben durch Richtzahlen zu unterscheiden, z. B. bei
Doppelkommutatormaschinen . . . $A_1{-}B_1$, $A_2{-}B_2$
bei Maschinen mit Wendepol- und Kompensationswickelung
für erstere . . . . mit $G_1{-}H_1$
„ letztere . . . . „ $G_2{-}H_2$

II. Wechselstrom (ausschließl. Kommutatormaschinen).
(Einphasen- und Mehrphasenstrom.)

Die einheitliche Bezeichnung von Wechselstrommaschinen, Anlassern und Reglern soll sein:
Anker bzw. Primäranker . . . . . mit U, V, W
  bei verketteter Schaltung.
  (bei Einphasenstrom $U{-}V$)
Anker bzw. Primäranker . . . . . . „ U, V, W, X, Y, Z
  bei offener Schaltung, wobei
  $U{-}X$, $V{-}Y$, $W{-}Z$ je zu
  einer Phase gehören.
Bei Zweiphasenstrom ist die Be-
  zeichnung. . . . . $U{-}X$, $Y{-}V$
  (bei Verkettung erhält der Verkettungspunkt die Bezeichnung X, Y).
Bei Einphasenmotoren mit Hilfsphase wird
  die Hauptwicklung . . . . „ $U{-}V$

die Hilfswicklung . . . . mit $W—Z$
   bezeichnet.
Nullpunkt und bei Einphasenstrom
   der Mittelleiter . . . . „ O
Sekundäranker (dreiphasig). . . . „ $u,\ v,\ w,$
Sekundäranker (zweiphasig). . . . „ $u—x,\ y—v$
Magnetwicklung (Gleichstrom) . . „ $J—K$
Leitung, unabhängig von Polarität
   bzw. Phase . . . . „ L
Netz, Drehstrom mit drei Leitungen „ $R,\ S,\ T$
Netz, Drehstrom mit vier Leitungen
   (Nulleitung). . . . . „ $O,\ R,\ S,\ T$
Netz, Einphasenstrom, Zweileiter. . „ $R—T$
Netz, Einphasenstrom, Dreileiter . „ $R—O—T$
Netz, Zweiphasenstrom. . . . . . „ $Q—S,\ R—T$
Bei Reglern für Generatoren sind die
   Klemmen, welche mit dem Wider-
   stand verbunden sind . . . . . „ $s—t$
      zu bezeichnen, wobei s mit dem
      Schleifkontakt in unmittel-
      barer Verbindung steht und mit
      J oder K zu verbinden ist.
      Wenn eine mit dem Ausschalt-
      kontakt verbundene Klemme
      vorhanden ist, wird sie . . . . „ q
bezeichnet.
   Bei Anlassern werden die Klemmen bezeichnet:
am Sekundäranlasser
bei dreiphasiger Ausfühurng . . . „ $u,\ v,\ w$
   „ zweiphasiger   „   . „ $u—x,\ y—v$
an Primäranlassern für Drehstrom . „ $X,\ Y,\ Z$
      wenn sie im Nullpunkt an-
      geschlossen werden,
an Primäranlassern . . . . „ $U_1—U_2, V_1—V_2$
                                        $W_1—W_2$

      wenn sie zwischen Netz und
      Motor angeschlossen werden.
   Bei Umkehranlassern werden die Netzanschlüsse mit
R, S, T, die Anschlüsse an den Primärankern mit
U, (W), V, W, (U) bezeichnet.
   Es empfiehlt sich, nach Montage die nicht benutzten
Bezeichnungen ungültig zu machen.
   Es wird empfohlen, daß bei Drehstromgeneratoren
die Reihenfolge der Buchstaben U, V, W bei Rechts-
lauf und beim Netz die Buchstaben R, S, T die zeit-
liche Reihenfolge der Phasen angibt.
   Bezüglich der Bezeichnung des Drehsinnes ist
Näheres unter Nr. 4 der Grundsätze, welche auf S. 82
abgedruckt sind, gesagt.
   Für Gleichstrom wurden im allgemeinen die ersten
Buchstaben des Alphabetes verwendet, und zwar wurden
für jede verschiedenartige Wicklung zwei andere Buch-

staben benutzt. Eine Ausnahme wurde nur bei der Wendepolwicklung und der Kompensationswicklung gemacht, für die die gleichen Buchstaben G und H gewählt sind. Dies geschah deswegen, weil weitere Buchstaben nicht mehr zur Verfügung standen und man annehmen konnte, daß diese beiden Wicklungen nur verhältnismäßig selten nebeneinander vorkommen. Wenn dies geschieht, so ist eine Unterscheidung derselben durch Indizes vorgesehen. Der Buchstabe L ist für solche Klemmen reserviert worden, bei welchen die Verwendung mit beliebiger Polarität in Frage kommen kann. Es wird dies im wesentlichen bei Anlassern auftreten, da es bei diesen oft ganz gleichgültig ist, ob L mit N (negativ) oder P (positiv) verbunden wird.

Es seien zunächst eine Anzahl von Beispielen für die Klemmenbezeichnung von Gleichstrommaschinen und Umformern in den Abb. 17 bis 27 gegeben.

Gleichstrom-Generatoren und -Motoren.

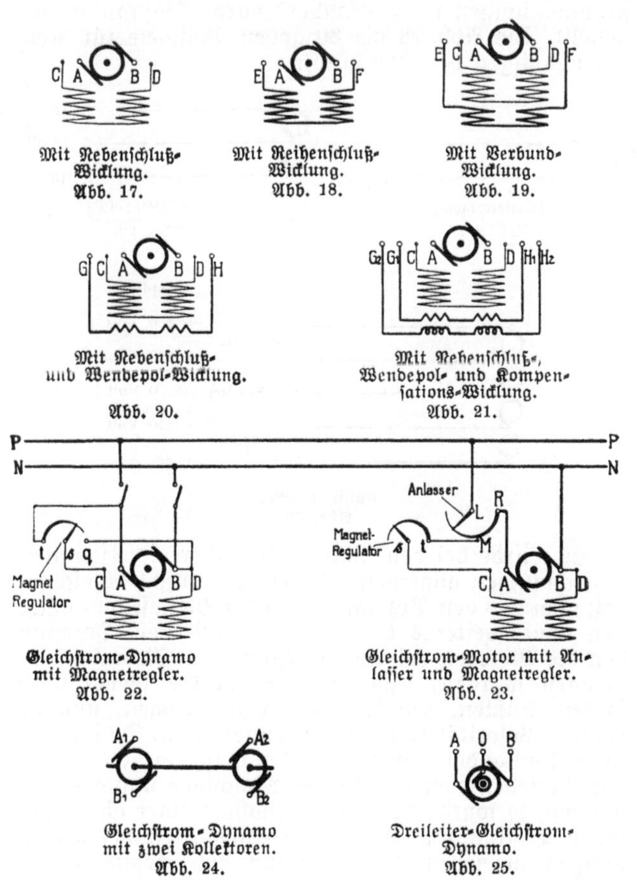

Mit Nebenschluß-Wicklung.
Abb. 17.

Mit Reihenschluß-Wicklung.
Abb. 18.

Mit Verbund-Wicklung.
Abb. 19.

Mit Nebenschluß- und Wendepol-Wicklung.
Abb. 20.

Mit Nebenschluß-, Wendepol- und Kompensations-Wicklung.
Abb. 21.

Gleichstrom-Dynamo mit Magnetregler.
Abb. 22.

Gleichstrom-Motor mit Anlasser und Magnetregler.
Abb. 23.

Gleichstrom-Dynamo mit zwei Kollektoren.
Abb. 24.

Dreileiter-Gleichstrom-Dynamo.
Abb. 25.

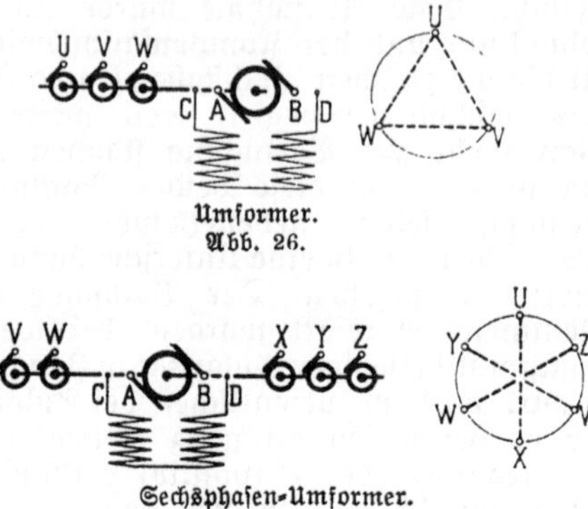

Umformer.
Abb. 26.

Sechsphasen-Umformer.
Abb. 27.

Bei den Umformern sind die Phasen der Wechsel=
stromwicklungen noch besonders durch Diagramm dar=
gestellt. Die Abb. 28 bis 30 geben Beispiele für Netz=
bezeichnungen bei Gleichstrom.

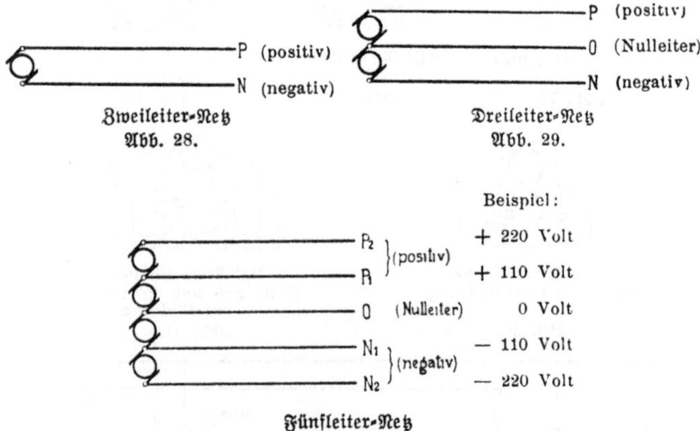

Zweileiter-Netz   Dreileiter-Netz
Abb. 28.   Abb. 29.

Fünfleiter-Netz
Abb. 30.

Es wurde bei den Beratungen über die Klemmen=
bezeichnungen allgemein als sehr erwünscht bezeichnet,
daß man aus den Bezeichnungen bei Gleichstrommaschi=
nen ohne weiteres die Polarität und den Drehsinn,
den die Motoren bei einem bestimmten Stromlauf an=
nehmen würden, bzw. in welchem die Generatoren
laufen müßten, um sich richtig zu erregen, und die
richtige Polarität zu geben, erkennen kann. Da sich aber
unter Umständen Schwierigkeiten einstellen, z. B. wenn
aus Versehen oder mit Absicht Maschinen umpolarisiert
werden, so wurde von der Aufnahme einer diesbezüg=
lichen Bestimmung in die normalen Klemmenbezeich=
nungen abgesehen. Um aber auch hier möglichste Ein=

heitlichkeit in der Durchführung der Bezeichnungsweise zu erzielen, hat die Kommission folgenden Grundsatz aufgestellt und die Einhaltung desselben sehr empfohlen.

„Wenn die einzelnen Wicklungen $A—B$, $G—H$, sowie die Wicklungen $C—D$, $E—F$ in der alphabetischen Reihenfolge ihrer Klemmenbezeichnungen gleichsinnig durchflossen werden, hat der Motor Rechtslauf, der Generator[1] Linkslauf.“

Näheres hierüber siehe auch ETZ 1908, S. 472.

Nach dieser von der Kommission empfohlenen Regel sind die Stromläufe der Motoren und Maschinen in den Abb. 31 bis 46 festgelegt, wobei die Wickelungen nur

Motoren

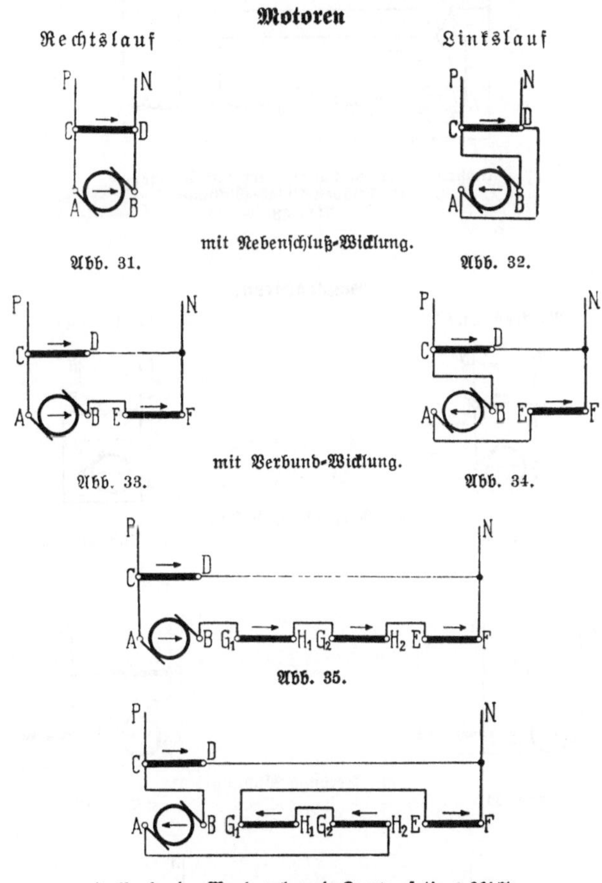

---

[1] Es ist hierbei zu berücksichtigen, daß bei den Stromverbrauchern (Lampen, Motoren usw.) der Strom von P nach N, im Anker des Generators dagegen von N nach P fließt.

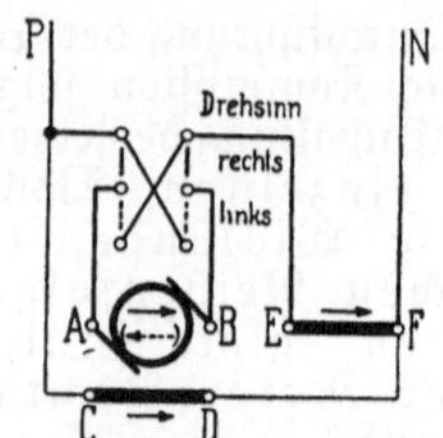

Umsteuerbarer Verbund-Motor.
Abb. 37.

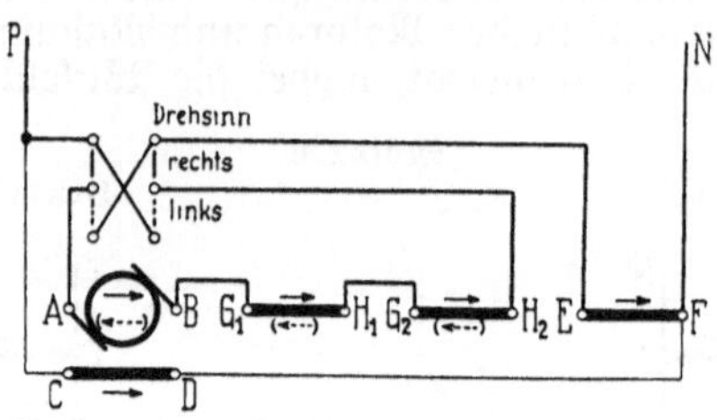

Umsteuerbarer Verbund-Motor mit Wendepol-
und Kompensations-Wicklung.
Abb. 38.

Generatoren.

Rechtslauf   Linkslauf

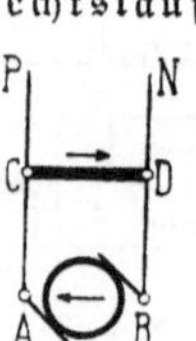

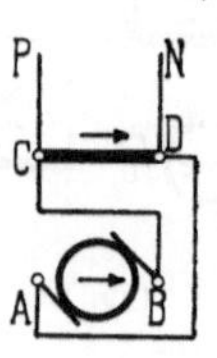

mit Nebenschluß-Wicklung.

Abb. 39.   Abb. 40.

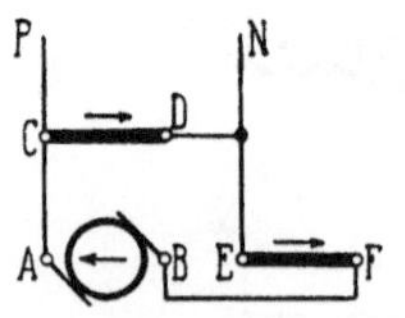

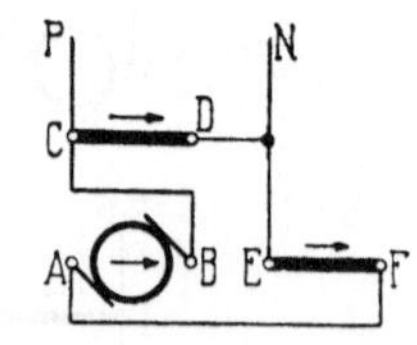
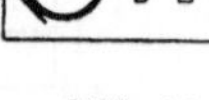

mit Verbund-Wicklung.

Abb. 41.   Abb. 42.

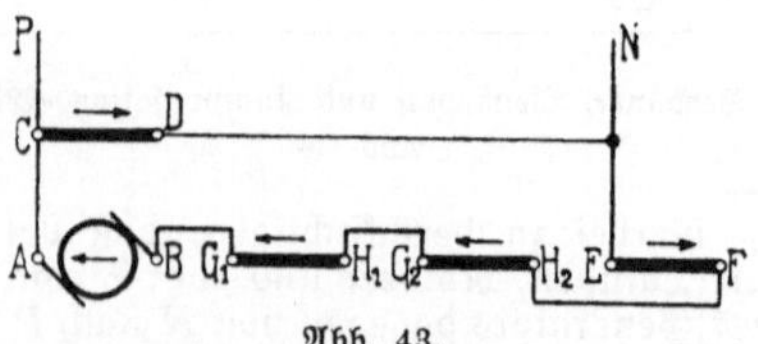

Abb. 43.

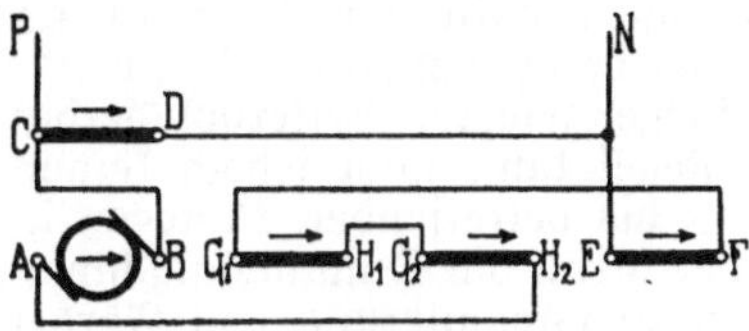

Abb. 44.
mit Verbund-, Wendepol- und Kompensations-Wicklung

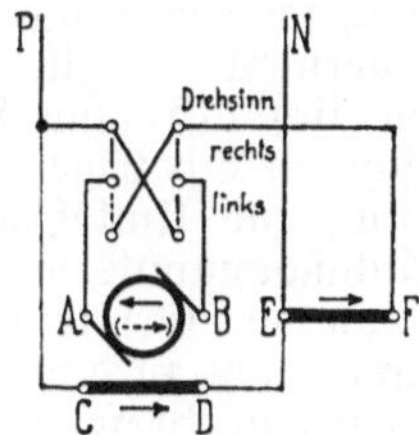

Umsteuerbarer Verbund-Generator.
Abb. 45.

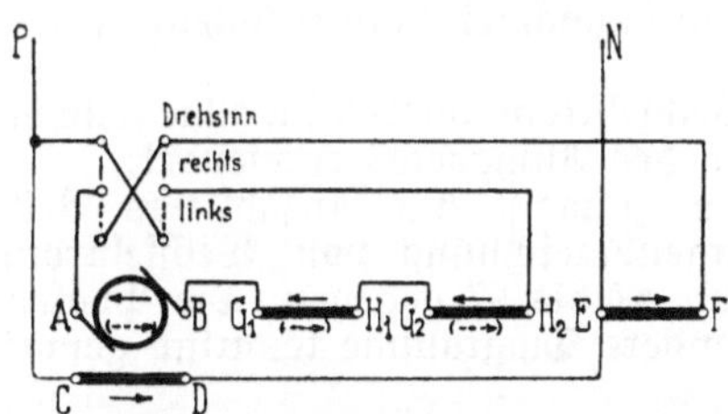

Umsteuerbarer Verbund-Generator mit Wendepol-
und Kompensations-Wicklung.
Abb. 46.

durch einen starken Strich angedeutet sind. Diese Ab=
bildungen sind der vorhin erwähnten Arbeit von Na=
talis entnommen und es sei die Erläuterung zu den=
selben wörtlich wiedergegeben:

„Es dreht sich beispielsweise in Abb. 31 der Motor
rechts herum, wenn der Strom von A nach B und von
C nach D fließt, und links herum (Abb. 32), wenn
der Strom von B nach A und von C nach D fließt.
Beim Generator verläuft der Ankerstrom umgekehrt.
Bei der Aufstellung dieser Stromläufe und Schaltungen
wurde ferner davon ausgegangen, daß die Hauptstrom=
wicklung E—F, wie auch die Kompensations= und
Wendepolwicklung G—H an den negativen Pol N des
Netzes anzuschließen ist. Dieses ist z. B. bei Bahn=
zentralen mit geerdetem negativen Pol wünschenswert,
damit die Isolation der genannten Wicklungen nicht
unnötig beansprucht wird. Ist nicht der negative,
sondern der positive Pol geerdet, so sind die betref=

fenden Wicklungen entsprechend so zu schalten, daß beim Motor E, beim Generator F mit P und G—H mit dem entgegengesetzten Ankerpol verbunden wird. Von dieser Regel kann man jedoch keinen Gebrauch machen, wenn die betreffenden Motoren im Drehsinn reversiert, oder wenn die Dynamomaschinen, wie z. B. bei der Spannungsregulierung von Fördermaschinen, betriebsmäßig umpolarisiert werden müssen. In diesem Fall kann es nicht vermieden werden, daß die genannten Wicklungen bald an den einen, bald an den anderen Netzpol gelegt werden, falls man die Anwendung vielpoliger Umschalter vermeiden will. Die Abb. 37, 38, 45 und 46 beziehen sich auf eine Reversierung des Drehsinnes bei Maschinen mit Eigenerregung. Bei der Spannungsregulierung und Umkehrung der Polarität der fremderregten Anlaßdynamos von Fördermaschinen muß man natürlich von dem Grundsatz, die magnetische Polarität der Maschine nicht zu ändern, abweichen."

Die Bezeichnungen von Bremsmagneten sind nicht festgelegt worden. Um aber auch hierin eine Einheitlichkeit zu erhalten, empfiehlt die Kommission hierfür den kleinen Buchstaben b zu verwenden und im Falle beide Enden bezeichnet werden sollen, b_1 und b_2 zu benutzen.

Für Wechselstrom wurden im allgemeinen die letzten Buchstaben des Alphabetes verwendet.

Es seien zunächst eine Anzahl von Beispielen für die Klemmenbezeichnung von Wechselstrommaschinen in den Abb. 47 bis 57 gegeben. Die Phasen sind stets durch besondere Diagramme kenntlich gemacht.

Wechselstrom-Generatoren und Synchron-Motoren.

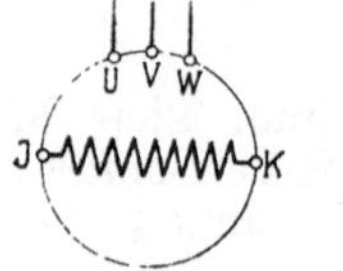
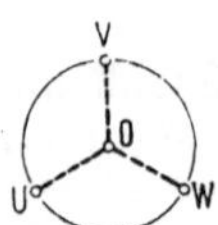
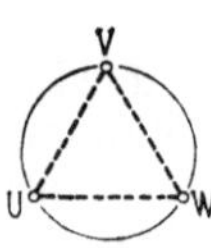

Drehstrom-Generator und Synchron-Motor.

Abb. 47.

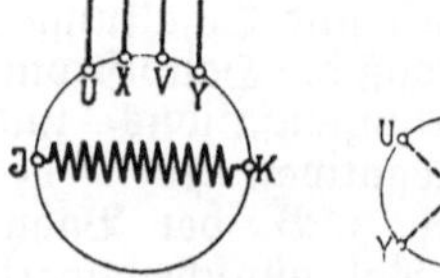
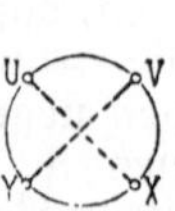
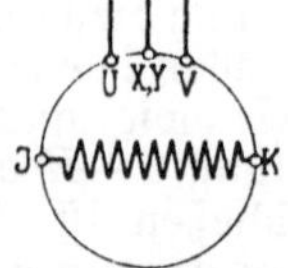
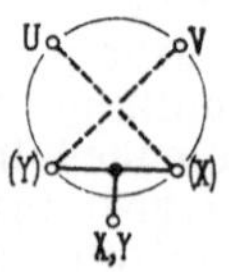

unverkettet　　　　　　　　　verkettet

Zweiphasen-Wechselstrom-Generator- und Synchron-Motor.

Abb. 48.　　　　　　　　Abb. 49.

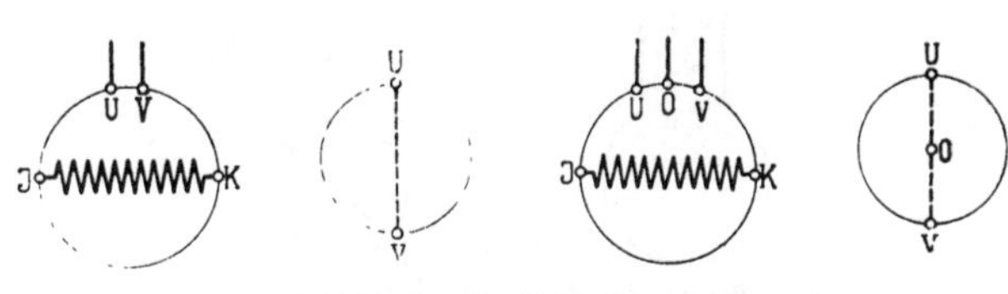

Zweileiter   Dreileiter
Einphasen-Wechselstrom-Generator- und Synchronmotor.
Abb. 50.   Abb. 51.

Asynchrone Wechselstrom-Motoren.

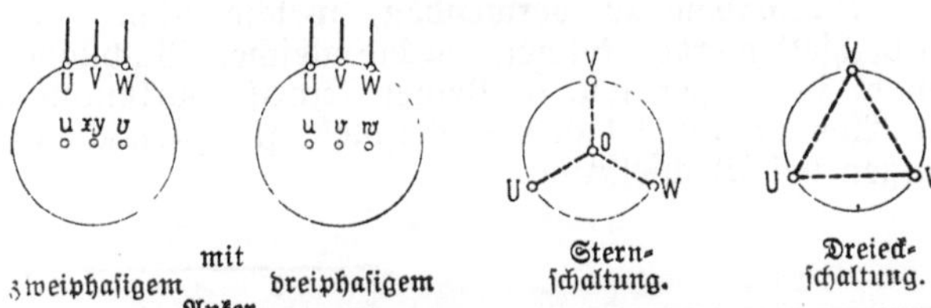

             mit   Stern-   Dreieck-
zweiphasigem   dreiphasigem   schaltung.   schaltung.
             Anker.
Drehstrom-Motor, Ständer verkettet.
Abb. 52.

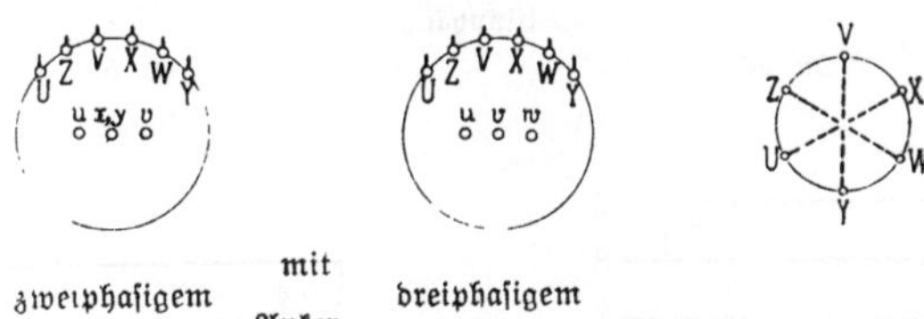

             mit
zweiphasigem   dreiphasigem
           Anker.
Drehstrom-Motor, Ständer unverkettet.
Abb. 53.

Sternschaltung.   Dreieckschaltung.
Drehstrom-Motor, Ständer unverkettet.
Abb. 54.

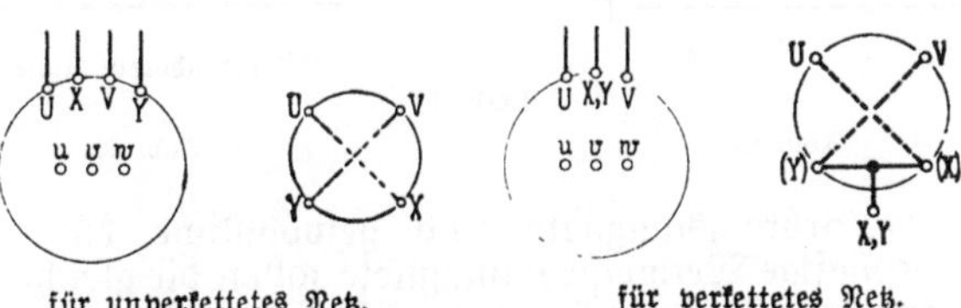

für unverkettetes Netz.   für verkettetes Netz.
             Zweiphasen-Motor.
Abb. 55.   Abb. 56.

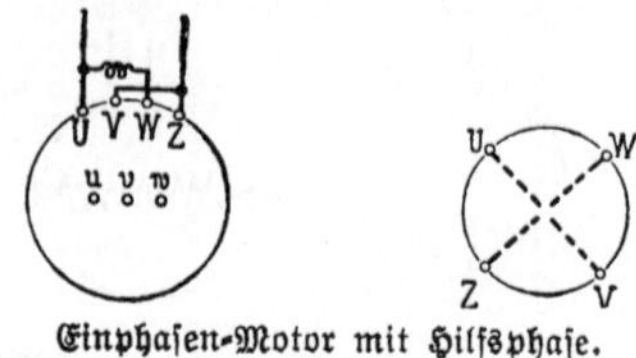

Einphasen-Motor mit Hilfsphase.
Abb. 57.

In den eigentlichen Schaltungsskizzen sind absichtlich keine Unterschiede zwischen Stern- und Dreieckschaltung gemacht. Zur Unterscheidung der Klemmen des Sekundärankers und des Primärankers empfiehlt es sich, Buchstaben zu verwenden, welche nicht leicht verwechselt werden können, da die gleichen Buchstaben sowohl in großer wie in kleiner Schrift vorkommen. Die Abb. 58 bis 63 geben Beispiele für Netzbezeichnungen bei Wechselstrom.

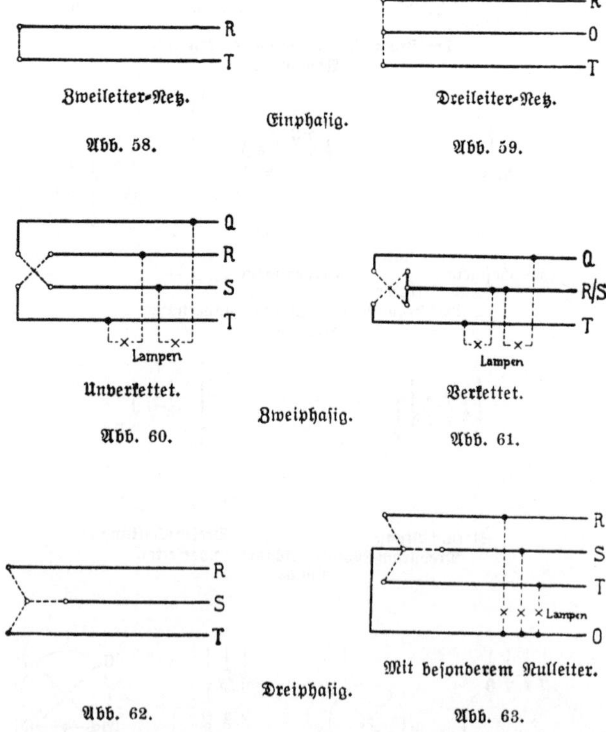

Zweileiter-Netz.

Dreileiter-Netz.

Einphasig.

Abb. 58.

Abb. 59.

Unverkettet.

Verkettet.

Zweiphasig.

Abb. 60.

Abb. 61.

Mit besonderem Nulleiter.

Dreiphasig.

Abb. 62.

Abb. 63.

Motorbremsmagnete und gewöhnliche ein- und mehrphasige Wechselstrommagnete sollen die gleiche Bezeichnung erhalten wie die zugehörigen Motoren bzw. Transformatoren. Falls es erforderlich ist, kann wieder durch Hinzufügung von Indizes eine Unterscheidung herbeigeführt werden.

Bei Kollektormotoren für Wechselstrom sind einheitliche Klemmenbezeichnungen entsprechend dem unter A. (Allgemeines) Gesagten nicht festgesetzt worden, weil diese Maschinen noch zu sehr in der Entwicklung begriffen sind. Es lassen sich hier einheitliche Schaltungen noch nicht ohne weiteres herausbilden. Um aber einer späteren Regelung schon vorzuarbeiten, empfiehlt die Kommission bei Wechselstrom-Kommutatormaschinen die Bezeichnung der Gleichstrom- und Wechselstrominduktionsmaschinen sinngemäß zu übertragen. Die Abb. 64 bis 66 geben hierfür Beispiele

Wechselstrom-
Serienmotor.

Abb. 64.

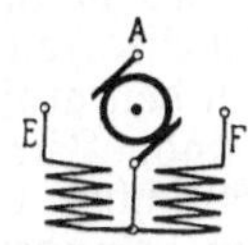

Wechselstrom-Serienmotor für zwei Drehrichtungen.

Abb. 65.

Repulsionsmotor.

Abb. 66.

Sind bei einem Kollektormotor auch noch 3 Schleifringe vorhanden, so können dieselben die Bezeichnungen u, v, w erhalten.

C. Transformatoren.

Die einheitliche Bezeichnung der Klemmen von Transformatoren soll sein:

Drehstromwickelung höherer Spannung (Oberspannungswickelung). mit U, V, W
bei verketteter Schaltung.

Drehstromwickelung niederer Spannung (Unterspannungswickelung) „ u, v, w
bei verketteter Schaltung.

Drehstromwickelung höherer Spannung (Oberspannungswickelung). „ U, V, W, X, Y, Z
bei offener Schaltung.

Drehstromwickelung niederer Spannung (Unterspannungswickelung) „ u, v, w, x, y, z
bei offener Schaltung.

Einhpasenstrom, Wickelung höherer Spannung (Oberspannungswickelung) . . . . „ $U—V$

Einphasenstrom, Wickelung niederer Spannung (Unterspannungswickelung) . . . . „ $u—v$

Nullpunkt und bei Einphasenstrom,
  Mittelleiter
     für Oberspannung . . . . . mit O
     für Unterspannung . . . . . . ,, o
Stromwandler,
     Netzseite . . . . ,, $L_1{-}L_2$
     Apparatseite . . . . ,, $l_1{-}l_2$

Die alphabetische Reihenfolge der Buchstaben, die an den Klemmen der Primär- und Sekundärwickelung angebracht sind, muß den gleichen Drehsinn ergeben.

Die Oberspannungswickelungen und Unterspannungswickelungen sind dadurch unterschieden worden, daß für die ersteren große Buchstaben, für die letzteren kleine gewählt wurden. Es ist infolgedessen aber notwendig, verschiedene Schriftarten zu verwenden, damit Verwechslungen zwischen den großen und kleinen Buchstaben ausgeschlossen sind. Für die Stromwandler, welche vielfach zum Anschluß von Meßinstrumenten benutzt werden, mußten besondere Bezeichnungen geschaffen werden, um die häufig vorkommende Verwechslung derselben mit Spannungstransformatoren auszuschließen. Es wurden für diese die Buchstaben L_1, L_2 und l_1, l_2 gewählt. Die Abb. 67 bis 71 geben einige Beispiele für die Bezeichnung von Spannungstransformatoren an.

Spannungs-Transformatoren.

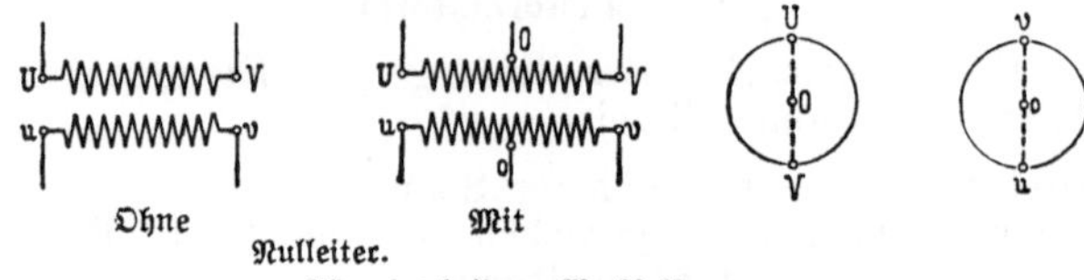

Ohne   Mit
       Nulleiter.
Für einphasigen Wechselstrom.
Abb. 67.

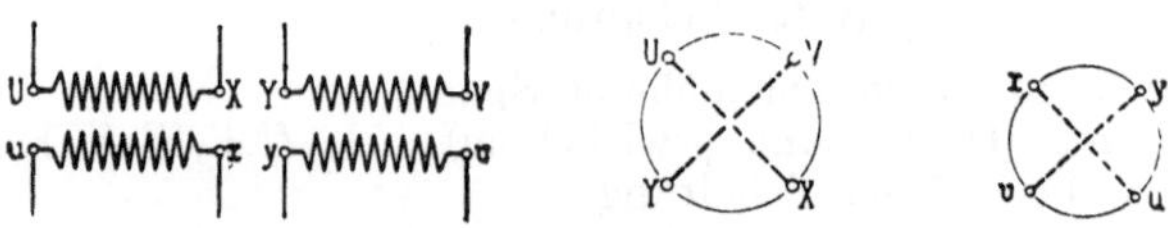

Für zweiphasigen unverketteten Wechselstrom.
Abb. 68.

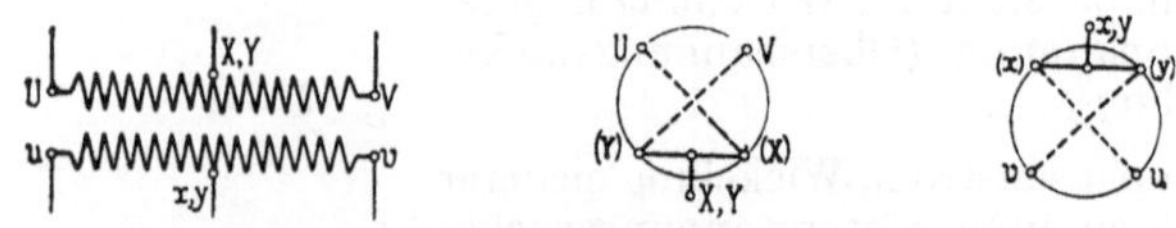

Für zweiphasigen verketteten Wechselstrom.
Abb. 69.

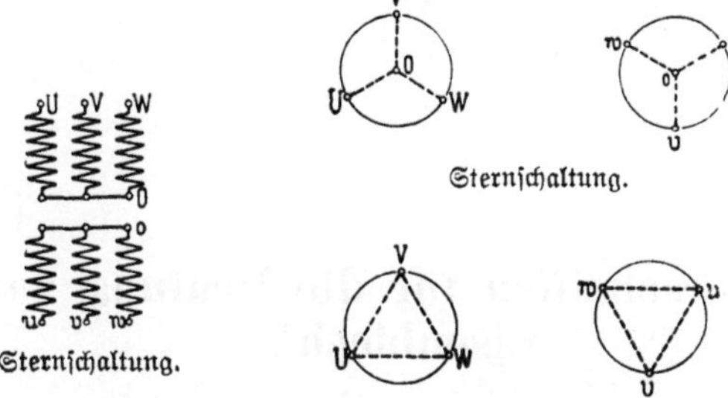

Sternſchaltung.

Sternſchaltung.

Dreieckſchaltung.

[Für Drehſtrom, Transformator in verketteter Schaltung.
Abb. 70.

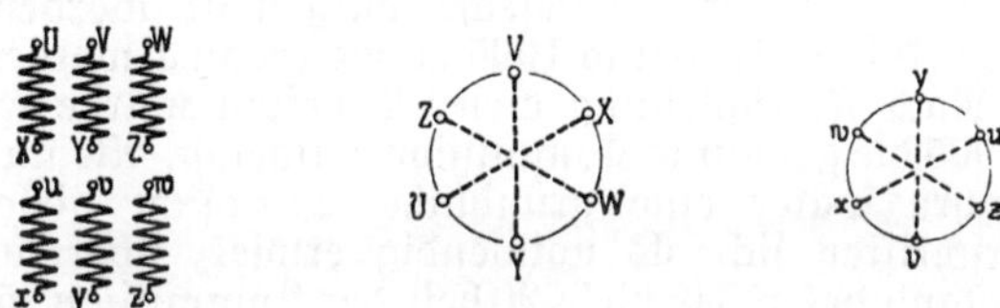

Für Drehſtrom, Transformator in offener Schaltung.
Abb. 71.

G. Vorschriften für die Prüfung von Eisenblech[1].

Einleitung.

Im Jahre 1901 waren von einer besonderen, durch den VDE eingesetzten „Hysteresis-Kommission" Prüfungsvorschriften für Eisenbleche aufgestellt worden, die in den Jahren 1903 und 1905 etwas ergänzt worden waren. Nach Fertigstellung dieser Arbeiten wurde im Jahre 1905 die genannte Kommission aufgelöst. Als nun fünf Jahre später eine gründliche Durchsicht dieser Prüfvorschriften sich als notwendig erwies, übertrug der Vorstand des VDE diese Arbeit der Kommission für Maschinen und Transformatoren, die sie auch in kurzer Zeit erledigte. Im Jahre 1914 wurden nochmals die genannten Vorschriften durch diese Kommission einer Durcharbeit unterzogen. Später wurde seitens des Deutschen Normenausschusses unter Mitwirkung des VDE ein Normblatt für Dynamobleche DIN VDE 6400 aufgestellt, das ETZ 1926, S. 835 abgedruckt ist.

Da sich verschiedene Unstimmigkeiten zwischen den durch die Jahresversammlung 1914 in Kraft gesetzten „Vorschriften für die Prüfung von Eisenblech" einerseits und dem Normblatt DIN VDE 6400 anderseits gezeigt haben, so sah sich die Kommission für Maschinen und Transformatoren veranlaßt, die erstgenannten Bestimmungen einer Neubearbeitung zu unterziehen. Ein diesbezüglicher neuer Entwurf ist ETZ 1929, S. 1453 veröffentlicht worden. Da über ihn aber erst anläßlich der Jahresversammlung des VDE 1930 entschieden werden wird, so konnte er hier noch nicht Verwendung finden. Es mußte somit nachstehend der zur Zeit der Abfassung dieses Buches noch in Geltung befindliche Wortlaut wiedergegeben werden.

---

[1] Gültig ab 1. Juli 1914. Angenommen auf der Jahresversammlung 1914. Veröffentlicht ETZ 1914, S. 512.

Vorher haben schon andere Fassungen bestanden. Über die Entwicklung gibt nachstehende Tabelle Aufschluß.

Fassung:	Beschlossen:	Gültig ab:	Veröffentl. ETZ:
Erste Fassung . .	28. 6. 01	1. 7. 01/02	01 S. 801
Erste Änderung . .	8. 6. 03	1. 7. 03	03 S. 684
Zweite Änderung .	5. 6. 05	1. 7. 05	05 S. 720
Zweite Fassung . .	26. 5. 10	1. 7. 10	10 S. 519 u. S. 740
Dritte Fassung . .	26. 5. 14	1. 7. 14	14 S. 512

1. Für die Messung der Eisenverluste und der Magnetisierbarkeit dient ein magnetischer Kreis, der nur Eisen der zu prüfenden Qualität enthält und den Ausführungsbestimmungen gemäß zusammengesetzt ist.

2. Die Probe soll 10 kg wiegen und mindestens 4 Tafeln entnommen sein. Der Eisenverlust soll bei 20° C gemessen werden.

3. Der Eisenverlust soll in Watt pro Kilogramm, bezogen auf rein sinusförmigen Verlauf der induzierten Spannung, bei den Maximalwerten der magnetischen Induktion $\mathfrak{B}_{max} = 10000$ cgs-Einheiten und $\mathfrak{B}_{max} = 15000$ cgs-Einheiten angegeben werden. Diese Zahlen heißen Verlustziffern. (Abgekürzte Bezeichnung: V_{10} und V_{15}.)

4. Unter „Alterungskoeffizient" soll die prozentuale Änderung der Verlustziffer für $\mathfrak{B}_{max} = 10000$ cgs-Einheiten nach 600 Stunden erstmaliger Erwärmung auf 100° C verstanden werden.

5. Zur Beurteilung der Magnetisierbarkeit soll die Induktion $\mathfrak{B}$ bei zwei verschiedenen Feldstärken im Eisen angegeben werden, und zwar bei zweien der Werte 25, 50, 100 oder 300 AW pro Zentimeter. (Abgekürzte Bezeichnung: $\mathfrak{B}_{25}$, $\mathfrak{B}_{50}$, $\mathfrak{B}_{100}$, $\mathfrak{B}_{300}$.)

6. Für das spezifische Gewicht des Eisens sollen die Werte nach folgender Tabelle gelten:

V_{10} (garantierter Wert)		Spez. Gewicht
Blechstärke: 0,35 mm	Blechstärke: 0,5 mm	
über 2,60	über 3,00	7,80
„ 2,20 bis 2,60	„ 2,60 bis 3,00	7,75
„ 1,60 „ 2,20	„ 1,85 „ 2,60	7,65
1,60 und darunter	1,85 und darunter	7,55

Diese Gewichte verstehen sich für ungebeizte Bleche. Für gebeizte, also zunderfreie, Bleche erhöhen sich die Gewichte um 0,05.

7. Als normale Blechstärken gelten 0,35, 0,5 und 1,0 mm; Abweichungen der Blechstärken dürfen an keiner Stelle + 10% der vorgeschriebenen überschreiten. (Dabei ist gemeint, daß es sich um Abweichungen von meßbarer Ausdehnung handelt, nicht um kleine Grübchen oder Wärzchen, wie sie bei der Fabrikation unvermeidlich sind.)

8. In Zweifelsfällen gilt die Untersuchung durch die Physikalisch-Technische Reichsanstalt.

Ausführungsbestimmungen.

a) Die zur Prüfung verwendeten Blechstreifen, 500 mm lang und 30 mm breit, sollen zur Hälfte parallel und zur Hälfte senkrecht zur Walzrichtung mit einem scharfen Werkzeug gratfrei geschnitten werden und dürfen einer weiteren Behandlung nicht unterliegen. Für hinreichende

Isolierung der Streifen gegeneinander durch Papierzwischenlagen ist Sorge zu tragen.

b) Zur Feststellung der Verlustziffern wird ein Apparat nach Epstein benutzt, an dem zwischen Eisen und Erregerwicklung gleichmäßig verteilte Hilfswicklungen angebracht sind[1].

c) Die Bestimmung der Magnetisierbarkeit wird nach dem Kommutierungsverfahren ebenfalls in einem Apparat nach Epstein vorgenommen.

d) Wird eine Untersuchung durch die Physikalisch-Technische Reichsanstalt nach diesen Normalien gewünscht, so ist dies in dem Prüfungsantrag ausdrücklich anzugeben, und zwar unter Hinzufügung der garantierten Verlustziffer V_{10}.

---

[1] Literatur: Epstein: ETZ 1900, S. 303; 1911, S. 334, 363, 1314; 1912, S. 1180; 1913, S. 147. Gumlich, Rose: ETZ 1905, S. 403. Gumlich, Rogowski: ETZ 1911, S. 613; 1912, S. 262; 1913, S. 146. Gumlich, Steinhaus: ETZ 1913, S. 1022. Rogowski, Steinhaus: Arch. für Elektrot. I, S. 141. Lonkhuyzen: ETZ 1911, S. 1311; 1912, S. 531. Goltze: Arch. für Elektrot. II, S. 148.

H. Vorschriften für die Ausführung schlagwettergeschützter elektrischer Maschinen, Transformatoren und Geräte.

Einleitung.

Grundlegend für die Beurteilung der Schlagwetter=
sicherheit von elektrischen Maschinen, Transformatoren
und Apparaten sowie besonderer Schutzvorrichtungen
für dieselben sind die Ergebnisse von Versuchen, welche
seinerzeit auf der berggewerkschaftlichen Versuchsstrecke
in Gelsenkirchen=Bismarck ausgeführt worden sind.

Die Ergebnisse sind niedergelegt in den Veröffent=
lichungen:

„Versuche zwecks Erprobung von Schlagwetter=
sicherheit besonders geschützter elektrischer Motoren
und Apparate" von Bergassessor Beyling im „Glück=
auf" 1906, Nr. 1 bis 13, sowie „Die Erprobung und
Ermittlung von Schutzvorrichtungen an elektrischen
Maschinen und Apparaten gegen die Zündung von
Schlagwettern" von Dipl.-Ing. Götze in der ETZ
1906, S. 4 ff., und „Versuch emit Schlagwetter und
dem Schlagwetterschutz elektrischer Antriebe" von
Hofmann in der Z. V. d. J. vom 24. III. 1906
(Nr. 12, S. 433).

Bezüglich Einzelheiten über Bauart und Anwendung
sei auf die vorstehend angegebenen Veröffentlichungen
verwiesen.

Die Kommission für Errichtungs= und Betriebs=
vorschriften des VDE hat nun auf Veranlassung
des ihr angegliederten Bergwerkskomitees eine Neu=
bearbeitung der Bestimmungen über Schlagwetter=
schutz durchführen lassen und einen Entwurf dazu
ETZ 1925, S. 1281 und 1669 veröffentlicht, der auch
durch den Vorstand des VDE im Oktober 1925 an=
genommen wurde. Im Jahre 1928 ist nun auch dieser
wieder einer Neubearbeitung unterzogen worden, die
ETZ 1928, S. 1760 und 1929, S. 474, 873 und 1135
bekanntgegeben worden ist. Dieser seit dem 1. Juli
1929 geltende Wortlaut ist nachstehend wiedergegeben.

Inhaltsübersicht.
I. Gültigkeit.

II. Ausführung.

III. Kennzeichen.

§ 23.

I. Gültigkeit.

§ 1. Geltungsbeginn.

a) Diese Vorschriften gelten für Maschinen, Transformatoren und Geräte, deren Herstellung nach dem 1. Juli 1929 begonnen wird[1].

§ 2. Geltungsbereich.

a) Diese Vorschriften gelten für alle Maschinen, Transformatoren und Geräte, die in schlagwettergefährdeten Grubenräumen verwendet werden sollen.

II. Ausführung.

§ 3. Allgemeines.

a) Alle Maschinen, Transformatoren und Geräte, die in schlagwettergefährdeten Grubenräumen verwendet werden sollen, müssen den Bestimmungen des VDE entsprechen, soweit nicht nachstehend besondere Bestimmungen getroffen sind.

§ 4. Anwendung von Kapselungen.

a) Alle Teile von elektrischen Maschinen, Transformatoren und Geräten, an denen betriebsmäßig Funken auftreten können, sind nach §§ 5, 6 oder 7 schlagwettergeschützt einzukapseln.

---

[1] Angenommen durch die Jahresversammlung 1929.

§ 5. Druckfeste Kapselung.

a) Die druckfeste Kapselung besteht in einem allseitig geschlossenen Gehäuse, das den nachstehenden Anforderungen entspricht.

b) Alle Teile der Kapselung sind bei einem Rauminhalt bis 0,5 l für 3 at, bei einem Rauminhalt über 0,5 l ... 2 l für 6 at und bei einem Rauminhalt von mehr als 2 l für 8 at Überdruck zu bemessen. Unterteilungen des gekapselten Raumes, die durch enge Öffnungen verbunden sind und deshalb zu höherem Überdruck Anlaß geben können, sind unzulässig.

c) Die Stoßstellen zusammengepaßter Kapsel- und Gehäuseteile sowie die Auflageflächen von Deckeln, Türen und Klappen sind zu bearbeiten.

d) Die Mindestbreite dieser Stoßstellen und Auflageflächen muß bei einem Rauminhalt des Gehäuses bis 0,5 l 8 mm, bei einem Rauminhalt über 0,5 ... 2 l 15 mm und bei einem Rauminhalt über 2 l 25 mm betragen. Bei abgesetzten Stoßstellen und Auflageflächen muß der gesamte Kriechweg den vorstehenden Zahlen entsprechen. Die nicht mit Druck aufeinander liegenden Teile des Kriechweges dürfen nicht mehr als 0,25 mm Spiel haben.

e) Die Verwendung von Dichtungsstoffen ist tunlichst zu vermeiden. Falls solche angewendet werden, müssen sie derart beschaffen sein, daß sie durch den Explosionsdruck nicht herausgedrückt werden können.

Dichtungen dürfen nicht aus Gummi, Asbest oder ähnlichen, wenig haltbaren Stoffen bestehen.

Die Stoßstellen und Auflageflächen dürfen keinen Anstrich erhalten.

f) Schrauben dürfen in der Regel nicht durch die Gehäusewandung hindurchgeführt sein, sondern nur in Sacklöchern enden. Wenn sie aber die Gehäusewandung durchdringen, müssen sie in der Wandung so angebracht und befestigt sein, daß sie nur mit besonderen Hilfsmitteln herausgedreht werden können.

g) Für die Verbindungschrauben muß der Abstand vom Innenrand des Gehäuses bis zum Rand der Schraubenlöcher bei einer Breite der Stoßstellen und Auflageflächen von 25 mm und darüber mindestens 10 mm, bei geringeren Breiten mindestens 8 mm betragen.

h) Schrauben, die zum Zusammenhalten von Kapselungen dienen, sind so zu sichern, daß sie sich im Betriebe nicht lockern können.

Deckelschrauben dürfen nur durch besondere Hilfsmittel lösbar sein.

i) Die Länge der Metalldurchführungen bei Betätigungsachsen muß mindestens 25 mm betragen, wobei der Unterschied der Durchmesser von Betätigungsachse und Durchführung 0,25 mm nicht überschreiten darf.

Die Länge der Metalldurchführungen für Wellen von Motoren muß mindestens 50 mm, der Unterschied der

Durchmesser von Welle und Durchführung darf höchstens 0,5 mm betragen.

Bei Labyrinthdurchführungen muß die Summe der radialen Kriechwege ebenfalls mindestens 50 mm betragen.

k) Ölnuten dürfen keine Verbindung zwischen dem Inneren und dem Äußeren des Gehäuses bilden; sie müssen in einem gegenseitigen Abstand von mindestens 10 mm geführt werden. Außerdem müssen sie eine Unterbrechung von mindestens 10 mm haben, falls sie in der Längsrichtung verlaufen.

l) Die Leitungsdurchführungen müssen so abgedichtet sein, daß sie dem Explosionsdruck sicher standhalten.

m) Bei Gehäusen mit Schiebe- oder Drehdeckel darf die Weite des Luftspaltes zwischen Gehäuse und Deckel an keiner Stelle 0,5 mm überschreiten. Die Breite der bearbeiteten Auflageflächen muß mindestens 50 mm betragen.

Die Deckel sind derart zu sichern, daß sie nur mit besonderen Hilfsmitteln geöffnet werden können.

§ 6. Plattenschutzkapselung.

a) Die Plattenschutzkapselung besteht darin, daß an einem geschlossenen Gehäuse Öffnungen vorgesehen und an diesen Öffnungen Pakete von Metallplatten angebracht sind, die durch Zwischenlagen oder gleichwertige Mittel in einem bestimmten Abstand voneinander gehalten werden, so daß das Innere des Gehäuses nur durch die Luftspalte zwischen den Metallplatten mit der Außenluft in Verbindung steht.

b) Die Metallplatten müssen mindestens 50 mm breit und 0,5 mm dick sein und durch Zwischenlagen oder gleichwertige Mittel so auseinandergehalten werden, daß ihr Abstand (Spaltweite) höchstens 0,5 mm beträgt und nicht infolge Durchbiegung der Platten überschritten werden kann.

Bleche aus rostendem Metall sind unzulässig.

c) Plattenpakete sind so anzubringen, daß sie nur mit besonderen Hilfsmitteln ausgebaut werden können. Maßnahmen sind gegen zufällige Beschädigung und Verschmutzung zu treffen.

d) Das Gehäuse muß so stark bemessen sein, daß es den höchsten Explosionsdruck, der in ihm auftreten kann, mit Sicherheit auszuhalten vermag.

e) Die Bestimmungen unter § 5c) bis m) sind zu erfüllen.

§ 7. Ölkapselung.

a) Die Ölkapselung besteht darin, daß das Gerät, soweit an ihm betriebsmäßig Funken, Flammen oder eine gefährliche Erwärmung durch den elektrischen Strom auftreten können, in einen Behälter eingebaut ist, der mit einem den „Vorschriften für Transformatoren- und Schalteröle" entsprechenden Öl gefüllt ist.

b) Der Ölstand ist so reichlich zu bemessen, daß das Austreten von Funken oder Flammen aus dem Öl ausgeschlossen ist. Die hierfür erforderliche Höhe des Ölstandes ist durch eine Marke festzulegen. Die Ölstandhöhe muß von außen her erkennbar sein.

c) Bei Ölschaltern mit Selbstauslösung ist die Ölstandhöhe so zu wählen oder die Schaltleistungsgrenze so festzusetzen, daß bei Kurzschluß ein Funken oder eine Flamme aus dem Öl nicht heraustreten kann.

d) Schaugläser müssen aus besonders starkem, fest eingesetztem Glas bestehen, das gegen Beschädigung geschützt angebracht sein muß.

e) Ölablaßvorrichtungen müssen so eingerichtet sein, daß sie nur mit besonderen Hilfsmitteln geöffnet werden können.

f) Blanke, Spannung führende Teile, die unter Öl liegen, dürfen nur mit besonderen Hilfsmitteln zugänglich gemacht werden können. Deckelschrauben dürfen nur durch besondere Hilfsmittel lösbar sein.

g) Gehäuse von Schaltern sind so einzurichten, daß die beim Schalten entwickelten Öldämpfe entweichen können.

h) Öltransformatoren gelten als ölgekapselt, bedürfen also für die so gekapselten Teile der erhöhten Sicherheit nach § 8a) nicht.

i) Bei ortsveränderlichen Maschinen, Transformatoren und Geräten ist Ölkapselung unzulässig.

§ 8. Erhöhte Sicherheit.

a) Solche Teile von Maschinen, Transformatoren und Geräten, an denen nur in außergewöhnlichen Fällen Funken oder gefährliche Erwärmung auftreten können und die nicht nach einer der unter §§ 5 bis 7 aufgeführten Arten geschützt sind, erhalten eine erhöhte Sicherheit gegenüber normaler Bauart:

1. durch einen besonderen mechanischen Schutz der unter Spannung stehenden Teile gegen Berühren und Beschädigen sowie gegen das Eindringen von Fremdkörpern und Tropfwasser,
2. durch Herabsetzen der für isolierte Wicklungen nach den einschlägigen Bestimmungen zulässigen Erwärmung um 10^0,
3. durch Beschränken der zulässigen Erwärmung unisolierter Wicklungen auf 200^0.

b) Asynchrone Drehstrommotoren erhalten den vergrößerten Luftspalt zwischen Ständer und Läufer nach DIN VDE 2650 und 2651.

c) Bei Motoren zum Antrieb von Lüftern, die in eine Lutte eingebaut werden, darf mit Rücksicht auf die guten Abkühlungsverhältnisse von einer Herabsetzung der zulässigen Erwärmung der Wicklungen abgesehen werden.

d) Bei Wechselstrom-Hubmagneten ist entweder eine besondere Vorrichtung anzubringen, die ein Überschreiten der zulässigen Erwärmung der Wicklungen verhindert, oder sie sind nach §§ 5 oder 6 einzukapseln.

§ 9. Schutz blanker Teile.

a) Blanke, Spannung führende Teile an Maschinen, Transformatoren und Geräten müssen an diesen selbst so geschützt sein, daß sie für Unbefugte unzugänglich und auch nicht einer Berührung durch Fremdkörper, z. B. infolge Steinfalles, oder Tropfwasser ausgesetzt sind.

Ihre Freilegung darf nur mit besonderen Hilfsmitteln möglich sein.

§ 10. Kurzschlußläufermotoren.

a) Bei Drehstrommotoren mit Kurzschlußläufer sind die Stäbe und der Kurzschlußring durch Hartlötung oder gleichwertige Mittel miteinander zu verbinden.

b) Bei 2poligen Motoren mit besonderer kurzgeschlossener Anlaßwicklung im Läufer — wie z. B. Doppelkäfigmotoren — muß die Anlaßwicklung entweder gegossen (gespritzt) oder die spezifische elektrische Leitfähigkeit des für die Stäbe verwendeten Werkstoffes muß kleiner als 20 sein.

§ 11. Metallwiderstände.

a) Bei Metallwiderständen darf von besonderen Schutzvorrichtungen abgesehen werden, wenn gleichzeitig:

1. die elektrische Beanspruchung des Baustoffes so gering ist, daß eine höhere Temperatur als 200° ausgeschlossen ist.

   Bei nicht für Dauerbetrieb berechneten Widerständen sind besondere Vorkehrungen zu treffen, die bewirken, daß der Widerstand bei Überschreiten dieser Temperatur selbsttätig abgeschaltet wird.

   Bei Widerständen unter Öl muß durch besondere Vorkehrungen dafür gesorgt werden, daß die Temperatur des Öles an der Oberfläche 100° nicht überschreitet;

2. der Widerstandsbaustoff so fest ist, daß im gewöhnlichen Betriebe ein Bruch nicht eintreten kann, und die Widerstandselemente so sicher befestigt sind, daß ein Berühren untereinander und mit dem Gehäuse ausgeschlossen ist;

3. durch einen besonderen mechanischen Schutz ein zufälliges Berühren des Widerstandsbaustoffes sowie durch geeignete Abdeckung das Hineinfallen von Fremdkörpern und Eindringen von Tropfwasser verhindert werden;

4. alle leitenden Verbindungen durch gesicherte Verschraubungen, Hartlötung oder gleichwertige Mittel hergestellt sind.

b) Freihängende Drahtspiralen sind nicht zulässig.

c) Anlaßwiderstände von Lokomotiven siehe § 16 b).

§ 12. Flüssigkeitsanlasser.

a) Flüssigkeitsanlasser sind nur bei ortsfesten Förderhaspeln mit einem Energieverbrauch über 150 kW zulässig.

b) Die Elektroden dürfen im Betriebe nicht soweit aus der Flüssigkeit herausgenommen werden können, daß an ihnen Funkenbildungen auftreten.

c) Eine Einrichtung ist vorzusehen, durch die die Anlage stillgesetzt oder ihre Inbetriebnahme verhindert wird, wenn die Flüssigkeitsmenge unter die erforderliche Höhe gesunken ist.

§ 13. Trennschalter.

a) Trennschalter müssen so gebaut sein, daß sie nur durch besonders dazu Befugte betätigt werden können.

§ 14. Schraubkontakte.

a) Alle Schraubkontakte, die nicht durch Kapselung nach §§ 5 bis 7 geschützt sind, müssen so gesichert sein, daß ein Lockern der Verschraubung und damit ein schlechter Kontakt nicht eintreten kann.

§ 15. Steckvorrichtungen.

a) Steckvorrichtungen müssen so gebaut sein, daß die Stecker fest in den Dosen sitzen, so daß im Ruhezustande keine Funken auftreten können.

b) Sie müssen mit schlagwettergeschützten Schaltern derart verriegelt sein, daß das Einsetzen und Herausnehmen des Steckers oder der Dose nur in spannungslosem Zustande möglich ist.

c) Die Einstecktiefe des Steckgehäuses in das Dosengehäuse muß mindestens 50 mm, der Unterschied der Durchmesser darf höchstens 0,5 mm betragen.

§ 16. Schmelzsicherungen.

a) Schmelzsicherungen müssen in Gehäusen nach §§ 5, 6 oder 7 schlagwettergeschützt eingebaut sein. Die Gehäuse sind mit Schaltern derart zusammenzubauen oder zu verriegeln, daß das Einsetzen und das Herausnehmen der Schmelzeinsätze nur in spannungslosem Zustande möglich ist.

b) Schmelzsicherungen unter Öl sind nur für Stromstärken bis 6 A zulässig.

§ 17. Verriegelungen.

a) Verriegelungen müssen so ausgeführt sein, daß ihre Wirksamkeit nicht mutwillig aufgehoben werden kann.

§ 18. Akkumulatoren-Lokomotiven.

a) Die Batterien von Akkumulatoren-Lokomotiven sind nach § 6 schlagwettergeschützt einzukapseln.

b) Die Anlaßwiderstände solcher Lokomotiven sind nach §§ 5 oder 6 einzukapseln.

§ 19. Leitungen.

a) Für festverlegte Leitungen sind bei Betriebspannungen von 1000 V und darüber nur Bleikabel, bei Betriebspannungen unter 1000 V auch kabelähnliche Leitungen und Gummischlauchleitungen starker Ausführung NSH zulässig.

b) Biegsame Leitungen müssen Gummischlauchleitungen starker Ausführung NSH sein.

Für Kali- und Steinsalzwerke sind auch Sonderschnüre NSGK zulässig.

Die Drähte der einzelnen Leiter dürfen nicht dicker als 0,25 mm sein.

Leitungen mit äußerer Drahtbewehrung sind unzulässig.

Der Krümmungshalbmesser der Ein- und Ausführungen der Leitungen darf nicht kleiner als das 2,5 fache des äußeren Durchmessers der Leitungen sein.

Die Anschlußstellen der Leitungen müssen von Zug entlastet, die Leitungsumhüllung gegen Abstreifen und die Leitungsadern gegen Verdrehen gesichert sein.

c) Die unter b) genannten Leitungsarten sind für Leitungen an Hörern von Fernsprechgeräten und für Anschlußleitungen an tragbare Fernsprechgeräte nicht erforderlich.

d) Blanke Leitungen sind nur als Erdungsleitungen zulässig.

§ 20. Leuchten und Glühlampenfassungen.

a) Leuchten müssen mit einem sicher befestigten, dickwandigen Schutzglas und mit kräftigem Schutzkorb oder Schutzgitter ausgerüstet sein.

b) Leuchten müssen so verschlossen sein, daß sie nur mit besonderen Hilfsmitteln geöffnet werden können.

c) Glühlampenfassungen müssen so ausgeführt sein, daß Funken, die beim Lockern der Lampe entstehen, nur in einem schlagwettergeschützt abgeschlossenen Raum auftreten können.

§ 21. Sonderausführungen.

a) Andere als die vorstehend angegebenen Bauarten von Maschinen, Transformatoren und Geräten gelten als schlagwettergeschützt, wenn der Schlagwetterschutz der verwendeten Bauarten durch eine behördlich anerkannte Versuchstrecke als ausreichend befunden ist.

§ 22. Ausnahmen.

a) Die Bestimmungen gelten nicht für die gewöhnlichen tragbaren elektrischen Grubenlampen und nicht für elektrische Zündmaschinen. Sie gelten ferner auch nicht für solche Fernmeldegeräte, bei denen nur Funken auftreten können, die Schlagwetter nicht entzünden.

III. Kennzeichen.

§ 23.

a) Alle den vorstehenden Bestimmungen entsprechenden schlagwettergeschützten und als solche von einer behördlich anerkannten Versuchstrecke bestätigten Maschinen, Transformatoren und Geräte sind mit dem Zeichen Sch zu versehen, das deutlich sichtbar anzubringen ist.

I. Regeln für die Konstruktion und Prüfung von Schutztransformatoren mit Kleinspannungen R.E.T.K.

Einleitung.

Diese Regeln sind in Anlehnung an die „Regeln für die Bewertung und Prüfung von Transformatoren R.E.T." und an die „Vorschriften für den Anschluß von Fernmeldeanlagen an Niederspannung=Starkstromnetze durch Transformatoren (mit Ausschluß der öffentlichen Telegraphen= und Fernsprechanlagen") aufgestellt. Es haben nur Bestimmungen für die Konstruktion und Prüfung solcher Transformatoren Aufnahme gefunden, deren Leistung auf zunächst 1500 VA beschränkt bleibt und deren Sekundärspannung 42 V nicht übersteigt; für Einzelantriebe kann indessen diese Leistungsgrenze bis 3500 VA bei Einphasenstrom und bis 5000 VA bei Drehstrom erhöht werden. Bestimmungen über die Installation von Kleinspannungsanlagen sind in diesen Regeln nicht enthalten, ebensowenig Bestimmungen über die zweckentsprechende Verwendung von Schutztransformatoren mit Kleinspannungen.

Inhaltsübersicht.

I. Gültigkeit.

II. Begriffserklärungen.

III. Genormte Werte.

IV. Bestimmungen.

A. Allgemeine Bestimmungen.

I. Gültigkeit.

§ 1. Geltungsbeginn.

Diese Regeln gelten für Transformatoren, deren Herstellung nach dem 1. Januar 1929 begonnen wird[1].

§ 2. Geltungsbereich.

Diese Regeln gelten für Transformatoren, die zum Schutze gegen zu hohe Berührungsspannung dienen.
Unter diese Regeln fallen nicht:
Transformatoren mit Primärspannungen über 500 (550) V[2],
Ofentransformatoren[2],
Transformatoren für andere thermische Zwecke[2],
Transformatoren für Fernmeldeanlagen[3],
Meßwandler[4].

II. Begriffserklärungen.

§ 3. Wicklungen und elektrische Begriffe.

Maßgebend sind die Begriffserklärungen der R.E.T. 1930 unter II. A, Wicklungen, und II. B, Elektrische Begriffe, soweit nicht im folgenden Abweichungen besonders angegeben sind (siehe § 6).

§ 4. Schutzarten.

Hinsichtlich der Schutzart werden unterschieden:
TK 1. Abgedeckt: Abdeckung aller Spannung führenden Teile gegen zufällige oder fahrlässige Berührung; der Eisenkern kann frei liegen. Abdeckung kann durch gelochtes Blech erfolgen.

---

[1] Angenommen durch die Jahresversammlung 1928.
[2] Regeln für die Bewertung und Prüfung von Transformatoren/R.E.T.
[3] Vorschriften für den Anschluß von Fernmeldeanlagen an Niederspannung-Starkstromnetze durch Transformatoren (mit Ausschluß der öffentlichen Telegraphen- und Fernsprechanlagen).
[4] Regeln für die Bewertung und Prüfung von Meßwandlern.

TK 2. **Regensicher:** Regen- und spritzwasserdichte Abdeckung aller Teile des Transformators; die Wicklung muß feuchtigkeitsicher imprägniert sein. Zwischen Primär- und Sekundärklemmen und geerdeten Teilen muß ein Mindestabstand von 10 mm eingehalten werden.

TK 3. **Gekapselt:** Allseitig metallener, mechanisch fester Abschluß mit besonderer Dichtung aller Fugen und nicht abgerichteter Paßstellen. Die Berührung Spannung führender Teile, das Eindringen von fallenden oder gegen die Abdeckung gespritzten Wassertropfen (Regen) sowie von Staub sind verhindert.

TK 4. **Explosionsgeschützt:** Der Schutz ist besonders zu vereinbaren.

III. Genormte Werte.

§ 5. Frequenzen.

Genormte Nennfrequenz ist 50 Hz.

§ 6. Spannungen.

Tafel I.

Genormte Nennspannungen in Volt bei 50 Hz.

Betriebspannung nach **DIN VDE 2**	Nenn-	
	Primär-spannung	Sekundärspannung
24		**24**
42		**42**
125	125	gemessen bei induktions-
220	220	freier Belastung mit der
380	**380**	Nennleistung
500	500	

Die fettgedruckten Spannungen bedeuten Vorzugspannungen, die in erster Linie empfohlen werden sowohl für Neuanlagen als auch für umfangreiche Erweiterungen.

§ 7. Leistungen.

Tafel II.

Genormte Leistungen in Volt-Ampere bei 50 Hz.

	Einphasenstrom		Drehstrom	
	100	1000		1000
	200	(2000)	150	1500
25				
	320	(3500)		(2000)
50	500		300	(3000)
	750		500	(5000)
			750	

Die eingeklammerten Werte gelten für Spezialtransformatoren bei Einzelantrieben mit höheren Leistungen.

IV. Bestimmungen.

A. Allgemeine Bestimmungen.

§ 8. Netzanschluß.

Schutztransformatoren mit Kleinspannungen dürfen
als Einphasentransformatoren nur einen 2poligen, als
Dreiphasentransformatoren nur einen 3poligen Netzanschluß haben.

§ 9. Verbrauchsanschluß.

Auf der Unterspannungseite darf im allgemeinen nur
eine Verbrauchspannung, bei Drehstromtransformatoren
kann jedoch außerdem noch die sekundäre Nullpunkt-
spannung herausgeführt werden.

§ 10. Anzapfungen und Umschaltungen.

Um den Anschluß des Transformators für Netze verschiedener Spannungen einzurichten, können Anzapfungen oder Umschaltungen vorgesehen werden. Änderungen
der bestehenden Schaltung sind nur durch den Hersteller
oder die von ihm ausdrücklich ermächtigten Elektrizitätswerke und Selbstverbraucher zulässig. Die hierzu erforderlichen Leitungen müssen zu einer vom Anschluß
getrennten und von außen nicht zugänglichen Klemmenleiste geführt werden; die Betätigung muß von außen
unausführbar sein.

Um am Verwendungsort Abweichungen der Netzspannung bis $\pm 7\%$ auszugleichen, können Anzapfungen
vorgesehen werden. Die hierzu erforderlichen Leitungen
müssen zu einer vom Anschluß getrennten und von außen
zugänglichen Klemmenleiste geführt werden, die Betätigung muß von außen ausführbar sein; der Spannungs-
wert der einzelnen Klemmen ist zu kennzeichnen.

§ 11. Erdung.

Um den Erdungsanschluß des metallenen Gehäuses
zu ermöglichen, ist am Schutztransformator eine Erdungs-
klemme oder -schraube von mindestens 6 mm Durchmesser vorzusehen. Der Schutztransformator muß so gebaut sein, daß auf der Sekundärseite eine leitende Verbindung von metallenen Leitungsumhüllungen mit dem
Gehäuse unmöglich gemacht ist.

Wird zum Anschluß eine Steckvorrichtung mit Schutzkontakt (für Erdung, Nullung und Schutzschaltung) verwendet,
so ist der Schutzkontakt mit dem Gehäuse des Schutztransformators zu verbinden.

§ 12. Wicklungen.

Leitende Verbindungen dürfen weder zwischen Primär-
und Sekundärwicklung noch zwischen Wicklungen und
Gehäuse bestehen. Beide Wicklungen müssen so voneinander und von dem Gehäuse getrennt sein, daß dieser
Forderung auch bei etwaigem Drahtbruch der Wicklungen
genügt wird.

§ 13. Isolierfestigkeit.

Die Prüfung der Isolierfestigkeit erfolgt als Wicklungsprobe nach den Bestimmungen der R.E.T., jedoch mit einer einheitlichen Prüfspannung von 2500 V bzw. 2500 V + 15% ≈ 3000 V bei Trockentransformatoren, wenn die Probe in kaltem Zustande vorgenommen wird.

Mit Ausnahme der Schutzart TK 1 müssen die Schutztransformatoren die Wicklungsprobe auch nach 24stündiger Lagerung in einem mit Feuchtigkeit gesättigten Raum von 20⁰ aushalten.

§ 14. Erwärmung.

Die Erwärmung ist zu messen bei Dauerbetrieb mit der Nennleistung. Bei der Prüfung dürfen die betriebsmäßig vorgesehenen Abdeckungen und Umhüllungen nicht entfernt werden.

Für die höchstzulässigen Grenzwerte der Erwärmung und Temperatur sowie für ihre Messung gelten die Bestimmungen der R.E.T.

§ 15. Hersteller und Firmenzeichen.

Jeder Schutztransformator muß den Namen des Herstellers oder dessen Firmenzeichen tragen. Diese Angaben können auch auf dem Leistungschild angebracht werden.

§ 16. Leistungschild.

Jeder Schutztransformator muß ein Leistungschild tragen; dieses soll so befestigt werden, daß es auch im Betriebe bequem gelesen werden kann. Auf dem Leistungschild sind deutlich und haltbar folgende Angaben anzubringen:

1. Modellbezeichnung oder Listennummer,
2. Nennleistung,
3. Nenn-Primärspannung.

Falls Anzapfungen oder Umschaltungen (Dreieck-Stern, parallel oder in Reihe) vorgesehen sind, ist die jeweilige Primärspannung, für die der Schutztransformator geschaltet ist, anzugeben. Eine nachträgliche Änderung der Schaltung durch Anzapfungen oder Umschaltungen macht eine Änderung des Leistungschildes erforderlich, die gleichfalls nur durch den Hersteller oder die von ihm ausdrücklich ermächtigten Elektrizitätswerke und Selbstverbraucher zulässig ist (siehe § 10). Falls Anzapfungen nach § 10 vorgesehen sind, ist deren Bereich von ± 7% bei der Angabe der Oberspannung mit zu vermerken.

4. Sekundärspannung,
5. Frequenz,
6. Schutzart (abgekürzt TK 1, TK 2, TK 3, TK 4),
7. weitere zusätzliche Angaben nach § 19.

§ 17. Schutzarten.

TK 1. Abgedeckt: Zulässig für trockene Innenräume.
TK 2. Regensicher: Zulässig für feuchte Räume und für das Freie.

TK 3. Gekapselt: Zulässig für durchtränkte und feuer-
gefährliche Räume. Gegen chemische Einflüsse
von Dämpfen und Gasen muß die Wicklung gegebenenfalls durch besondere Lackierung geschützt sein.

TK 4. Explosionsgeschützt: Zulässig für explosionsgefährliche Räume.

B. Besondere Bestimmungen.

§ 18. Ortsveränderliche Schutztransformatoren.

Ortsveränderliche Schutztransformatoren müssen als
primäre Verbindung entweder unlösbar mit ihnen verbundene Leitungen oder fest eingebaute Steckerstifte
haben. Die Verbindungsleitung darf nicht länger als
2 m sein, Zwischenstücke zur Verlängerung sind unzulässig.

Stecker zur Abnahme der Unterspannung müssen so
ausgeführt sein, daß sie in Steckdosen der Oberspannungsseite nicht eingeführt werden können und auch beim
Versuch ihrer Einführung keine leitende Verbindung
herzustellen vermögen.

§ 19. Kurzschlußsicherheit.

Kann bei dauerndem Kurzschluß der Sekundärseite
der Schutztransformator durch Sicherungen oder Selbstschalter nicht geschützt werden, so muß er derart gebaut
sein, daß bei dauernd kurzgeschlossenen Sekundärklemmen und bei Nenn-Primärspannung die Erwärmung
der Wicklungen folgende Werte nicht übersteigt:

Draht mit Isolierung durch Emaillelack . 120^0,
Draht mit Isolierung durch Seide. . . . . 100^0,
Draht mit Isolierung durch imprägnierte
    Baumwolle . . . . 90^0.

Die Temperaturmessung erfolgt hierbei gleichfalls
nach den Bestimmungen der R.E.T.

Derart gebaute Schutztransformatoren müssen auf
dem Leistungschild durch ein der Schutzartbezeichnung
vorgesetztes „V" gekennzeichnet sein. Ihre Leerlaufspannung darf 42 V nicht übersteigen.

> Für Glühlampenbelastung sind sie nur dann verwendbar,
> wenn die Verbrauchsleistung stets gleich der vollen Nenn-
> leistung des Schutztransformators ist.

§ 20. Schutztransformatoren für Spielzeuge.

Schutztransformatoren für Spielzeuge dürfen im
Gegensatz zu § 9 mit mehreren Sekundärspannungen
ausgeführt werden. Die Spannungstufen müssen einzeln
bezeichnet sein. Es darf keine höhere Leerlaufspannung als 33 V auftreten, auch nicht durch Hinterein-
anderschaltung mehrerer, u. U. unabhängiger Spannungstufen. Auf dem Leistungschild ist die bei der höchsten
Spannungstufe abgegebene Leistung anzugeben.

§ 21. Spannungsänderung.

Für Schutztransformatoren von 50 VA und mehr, die nicht nach § 19 ausgeführt sind, soll die Spannungsänderung zwischen induktionsfreier Belastung mit der Nennleistung und 15 W nicht mehr als 15% betragen.

Erklärungen.

Von K. Norden und O. Hammerer.

Nach der beim Beginn der Arbeiten des Ausschusses herrschenden Auffassung, die nunmehr im Neuentwurf zu den „Vorschriften für die Errichtung und den Betrieb elektrischer Starkstromanlagen" und dem Entwurf für „Leitsätze über Schutzmaßnahmen in Niederspannungsanlagen" nach manchen Zweifeln wieder zur Geltung gelangt ist, soll § 3d der Errichtungsvorschriften als erfüllt gelten, wenn die genormten Kleinspannungen angewendet werden.

Die endgültige praktische Durchsetzung dieser Schutzmaßnahmen wird voraussichtlich eine ausgedehntere Anwendung von Schutztransformatoren mit Kleinspannungen herbeiführen, da die Erdung von Verbrauchsgeräten an der Verwendungstelle in vielen Betrieben mit Unbequemlichkeiten verbunden ist.

Es mag auch erwähnt sein, daß außerdem Kleintransformatoren für Kleinspannungen bereits im praktischen Gebrauch sind, deren Anwendung nicht auf Erwägungen der Sicherheit beruht, wie z. B. in Beleuchtungsanlagen für 16⅔ Hz, für die eine Kleinspannung wegen der Flimmerfreiheit niedervoltiger Glühlampen gewählt wird, oder in Kinotheatern für den Betrieb von Projektionsglühlampen, die nur bei Niederspannungen als punktförmige Lichtquellen ausgestaltet werden können. Auf diese Kategorie finden die Regeln keine Anwendung, weil kein Bedürfnis vorliegt, diese Verbrauchsgeräte auf ein geringeres Potential als das des Netzes zu bringen.

Zu § 3: Abgewichen von den Begriffserklärungen der R.E.T./1930 wird bei der Nenn-Sekundärspannung, die in den R.E.T.K./1929 als Spannung bei induktionsfreier Belastung mit der Nennleistung definiert ist, während in den R.E.T./1930 hierunter die aus der Nenn-Primärspannung und der Übersetzung berechnete Sekundärspannung des leerlaufenden Transformators verstanden wird.

Zu § 4: Für alle Schutzarten sind die allgemeinen Bestimmungen der Errichtungsvorschriften § 10 u. ff. zu beachten, für die explosionsgeschützte Ausführungsart außerdem die besonderen der „Leitsätze für die Ausführung von Schlagwetter-Schutzvorrichtungen an elektrischen Maschinen, Transformatoren und Apparaten" sowie etwaiger Unfallverhütungsvorschriften der Berufsgenossenschaften.

In den Errichtungsvorschriften und den Nieder=
spannungsleitsätzen sind Anwendungen behandelt, für
die nur die Spannung von 24 V, nicht 42 V, in
Betracht kommt.

Auf den belasteten Zustand des Transformators
sind die normalen Nenn=Sekundärspannungen des=
wegen bezogen, weil der Fertigung aller Gebrauchs=
apparate (z. B. Glühlampen) die Normalspannungen
als Betriebspannungen zugrunde liegen; dem zwischen
Vollast und Leerlauf auftretenden Spannungsabfall
sind in § 21 Grenzen gesetzt. Eine Sonderstellung neh=
men Schutztransformatoren nach § 19 ein.

Zu § 7: Die Leistungen sind so gewählt, daß ein
Anschluß bzw. eine Übereinstimmung mit den genorm=
ten Leistungen der R.E.T. erreicht wurde; die beiden
Leistungsreihen sind hierbei so gestuft, daß möglichst
jede genormte Drehstromleistung kombinatorisch durch
Zusammenschaltung von drei genormten Einphasen=
transformatoren, aber auch konstruktiv durch Hinzu=
fügung eines dritten Schenkels zur Einphasentype
(Leistungsteigerung 50%) erzielbar ist.

Als obere Leistungsgrenze sollen im allgemeinen
mit Rücksicht auf das mit höheren Leistungen zuneh=
mende Gefahrmoment 1000 VA bei Einphasen= und
1500 VA bei Drehstrom gelten. Es ist also auch nicht
statthaft, diese Grenzleistung etwa durch Zusammen=
schaltung oder Parallelschaltung von entsprechenden
Einphasen= oder Drehstrom=Grenzeinheiten zu über=
schreiten. Soweit in Ausnahmefällen für Einzelantriebe
höhere Leistungen benötigt werden, sollen die hierzu
erforderlichen Spezialtransformatoren den Regeln ent=
sprechen.

Die Schaffung eines ausgedehnten Kleinspannungs=
netzes, das als Ringleitung von zahlreichen Transfor=
matoren gespeist wird, liegt hiernach ebensowenig im
Sinne dieser Regeln.

Zu §§ 8 bis 10: Bei Drehstromtransformatoren soll
der etwa vorhandene primärseitige Nullpunkt weder
geerdet noch mit dem Nulleiter des Netzes verbunden
werden; Versuche haben nämlich gezeigt, daß der
Nullpunkt bei unterbrochener Erdungsleitung oder
mangelhafter Erde Spannung führend werden kann,
wenn eine Phasenzuleitung defekt ist oder der Kontakt=
schluß der drei Phasen nicht gleichzeitig erfolgt.

Das Verbot mehrerer Anschlüsse für verschiedene
Netzspannungen und die Bestimmungen über die Aus=
führbarkeit von Umschaltungen zur Anpassung des
Schutztransformators an Netze verschiedener Nennspan=
nungen haben den Zweck, ungewollte Überschreitung
der höchstzulässigen Kleinspannung infolge Vertau=
schung der Anschlüsse zu verhindern. Hierbei hat der
Ausschuß nicht verkannt, daß unter Umständen die
Lagerhaltung von Schutztransformatoren in Orten,

die im Übergang von einer Spannung auf eine andere
begriffen sind, erschwert wird, jedoch erschien die Sicher-
heitsforderung ausschlaggebend. Der Schutztransformator soll vom Hersteller gebrauchsfertig nur für eine
Anschlußspannung geliefert werden, die gemäß § 16, 3
der vorliegenden Regeln auf dem Leistungschild anzugeben ist. Wären die Umschaltungen jedem Händler oder
Verbraucher zugänglich, so wäre keine Gewähr dafür
vorhanden, daß die Angaben auf dem Leistungschild
nach Vornahme einer Umschaltung in Übereinstimmung mit der jeweiligen Schaltung gebracht würden.
Deswegen darf jede Umschaltung nur vom Hersteller
des Schutztransformators oder von den durch den Hersteller hierzu ausdrücklich Ermächtigten vorgenommen
werden, die gleichzeitig die Möglichkeit haben, das
Leistungschild durch ein neues zutreffendes ordnungsgemäß zu ersetzen.

Im Gegensatz hierzu erschien es zulässig, die zum
Ausgleich von Spannungschwankungen vorgesehenen
Anzapfungen im Bereiche von ± 7% durch die Ver-
braucher selbst betätigen zu lassen, da die ungünstigen-
falls mögliche Spannungserhöhung innerhalb einer
Grenze liegt, die nach Ansicht der Kommission für Er-
dung mit Rücksicht auf die Erfordernisse der Praxis als
Toleranz zugestanden wird.

Zu § 11: Ob und auf welche Weise geerdet, genullt
oder schutzgeschaltet werden muß, ist nach § 3d der Errichtungsvorschriften zu entscheiden. Der vorliegende
Paragraph soll nur die Ausführbarkeit der Erdung usw.
ermöglichen, falls eine solche Schutzmaßnahme erforderlich ist. Das Verbot einer leitenden Verbindung
von metallenen Leitungsumhüllungen mit dem Gehäuse soll eine etwaige Spannungseinschleppung von
der Primär- auf die Sekundärseite im Falle eines
primärseitigen Defektes der Anlage verhindern.

Während für ortsfeste Geräte im allgemeinen die
Erdungsleitung fest verlegt wird, ist für ortsveränderliche Geräte eine Steckvorrichtung mit Schutzkontakt
(für Erdung, Nullung und Schutzschaltung) vorzuziehen.

Zu § 12: Um der Forderung zu genügen, daß
elektrisch voneinander unabhängige Wicklungen auch
noch bei Drahtbruch keine Möglichkeit einer Spannungs-
übertragung zulassen, war ursprünglich beabsichtigt, die
Anordnung der Primär- und Sekundärwicklung auf
verschiedenen Schenkeln vorzuschreiben. Diese Maßnahme hätte jedoch eine Einengung der Konstrukteure bedeutet, zumal sie nicht der einzige Weg ist,
um das Gewollte zu erreichen; beispielsweise gibt
Scheibenwicklung auf getrennten Spulenkörpern nach
Ansicht des Ausschusses genügende Gewähr für zuverlässige Isolierung.

Auch die Anbringung eines geerdeten Bleches
zwischen den Wicklungen ist vorgeschlagen worden,

doch glaubte die Mehrheit des Ausschusses, keiner Ausführungsform zustimmen zu können, die eine Erdung als notwendig voraussetzt, zumal das geerdete Blech auch noch den konstruktiven Nachteil hat, daß es als Kurzschlußwindung wirkt.

Zu § 18: Wird z. B. ein Kessel mit Kleinspannungslampen beleuchtet, so soll nur Kleinspannung in das Innere des Kessels eingeführt werden, mithin muß der Schutztransformator außerhalb des ·Kessels bleiben. Mit Rücksicht auf derartige Fälle mußte bestimmt werden, daß die Verbindungsleitung zwischen Netzanschluß und Schutztransformator in ihrer Länge zu begrenzen und mit dem Schutztransformator selbst fest zu verbinden sei; diese Bestimmung darf keinesfalls durch Verwendung von Verlängerungstücken mit Kupplungen umgangen werden. Schutztransformatoren mit fest eingebauten Steckerstiften zum unmittelbaren Anschluß an die Netz-Steckdosen gelten im allgemeinen als unzulässig, wenn nicht eine hinreichende Entlastung im Hinblick auf das auftretende Biegungsmoment vorgesehen ist. Stecker und Steckdosen haben den Bestimmungen der „Vorschriften, Regeln und Normen für die Konstruktion und Prüfung von Installationsmaterial bis 750 V Nennspannung" zu entsprechen und sind gemäß den Normblättern DIN VDE 9402 und 9403 auszuführen.

Zu § 19: Dieser Paragraph findet auf solche Schutztransformatoren Anwendung, deren Leistung zu gering ist, als daß die Stromstärke bei kurzgeschlossener Sekundärseite mit Sicherheit zur Herbeiführung einer primär- oder sekundärseitigen Abschaltung ausreichte. Solche Schutztransformatoren werden z. B. angewendet für elektrische Gas- und Feueranzünder, elektrische Fanggeräte, elektrische Spielzeuge u. a. m. Sie müssen also den Schutz gegen übermäßige Erwärmungen im Kurzschlußfall in sich selbst tragen, damit Brandgefahr vermieden wird. Die dafür übliche Methode ist, den Transformator mit sehr hohem Spannungsabfall zu konstruieren. Für solche Schutztransformatoren, deren Spannung bei Leerlauf die Spannung bei Nennleistung wesentlich übersteigt, muß die vorschriftsmäßige Grenze von 42 bzw. von 33 V auf die Leerlaufspannung bezogen werden.

Da unterhalb dieser Spannungen nur eine Normalspannung von 24 V besteht, bedeutet das praktisch, daß die Spannung bei der Nennleistung 24 V sein muß. Ein gegen Spannungsunterschiede empfindlicher Verbrauchsapparat muß den Transformator mit seiner vollen Nennleistung belasten; demnach dürfen mehrere Glühlampen nur derart angeschlossen werden, daß alle Lampen zugleich ein- und ausgeschaltet werden, nicht etwa einzelne Lampen für sich.

Für die Erwärmung der Wicklung im normalen Dauerbetrieb, d. h. bei Belastung mit der Nennleistung, gelten natürlich die Bestimmungen des § 14, nicht etwa die in § 19 angegebenen Grenztemperaturen für Kurzschluß, der doch nur selten und vorübergehend auftritt.

Zu § 20: Die Herausführung mehrerer Unterspannungen ist für Spielzeugtransformatoren deswegen erforderlich, weil Motoren und Lampen einer elektrischen Spielzeugbahn je mit anderer Spannung betrieben werden können; im Gegensatz zu § 8 erscheint dies zulässig, weil Schutztransformatoren für Spielzeuge im allgemeinen „kurzschlußsicher" nach § 19 ausgeführt werden. Da für elektrisches Spielzeug die normale Nennspannung 24 V beträgt, eine Leerlaufspannung von 42 V aber als zu hoch anzusehen ist, ist die Höchstgrenze für den Leerlaufzustand des Spielzeugtransformators auf 33 V als denjenigen Wert festgesetzt, den die Hersteller noch als ausreichend ansehen, um die durch § 19 erforderliche Steilheit des Spannungsabfalles herzustellen.

Zu § 21: Die Bestimmung dieses Paragraphen gilt nicht für Schutztransformatoren, die nach § 19 auszuführen sind, weil diese für wechselnde Belastungsverhältnisse nicht anwendbar sind. Die Begrenzung des Spannungsabfalles anderer Schutztransformatoren braucht nicht den Unterschied zwischen Null- und Vollast zu erfassen, weil 15 W die Leistung der kleinsten Glühlampe ist, also unterhalb 15 W die Spannung des Schutztransformators praktisch nicht interessiert.

K. Regeln für Spannungsmessungen mit der Kugelfunkenstrecke in Luft.

Gültig ab 1. Juli 1926[1].

Wird bei einer Funkenstrecke der Kugelabstand vermindert oder die Spannung gesteigert, so setzt der erste Überschlag beim Scheitelwert der Spannungskurve ein. Die Überschlagspannung wird als Effektivwert einer Sinuswelle von gleichem Scheitelwert angegeben (Tafel I).

Unterhalb 30 kV empfiehlt sich die Bestrahlung der Kugelfunkenstrecke (KF) mit ultraviolettem Licht zur Aufhebung des Entladeverzuges. Über 30 kV ist diese künstliche Ionisierung nicht nötig.

Die Bedingung für das Messen mit der Kugelfunkenstrecke ist eine genau definierte Spannungverteilung, d. h. es muß entweder die Spannungverteilung symmetrisch gegen Erde sein (Mitte der Oberspannungwicklung des Prüftransformators an Erde), oder es muß eine Kugel (d. h. ein Pol des Transformators) geerdet sein. Nur für diese Verhältnisse gelten die später angegebenen Eichkurven. Für ungeerdete Kugeln bei symmetrischer Spannungverteilung ist die Anzahl der Millimeter des Kugeldurchmessers die obere Grenze der Spannung in eff. kV, die man mit diesen Kugeln noch messen kann. Die höchstzulässige Spannung für einpolig geerdete Anordnung, für Frequenzen über 10^4 bis 10^6 Hertz und für Stoßspannung liegt etwa 25% tiefer.

Folgende Kugeldurchmesser gelten als normal:
50,   100,   150,   250,   500,   750,   1000 mm.

Die Kugeln sollen zweckmäßig aus Kupfer bestehen und eine polierte Oberfläche aufweisen. Aufrauhungen sind mit feinstem Schmirgelpapier zu beseitigen. Der Kugeldurchmesser darf vom Sollwert nicht mehr als 1% abweichen. Die sphärischen Abweichungen der Kugeloberfläche an den zugewendeten Seiten dürfen 1% vom Sollwert nicht überschreiten.

Bei Kugeln, die aus zwei Teilen zusammengesetzt sind, soll die Naht möglichst weit von der Überschlagstelle entfernt sein. Bei gedrückten Halbkugeln besteht die Gefahr, daß besonders an den Polen Abweichungen vom Krümmungshalbmesser vorkommen. In solchen Fällen wird empfohlen, die Pole gegen die Achse um etwa 15° zu versetzen.

---

[1] Angenommen durch die Jahresversammlung 1926.

Der Durchmesser des Schaftes, der glatt und ohne Verdickung in die Kugel eintreten soll, soll tunlichst 10% des Kugeldurchmessers betragen. Die Führungen der Kugelschäfte sollen von den Kugeln mindestens um den Kugeldurchmesser entfernt sein. Die Entfernung der Kugeln von benachbarten, geerdeten, ungeerdeten oder unter Spannung stehenden Leitern soll mindestens das $2^{1}/_{2}$fache des Kugeldurchmessers betragen. Die Zuleitungen sollen in einem Mindestabstand vom 5-fachen Kugeldurchmesser an der Kugelfunkenstrecke vorbeigeführt werden.

Als Zuleitungen zur Kugelfunkenstrecke sollen, wenn keine Bestrahlung erfolgt, etwa 1 mm starke blanke Drähte verwendet werden, deren Strahlung das Aufheben des Entladeverzuges KF bewirkt.

Stielbüschel dürfen im Meßkreis keinesfalls auftreten.

Vorschaltwiderstände VW.

Für die Wechselspannungmessungen im Bereich der gebräuchlichen Frequenzen (15 bis 100 Hertz) sind, auch zum Schutze des Prüfgegenstandes, vor die Funkenstrecke induktionsfreie Dämpfungswiderstände von insgesamt $^1/_5$ bis $1\,\Omega$ je V zu schalten. Bei Erdung der Mitte der Oberspannungwicklung des Prüftransformators ist je eine Hälfte des VW vor jede Kugel zu legen. Bei Erdung eines Poles ist der Gesamtwiderstand vor die ungeerdete Kugel zu legen. Der VW hat den Zweck, die Wirkung der KF als Stoßerreger von Schwingungskreisen zu verhindern oder abzuschwächen. Als VW sind Flüssigkeits- oder Metallwiderstände zu verwenden.

Vornahme der Messung.

Es können entweder:

1. die Elektroden der KF bei der konstant gehaltenen, zu messenden Spannung langsam bis zum Überschlag einander genähert werden, oder es kann
2. die Spannung bei konstanter Schlagweite bis zum Überschlag gesteigert werden.

Bei Annäherung der Elektroden soll die Geschwindigkeit der Bewegung von 10% unterhalb der Überschlagspannung an 2 mm/s nicht überschreiten. Bei feststehenden Elektroden und Spannungregelung soll die Spannungsteigerung ab etwa 20% unterhalb der voraussichtlichen Überschlagspannung der Funkenstrecke bis zum Überschlag nicht rascher als in einer halben Minute möglichst gleichmäßig erfolgen. Die Größe der Spannungstufen soll bei einer geforderten Meßgenauigkeit von $\pm 2\%$ den Wert von $^1/_2\%$ der zu messenden Spannung nicht überschreiten. Bei einer Meßgenauigkeit von $\pm 5\%$ soll sie 1% der zu messenden Spannung nicht überschreiten.

Messungen bei Niederfrequenz.

Vor dem Überschlag sind die Kugeln tunlichst von Staub zu befreien. Mindestens drei Überschläge dienen

Tafel I. Überschlagsspannungen von Kugelfunkenstrecken bei 20° C und 760 mm Hg Luftdruck[1].

Kugel-Durchm. cm	5		10		15		25		50		75		100		Kugel-Durchm. cm
Schlagweite cm	Eine K geerdet kV	Beide K isol. kV²	Eine K geerdet kV	Beide K isol. kV²	Eine K geerdet kV	Beide K isol. kV²	Eine K geerdet kV	Beide K isol. kV²	Eine K geerdet kV	Beide K isol. kV²	Eine K geerdet kV	Beide K isol. kV²	Eine K geerdet kV	Beide K isol. kV²	Schlagweite cm
0,5	12,28	12,30	11,75	11,76											0,5
1,0	23,02	23,10	22,74	22,77	—	—	—	—	—	—	—	—	—	—	1,0
1,5	32,25	32,60	33,00	33,10	32,90	32,95									1,5
2,0	(40,00)	40,95	42,60	42,80	42,95	43,00									2,0
2,5	—	48,30	51,5	51,8	52,5	52,7	52,8	52,9	—	—	—	—	—	—	2,5
3,0		(54,9)	59,5	60,4	61,7	61,9	62,6	62,7							3,0
4,0			74,0	75,8	78,7	79,2	81,3	81,5							4,0
5,0	—	—	(86,5)	89,5	94,0	95,2	99,0	99,4	101,5	101,7	—	—	—	—	5,0
6,0				(101,7)	107,0	109,7	115,7	116,3	120,3	120,5					6,0
7,0					(119,0)	123,1	131,5	132,5	138,5	138,9	140,2	140,4			7,0
8,0	—	—	—	—	—	136,1	146,0	147,8	156,3	156,8	158,9	159,2	—	—	8,0
9,0						147,1	159,5	162,4	173,6	174,1	177,2	177,6			9 0

10,0						(157,6)	172,0	176,1	190,3	191,1	195,2	195,6	197,3	197,7	10,0
12,0	—	—	—	—	—	—	195,0	201,8	222,5	223,6	230,3	230,9	233,8	234,2	12,0
14,0							(215)	225,2	253	255,0	264,0	265,0	269,0	270,0	14,0
16,0								246,5	281	284,5	296,5	298,0	303,5	304,5	16,0
18,0	—	—	—	—	—	—	—	(266,0)	307	312,0	328	329,5	337	338,5	18,0
20,0									331	338,5	358	360,5	370	371,5	20,0
25,0									(385)	399,5	426	432,5	447	450,0	25,0
30,0	—	—	—	—	—	—	—	—	—	454,0	487	499,0	518	524	30,0
35,0										(502)	540	560	583	593	35,0
40,0											(590)	617	645	658	40,0
50,0	—	—	—	—	—	—	—	—	—	—	—	717	750	777	50,0
60,0												(803)	(835)	883	60,0
70,0														975	70,0
80,0	—	—	—	—	—	—	—	—	—	—	—	—	—	(1059)	80,0

[1] Über die Berechnung der Tafel siehe Tafel IV.

[2] D. h. symmetrische Spannungverteilung gegen Erde durch Erdung der Mitte der Oberspannungwicklung des Transformators.

dazu, anhaftende Staubteilchen, die das Feld stören, wegzubrennen. Diese Werte werden für die Spannungmessung nicht benutzt. Maßgebend ist der Mittelwert der darauf folgenden fünf Meßwerte. Um die Kugeln vor unnötigem Abbrand zu schützen, ist der Transformator unmittelbar nach dem Überschlag spannunglos zu machen (selbsttätige Abschaltung der Erregung empfehlenswert).

Die KF wird parallel zum Prüfobjekt über die VW angeschlossen. Die Spannungmessung wird bei einer etwa 20% unterhalb der Prüfspannung U_p liegenden Spannung U_k vorgenommen, um einerseits die Prüfobjekte vor einer zu langen Einwirkung der hohen Spannung zu schützen und um die Herabsetzung der Meßgenauigkeit durch etwa auftretende Gleitfunken zu vermeiden.

Treten bei der oben genannten Spannung U_k bereits starke knatternde Gleitfunken am Prüfobjekt auf, so empfiehlt es sich, U_k noch weiter herunterzusetzen. Die Fehler, die durch die Herabsetzung der Eichspannung entstehen können, sind wesentlich geringer als die Fehler, die durch starke Gleitfunken hervorgerufen werden können.

Durch diese Messung erhält man eine Eichung des auf der Unterspannungseite des Prüftransformators liegenden Spannungmessers, der den Ausschlag α_k aufweist. Alsdann werden die Kugeln entsprechend der etwa 1,1-fachen Prüfspannung $= 1,1\ U_p$ auseinander bewegt.

Der entsprechende Ausschlag α_p ergibt sich dann aus

$$a_p = \frac{U_p}{U_k}\,\alpha_k\,.$$

Dieses Verfahren ist jedoch nur zulässig, wenn innerhalb der letzten 20% der Spannung am Prüfobjekt nicht derartige Entladungen entstehen, daß das Übersetzungsverhältnis des Prüftransformators dadurch erheblich geändert wird.

Gleichzeitig an Funkenstrecke und Prüfobjekt auftretende Überschläge ergeben unzuverlässige Messungen.

Messungen bei Stoß- und Hochfrequenz.

Die KF ist möglichst nahe am Prüfobjekt aufzustellen, da bei größeren Abständen, besonders bei Stoßbeanspruchung, Spannungsüberhöhung eintreten kann. Für Feststellung etwaiger Spannungsüberhöhungen ist es zweckmäßig, örtlich vor und hinter dem Prüfobjekt zu messen und den Mittelwert der beiden Messungen zu wählen.

Die Verwendung von Vorschaltwiderständen zwischen Prüfobjekt und Funkenstrecken ist unzulässig. Die KF ist über Leitungen mit solchem Durchmesser anzuschließen, daß bei der angelegten Spannung kein Glimmen auftritt. Die Schlagweite der Funkenstrecke wird bei Überschlagversuchen am Prüfobjekt so eingestellt, daß die Überschläge an diesem und an der KF abwechselnd auftreten. Bei diesen Messungen empfiehlt sich die Anwendung der *KF* mit beweglichen Elektroden. Treten an Prüfobjekt und Funkenstrecke gleichzeitig Überschläge auf, so ist die größte und kleinste Schlagweite der Kugelfunkenstrecke festzustellen, bei der dieser gemeinsame Überschlag einsetzt bzw. aufhört. Der Mittelwert der den beiden Schlagweiten entsprechenden Spannungen ist der richtige. Vorausgesetzt ist dabei, daß die Werte nicht mehr als 10% auseinanderliegen.

Stoßspannungen werden in Scheitelwerten angegeben. Die Spannungwerte der Tafeln sind hierfür mit $\sqrt{2}$ zu multiplizieren.

Berücksichtigung des Einflusses der Temperatur und des Luftdruckes.

Die Überschlagspannung der *KF* ist abhängig von der relativen Luftdichte, dagegen unabhängig von der relativen Luftfeuchtigkeit. Die relative Luftdichte δ ist proportional dem Luftdruck b und umgekehrt proportional der absoluten Temperatur $273 + t^0$. Bezogen wird δ auf 20^0 C und 760 mm Hg

$$\delta = \frac{b}{760} \cdot \frac{293}{273 + t} = 0{,}386\,\frac{b}{273 + t}\,.$$

Bei einer Änderung der Luftdichte von 0,9 bis 1,1 kann die Überschlagspannung mit einer für praktische Messungen genügenden Genauigkeit proportional der Luftdichte (Tafel II) umgerechnet werden. Die Temperatur ist möglichst in unmittelbarer Nähe der Funkenstrecke zwischen den Versuchen zu messen. Es sei U' die Überschlagspannung, die bei der vorliegenden Schlagweite s aus der Tafel I für 760 mm Hg und 20^0 C entnommen wurde, und U die tatsächliche Überschlagspannung bei b mm Hg und t^0 C.

Dann ist

$$U = \delta \cdot U' = 0{,}386 \cdot \frac{b}{273 + t} \cdot U'\,.$$

Für größere Abweichungen von den normalen Werten des Barometerstandes und der Temperatur gilt

$$U = k \cdot U'\,.$$

Der Korrektionsfaktor k ist auch von den geometrischen Abmessungen der *KF* abhängig; er ist der Tafel III zu entnehmen.

Spannungregelung von Prüftransformatoren.

Die Spannungmessung mittels Funkenstrecke kann zu Fehlergebnissen führen, wenn die Spannungregelung mit unzweckmäßigen Mitteln oder in unzweckmäßiger Weise erfolgt.

Bei den verschiedenen in Frage kommenden Möglichkeiten der Spannungregelung ist daher folgendes zu beachten:

Tafel II. Werte der relativen Luftdichte.

Barometerstand b mm Hg.

Temp. t^0 C	720	725	730	735	740	745	750	755	760	765	770	775
0	1,015	1,023	1,029	1,037	1,045	1,051	1,058	1,065	1,072	1,079	1,086	1,093
2	1,008	1,015	1,023	1 029	1 037	1.044	1 051	1 056	1,064	1,071	1,078	1,086
4	1,001	1,008	1,015	1,022	1,028	1,036	1,043	1,049	1,056	1,063	1,071	1,078
6	0,996	1,001	1,008	1,015	1,022	1,028	1,036	1,043	1,049	1,056	1,063	1,071
8	0,989	0,995	1,000	1,008	1,014	1,021	1,027	1,035	1,042	1,048	1,055	1,063
10	0,981	0,989	0,995	1,000	1,008	1,014	1,021	1,027	1,035	1,041	1,048	1,055
12	0,974	0,981	0,989	0,995	1,000	1,008	1,014	1,021	1,027	1,034	1,041	1,048
14	0,967	0,974	0,981	0,989	0,995	1,000	1,007	1,013	1,021	1,026	1,034	1,041
16	0,961	0,967	0,974	0,981	0,989	0,995	1,000	1,007	1,013	1,020	1,026	1,034
18	0,954	0,961	0,967	0,974	0,981	0,989	0,994	1,000	1,007	1,012	1,020	1,026
20	0,947	0,954	0,961	0,967	0,974	0,981	0,988	0,994	1,000	1,006	1,012	1,020
22	0,942	0,947	0,954	0,961	0,967	0,974	0,981	0,988	0,994	1,000	1,005	1,012
24	0,935	0,942	0,948	0,954	0,961	0,967	0,974	0,981	0,988	0,994	0,999	1,005
26	0,928	0,936	0,942	0,948	0,954	0,961	0,967	0,974	0,980	0,988	0,994	0,999
28	0,922	0,928	0,936	0,942	0,948	0,954	0,961	0,967	0,974	0,980	0,988	0,994
30	0,917	0,922	0,928	0,936	0,942	0,948	0,954	0,961	0,967	0,974	0,980	0,988
32	0,910	0,917	0,922	0,929	0,936	0,943	0,948	0,954	0,961	0,967	0,974	0,980

1. Spannungregelung durch Regelung des Erregerstromes des den Transformator speisenden Generators.

Durch zu große Stufung der Regelwiderstände können beim Regeln kurzzeitige Spannungstöße entstehen, die ein Ansprechen der Funkenstrecke zur Folge haben, bevor der Scheitelwert der Grundwelle die Funkenspannung erreicht hat. Die Regler sollen daher so fein abgestuft sein, daß einer Stufe nicht mehr als $1/_2\%$ Spannungsänderung am Transformator entspricht, sofern eine Meßgenauigkeit von $\pm 2\%$ erstrebt wird, und 1% bei $\pm 5\%$ Meßgenauigkeit.

2. Spannungsänderung mit Induktionsreglern.

Die Durchgangsleistung von Induktionsreglern soll tunlichst nicht kleiner als 30% der Transformatorleistung bemessen sein. Außerdem sollen sie eine möglichst geringe Streuung besitzen.

3. Spannungsänderung mit Stufentransformator.

Da beim Umschalten von einer Stufe zur anderen mehr oder minder starke Spannungstöße entstehen, so sollen Stufentransformatoren nicht zur Regelung in der Nähe der einzustellenden Spannung bzw. der Überschlagspannung der Funkenstrecke verwendet werden.

Tafel III.

Korrektionsfaktor k für verschiedene Luftdichten δ, berechnet nach der Formel von **F. W. Peek jr.**

$$k = \delta\,\frac{1 + \dfrac{0,775}{\sqrt{D\,\delta}}}{1 + \dfrac{0,775}{\sqrt{D}}}\ \text{mit } D = \text{Kugeldurchmesser in cm}$$

zur Umrechnung auf 20° C und 760 mm Hg, wobei

$$\delta = \frac{0,386\,b}{273 + t}\qquad \begin{aligned}b &- \text{mm Hg}\\ t &= \text{Grad C}\,.\end{aligned}$$

Relative Luftdichte	Korrektionsfaktor k						
	Kugeldurchmesser in mm						
	50	100	150	250	500	750	1000
0,50	0,551	0,540	0,534	0,527	0,520	0,517	0,515
0,55	0,600	0,586	0,581	0,575	0,569	0,565	0,564
0,60	0,645	0,633	0,629	0,623	0,617	0,614	0,612
0,65	0,690	0,679	0,676	0,671	0,665	0,663	0,661
0,70	0,734	0,725	0,722	0,718	0,713	0,711	0,710
0,75	0,779	0,771	0 769	0,765	0,761	0,759	0,758
0 80	0 825	0,818	0,816	0,812	0,809	0,808	0,807
0,85	0,868	0,863	0,862	0,860	0,857	0,856	0,855
0,90	0,913	0,910	0,908	0,906	0,905	0,904	0,904
0,95	0,957	0,955	0,954	0,953	0,952	0,952	0,952
1,00	1,000	1,000	1,000	1,000	1,000	1,000	1,000
1,05	1,043	1,044	1,046	1,047	1,047	1,048	1,048
1,10	1,087	1,088	1,092	1,093	1,095	1,096	1,096

4. Spannungsänderung durch Vorschaltwiderstände vor dem Transformator.

Vorschaltwiderstände können die Form der Spannungkurve beeinflussen, wenn der Transformator stark gesättigt ist. Sie werden vorteilhaft zur Feinregelung verwendet; es empfiehlt sich, die Spannung der speisenden Stromquelle nicht größer als die primäre Nennspannung des Transformators zu wählen.

5. Spannungsänderungen durch Regeldrosseln vor dem Transformator.

Durch Drosseln kann die Spannungkurve eine erhebliche Veränderung erfahren; es besteht die erhöhte Gefahr einer Resonanz mit der Kapazität des Gesamtkreises einschließlich des Prüfobjektes.

Tafel IV.
Berechnungen der Funkenspannungen nach der Peekschen Formel.

Isoliert.   **Geerdet.**

$\frac{s}{D}$	f_i	$\frac{s}{D}\frac{1}{f_i}$	$\frac{s}{D}$	f_0	$\frac{s}{D}\frac{1}{f_0}$
0,00	1,000	0,0000	0,05	1,035	0,0483
0,05	1,034	0,0484	0,15	1,105	0,1357
0,10	1,068	0,0936	0,25	1,18	0,212
0,15	1,102	0,1361	0,50	1,41	0,354
0,20	1,137	0,1759	0,75	(1,675)	(0,448)
0,25	1,173	0,2131	1,00	(1,965)	(0,509)
0,30	1,208	0,2483	1,25	(2,27)	(0,55)
0,35	1,245	0,2811	1,50	(2,59)	(0,58)
0,40	1,283	0,3118	1,75	(2,90)	(0,60)
0,45	1,321	0,3406	2,00	(3,20)	(0,63)
0,50	1,359	0,3679			
0,60	(1,435)	(0,4181)			
0,70	(1,515)	(0,4620)			
0,80	(1,595)	(0,5016)			
0,90	(1,680)	(0,5357)			
1,00	(1,770)	(0,5650)			
1,10	(1,845)	(0,5962)			
1,20	(1,935)	(0,6202)			
1,50	(2,214)	(0,678)			
2,00	(2,677)	(0,747)			

Für die Beziehung zwischen Schlagweite und Spannung für die genormten Kugeldurchmesser wird die auf theoretischer Grundlage aufgebaute Gleichung von F. W. Peek jr. zugrunde gelegt, jedoch für die Luftdichte die Bezugstemperatur $t = 20^0$ C gewählt. Die Gleichung lautet:

$$E_{\text{eff}} = \delta \cdot 19{,}6_2 \cdot \left(1 + \frac{0{,}775}{\sqrt{\delta\,D}}\right) D \left[\frac{s}{D}\frac{1}{f}\right] \text{kV}_{\text{eff}}.$$

Hierin ist

E_{eff} die Überschlagspannung in kV_{eff},

δ = relative Luftdichte; = 1 bei 760 mm Hg Druck und 20° C,

D = Kugeldurchmesser in cm,

s = Schlagweite in cm,

f = eine Funktion allein von $\frac{s}{D}$ abhängig.

In der nebenstehenden Tafel ist diese Funktion f, und zwar unter f_i für isolierte Kugeln und unter f_0 für eine geerdete Kugel, dargestellt. f_i ist den theoretischen Arbeiten von G. Kirchhoff und Russel entnommen[1], f_0 den Versuchsergebnissen von F. W. Peek jr.[2].

---

[1] Kirchhoff, G.: Wiedemanns Annalen 27, 673, 1886. Ges. Abh. 78. 1882. Russel: Phil. Mag. 6, 237, 1906.

[2] Peek jr., F. W.: Proc. of the A. J. E. E. 1914, S. 889.

L. Auszug aus der „Definition der elektrischen Eigenschaften gestreckter Leiter"[1].

§ 4. Definition der sämtlichen Konstanten eines MLS[2].

Zur Berechnung sämtlicher Konstanten, von denen die Verteilung der Ströme und Spannungen in einem MLS bei gegebenen Grenzbedingungen abhängt, sind folgende Fundamentalkonstanten ausreichend.

1. Die Kapazität jedes Einzelleiters und jeder möglichen Kombination von zwei Einzelleitern[3].

2. Die Ableitung jedes Einzelleiters und jeder möglichen Kombination von zwei Einzelleitern[3].

3. Die Induktivität jeder Schleife, die sich aus den Einzelleitern einschließlich der Hülle bilden läßt.

4. Der Widerstand jedes Einzelleiters einschließlich der Hülle.

Setzt man in einem System von n Leitern Ladung und Ladungsverlust eines Leiters als lineare Funktionen der Spannungen der n Leiter gegen Erde an:

$$Q_\mu = c_{\mu 1} v_1 + c_{\mu 2} v_2 + \cdots + c_{\mu n} v_n ,$$

$$Q'_\mu = a_{\mu 1} v_1 + a_{\mu 2} v_2 + \cdots + a_{\mu n} v_n ,$$

so berechnen sich die Koeffizienten $c_{\mu\nu}$ aus den Kapazitäten der Einzelleiter (C_μ) und den Kapazitäten der Kombinationen aus zwei Einzelleitern $(C_{\mu,\nu})$ nach den Formeln:

$$c_{\mu\mu} = C_\mu ; \quad c_{\mu\nu} = \frac{C_{\mu,\nu} - C_\mu - C_\nu}{2} .$$

Analog wird:

$$a_{\mu\mu} = A_\mu ; \quad a_{\mu\nu} = \frac{A_{\mu\nu} - A_\mu - A_\nu}{2} .$$

---

[1] Aufgestellt vom Elektrotechnischen Verein e. V. Berlin. Abgedruckt ETZ 1909, S. 1155 u. 1184.

[2] MLS ist eine Abkürzung für „Mehrfachleitersystem".

[3] Bei jeder Kombination sind die kombinierten Einzelleiter leitend zu verbinden, so daß der Kombination ein bestimmter Kapazitäts- (bzw. Ableitungs-)wert (gegen Erde oder Hülle und alle übrigen damit verbundenen Leiter) zukommt. Eine Kombination von zwei Leitern läßt sich auch ersetzen durch eine solche von mehr Leitern (z. B. allen drei Leitern eines Drehstromkabels).

Bezeichnet $L_{(\mu\nu)}$ die Induktivität der aus den Leitern μ und ν gebildeten Schleife und $L_{(\mu\nu),\,(\mu'\nu')}$ den gegenseitigen Induktionskoeffizienten der Schleifen $(\mu\nu)$ und $(\mu'\nu')$, so ist

$$L_{(\mu\nu),\,(\mu'\nu')} = \frac{1}{2}\left[L_{(\mu\nu')} + L_{(\mu'\nu)} - L_{(\mu\mu')} - L_{(\nu\nu')}\right].$$

Haben beide Schleifen den Leiter μ gemeinsam, so ist

$$L_{(\mu\nu'),\,(\mu\nu')} = \frac{1}{2}\left[L_{(\mu\nu)} + L_{(\mu\nu')} L_{(\nu\nu')}\right].$$

Über die Berechnung der Einzelwiderstände aus Schleifenwiderständen siehe ETZ 1909, S. 1185.

§ 5. Betriebswerte.

In bestimmten Betriebsfällen und bei symmetrischen MLS läßt sich die Verteilung der Ströme und Spannungen besonders einfach beschreiben, nämlich durch die Angabe eines einzigen Stromes und einer einzigen Spannung, die dann als „Betriebsstrom J" und „Betriebsspannung v" bezeichnet werden und die den folgenden Differentialgleichungen genügen:

$$\left.\begin{aligned} -\frac{\partial J}{\partial z} &= \left(C\frac{\partial}{\partial t} + A\right)v, \\ -\frac{\partial v}{\partial z} &= \left(L\frac{\partial}{\partial t} + R\right)J. \end{aligned}\right\} \tag{I}$$

Im Gegensatz zu den Betriebsvariabeln J und v werden die Koeffizienten $CALR$ als „Betriebskonstanten" bezeichnet, und zwar als „Betriebskapazität, Betriebsableitung, Betriebsinduktivität und Betriebswiderstand". Sie stellen gewisse Kombinationen der in § 4 angegebenen Konstanten des MLS dar und sind ausreichend, um das Verhalten des MLS in dem angenommenen Betriebsfalle zu beschreiben.

Welche Größe als Betriebsspannung gewählt wird, unterliegt einer gewissen Willkür. Im folgenden ist dafür angenommen:

Beim Zweileiterkabel: Die Spannung eines Leiters gegen den anderen.

Beim symmetrischen Drehstromkabel mit Drehstrombetrieb: Die Spannung eines Leiters gegen den Sternpunkt (Stern- oder Phasenspannung).

Beim symmetrischen vieraderigen Kabel mit Zweiphasenbetrieb: Die Spannung eines Leiters gegen den gegenüberliegenden.

Betriebsstrom ist der Strom des Leiters, dessen Spannung gegen einen anderen als Betriebsspannung gewählt wird. Bei einer Gruppe parallel geschalteter Leiter, deren Spannung als Betriebsspannung gewählt wird, gilt der Gesamtstrom der Gruppe als Betriebsstrom.

Die Betriebskonstanten gelten für die Längeneinheit des Kabels.

Der effektive Ladestrom eines am Ende offenen kurzen Kabelstückes von der Länge l (Leerlaufstrom) ist:

$$J_{\text{eff}} = l \sqrt{C^2 \omega^2 + A^2} \cdot V_{\text{eff}} ; \qquad \text{(II)}$$

der effektive Kurzschlußstrom eines am Ende geschlossenen kurzen Kabelstückes von der Länge l ist:

$$J_{\text{eff}} = \frac{V_{\text{eff}}}{l \sqrt{L^2 \omega^2 + R^2}} , \qquad \text{(III)}$$

wenn V_{eff} den Effektivwert der an das Kabel gelegten sinusförmigen Betriebswechselspannung von ω Perioden in 2π Sekunden bedeutet. (Korrektionen bei größerer Kabellänge siehe ETZ 1909, S. 1186.)

Sind Ableitung $A\,l$ und Widerstand $R\,l$ des Kabelstückes von der Länge l bekannt, so kann man durch Messung des Lade- und Kurzschlußstromes C und L erhalten:

$$C = \frac{1}{l\,\omega} \sqrt{\frac{J^2_{\text{eff}}}{V^2_{\text{eff}}} - A^2 l^2} , \qquad \text{(IV)}$$

$$L = \frac{1}{l\,\omega} \sqrt{\frac{V^2_{\text{eff}}}{J^2_{\text{eff}}} - R^2 l^2} . \qquad \text{(V)}$$

Beim Drehstromkabel mit Drehstrombetrieb kann man in die Formeln für Lade- und Kurzschlußstrom an Stelle der Sternspannung V_{eff} die verkettete Spannung $E_{\text{eff}} = \sqrt{3}\, V_{\text{eff}}$ einführen. Dann ist zu setzen:

Ladestrom:

$$J_{\text{eff}} = l \sqrt{C^2 \omega^2 + A^2}\, \frac{E_{\text{eff}}}{\sqrt{3}} . \qquad \text{(II a)}$$

Kurzschlußstrom:

$$J_{\text{eff}} = \frac{1}{l \sqrt{L^2 \omega^2 + R^2}}\, \frac{E_{\text{eff}}}{\sqrt{3}} \qquad \text{(III a)}$$

und

$$C = \frac{1}{l\,\omega} \sqrt{\frac{3\,J^2_{\text{eff}}}{E^2_{\text{eff}}} - A^2 l^2} , \qquad \text{(IV a)}$$

$$L = \frac{1}{l\,\omega} \sqrt{\frac{E^2_{\text{eff}}}{3\,J^2_{\text{eff}}} - R^2 l^2} . \qquad \text{(V a)}$$

In der nebenstehenden Tabelle sind die Betriebskonstanten für einige Fälle ausgedrückt durch die in § 4 definierten allgemeinen Kabelkonstanten. Betriebsinduktivität und Betriebswiderstand hängen von der Frequenz des benutzten Wechselstromes ab.

Tabelle der Betriebswerte.

Kabel	Betriebsart	Betriebsspannung v	Betriebskapazität C	Betriebsableitung A	Betriebsinduktivität L	Betriebswiderstand R
Zweileiterkabel	Einphasenstrom, Hülle stromlos	zwischen den beiden Leitern	$\dfrac{C_1+C_2}{2}-\dfrac{C''}{4}-\dfrac{(C_1-C_2)^2}{4\,C''}$	$\dfrac{A_1+A_2}{2}-\dfrac{A''}{4}-\dfrac{(A_1-A_2)^2}{4\,A''}$	L''	R''
dasselbe, symmetrisch	symmetrisch[1]	,,	$C'-\dfrac{1}{4}C''$	$A'-\dfrac{1}{4}A''$	L''	R''
dasselbe, ohne Hülle und ohne Einfluß der Erde	,,	,,	C'	A'	L''	R''
dasselbe, konzentrisch	Außenleiter geerdet	,,	C_i	A_i	L''	R''
Symmetrisches Dreileiterkabel	Drehstrom symmetrisch[2]	Sternspannung	$2C'-\dfrac{1}{2}C''$	$2A'-\dfrac{1}{2}A''$	$\dfrac{1}{2}L''$	$\dfrac{1}{2}R''$
	Einphasenstrom in einer Schleife	zwischen den beiden Leitern der Schleife	$C'-\dfrac{1}{4}C''$	$A'-\dfrac{1}{4}A''$	L''	R''
	alle 3 Leiter parallel, Schleife aus diesen und Hülle, darin Einphasenstrom	zwischen den Leitern und Hülle	$C'''=3(C''-C')$	$A'''=3(A''-A')$	$L'-\dfrac{1}{3}L''$	$R'-\dfrac{1}{2}R''$
	2 Leiter parallel, Schleife aus diesen und dem dritten Leiter, darin Einphasenstrom, Hülle stromlos	zwischen den parallel geschalteten und dem einzelnen Leiter	$\dfrac{4}{3}\left(C'-\dfrac{1}{4}C''\right)$	$\dfrac{4}{3}\left(A'-\dfrac{1}{4}A''\right)$	$\dfrac{3}{4}L''$	$\dfrac{3}{4}R''$
Symmetrisches Vierleiterkabel Leiter 3 liegt 1, Leiter 4 liegt 2 gegenüber	Symmetrischer Zweiphasenbetrieb[3]	zwischen 1 und 3	$C'-\dfrac{1}{4}C_g''$	$A'-\dfrac{1}{4}A_g''$	L_g''	R''
	1 und 2 parallel, 3 und 4 parallel, daraus Schleife mit Einphasenstrom	zwischen 1 und 3	$2\left(C'-\dfrac{1}{4}C_g''\right)$	$2\left(A'-\dfrac{1}{4}A_g''\right)$	$\dfrac{1}{2}L_g''$	$\dfrac{1}{2}R''$
	1 und 3 parallel, 2 und 4 parallel, daraus Schleife mit Einphasenstrom	zwischen 1 und 2	$2C'+\dfrac{1}{2}C_g''-C_a''$	$2A'+\dfrac{1}{2}A_g''-A_a''$	$L_a''-\dfrac{1}{2}L_g''$	$\dfrac{1}{2}R''$

[1] $v_1+v_2=0$ [2] $v_1+v_2+v_3=0.\quad J_1+J_2+J_3=0.$ [3] $v_1+v_3=v_2+v_4=0;\ J_1+J_3=J_2+J_4=0.$

17*

Hier bedeutet:

C_1 die Kapazität des Leiters 1 (beim konzentrischen Kabel: C_i die Kapazität des Innenleiters),

C' die Kapazität eines beliebigen Leiters,

C'' die Kapazität der Kombination aus zwei Leitern (beim Vierleiterkabel: C''_g aus zwei gegenüberliegenden, C''_a aus zwei anliegenden),

C'''' die Kapazität der Kombination aus den drei Leitern des symmetrischen Drehstromkabels[1],

L' die Induktivität einer Schleife aus einem Leiter und der Hülle,

L'' die Induktivität einer Schleife aus zwei Leitern (beim Vierleiterkabel: L''_g aus zwei gegenüberliegenden, L''_a aus zwei anliegenden).

Die Ableitungen A_1, A' usw. haben analoge Bedeutung wie die Kapazitäten C_1, C' usw.

Die Widerstände R' und R'' haben analoge Bedeutung wie die Induktivitäten L' und L''.

Bezeichnet R_0 den Widerstand der Hülle und R_1 den Widerstand eines Leiters, so wird $R'' = R_1 + R_2$.

Bei symmetrischen Kabeln ist also:

$$R'' = 2\,R_1 \quad \text{und} \quad R' = R_0 + R_1.$$

---

[1] Es ist $C'' = C' + \dfrac{1}{3}\,C'''$.

M. Vorschriften für Transformatoren- und Schalteröle.

§ 1.

Die Vorschriften treten am 1. Oktober 1927 in Kraft[1].

§ 2.

Die Vorschriften §§ 3 bis 7 beziehen sich sowohl auf neues als auf im Apparat angeliefertes Öl. Die Vorschriften §§ 8 bis 10 beziehen sich lediglich auf neues Öl, die Vorschrift § 11 bezieht sich auf ein dem im Betriebe befindlichen Transformator oder Apparat entnommenes und auf ein gekochtes oder zum Einfüllen vorbereitetes Öl.

Unter neuem Öl (§§ 8, 9, 10) ist ein Öl zu verstehen, wie es in Kesselwagen oder Eisenfässern von der Raffinerie angeliefert wird. Die Anlieferung darf nicht in Holzfässern erfolgen.

§ 3.

Die Vorschriften beziehen sich nur auf Erdöle, die lediglich als Raffinate geliefert werden müssen.

§ 4.

Das spezifische Gewicht darf nicht mehr als 0,92 bei 20° C betragen.

Bei Transformatoren und Schaltern, deren Kessel von der Außenluft umspült werden und die keine besondere Heizvorrichtung haben, soll Öl verwendet werden, dessen spezifisches Gewicht nicht mehr als 0,895 bei 20° C beträgt.

§ 5.

Die Viskosität, bezogen auf Wasser von 20° C, darf bei einer Temperatur von 20° C nicht über 8° Engler sein.

§ 6.

Der Flammpunkt, nach Marcusson im offenen Tiegel bestimmt, darf nicht unter 145° C liegen (siehe jedoch Ausnahmefall in § 7).

§ 7.

Der Stockpunkt des Öles darf nicht höher als — 15° C sein; bei Schaltern, deren Kessel von der Außenluft umspült werden und die keine besondere Heizvorrichtung haben, darf der Stockpunkt des zu verwendenden Öles

---

[1] Angenommen durch die Jahresversammlung 1927. Veröffentlicht: ETZ 1927, S. 473, 858 und 1089.

nicht höher als — 40° C sein. Der Flammpunkt eines solchen Öles darf nicht unter 120° C liegen.

§ 8.

a) Das neue Öl muß bei 20° C vollkommen klar sein; es muß frei sein von Mineralsäure.

b) Der Gehalt an organischer Säure darf höchstens 0,05, berechnet als Säurezahl, betragen.

c) Der Gehalt an Asche darf 0,01 % nicht übersteigen.

§ 9.

Das neue Öl muß praktisch frei von mechanischen Beimengungen sein.

§ 10.

a) Die Verteerungszahl des neuen ungekochten Öles darf 0,1 % nicht überschreiten.

b) Das neue ungekochte Öl soll nach 70 stündiger Erhitzung auf 120° C unter Einleiten von Sauerstoff folgende Bedingungen erfüllen:

1. Es soll nach dem Erkalten vollkommen klar sein.

2. Es darf keinen benzinunlöslichen Schlamm enthalten.

3. Es dürfen beim Erhitzen mit der alkoholisch-wässerigen Natronlauge keine asphaltartigen Ausscheidungen entstehen.

§ 11.

Die elektrische Festigkeit des dem im Betrieb befindlichen Transformators oder Apparat entnommenen Öles soll, gemessen nach den Prüfvorschriften, im Mittel 80 kV/cm nicht unterschreiten. Ist die elektrische Festigkeit geringer, so muß das Öl gereinigt bzw. erneuert werden.

Die elektrische Festigkeit des gekochten oder zum Einfüllen vorbereiteten Öles soll 124 kV/cm nicht unterschreiten.

Ergibt das Erhitzen des Öles im Reagenzglase auf rd. 150° C das Vorhandensein von Wasser durch knackendes Geräusch, so erübrigt sich die Untersuchung der elektrischen Festigkeit; das Öl muß getrocknet werden.

Die Untersuchung, ob die Öle diesen Vorschriften entsprechen, hat nach den nachstehenden Prüfvorschriften zu erfolgen:

Prüfvorschriften.

Aus den Kesselwagen oder Eisenfässern sollen Proben nach den folgenden Vorschriften entnommen werden:

a) Für Kesselwagen:

Ein Glasrohr von 1½ bis 2 m Länge (etwa 15 mm l. W.), das auf der einen Seite rund abgeschmolzen ist, so daß man es gut mit dem Daumen verschließen kann, und auf der anderen Seite ein wenig stumpf ausgezogen ist, wird im geöffneten Zustande langsam durch den Dom

des Wagens bis zum Boden des Kesselwagens eingeschoben, so daß beim Durchschieben aus allen Teilen des
Wageninhaltes Teile in das Rohr eintreten. Wenn das
Rohr den Boden berührt, wird es mit dem Daumen
verschlossen und aus dem Wagen herausgehoben. Der
Inhalt des Rohres und das etwa außen anhaftende Öl
wird in ein sauberes Glasgefäß gebracht. In gleicher
Weise wird die Probeentnahme so oft wiederholt, bis
mindestens eine Probemenge von 2 l vorhanden ist. Es
wird nochmals gut umgerührt und die so entnommene
Probe in zwei Teile geteilt, von denen der eine für eine
Kontrollprüfung für den Fall der bei der Werkuntersuchung gefundenen Abweichung zurückgestellt wird.
Wird die Probe als einwandfrei erachtet, so kann eine
Gegenprobe höchstens für die Sammlung von Vergleichsmaterialien bzw. Beanstandungen genau bezeichnet und
einwandfrei verschlossen zurückgehalten werden. Eine
Verpflichtung hierzu besteht aber bei erfolgter Abnahme nicht.

b) Für Eisenfässer:

Ein Glasrohr gleicher Ausführung, wie zu a) beschrieben, aber entsprechend kürzer, wird durch das geöffnete Spundloch eines jeden fünften Fasses eingeführt.
Aus jedem dieser Fässer wird eine Probe entnommen
oder doch jedenfalls so viel, daß aus der gesamten
Sendung wieder eine Probemenge von rd. 2 l gebildet
werden kann. Auch hier wird wieder gut durchgemischt
und im übrigen wie oben verfahren.

Über die Probeentnahme aus dem im Betriebe befindlichen Transformator oder Apparat siehe die Erklärung zu § 11.

Erklärungen.

Zu § 4. Die Ausführung der Bestimmungen des spezifischen Gewichtes kann nach einer beliebigen Arbeitsweise vorgenommen werden. Um das spezifische Gewicht
für 20° C zu bestimmen, ist als Umrechnungszahl für
je 1° C die Zahl 0,0007 zu benutzen (z. B. gefundenes
spezifisches Gewicht

bei 15° C = ...	0,8700
Korrektur = 5 × 0,0007 = . . .	—0,0035
Spezifisches Gewicht bei 20° C . .	0,8665).

Als obere Grenze des spezifischen Gewichtes von
Ölen, die in Transformatoren und Schaltern verwendet
werden, deren Kessel von der Außenseite umspült sind
und die keine besondere Heizvorrichtung haben, ist
0,895 gewählt, damit Eisstücke, die sich in Freiluftanlagen oder ungeheizten Stationen bilden können, mit
Sicherheit zu Boden sinken.

Zu § 5. Zur Viskositätsbestimmung wird der Apparat
von Engler benutzt (siehe Holde: „Untersuchung der
Kohlenwasserstoffe, Öle und Fette", 6. Aufl., S. 20).

Zu § 6. Zur Flammpunktbestimmung ist der im „Holde" 6. Aufl., Abb. 36a abgebildete Apparat mit wagerechter Flammenführung zu benutzen (Versuchsausführung vgl. 6. Aufl., S. 45). Hierzu sind die vorschriftsmäßigen, von der P.T.R. auf 30 mm Eintauchtiefe geeichten Flammpunktthermometer zu verwenden, bei deren Eichung die Korrektur für den hervorragenden Faden bereits berücksichtigt ist.

Zu § 7. Das Verhalten des Öles in der Kälte muß derart sein, daß es nach einstündigem Abkühlen auf —15° C bzw. —40° C noch fließt. Die Prüfung geschieht nach dem folgenden Verfahren:

Das Öl wird in ein 15 mm weites Reagenzglas 3 cm hoch mit der Pipette eingefüllt, und zwar so, daß die Glaswand oberhalb des Ölspiegels nicht benetzt wird. Das Reagenzglas wird mittels eines Gestelles oder Halters senkrecht in das Kühlgefäß eingestellt und 1 h lang auf —15° C abgekühlt. Die Abkühlung erfolgt in einer Salzlösung, die durch Auflösen von 25 Teilen Salmiak in 100 Teilen Wasser zu bereiten ist. Die Abkühlung dieses Bades wird durch Einstellen der Lösung in eine Mischung aus Eis und Viehsalz bewirkt. Nach Ablauf von 1 h wird das Reagenzglas, ohne es herauszunehmen, in eine schräge Lage gebracht und die Veränderung des Flüssigkeitsspiegels beobachtet. Der flüssige Zustand des Öles zeigt sich nach dem Herausnehmen des Reagenzglases daran, daß die Glaswandung von Öl einseitig benetzt ist.

Bei der Prüfung des Stockpunktes von —40° C wird die Abkühlung am einfachsten in Benzin, das durch ein Gemisch aus fester Kohlensäure und Alkohol abgekühlt wird, vorgenommen.

Zu § 8.

a) Reinheit des Öles. Zur Feststellung, ob das Öl klar ist, wird eine frisch aus dem Versandgebinde entnommene Probe in einem Reagenzglase von 15 mm l. W. 1 h lang bei 20° C der Ruhe überlassen. Ist die Probe nach dieser Zeit klar, so entspricht sie den Anforderungen. Eine Trübung kann auch von zu hohem Wassergehalt herrühren, der sich durch Kochen beseitigen läßt.

Zum Nachweis von freier Mineralsäure werden (nach Holde) 100 cm³ Öl mit 200 cm³ heißem destillierten Wasser im Scheidetrichter oder Kolben kräftig durchgeschüttelt, bis sich das Öl genügend im Wasser verteilt hat. Nach dem Absetzen filtriert man die wässerige Schicht durch ein angefeuchtetes Faltenfilter und versetzt das Filtrat mit einigen Tropfen Methyl-Orange, wobei keine Rotfärbung eintreten darf.

b) Säurezahl. Vor Benutzung sind die Gefäße mit einem neutralisierten Benzol-Alkoholgemisch 1 : 1 auszuspülen; sodann werden 10 g Öl in einem 200 cm³ fassenden Schüttelzylinder eingewogen und in 75 cm³

eines vorher neutralisierten Gemisches aus einem Teil
Benzol und einem Teil Alkohol aufgelöst. Hierbei wird
nach Versetzen mit 2 cm³ aus einer 2%igen alkoholischen
Lösung von Alkaliblau 6 B eine genau eingestellte,
$^1/_{10}$ normal alkoholische Kalilauge aus einer Bürette zugegeben, bis die Färbung in der Durchsicht in ein deut-
liches Rot umschlägt. Die Säurezahl ist der Verbrauch
an mg KOH für 1 g angewandtes Öl. Wurden bis zum
Farbumschlag beispielsweise $^3/_{10}$ cm³ KOH verbraucht,
so errechnet sich die Säurezahl wie folgt:

$$\frac{0{,}3 \times 5{,}6}{10} = 0{,}168 \text{ mg KOH} \quad \left\{ \begin{array}{l} \text{(5,6 ist die Anzahl g} \\ \text{KOH/l in } ^1/_{10} \text{ normaler} \\ \text{Kalilauge).} \end{array} \right.$$

Die Säurezahl ist dann 0,168.

c) **Aschegehalt.** Vom Öl wiegt man in einer aus-
geglühten und gewogenen Schale etwa 20 g ab. Man
setzt die Schale in den Ausschnitt einer Asbestplatte und
schwelt unter dem Abzug auf kleiner Flamme das Öl ab;
bei vorsichtigem Arbeiten wird weder ein Überkriechen
des Öles über den Rand der Schale noch ein Anbrennen
der Öldämpfe stattfinden. Ist die Probe vollkommen
abgeschwelt, so erhitzt man mit starker Flamme auf
einem Tondreieck, bis aller Kohlenstoff verbrannt ist.
Erfolgt dieses sehr langsam, so tränkt man nach dem
Erkalten der Schale den Rückstand mit einer konzen-
trierten Ammoniumnitratlösung (Ammoniumnitrat muß
völlig aschefrei sein) und trocknet im Trockenkasten bei
105° C. Den trockenen Rückstand verascht man zunächst vorsichtig und glüht nach dem Verjagen der
Ammoniumsalze stark. Nach dem Erkalten im Exsikkator
wird die Asche gewogen.

Erkennt man nach dem Verschwelen des Öles an dem
eigentümlichen Zusammensintern, daß die Asche größere
Menge Alkali enthält, so läßt man vor dem starken
Glühen die Schale erkalten. Der kohlige Rückstand
wird mit heißem destillierten Wasser ausgezogen, die
Lösung durch ein aschefreies Filter abfiltriert und
quantitativ nachgewaschen. Man trocknet dann die
Schale samt dem Filter, verascht und verglüht stark,
wie dieses vorstehend angegeben ist. Dann wird nach
dem Erkalten die wässerige Lösung der Alkalien wieder
in die Schale gegeben und nach dem Eindampfen bei
105° C bis zur Gewichtskonstanz getrocknet.

Zu § 9. Mit dem Ausdruck „praktisch frei" ist gemeint, daß keine mit bloßem Auge sichtbaren Beimengungen vorhanden sein dürfen.

Zu § 10.

a) **Verteerungszahl.** Es wird darauf hingewiesen,
daß die Bestimmung der Verteerungszahl besonders
schwierig ist und im Zweifelsfalle von einem Spezial-
chemiker ausgeführt werden muß. Die abgekürzte Bezeichnung für diese Methode ist: (70 h 120° O_2).

150 g des frischen, ungebrauchten, filtrierten Öles werden in einem 300 cm³ fassenden Erlenmeyer-Kolben (Schott & Gen., Jena) in einem Ölbade 70 h ununterbrochen unter gleichzeitigem Durchleiten von Sauerstoff auf 120⁰ C erwärmt. Das Niveau des Ölbades soll 5 mm höher als das des im Kolben befindlichen Öles sein. Der Sauerstoff passiert 2 Waschflaschen, von denen die erste mit Kalilauge (spez. Gewicht 1,32), die zweite mit konz. Schwefelsäure (spez. Gewicht 1,84) beschickt ist (die Waschflaschen sollen ein Fassungsvermögen von mindestens $^1/_4$ l bei hoher zylindrischer Form haben und etwa auf $^1/_5$ ihrer Höhe mit der Waschflüssigkeit beschickt sein). Die Erwärmung wird in einem zuverlässigen, regelbar geheizten Ölbade ausgeführt. Die vorgeschriebene Temperatur ist in dem zu untersuchenden Öl zu überwachen. Das Ölbad ist mit einem Rührwerk auszustatten. Der Kolben ist durch einen Korkstopfen mit seitlicher Einkerbung verschlossen, durch den das 1 bis 2 mm über dem Boden des Kolbens mündende Einleitungsrohr führt. (Die lichte Weite des Einleitungsrohres soll genau 3 mm, die Anzahl der Blasen 2 je s betragen).

Nach der geschilderten 70stündigen Vorbehandlung werden 50 g des gut durchgerührten Öles in einem mit Rückflußkühler versehenen, 300 cm³ fassenden Erlenmeyer-Kolben nach Zusatz einiger Siedesteine 20 min lang auf siedendem Wasserbade mit 50 cm³ einer Lösung erwärmt, die durch Auflösen von 75 g möglichst reinem Ätznatron in 1 l dest. Wasser und durch Hinzufügen von 1 l 96%igen Alkohols zu bereiten ist. Ohne den Rückflußkühler zu entfernen, wird hiernach das warme Gemisch 5 min lang kräftig geschüttelt, wobei der Kolben zweckmäßig mit einem Tuch umwickelt wird. Sein Inhalt wird nach dem Erkalten in einen Scheidetrichter übergeführt und über Nacht absitzen lassen, da erst dann eine vollständige Trennung der Lauge vom Öl stattfindet. Zeigen sich nach dem Erwärmen mit der Lauge und dem Absitzenlassen an der Trennungschicht von Öl und Lauge oder an den Wandungen des Scheidetrichters dunkelfarbige Ausscheidungen, so entspricht das Öl den Vorschriften nicht. Wenn keine Ausscheidungen vorhanden waren, wird nach eingetretener Schichtung ein möglichst großer Anteil der alkoholisch-wässerigen Lauge durch ein gewöhnliches Filter in einem Kolben filtriert. Von dem Filtrat werden 40 cm³ abpipettiert, in einem zweiten Scheidetrichter mit einigen Tropfen Methyl-Orange versetzt und mit Salzsäure bis zur deutlichen Rotfärbung der Flüssigkeit angesäuert (hierzu sind etwa 6 cm³ Salzsäure vom spez. Gewicht 1,124 erforderlich). Nach dem Ansäuern werden 50 cm³ destilliertes Wasser zugesetzt; erst dann wird mit Benzol ausgeschüttelt, da in 50%igem Alkohol Benzol und mit ihm auch die darin gelösten Teerstoffe etwas löslich sind. Die durch das Ansäuern abgeschiedenen Teerstoffe werden in 50 cm³

reinem Benzol vom Siedepunkt 80/82⁰ C (das beim Eindampfen auf dem Wasserbade keine Spur eines Rück-
standes hinterlassen darf) aufgenommen. Das Aus-
schütteln ist mit 50 cm³ Benzol in einem dritten Scheidetrichter noch einmal zu wiederholen.

Nach dem Ablassen der wässerigen Schicht wird der
erste Benzolauszug im Scheidetrichter Nr. 3 mit dem
zweiten Benzolauszuge vereinigt, wobei der Scheidetrichter Nr. 2 mit etwas Benzol nachzuspülen ist. Der
Benzolauszug wird dann im Scheidetrichter Nr. 3 zweimal mit je 50 cm³ destilliertem Wasser sorgfältig ausgeschüttelt. Starkes Schütteln ist zu vermeiden, da sonst
Emulsionsbildung eintritt. Wenn sich hierbei eine starke
Emulsion bildet, setzt man nach Ablassen des klaren
Teiles der Wasserlösung einige Tropfen Alkohol zu, so
daß die Benzolschicht vollkommen klar bleibt.

Nach dem Ablassen der letzten sichtbaren Wasser-
reste wird die im Scheidetrichter zurückbleibende Benzol-
lösung in einen Weithals-Stehkolben von 250 cm³ Inhalt
(Schott & Gen., Jena) übergeführt, der zuvor mit einigen
Siedesteinen gemeinsam auf der analytischen Wage gewogen wurde. Dieser Kolben wird mit einem tadellosen,
gut ausgepreßten und von jeglichem Korkstaub befreiten,
durchbohrten Korken, in dem ein möglichst direkt über
ihm abgebogenes weites Dampfleitungsrohr steckt, das
in einen Kühler mündet, verschlossen und mittels eines
Ringes, der Einkerbungen zum Durchleiten des Wasser-
baddampfes besitzt, auf das Wasserbad gestellt. Kolben
und Ableitungsrohr werden dann mit einem oben geschlossenen Blechmantel überdeckt, der an einer Seite
zur Durchführung des Ableitungsrohres geschlitzt ist
Das Wasserbad wird schließlich so stark erhitzt, daß die
in den Blechmantel steigenden Dämpfe diesen und damit auch Kolben und Ableitungsrohr mit erwärmen und
so jegliches Dephlegmieren der Benzoldämpfe verhindern.
Nach dem Eindampfen wird etwas Alkohol (absoluter
oder 96% iger) zugegeben, um etwa vorhandenes Wasser
zu verjagen und der Kolben offen und liegend auf das
mit gewöhnlichem Ringe versehene Wasserbad gestellt,
so daß die schweren Dämpfe bequem abfließen können.
Dann wird der Kolben in einem, auf 105⁰ C eingestellten
Trockenschrank 10 min lang getrocknet und nach dem
Erkalten gewogen. Die gefundene Teermenge in g, mit
2,5 multipliziert, ergibt die prozentuale Verteerungszahl.

   b) Schlammbildung. 10 cm³ des verteerten Öles
werden mit 30 cm³ Normalbenzin versetzt. Nach 24 stün-
digem Stehen wird festgestellt, ob sich Schlamm ausgeschieden hat. Im Zweifelfalle ist durch ein geeignetes
Filter (Schleicher & Schüll, Weißband 589) zu filtrieren.
Ist in dem Kolben, in dem das Öl erhitzt wurde, schon
ohne Benzinzusatz eine Schlammausscheidung zu bemerken, so ist das Öl von vornherein als unbrauchbar
zu bezeichnen.

Zu § 11.

1. **Entnahme der Probe.** Das zu untersuchende
Öl soll dem Apparat (z. B. Transformator oder Ölschalter)

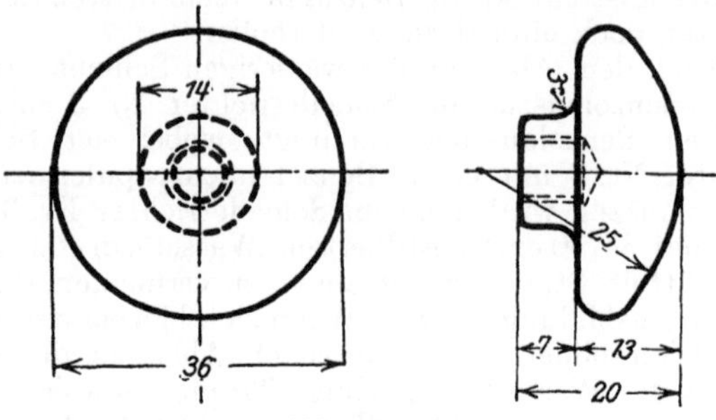

Abb. 72.

möglichst an einer Stelle entnommen werden, die dem
tiefsten unter Spannung stehenden Teil nahe liegt. Die
zur Entnahme der Probe dienenden Gefäße müssen pein-
lich sauber und trocken sein.

Die Temperatur des zu untersuchenden Öles soll 15
bis 25⁰ C betragen.

2. **Elektrodenform und Abstände innerhalb
der Prüfapparate.**

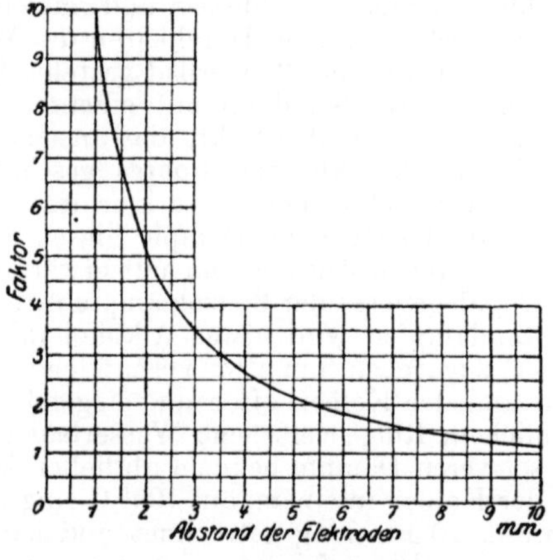

Abb. 73.

Als Elektroden werden Kupferkalotten von 25 mm
Halbmesser nach vorstehender Skizze (Abb. 72) gewählt.

Der Abstand der Kalottenränder von der Gefäß-
wandung (Glas oder Porzellan) soll mindestens 12 mm
betragen.

Bei Einführung beider Elektroden vom Ölspiegel aus
soll der Mindestabstand zwischen den Zuleitungen 45 mm
betragen. Die Zuleitungen selbst sollen einen Durchmesser von mindestens 5 mm haben.

3. Ölmenge. Die Ölmenge soll mindestens 0,25 l betragen.

4. Reinigung. Die Elektroden und das Gefäß sind vor jeder Versuchsreihe mit einem Lederlappen blank zu reiben und mit heißem getrockneten Öl oder heißer Luft zu reinigen. Der gereinigte Apparat ist vor dem Versuch

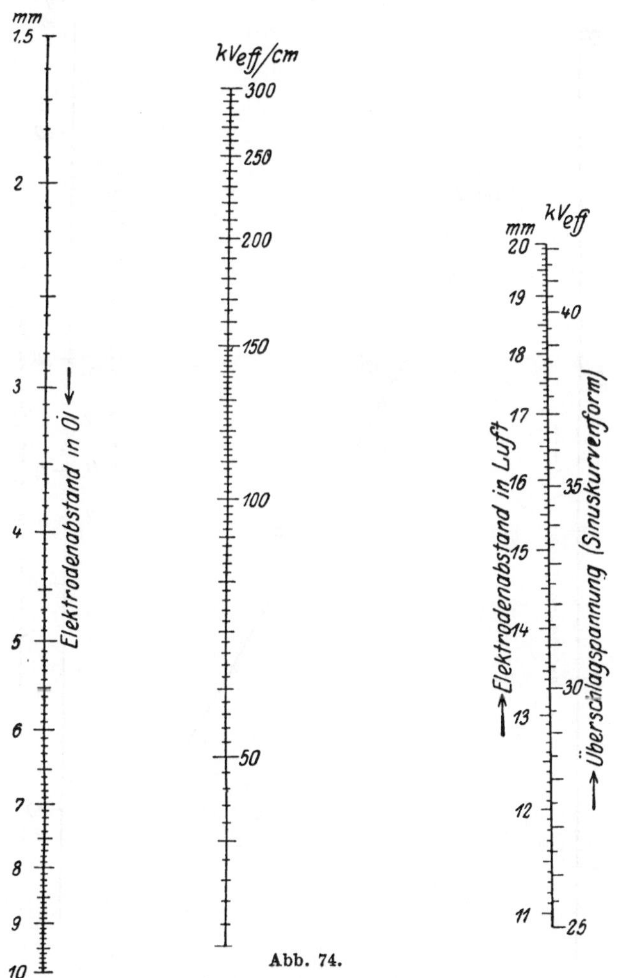

Abb. 74.

möglichst mit einem Teil des zu untersuchenden Öles auszuspülen.

5. Versuchsanordnung. Zwei Versuchsanordnungen sind zulässig:

A. Fester Elektrodenabstand. Der Abstand der Kalotten soll bei dieser Versuchsanordnung 3 mm betragen.

Die Spannung wird verändert entweder durch feinstufige Änderung der Erregung, falls ein besonderer Generator vorhanden ist, oder durch Regeln der vor die Niederspannungwicklungen des Transformators geschalteten Widerstände.

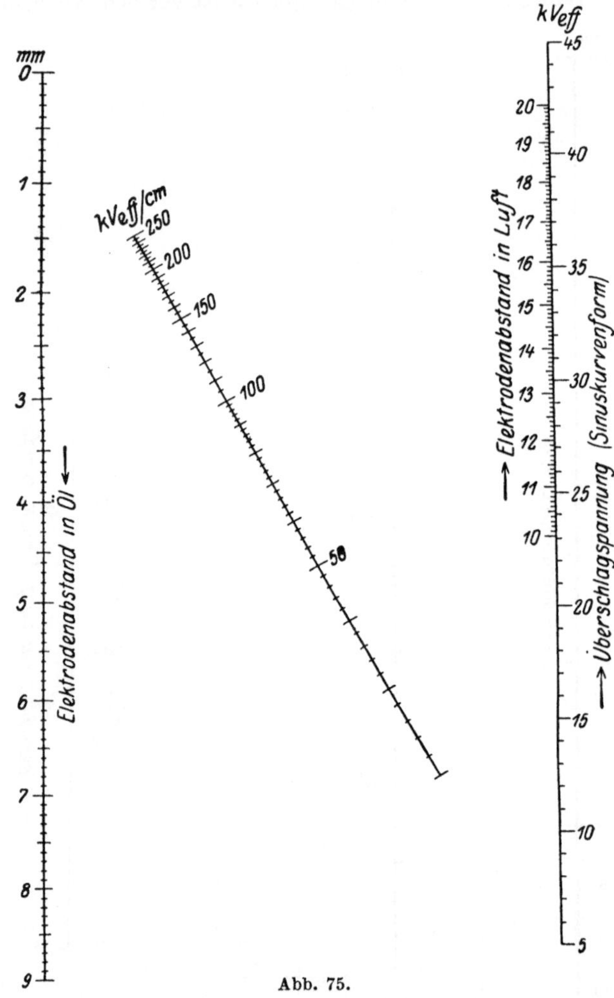

Abb. 75.

B. Veränderlicher Elektrodenabstand bei konstanter Spannung. Auf der Hochspannungseite soll ein fester Widerstand von etwa 30000 Ω vorgeschaltet sein.

Der Prüftransformator soll bei beiden Versuchsanordnungen bei voller Erregung mindestens 30 kV auf der Hochspannungseite geben. Die Leistung darf nicht weniger als 250 VA betragen. Bei größeren

Transformatoren ist u. U. durch Vorschalten von Flüssigkeitswiderständen dafür zu sorgen, daß der Hochspannungstrom beim Ansprechen der Funkenstrecke nicht mehr als 0,5 A beträgt. Zur Regelung oder Dämpfung sind nur Metall- oder Flüssigkeitswiderstände zulässig.

6. Verlauf der Untersuchung. Beim Eingießen des Öles sind Luftblasen nach Möglichkeit zu vermeiden, indem man das Öl an der Gefäßwand langsam herunterlaufen läßt.

Vor Anlegen der Spannung soll das Öl 10 min im Prüfgefäß ruhig stehen.

Die Regelung der Spannung bzw. des Elektrodenabstandes soll bis zum Durchschlag ungefähr 20 s erfordern. Die Spannung soll möglichst schnell nach dem Durchschlag abgeschaltet werden.

Im ganzen sind 6 Durchschlagversuche anzustellen. Das Ergebnis des ersten Versuches darf zur Beurteilung des Öles nicht herangezogen werden. Maßgebend ist der Mittelwert der letzten 5 Durchschläge.

Nach jedem Durchschlag ist das Öl zwischen den Elektroden durch Umrühren mit einem reinen und trockenen Glasstäbchen zu erneuern.

Um die Durchschlagfestigkeit in kV/cm zu ermitteln, ist bei Methode A der gefundene Mittelwert der Durchschlagspannung mit dem Faktor 3,5 zu multiplizieren.

Bei Methode B ergibt sich der Faktor aus der Kurve (Abb. 73).

Zur Berechnung der Durchschlagfestigkeit können auch mit Vorteil die in Abb. 74 und 75 dargestellten Fluchtlinientafeln Verwendung finden (s. auch ETZ 1926, S. 158). Für Luft beziehen sich diese Tafeln ebenfalls auf Vollkugeln oder Kugelkalotten von 25 mm Halbmesser.

Auf die in den vorliegenden Vorschriften gegebenen Grenzzahlen sind Toleranzen nicht anwendbar.

N. Regeln für die Bewertung und Prüfung von Anlassern und Steuergeräten R.E.A./1928[1].

I. Gültigkeit.

§ 1. Geltungstermin.

Diese Bestimmungen treten am 1. Juli 1928 in Kraft. Sie sind nicht rückwirkend.

> Die in Kleinschrift gedruckten Absätze enthalten Ausführungsregeln und geben an, wie die Regeln im allgemeinen zur Ausführung gebracht werden sollen, sofern nicht im Einzelfalle besondere Gründe eine Abweichung rechtfertigen.

§ 2. Geltungsbereich.

Diese Regeln gelten für:
1. Anlasser,
2. Anlaßschalter,
3. Regler,
4. Hilfschalter.

Die Regeln gelten für Geräte zur Steuerung von Maschinen für Dauerbetrieb; sofern die Geräte für kurzzeitige und aussetzende Betriebe benutzt werden, sind auch die „Regeln für die Bewertung und Prüfung von elektrischen Maschinen R.E.M./1923", die „Regeln für die Bewertung und Prüfung von Transformatoren R.E.T./1923", die „Regeln für die Bewertung und Prüfung von elektrischen Bahnmotoren und sonstigen Maschinen und Transformatoren auf Triebfahrzeugen R.E.B./1925" und die „Regeln für die Bewertung und Prüfung von Steuergeräten, Widerstandsgeräten und Bremslüftern für aussetzenden Betrieb R.A.B./1927" zu beachten.

II. Begriffserklärungen.

§ 3. Geräte.

1. Anlasser sind Schaltgeräte mit Widerständen, die während des Anlassens in die Stromkreise von Motoren geschaltet werden.
   a) Flüssigkeitsanlasser,
   b) Metallanlasser.

---

[1] Angenommen durch die Jahresversammlung 1927. Veröffentlicht: ETZ 1927, S. 624, 663, 952 und 1089.

2. **Anlaßschalter** sind Schaltgeräte ohne Widerstände oder mit einem einstufigen Metallwiderstand oder mit einem Transformator.
 a) Anwurfschalter,
 b) Stern-Dreieck-Schalter,
 c) Anlaßtransformator-Schalter.
 Sofern der Anlaßvorgang mit Geräten, die in den „Regeln für die Konstruktion, Prüfung und Verwendung von Schaltgeräten bis 500 V Wechselspannung und 3000 V Gleichspannung R.E.S./1928" enthalten sind, vorgenommen wird, gelten diese.
3. **Regler** sind Geräte, die zur Regelung der Drehzahl oder Spannung durch Schaltung von Widerständen dienen.
 a) Feldregler, bei denen Widerstände im Erregerstromkreis elektrischer Maschinen geschaltet werden.
  α) Spannungsregler zur Regelung der Spannung von Generatoren.
  β) Drehzahlfeldregler zur Drehzahlerhöhung von Motoren.
 b) Regelanlasser, die sowohl zum Anlassen wie zum Regeln der Drehzahl von Motoren dienen.
  α) Hauptstrom-Regelanlasser, bei denen zur Drehzahlverminderung im Haupt- oder Läuferstromkreis Widerstände geschaltet werden, die auch zum Anlassen dienen.
  β) Feldregelanlasser, bei denen ein Anlasser mit einem Drehzahlfeldregler vereinigt ist.
  γ) Haupt- und Feldregelanlasser, bei denen die vorstehend unter α und β genannten Geräte vereinigt sind.

§ 4. Hilfschalter.

a) **Betätigungschalter** sind Schalter zur elektrischen Fernsteuerung (Druckknöpfe, Schwimmerschalter usw.).
b) **Endschalter** sind Schalter, die bei Überschreitung von Endlagen in Tätigkeit treten.
c) **Schütze** (das [Haupt-] Schütz, das Hilfschütz) sind Schalter, die durch elektromagnetische Wirkung geschaltet und in ihrer Betriebstellung gehalten werden.
d) **Wächter** sind elektromagnetisch oder mechanisch betätigte Schalter, die bei Abweichung von dem zu überwachenden Zustande selbsttätig ansprechen (Stromwächter, Spannungwächter, Druckwächter, Drehzahlwächter usw.).

§ 5. Bestandteile der Metallanlasser und Regler.

1. **Gehäuse.**
2. **Widerstandskörper**, bestehend aus Widerstandsleitern und ihren Trägern.
3. **Innere Verbindungen.**
4. **Stufenschalter.**

5. **Klemmen** zum Anschluß der äußeren Leitungen.
6. **Auslöser** zur Selbstabstellung des Motors bei Eintritt nicht ordnungsgemäßer Zustände (Auslösung bei Spannungrückgang, Überstrom usw.).
7. **Bedienungsteil.**

§ 6. Ausführungsarten der Stufenschalter.

a) **Flachbahn:** Die feststehenden Kontaktstücke liegen in einer Ebene und werden von einem beweglichen Kontaktstück bestrichen.
b) **Trommelbahn:** Die feststehenden Kontaktstücke bilden einen Zylinder und werden von einem beweglichen Kontaktstück bestrichen.
c) **Walzenbahn:** Die Kontaktfläche wird durch eine bewegliche zylindrische Walze gebildet; der feststehende Kontaktkörper besteht aus mehreren Einzelfingern, die auf den zugehörenden Ringsegmenten der beweglichen Walze schleifen.
d) **Steuerschalter** bestehen aus einer Reihe von Einzelschaltern, die durch Kurvenscheiben oder dergleichen mechanisch betätigt werden; sie sind:
   bei Gleichstrom: Schalter zur Verbindung der Netzpole, Motorklemmen und Widerstände,
   bei Wechselstrom: Ständerschalter, Läuferanlasser oder eine Verbindung von beiden.
e) **Schützensteuerungen** bestehen aus einer Reihe von Schützen; diese werden durch einen Betätigungschalter, der z. B. in Walzenform (Meisterwalze) ausgeführt werden kann, gesteuert.

§ 7. Schutzarten.

Ausführung 1: Offen.
Keine Abdeckung oder eine Abdeckung mit so großen Öffnungen, daß Berührung spannungführender Teile nicht verhindert wird.

Ausführung 2: Geschützt.
Abdeckung (z. B. gelochtes Blech oder dgl.), die nur Öffnungen für Zuleitungen oder Kühlluft enthält. Zufällige oder fahrlässige Berührung spannungführender Teile ist verhindert.

Ausführung 3: Geschlossen.
Vollständige Abdeckung aller Teile (einschl. der Leitungseinführungen) ohne ausgesprochene Öffnungen. Die Berührung spannungführender Teile und das Eindringen von Fremdkörpern ist verhindert. Vollständiger Schutz gegen Staub, Feuchtigkeit oder Gasgehalt der Luft wird nicht erzielt.

Ausführung 4: Gekapselt.
Gedichteter Abschluß ohne Öffnung. Die Berührung spannungführender Teile, Eindringen von Staub und Wasser ist verhindert. Ein vollständiger Abschluß wird nicht erzielt. Das Innere kann bei Temperatur- und Druckwechsel atmen.

Ausführung 5: Mit Ölschutz.

Alle spannungführenden Teile, mit Ausnahme der Anschlußklemmen, liegen unter Öl. Dieses schützt die Metallteile gegen Einwirkung von Dämpfen und Gasen. Die Ölgefäße müssen nach Ausführung 3 oder 4 abgedeckt sein.

Ausführung 6: Explosionsicher.

a) Ausführung 5 bei genügender Ölhöhe
b) Drucksicher geschlossene Kapselung
c) Plattenschutz-Kapselung

} Nach den „Vorschriften für die Ausführung von Schlagwetter-Schutzvorrichtungen an elektrischen Maschinen, Transformatoren und Apparaten"

Die Schutzarten 2 und 3 werden auch als tropfwassersicher ausgeführt. Hierbei sind Einrichtungen vorzusehen, die ein Eindringen fallender Wassertropfen verhindern. Sie erhalten dann den Kennbuchstaben t (2 t, 3 t).

Abdeckungen dürfen nicht entflammbar sein.

§ 8. Zusammenstellung normaler Schutzarten.

Die vorstehenden Schutzarten gelten für die einzelnen Teile des Schaltgerätes; sie werden in der Regel gemäß nachstehender Tafel vereinigt.

Stufen-schal-ter	Zusammengebaut mit			Flüssigkeits-anlasser		Stufen-oder Anlaß-schalter	Wider-stand
	Widerstand		Anlaß-trans-for-mator	Elek-troden u. Be-hälter	Kurz-schluß-kontakt-stücke		
	mit Luft-kühlung	mit Öl-küh-lung					
$S\,1$	$W\,2$	$W\,5$	$T\,1$ $T\,2$ $T\,5$	$E\,1$	$K\,1$	$S\,1$	—
—	—	—	—	$E\,2$	$K\,2$	—	$W\,2$ $W\,2t$
$S\,3$	$W\,2$ $W\,3$	$W\,5$	$T\,2$ $T\,5$	$E\,3$	$K\,3$	$S\,3$	$W\,3$
$S\,3t$	$W\,2t$ $W\,3t$	$W\,5t$	$T\,2t$	—	—	$S\,3t$	$W\,3t$
$S\,4$	$W\,2$ $W\,2t$ $W\,3$ $W\,3t$ $W\,4$	$W\,5$	$T\,3$ $T\,4$ $T\,5$	—	—	$S\,4$	—
$S\,5$	—	$W\,5$	$T\,5$	$E\,2$ $E\,3$	$K\,5$	$S\,5$	$W\,5$
$S\,6a$ $S\,6b$	$W\,6b$ $W\,6c$	$W\,6a$	$T\,6a$	$E\,2$ $E\,3$	$K\,6a$	$S\,6a$ $S\,6b$	$W\,6a$ $W\,6b$ $W\,6c$

Hierin bedeuten:

S Stufen- oder Anlaßschalter,
W Widerstand,
T Anlaßtransformator,
E Elektroden bzw. Behälter des Flüssigkeitsanlassers,

K Kurzschlußkontaktstücke für Flüssigkeitsanlasser und die Ziffern die Kennziffern der Schutzart nach § 7.

Beispiel: Anlasser mit Ölkühlung, Schutzart *S* 3 *W* 5, d. h. Stufenschalter nach Schutzart 3, Widerstand nach Schutzart 5.

Zu §§ 7 und 8. Für die Schutzarten der Anlaß- und Steuergeräte sind zwei Gesichtspunkte maßgebend: Schutz der Bedienung und Schutz der Geräte selbst.

Der Schutz der Bedienung vor den unmittelbaren Wirkungen des elektrischen Stromes wird durch Verhinderung der Berührung spannungführender Teile erreicht. Diese Bedingung erfüllen alle Schutzarten mit Ausnahme der offenen (1).

Die Schutzarten 3 bis 6 bewirken außerdem mittelbaren Schutz der Bedienung, indem sie Entzündungen brennbarer Stoffe verhindern.

Die Bauart „geschlossen" (3) vermeidet das Eindringen von Fremdkörpern, wie Putzlappen, Holzspäne, Strohhalme, Häcksel, Papierschnitzel und dergleichen, die durch Entzündung Feuersgefahr hervorrufen können.

Die Bauarten „gekapselt" (4) und „mit Ölschutz" (5) verhindern auch das Eindringen kleiner Fremdkörper, wie Sägemehl, Baumwollfasern, Staub und damit deren Entzündung.

Die allmähliche Ansammlung von explosiven Gasen im Inneren, wie sie infolge Atmens bei Temperatur- und Druckdifferenzen bei Aufstellung der Geräte in Räumen mit solchen Gasen eintritt, kann auch mit der Schutzart 4 auf die Dauer nicht verhindert werden; in solchen Fällen muß die Schutzart 5 oder 6 gewählt werden.

Der Schutz der Geräte selbst wird durch die Schutzarten 2 bis 5 ausreichend gewährleistet.

Die Bauart „geschützt" (2) verhindert Beschädigungen durch das vorübergehende oder dauernde Eindringen größerer Fremdkörper, wie z. B. Stangen, Drehspäne, Schrauben usw. Die weitergehenden Schutzarten, die das Eindringen auch kleinerer Fremdkörper verhindern, schützen die Geräte gegen Verschlechterung der Isolation durch Ablagerung von Staub, Wasser und dergleichen.

Die Abdeckungen sind als nicht entflammbar vorgesehen; Abdeckungen aus Pappe genügen dieser Forderung nicht. Die mechanische Festigkeit der Abdeckungen soll für den jeweiligen Verwendungszweck ausreichend sein.

Die „tropfwassersichere Ausführung (t)" ist nicht als besondere Schutzart aufgeführt worden, da sie für sich allein eine genügende Abdeckung der Geräte nicht gewährleistet. Sie ist absichtlich auf die Bauart „geschützt" und „geschlossen" beschränkt worden, weil sie einerseits bei der offenen Bauart praktisch insofern nicht in Anwendung kommt, als in Räumen, in denen Tropfwasser auftritt, offene Bauarten aus Sicherheitsgründen nicht zulässig sind, andererseits die Bauart „gekapselt" von selbst tropfwassersicher ist.

Bei der Bauart „mit Ölschutz" (5) ist die Tropfwassersicherheit durch die Bauart selbst nicht ohne weiteres gegeben. Es erscheint aber notwendig, das Ölbad vor dem Eindringen von Wasser zu schützen, weshalb Tropfwassersicherheit für die Schutzart 5 zu empfehlen ist.

Für Flüssigkeitsanlasser wird mitunter die Aufstellung in Räumen mit brennbaren Gasen unvermeidlich, so daß die Bildung von Funken in der Luft verhindert werden muß. Dieses kann dabei durch die Abdeckung allein nicht geschehen, sondern es muß neben der Anwendung des Ölbades für das Kurzschlußkontaktstück dafür gesorgt werden, daß zwischen den Elektroden und der Flüssigkeit Lichtbogen nicht entstehen können, d. h. der Anlasser muß so gebaut sein, daß die Elektroden nicht aus der Flüssigkeit austauchen können.

Für die Auswahl geeigneter Schutzarten sind u. a. die Errichtungsvorschriften, die Bestimmungen für elektrische Anlagen in der Landwirtschaft, die Vorschriften für Ausführung von Schlagwetter-Schutzvorrichtungen sowie die Vorschriften für elektrische Anlagen auf Handelschiffen zu beachten.

Beispielsweise sind je nach den Erfordernissen zu empfehlen: In Metallbearbeitungswerkstätten die Schutzarten: 2, 3, 4,

in feuergefährlichen Betriebstätten und Lagerräumen, in denen leichtentzündliche Gegenstände hergestellt oder angehäuft werden, z. B. Holzbearbeitungswerkstätten, die Schutzarten 3, 4,

in Betriebstätten mit ätzenden Dünsten die Schutzarten 4 oder besser 5,

in feuergefährlichen Betriebstätten, in denen sich betriebsmäßig entzündliche Dämpfe und Gase bilden können, je nach der vorliegenden Betriebsgefahr, die Schutzarten 4, 5, 6.

§ 9. Kühlungsarten für Anlasser.

1. Flüssigkeitsanlasser,
   a) mit Selbstkühlung,
   b) mit zusätzlicher Wasserkühlung.
2. Metallanlasser,
   a) mit Luftkühlung,
   b) mit Ölkühlung
      α) mit Selbstkühlung,
      β) mit Wasserkühlung,
   c) mit Sandkühlung.

§ 10. Betätigungsarten.

Unterschieden werden:
1. Handbetätigung, und zwar:
   a) unmittelbare Handbetätigung durch ein Bedienungsteil,
   b) mittelbare Handbetätigung durch ein Getriebe oder Gestänge.
2. Elektrische Betätigung, und zwar:
   a) Der Vorgang wird von Hand willkürlich eingeleitet und willkürlich unterbrochen.
   b) Der Vorgang wird von Hand willkürlich eingeleitet und selbsttätig vollendet.
      Bemerkung zu a) und b): Regler mit elektrischem Antrieb und Druckknopf-Betätigung.
   c) Der Vorgang wird selbsttätig eingeleitet und durchgeführt (Selbstanlasser bzw. -regler).
Unmittelbare Handbetätigung ist der mittelbaren vorzuziehen. Mittelbare Handbetätigung wird verwendet, wenn mehrere Geräte von einer Betriebstelle aus betätigt werden müssen oder, wenn die Geräte infolge ihrer Bauart und Größe eine entfernte Aufstellung erfordern.

Langsam-Schaltung (Schneckenantrieb, ruckweise Schaltung) ist nur in solchen Fällen zu fordern, in denen durch

unsachmäßige Bedienung das Auftreten unzulassiger Stromstöße zu befürchten ist.

Elektrische Betätigung wird angewendet, wenn
a) die mechanische Verbindung zwischen dem Betätigungs-
organ und dem Gerät sich zu umständlich gestaltet oder
b) die Betätigung des Gerätes der Einwirkung des Be-
dienenden ganz oder teilweise entzogen werden soll.

§ 11. Betätigungsinn.

Als Betätigungsinn gilt der Drehsinn, der eine
Erhöhung der Drehzahl oder Spannung hervorruft; er
wird auf die Bedienungseite bezogen.

§ 12. Anschlußarten.

Folgende Anschlußarten werden unterschieden:
A 1 Geeignet zum Anschluß von isolierten Leitungen in
Isolierrohren oder offen,
A 2 Geeignet zum Anschluß von Stahlpanzer- oder Gas-
rohren,
A 3 Geeignet zum Anschluß von Bleikabeln.

Bei den Schutzarten 2 bis 6 müssen Vorkehrungen
zur geschützten Einführung der Leitungen in das Gerät
getroffen werden.

Für Handelschiffe soll die Anschlußart des Anlassers
mit der des Motors übereinstimmen.

III. Allgemeine Bestimmungen.

§ 13. Erwärmung.

Erwärmung ist der Unterschied zwischen der Temperatur des Geräteteiles und des umgebenden Kühlmittels
(Luft oder Öl).

Unter der Voraussetzung, daß die Lufttemperatur
nicht höher als 35⁰ C ist, darf die Erwärmung der Anlasser und Regler bei ordnungsgemäßer Benutzung und
unbehindertem Luftumlauf folgende Werte nicht überschreiten:

1. **Widerstände mit Luftkühlung.**

Die Erwärmung soll, an der Austrittstelle der Luft
gemessen, nicht höher als 175⁰ C sein und keine
Stelle des Gehäuses soll eine höhere Erwärmung als
125⁰ C zeigen.

2. **Widerstände mit Ölkühlung.**

Das Öl soll an der wärmsten Stelle zwischen den
Widerstandselementen nicht mehr als 80⁰ C Erwärmung zeigen.

3. **Widerstände mit Sandkühlung.**

Der Sand soll zwischen den Widerstandselementen
keine höhere Erwärmung als 150⁰ C zeigen.

4. **Wasserwiderstände mit Zusatz von Soda und
dergleichen.**

Die Erwärmung des Elektrolyten soll 60⁰ C nicht
überschreiten.

5. Stufenschalter.

Die Erwärmung der Kontaktstücke von Stufenschaltern in Luft soll an keiner Stelle 40⁰ C bei geblätterten Bürsten und 60⁰ C bei massiven feststehenden oder beweglichen Kontaktstücken überschreiten; solche unter Öl dürfen die für das Öl zulässige Erwärmung erreichen.

6. Magnetwicklungen.

Die Erwärmung der Magnetwicklungen richtet sich nach der Wärmebeständigkeit der Isolierstoffe; hierfür gilt folgende Tafel:

Werkstoff	Grenz-temperatur ^{0} C	Grenz-erwärmung ^{0} C
Faserstoff { ungetränkt	85	50
{ getränkt oder in Füllmasse	95	60
Lackdraht	95	60
Blanker Draht	100	65

Für Magnetwicklungen unter Öl gilt die Erwärmungsvorschrift unter 2.

7. Für Hilfsmotoren und -transformatoren gelten die Bestimmungen der R.E.M. bzw. R.E.T.

Die zugelassenen Erwärmungen werden durch Thermometer oder Thermoelemente gemessen.

Da die Erwärmung der einzelnen Widerstandstufen schwer zu messen ist, soll bei luftgekühlten Widerständen die Temperatur der abstreichenden Luft an ihrer Austrittstelle gemessen werden. Hierbei muß unter Umständen das Thermometer in die Öffnungen der Abdeckung eingeführt werden.

Bei Anlassern mit Öl- oder Sandkühlung soll die Messung an der wärmsten Stelle zwischen Widerstandselementen erfolgen, die bei Öl meistens in etwa ⅔ der Höhe des Kühlmittels auftritt, während die Temperatur an der Oberfläche und besonders am Gefäßboden stets erheblich niedriger, am Draht selbst dagegen höher ist. Bei Anlassern mit Sandkühlung ist zu berücksichtigen, daß die Wärmeaufnahmefähigkeit des Sandes viel geringer als die des Öles ist.

Bei Metallwiderständen ist darauf zu achten, daß die Verbindungstellen der Widerstandselemente untereinander und mit den Verbindungsleitungen der auftretenden Temperatur widerstehen (Verschraubungen, schwer schmelzende Lötungen, Schweißungen, Anbringung der Verbindungstellen an den kühlsten Stellen des Widerstandskörpers).

Da die zulässige Erwärmung der Stufenschalter geringer als die der Widerstände ist, so ist durch genügenden Abstand dieser Schalter von dem Widerstandskörper oder durch andere Maßnahmen dafür zu sorgen, daß die Wärmeübertragung vom Widerstand zum Stufenschalter eingeschränkt wird. Dieses gilt besonders für Feldregler und Regelanlasser.

§ 14. Nenn- und Betätigungspannung.

Nennspannung ist die auf dem Gerät angegebene Spannung, für die es verwendet werden soll.

Betätigungspannung ist für elektrisch betätigte Geräte die Spannung, die an den Klemmen des Gerätes herrscht, wenn der Betätigungstrom fließt.

Die Geräte müssen noch einwandfrei arbeiten, wenn die Betätigungspannung vom Nennwert um ± 10% abweicht.

§ 15. Selbsttätige Auslösung.

1. **Spannungrückgangsauslösung.**

Das Gerät muß ausgelöst werden, wenn die Spannung auf 35% des Nennwertes zurückgeht. Bei 70% des Nennwertes darf noch keine Auslösung eintreten.

2. **Überstromauslösung.**

Die Auslösung muß innerhalb eines dem Verwendungzweck des Anlassers entsprechenden Bereiches einstellbar sein.

Anlasser mit den unter 1 genannten Auslösungen oder gleichwertige Anordnungen (Selbstschalter, Schütze u. dgl.) sind geeignet für Motoren, die in der Betriebstellung des Anlassers nicht anlaufen können und deren Anlaßvorrichtung während des Betriebes nicht dauernd überwacht wird.

§ 16. Kennzeichnung des Schaltweges.

Auf jedem Gerät (Anlasser, Anlaßschalter, Regler) sollen die Stellung, in der das Gerät eingeschaltet und die, in der es ausgeschaltet ist, sowie der Schaltweg deutlich gekennzeichnet sein, z. B. durch einen Kreisbogen.

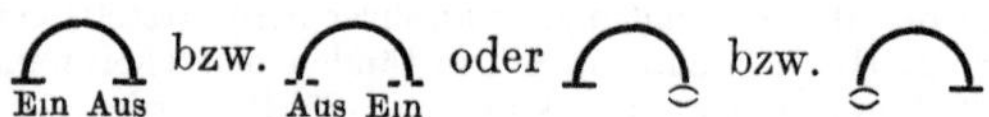

Bei Anlaßschaltern (z. B. Stern-Dreieck-Schaltern) ist außerdem die Anlaufstellung gegenüber der Betriebstellung zu kennzeichnen, z. B.

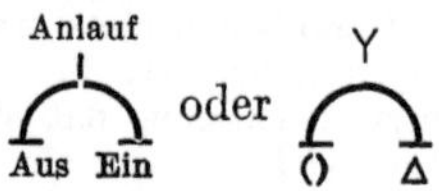

Bei Regelanlassern sind Anlaß- und Regelbereich zu kennzeichnen.

§ 17. Schaltfolge der Anlaßschalter.

Bei Anlaßschaltern, die außer der Ausschalt- und Betriebstellung noch eine Anlaufstellung haben, z. B. Stern-Dreieck-Schaltern und Anlaßtransformator-Schaltern für Kurzschlußmotoren, ist als Reihenfolge der Stellungen entweder

a) Aus — Anlauf — Ein oder

b) Anlauf — Aus — Ein zu wählen. Bei der Stellungsfolge b) sind Vorkehrungen empfehlenswert, die einen unmittelbaren Übergang von der Ausschalt- in die Betriebstellung verhüten.

IV. Sonderbestimmungen für Anlasser.
§ 18.

Stufen bedeuten Teile des Widerstandes, die beim Weiterbewegen des Kontaktkörpers jeweilig kurz geschlossen werden.

Stellungen sind die Ruhelagen des beweglichen Kontaktkörpers

(Zahl der Stellungen = Stufenzahl + 1).

Vorstufen sind die Stufen, auf denen der Strom den Anlaßspitzenstrom (vgl. § 19) nicht erreicht; solange sie eingeschaltet sind, braucht der Anlauf noch nicht stattzufinden.

Anlaßstufen sind die Stufen, deren aufeinanderfolgendes Kurzschließen den Anlauf herbeiführt.

§ 19.

Nennstrom I ist der Strom, den der Motor bei Vollast aufnimmt.

Einschaltstrom I_e ist der Strom auf der ersten (Vor-) Stellung.

Anlaß-Spitzenstrom I_2 ist der Stromstoß, der beim Kurzschließen einer Anlaßstufe auftritt.

Schaltstrom I_1 ist der Strom, bei dem das Weiterschalten erfolgen soll (vgl. die Diagramme am Kopf der Tafeln I und II).

Bei Drehstrom sind die Ständerströme mit großen, die Läuferströme mit kleinen Buchstaben zu bezeichnen.

Für die Messung der Anlaß- und Anlaßspitzenströme gilt die in den „Normalbedingungen für den Anschluß von Motoren an öffentliche Elektrizitätswerke" vorgeschriebene Meßmethode.

§ 20.

Als mittlerer Anlaßstrom I_m gilt:

$$I_m = \sqrt{\text{Schaltstrom} \cdot \text{Anlaßspitzenstrom}} = \sqrt{I_1 \cdot I_2}.$$

Die mittlere Anlaßaufnahme, in kW (bzw. in kVA), d. i. die dem Netz entnommene (Schein-) Leistung, ist das Produkt aus

$$\frac{\text{Nennspannung} \cdot \text{mittlerer Anlaßstrom}}{1000} = \frac{U \cdot I_m}{1000}.$$

Anlaßzeit t (in s) ist die Zeit, während der nur Anlaßstufen Strom führen.

Anlaßarbeit, in kWs (bzw. kVAs), ist das Produkt

$$\text{mittlere Anlaßaufnahme} \cdot \text{Anlaßzeit} = \frac{U \cdot I_m t}{1000}.$$

Die Formel $I_m = \sqrt{I_1 \cdot I_2}$ soll für Gleichstrom- wie für Drehstromanlasser angewendet werden gleichviel, ob bei diesen der Strom im Ständer oder Läufer festgestellt wird.

§ 21.

Anlaßzahl z ist die Zahl der hintereinander — mit einer Pause = 2 × Anlaßzeit — bis zum Erreichen der Endtemperatur zulässigen Anlaßvorgänge.

Anlaßhäufigkeit h ist die Zahl der stündlich in gleichmäßigen Abständen dauernd zulässigen Anlaßvorgänge.

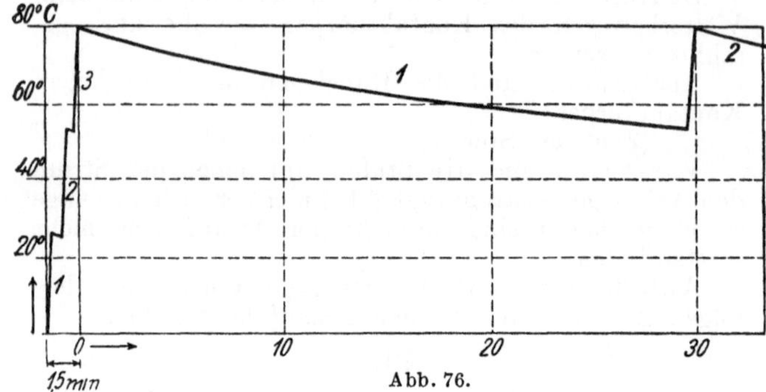

Abb. 76.

Die Prüfung wird zweckmäßig so vorgenommen, daß erst die Anlaßzahl und in unmittelbarem Anschluß daran die Anlaßhäufigkeit geprüft wird. Abb. 76 zeigt als Beispiel den Erwärmungsverlauf bei einem Anlasser mit einer Anlaßzahl $z = 3$ ($t = 14$ s) und einer Anlaßhäufigkeit $h = 2$ je h (Pause 30 min).

§ 22.

Die Schwere des Anlaufes wird durch das Verhältnis

$$\frac{\text{Mittlere Anlaßaufnahme}}{\text{Leistungsaufnahme des Motors bei Vollast}} = \frac{U \cdot I_m}{U \cdot I} = \frac{I_m}{I}$$

gekennzeichnet.

Normalwerte dieses Verhältnisses $\frac{I_m}{I}$ sind:

Ausführung des Anlassers	Halblastanlauf h-Anlauf	Vollastanlauf v-Anlauf	Schweranlauf s-Anlauf
Flach- und Trommelbahnanlasser	0,65	1,3	1,7
Flüssigkeitsanlasser, Walzenbahnanlasser	0,75	1,5	2,0

§ 23.

Als ordnungsmäßiger Anlaßvorgang gilt ein solcher, bei dem von einer Stellung auf die nächste weitergeschaltet wird, wenn der Strom mindestens auf den Schaltstrom I_1 des Anlassers gesunken ist.

§ 24.

Die Anlasser werden auf Grund folgender Angaben bewertet:

1. Nennleistung des Motors N und die ihr entsprechende Leistungsaufnahme $U I$,
2. Mittlere Anlaßaufnahme $U I_m$,
3. Anlaßzeit t,

nal information of this book

*erungen zu den Regeln für die Bewertung und Prüfung von
chen Maschinen R.E.M./1930, Transformatoren R.E.T./1930 und
inen und Transformatoren auf Bahn- und anderen Fahrzeugen
/1930 sowie zu den Normalen Anschlußbedingungen und den
len Klemmen-Bezeichnungen ; 978-3-662-00252-0 ;
-662-22748-0_OSFO1)* is provided:

xtras.Springer.com

4. Anlaßzahl z,
5. Anlaßhäufigkeit h,
6. Zulässige Belastung des Endkontaktstückes.

§ 25.

Für die Bemessung des Anlassers ist in erster Linie die für die Beschleunigung der anzutreibenden Maschinen erforderliche mittlere Anlaßaufnahme, also die Schwere des Anlaufes (siehe § 22) und die Anlaßzeit maßgebend.

Unter Berücksichtigung vorstehender Bestimmungen sind die in Tafel I und II enthaltenen Reihen von normalen Flachbahnanlassern für Gleichstrom und Drehstrom entwickelt.

Die Bestimmungen in Tafel I und II gelten nicht für Walzenbahnanlasser, Steuerschalter, Anlaßtransformator-Schalter usw. U. a. darf bei diesen die Anzahl der Anlaßstufen verringert und der Einschalt- und Anlaß-Spitzenstrom entsprechend erhöht werden.

Zu Tafel I, Gleichstromanlasser.

Für die Bemessung des Anlassers ist der mittlere Anlaßstrom I_m bzw. die mittlere Anlaßaufnahme $U I_m$ maßgebend. Zur Bestimmung des Anlaß-Spitzenstromes I_2 und des Schaltstromes I_1 sind die Verhältnisse von I_2 oder I_1 zum mittleren Anlaßstrom I_m oder zum Nennstrom I des Motors bei Vollast unter Berücksichtigung der Stufenzahl m und des Ankerwiderstandes R (einschließlich des Widerstandes der Zuleitungen) festgelegt. Diese Werte werden der Rechnung am besten zugänglich, wenn man den mittleren Anlaßstrom

$$I_m = \sqrt{I_1 I_2} \quad \text{oder} \quad \frac{I_2}{I_m} = \frac{I_m}{I_1} = \sqrt{\lambda} \left(\text{worin } \lambda = \frac{I_2}{I_1} \right)$$

setzt. Drückt man ferner den Spannungsverlust im Anker $+$ Zuleitungen in Prozenten (p) der Netzspannung aus und setzt den Ankerwiderstand

$$R = \frac{p}{100} \cdot \frac{U}{I} \quad \text{oder} \quad p = 100 \cdot \frac{R I}{U},$$

so ergibt sich

$$\sqrt{\lambda} = \frac{I_2}{I_m} = \frac{I_m}{I_1} = \left(\frac{100}{p} \cdot \frac{I}{I_m} \right)^{\frac{1}{2m+1}};$$

$$\frac{I_2}{I} = \frac{I_m}{I} \left(\frac{100}{p} \cdot \frac{I}{I_m} \right)^{\frac{1}{2m+1}};$$

$$\lambda = \frac{I_2}{I_1} = \left(\frac{100}{p} \cdot \frac{I}{I_m} \right)^{\frac{1}{m+0,5}}.$$

Hierin bedeutet $\dfrac{I_m}{I} = \dfrac{\text{Mittlere Anlaßaufnahme}}{\text{Aufnahme des Motors bei Vollast}}$

das Verhältnis, das die Schwere des Anlaufes darstellt (siehe § 22).

In der Tafel ist der in der Praxis besonders häufige Anlauf mit Vollast (und Halblast) besonders berücksichtigt; für die Nennleistungen des Motors und die Normalspannungen 110, 220, 440 V bei Gleichstrom sind die Ströme I, I_m, I_1, I_2 be-

rechnet. Für Anlaufverhältnisse, die zwischen diesen Normal-
werten liegen, z. B. Dreiviertellast, sonst passende Anlasser
aus den Normalreihen zu wählen.

Es empfiehlt sich, bei größeren Anlassern (etwa über
10 kW) in den Betriebsanweisungen den Schaltstrom und seine
Bedeutung anzugeben oder die Bestimmung aufzunehmen, daß
erst dann weitergeschaltet werden darf, wenn der Strom auf
der betreffenden Stufe nicht mehr merklich sinkt.

Die Abstufung der Leistungen der Anlasser mit Ölkühlung ist mit dem Verhältnis 1 : 2 festgesetzt. Dadurch
kann der gleiche Stufenschalter bei 220 V für die doppelte
Leistung wie bei 110 V benutzt werden und entsprechend bei
440 bzw. 220 V. Die Endkontaktstücke werden vorteilhaft,
soweit nicht die Stromstärken zu groß werden (bei 110 V), für
den doppelten Nennstrom des Anlassers bemessen, damit die
gleichen Anlasser für die doppelte Motorleistung bei Halblast
benutzt werden können.

Bei Anlassern mit Luftkühlung ist die Zahl der Modelle
verdoppelt entsprechend einer Leistungsabstufung $1 : \sqrt{2}$.

Bei der Stempelung des Anlassers ist zur Erleichterung
der Auswahl nicht die mittlere Anlaßaufnahme, sondern die
in Reihe 1 und 2 der Tafeln I und II angegebene Nennleistung
des Motors zugrunde zu legen, wobei noch die doppelten Leistungen für Halblast gestempelt werden können.

Die Aufnahme des Motors ist unter Berücksichtigung des
voraussichtlichen ungünstigsten Wirkungsgrades η_{min} festgelegt. Bei der Bestimmung des Ankerwiderstandes wurde angenommen, daß $\tfrac{2}{3}$ der Gesamtverluste auf den Anker $+$ Zuleitungen entfallen.

Die mittlere Anlaßaufnahme bei Vollastanlauf, die die
Grundlage für die Bestimmung der Anlasser ist, ist gemäß
§ 22 zu $1{,}3 \times$ Leistungsaufnahme des Motors angenommen.
Wenn die erforderliche Anlaßleistung nicht mit einem Tafel-
wert übereinstimmt, so ist der nächstgrößere Anlasser zu
wählen; die dadurch bedingten größeren Spitzenströme sind
zuzulassen.

Für die Bestimmung der Anlaßzeit wurde die empirische
Formel

$$ t = 4 + 2 \sqrt{N} $$

(N ist die Motorleistung in kW) benutzt. Über 200 kW hinaus
ist die Formel nicht zu empfehlen. Da die Anlasser ein mehr-
maliges Anlassen kurz nacheinander gestatten, so genügen sie
auch zur Beschleunigung größerer Schwungmassen bei ein-
maligem Anlassen. Bei Antrieben mit außergewöhnlich großen
Schwungmassen ist die erforderliche Anlaßzeit rechnerisch zu
ermitteln.

Die Anlaßzeit und die Anlaßhäufigkeit beruhen auf Er-
fahrungswerten. Die Anzahl der Anlaßstufen ist so gewählt,
daß der Schaltstrom wenig höher als der Nennstrom liegt.

Zu Tafel II, Drehstromanlasser.

Die Leistungsabstufung der Anlasser, die mittlere Anlaßaufnahme, die Anlaßzeit, die Anlaßzahl, die Anlaßhäufigkeit
und die Anlaßarbeit sind gleich denen für Gleichstromanlasser
eingesetzt. Für die Abschaltung der Widerstandstufen in den
drei Läuferkreisen nacheinander — als „uvw-Schaltung" bezeichnet — ist die Anzahl der Vor- und Anlaßstufen geringer
gewählt als bei gleichzeitiger Abschaltung, da sich bei dieser

ıal information of this book

rungen zu den Regeln für die Bewertung und Prüfung von
chen Maschinen R.E.M./1930, Transformatoren R.E.T./1930 und
nen und Transformatoren auf Bahn- und anderen Fahrzeugen
1930 sowie zu den Normalen Anschlußbedingungen und den
en Klemmen-Bezeichnungen ; 978-3-662-00252-0 ;
662-22748-0_OSFO2) is provided:

xtras.Springer.com

Anordnung nahezu die 3fache Zahl von Stellungen ergibt. Anlasser für zweiphasige Läufer sind nicht genormt.

Für die Herstellung der Anlasser kommen je nach Größe der Läuferspannung verschiedene Widerstandsbezüge in Frage. Zu deren Normung ist für die Werte $\dfrac{u}{i} = \dfrac{\text{Läuferspannung}}{\text{Läuferstrom}}$ (u = Läuferspannung zwischen zwei Schleifringen), eine Normalreihe 1,0; 1,8; 3,2; 5,6 aufgestellt, die unter 1,0 und über 10 entsprechend den Bedürfnissen erweitert ist. Als zulässig ist zu erachten, daß z. B. ein Anlasser, der für das Verhältnis $\dfrac{u}{i} = 10$ berechnet ist, für $\dfrac{u}{i}$ Werte des Motors zwischen 7,5 und 13 benutzt wird, wobei die auftretenden Spitzenströme um 25% höher bzw. um 30% niedriger werden. Tatsächlich werden höhere Stromspitzen meistens nicht auftreten, da die Vorstufen z. T. als Anlaßstufen wirken.

Um die Auswahl der Anlasser zu erleichtern, sind die Grenzen der Läuferspannungen und -ströme in den einzelnen Feldern der Tafel angegeben. Die Felder sind aber nur ausgefüllt, die für die genormten Grenzen der Läuferspannungen der Drehstrommotoren nach DIN VDE 2651 in Frage kommen. Für anormale Läuferspannungen sind die Anlasser unter sinngemäßer Erweiterung der Tafel zu bestimmen.

V. Sonderbestimmungen für Regelanlasser.

§ 26.

Grunddrehzahl ist die Drehzahl des Motors bei kurzgeschlossenem Regler.

Regelbereich ist der Drehzahlbereich von der Grunddrehzahl bis zu der (durch den Regler herstellbaren) höchsten oder niedrigsten Grenzdrehzahl. Er wird ausgedrückt, indem die Grunddrehzahl mit 100% bezeichnet und die Abweichungen von ihr in Prozenten der Grunddrehzahl angegeben werden, z. B. — 25% (bei Hauptstromregelung) oder + 200% (bei Feldschwächung).

§ 27.

Die Arbeitscharakteristik, d. i. die Drehmoment-Drehzahllinie, stellt die Abhängigkeit zwischen Drehmoment und Drehzahl im Regelbereich dar.

Folgende Hauptarten der Drehzahlregelung werden unterschieden:

1. Bei gleichbleibendem Drehmoment. Das Drehmoment ist unabhängig von der Drehzahl (z. B. Kolbenpumpe).
2. Bei gleichbleibender Leistung. Das Produkt Drehmoment × Drehzahl ist unabhängig von der Drehzahl (z. B. Drehbank).
3. Bei quadratisch mit der Drehzahl steigendem Drehmoment (z. B. Ventilator).

§ 28.

Bei allen Reglern wird Dauereinschaltung angenommen. Verträgt der Regler nur kurzzeitige Beanspruchung, so ist er entsprechend zu kennzeichnen. Für Feldregelung sind jedoch solche Regler unzulässig.

§ 29.

Drehzahlfeldregler für Gleichstrom-Nebenschlußmotoren dürfen nicht ausschaltbar sein.

§ 30.

Bei Antrieben mit gleichbleibendem Drehmoment (§ 27, Ziffer 1) oder mit gleichbleibender Leistung (§ 27, Ziffer 2) gelten als normale Regelbereiche:

  1. Für Drehzahl-Verminderung bei Nennstrom, d. h. bei normalem Drehmoment, durch Hauptstrom-Regelanlasser:

$$- 25\%, \; - 50\% \text{ und } - 75\%.$$

  2. Für Drehzahl-Erhöhung durch Drehzahlfeldregler oder Feldregelanlassern (§ 27, Ziffer 1 und 2):

$$+ 15\%, \; + 50\%, \; + 100\% \text{ und } + 200\%.$$

  3. Für Drehzahl-Verminderung und -Erhöhung durch Haupt- und Feld-Regelanlasser:

$$+ \;\;15\% \text{ neben} - 25\% \text{ bzw.} - 50\% \text{ und } - 75\%$$
$$+ \;\;50\% \quad ,, \quad - 25\%$$
$$+ 100\% \quad ,, \quad - 25\%$$
$$+ 200\% \quad ,, \quad - 25\%.$$

§ 31.

Bei mit steigender Drehzahl wachsendem Drehmoment (§ 27, Ziffer 3) gelten als normale Regelbereiche für Drehzahl-Verminderung und -Erhöhung durch Haupt- und Feldregler:

$$+ 15\% \text{ neben } - 10\%, \; - 25\%, \; - 50\%.$$

§ 32.

Bei Drehzahl-Verminderung durch Hauptstromregler ist zu beachten, daß der Regelbereich in hohem Maße von der Belastung (d. h. dem Drehmoment) abhängt und z. B. schon bei ¾ Drehmoment

$$\text{von } - 25 \text{ auf } - 19\%,$$
$$,, \quad - 50 \;\;,, \quad - 37\% \text{ und}$$
$$,, \quad - 75 \;\;,, \quad - 56\% \text{ fällt.}$$

Daher ist zur Berechnung des Reglers außer der Arbeitscharakteristik nach § 27 die Kenntnis des Drehmomentes bei einer bestimmten Drehzahl erforderlich. Wenn nichts anderes angegeben, wird das Drehmoment auf die Grunddrehzahl des Motors (100%) bezogen.

Zu §§ 26 bis 32. Bei Drehzahlreglern sind zu unterscheiden: die Hauptstrom-Regelanlasser zur Drehzahl-Verminderung durch Spannungvernichtung in Vorschaltwiderständen (bei Gleichstrommotoren) bzw. in Läuferwiderständen (bei Drehstrommotoren mit Schleifringen) und die Drehzahlfeldregler oder Feldregelanlasser zur Drehzahl-Erhöhung durch Feldänderung (bei Gleichstrom-Nebenschlußmotoren).

Bei der Drehzahl-Erhöhung durch Feldschwächung ist die Drehzahl nahezu unabhängig von dem erforderlichen Drehmoment der anzutreibenden Maschine, bei der Drehzahl-Verminderung durch Hauptstromregler ist sie dagegen vom Drehmoment stark abhängig. Daher muß bei Drehzahl-Verminderung für jede Drehzahl das Drehmoment genau bekannt sein. Die dabei vom Motor abgegebene Leistung (proportional dem Produkt aus Drehzahl und Drehmoment) ist sehr verschieden. Daher ist die Nennleistung des Motors für die Bestimmung des Reglers nicht maßgebend. Außerdem gibt die Angabe der Nennleistung oft zu Mißverständnissen Anlaß, wenn die abgegebene oder die dem Netz entnommene Leistung verwechselt wird. Eindeutig bestimmt ist der Regler dagegen, wenn für jede Drehzahl das erforderliche Drehmoment, d. h. die Drehmoment-Drehzahllinie angegeben ist. In der Praxis kommen zumeist die in § 27 aufgezählten drei Belastungsfälle in Frage. Für diese genügt es, den Belastungsfall durch die Ziffern 1, 2 oder 3 gemäß § 27 (*a, b* oder *c*) zu kennzeichnen, wobei nur das für den Antrieb erforderliche Drehmoment bei der Grunddrehzahl hinzuzufügen ist. Ist für diese Grunddrehzahl die abgegebene Leistung bekannt, so kann daraus auch das Drehmoment

$$M \text{ (in mkg)} = 973 \, \frac{N}{n} \, (N \text{ in kW})$$

oder

$$M \text{ (in mkg)} = 716 \, \frac{N}{n} \, (N \text{ in PS})$$

berechnet werden. Sowohl für Drehzahl-Verminderung wie -Erhöhung sind normale Bereiche festgelegt, um die Zahl der Reglermodelle nach Möglichkeit einzuschränken.

VI. Sonderbestimmungen für Anlaßgeräte mit Ölfüllung.

§ 33.

Die folgenden Bestimmungen gelten für
1. Flachbahn- und Trommelbahn-Anlasser mit Ölkühlung für Gleich- und Wechselstrom,
2. Walzenbahn-Anlasser mit Ölkühlung für Gleich- und Wechselstrom,
3. Steuerschalter unter Öl für Wechselstrom,
4. Schütze unter Öl für Gleich- und Wechselstrom,
5. Anlaßtransformator-Schalter unter Öl.

Bei diesen Geräten können entweder die Kontaktstücke oder die Widerstände und Wicklungen oder beide unter Öl liegen.

Für ihre Ausführung muß ferner berücksichtigt werden, ob sie ortsfest[1] oder ortsveränderlich[1] eingebaut werden sollen.

§ 34.

Die vorstehend unter § 33 genannten Geräte mit Ölfüllung sind mit einer Einrichtung zu versehen, die das Vorhandensein des normalen Ölstandes erkennen läßt; sie dürfen nur bei genügendem Ölstand bedient werden.

Als Ölfüllung dient harz- und säurefreies Mineralöl.

---

[1] Vgl. Errichtungsvorschriften.

§ 35.

Widerstände und Wicklungen müssen, wenn sie unter
Öl getaucht sind, bei Geräten bis 25 kW mindestens 2 cm,
über 25 kW mindestens 3 cm unter dem Ölspiegel liegen,
bezogen auf eine Öltemperatur von 20° C.

§ 36.

Die Unterbrechungstellen von Kontaktstücken unter
Öl müssen so tief unter dem Ölspiegel liegen, daß bei der
größten, betriebsmäßig vorkommenden Abschaltleistung
keine Zündung über dem Ölspiegel eintreten kann.

Da die Geräte unter § 33 die am Aufstellungsort auftretende Kurzschlußleistung nicht abzuschalten brauchen
(siehe § 53), sind sie den Bestimmungen der R.E.S./1928
und der „Regeln für die Konstruktion, Prüfung und
Verwendung von Wechselstrom-Hochspannunggeräten
für Schaltanlagen R.E.H./1928“ nicht unterworfen.
Für sie gelten die in Tafel III angegebenen lichten Maße
spannungführender blanker Teile an der ungünstigsten
Stelle in mm.

Luft- und Ölstrecken werden geradlinig gemessen,
Kriechstrecken entlang der Oberfläche.

In der Tafel bezeichnet

Maß k

1. die Kriechstrecke gegen Erde,
2. die Kriechstrecke verschiedener Phasen
   oder Pole gegeneinander } in Luft

Maß l

1. den Abstand gegen Erde,
2. den Abstand verschiedener Phasen oder
   Pole gegeneinander } in Luft

Bei hochwertig isolierten Leitungen brauchen diese
Maße nicht eingehalten zu werden.

Maß b

1. den Abstand gegen Erde,
2. den Abstand verschiedener Phasen oder
   Pole gegeneinander } in Öl

Das Maß b gilt nicht für außerhalb des Wirkungs-
bereiches des Lichtbogens sonst noch im Ölbade befindliche
spannungführende Teile, z. B. Verbindungsleitungen, Widerstände, Stromwandler.

Tafel III.

Maß in mm	Nennspannung in V					
	250	550	1000	3000	6000	10 000
k	10^1	12^1	—	—	—	—
l	7^1	10^1	40	75	100	125
b	7	10	12	23	40	60
c	12^1	20^1	25^1	40^1	70	100

[1] Für schlagwetter- und explosionsgefährliche Räume sind
bei 250 und 550 V Maß k und l zu verdoppeln; Maß c darf
50 mm nicht unterschreiten. Berücksichtigung einer etwaigen
Schräglage wird für ortsfeste Anlagen hierbei nicht gefordert.

Maß c

den Abstand der Unterbrechungstelle an den ⎫
feststehenden Kontakten von der Oberfläche ⎭ in Öl

Die Maße gelten nicht für Teile bei Gleich- und Wechselstromgeräten, die nur vorübergehend Spannungsunterschiede gegeneinander aufweisen, insbesondere nicht für die Läuferstromkreise von Drehstrommotoren.

Wenn die unter § 33, Ziffer 2 bis 5 genannten Geräte für aussetzenden Betrieb benutzt werden, so sind die R.A.B./1927 zu beachten.

§ 37.

Die in §§ 35 und 36 angegebenen Maße müssen auch bei ortsveränderlichen Geräten im Betriebzustand und bei ortsfest eingebauten Geräten, die sich während des Betriebes in Bewegung befinden, eingehalten werden[1]. Derartig benutzte Geräte müssen gegen Verlust von Öl infolge der Bewegung ausreichend geschützt sein.

Die Geräte sind normal für eine größte Schräglage von mindestens 8 cm auf 100 cm (4,5^0) auszuführen.

Größere Schräglagen sind besonders zu berücksichtigen, z. B. bei Schiffen, bei denen eine vorübergehende Schräglage von 30^0 und eine dauernde von 10^0 anzunehmen ist gemäß den „Vorschriften für die Einrichtung und den Betrieb elektrischer Anlagen auf Handelschiffen" des Handelschiff-Normenausschusses.

§ 38.

Für Anlaßtransformator-Schalter gelten die Bestimmungen §§ 34 bis 37. Wenn sie mit Stromunterbrechung arbeiten, sollen sie Einrichtungen besitzen, die einen unmittelbaren Übergang von der Nullstellung in die Betriebstellung sowie ein langsames Überschalten von der Anlaßstellung in die Betriebstellung verhüten.

VII. Sonderbestimmungen für Spannungregler.

§ 39.

Nach der Betätigungsart werden Handregler und Selbstregler unterschieden. Als Selbstregler gelten:
1. Trägregler,
2. Eilregler,
3. Schnellregler.

Je nach dem Zweck der Regelung werden unterschieden:
a) Regler für Gleichhaltung der Spannung,
b) Regler für Veränderung der Spannung (z. B. für Lade- und Zusatzmaschinen),
c) Regler für mit der Stromstärke veränderliche Spannung.

§ 40.

Wenn Spannungregler für Generatoren ausschaltbar sind, so müssen sie bei Erregerspannungen von 50 V an

---

[1] Geräte, die nach gelegentlicher Ortsveränderung fest aufgestellt oder erst nach der Ortsveränderung mit Öl gefüllt werden, sind wie ortsfeste Geräte zu behandeln.

mit Einrichtungen versehen sein, die ein Unterbrechen
des Feldstromes ohne Gefahr für die Feldwicklungen der
zu regelnden Maschine oder für den Regler selbst gestatten
(z. B. durch Kurzschließen des Feldes vor dem Ausschalten).

§ 41.

Spannungregler für Gleichhaltung der Spannung müssen bei unveränderter oder um 10% erhöhter
Drehzahl und kalter Magnetwicklung die Spannung
zwischen Vollast und Leerlauf gleichhalten können.

Bei Generatoren mit Fremderregung von 100 kW
bzw. kVA aufwärts muß die Spannung außerdem unter
den gleichen Bedingungen bei Leerlauf vorübergehend
um 50% vermindert werden können.

§ 42.

Als normale Regelgenauigkeit gelten folgende
Abweichungen von der Nennspannung:

	Bis 100 kW	Über 100 kW
Für Gleichstrom-Nebenschlußgeneratoren	± 2%	± 1%
Für Wechselstromgeneratoren mit Regelung in der Haupterregung . .	± 2%	± 1%
Für Wechselstromgeneratoren mit Regelung im Feld der Erregermaschine:		
bei Selbsterregung der Erregermaschine	± 3%	± 2%
bei Fremderregung der Erregermaschine	± 2%	± 1%

Bei Selbstreglern gelten diese Worte nur für die Einstellung nach Beendigung des Regelvorganges.

§ 43. Regelgeschwindigkeit der Selbstregler.

Bei Träg- und Eilreglern darf die Regelgeschwindigkeit einen gewissen Höchstbetrag nicht überschreiten,
um Überregeln zu vermeiden. Als Mittelwert für Durch-
laufen des gesamten Regelbereiches gelten

bei Trägreglern etwa 45 s
und „ Eilreglern   „   10 s.

VIII. Schaltung und Klemmenbezeichnung.

§ 44.

Alle nicht spannungführenden, der Berührung zugänglichen Metallteile müssen untereinander dauernd
leitend verbunden und mit einem gemeinsamen Erdungsanschluß versehen sein, damit die Geräte nach den „Vorschriften für die Errichtung und den Betrieb elektrischer
Starkstromanlagen" geerdet werden können.

Erdungschrauben müssen aus nicht rostendem Werkstoff, z. B. Messing, bestehen. Anschlußstellen müssen

metallisch blank sein. An kleineren Geräten muß der Durchmesser der Erdungschraube mindestens 6 mm, an Geräten von 600 A aufwärts mindestens 12 mm sein.

Die Anschlußstelle der Erdzuleitung soll als solche gekennzeichnet („Erde‘‘, Ⓔ oder ⏚) sein.

§ 45.

Die Anschlußklemmen der Geräte für die Netz- und Motorverbindungen müssen entsprechend den „Normen für die Bezeichnung von Klemmen bei Maschinen, Anlassern, Reglern und Transformatoren‘‘ kenntlich gemacht werden.

Sind Widerstand und Stufenschalter getrennt, so sind die zusammengehörenden Anschlußklemmen beider mit gleichen arabischen Ziffern zu bezeichnen.

§ 46.

Jedem Gerät ist ein Schaltungsbild mitzugeben, aus dem sich die Anschlüsse und die innere Schaltung erkennen lassen.

Es empfiehlt sich, dieses Schaltungsbild fest mit dem Gerät zu verbinden.

§ 47.

Bei Anlassern für Gleichstrom-Nebenschlußmotoren ist dafür zu sorgen, daß beim Ausschalten der Induktionsstrom der Nebenschlußwicklung über den Anker oder geeignete Nebenschlußwiderstände verlaufen kann. Der höchstzulässige Widerstandswert für diese ist bei 440 V der 5fache, bei 110 und 220 V der 10-fache Widerstandswert der Nebenschlußwicklung.

§ 48.

Die Läuferanlasser der Einphasen- und Drehstrommotoren müssen so gebaut sein, daß sie die Läuferkreise nicht unterbrechen können.

Um Bedienungsfehlern vorzubeugen, empfiehlt es sich, in Betrieben mit weniger geschultem Personal den Ständerschalter und Läuferanlasser mechanisch oder elektrisch (z. B. durch Schütze) zu kuppeln.

Wenn sich aus wirtschaftlichen oder baulichen Gründen (z. B. bei Anlassern für Hochspannung-Motoren) diese Forderung schwer erfüllen läßt, so empfiehlt es sich, in der Nähe des Ständerschalters eine Betriebsanweisung folgenden Inhaltes anzubringen:

„Nach Einschalten des Ständerschalters ist sofort der Läuferanlasser — stufenweise — in die Betriebstellung zu bringen. Beim Stillsetzen des Motors müssen Ständerschalter und Läuferanlasser unmittelbar hintereinander ausgeschaltet werden.‘‘

Läuferanlasser mit selbsttätiger Rückstellung, aber nicht selbsttätiger Wiedereinschaltung müssen den Ständerschalter ebenfalls zur Ausschaltung bringen.

IX. Schild.

§ 49. Allgemeine Angaben.

Anlasser, Anlaßschalter, Anlaßtransformator-Schalter, Regler, Schütze und elektromagnetisch betätigte

Wächter müssen ein Leistungschild tragen, auf dem die nachstehend aufgezählten allgemeinen und die in § 50 zusammengestellten zusätzlichen Angaben deutlich lesbar und in haltbarer Weise angebracht sind.

Das Leistungschild soll so angebracht sein, daß es auch im Betriebe bequem abgelesen werden kann. Der Verwendungszweck des Gerätes braucht nicht verzeichnet zu werden.

Die allgemeinen Angaben sind:

1. Hersteller oder dessen Firmenzeichen (falls diese Angaben nicht auf einem besonderen Firmenschild angebracht sind),

2. Modellbezeichnung oder Listennummer,

3. Fertigungsnummer (kann bei Massenerzeugnissen fortfallen).

§ 50. Zusätzliche Angaben.

Die zusätzlichen Angaben auf dem Leistungschild für die einzelnen Gerätearten sind:

1. **Anlasser** (mit Ausnahme von Drehstrom-Ständeranlassern)

   a) der entsprechende Wert der Reihe 1 aus Tafel I oder II (Gleichstrom G, Einphasenstrom E, Drehstrom D).

   b) die Vollbelastung ($^1/_1$), unter Umständen daneben die Halbbelastung ($^1/_2$), z. B. GL $^1/_1$ 4,4 kW, $^1/_2$ 8,8 kW oder eine beliebige Unterbelastung, z. B. $^3/_4$ 5,9 kW,

   c) bei Gleichstromanlassern die Netzspannung U (V), bei Einphasen- und Drehstromanlassern für Schleifringmotoren der zulässige Läuferstrom i (A) sowie der niedrigste und höchste Wert des Verhältnisses

   $$\frac{u}{i} = \frac{\text{Läuferspannung}}{\text{Läuferstrom}}, \text{ z. B. 13 bis 24.}$$

   Ist mit dem Anlasser ein Ständerschalter verbunden, so ist auch die höchstzulässige Netzspannung U (V) und der höchstzulässige Ständerstrom I (A) anzugeben.

2. **Anlaßschalter und Anlaßtransformator-Schalter:**

   a) Stromart (G bzw. E oder D),

   b) Leistung des größten zulässigen Motors (kW),

3. **Nebenschlußregler:**

   a) Grenzwerte des regelbaren Stromes (A),

   b) die Ohmzahl der Regelstufen (Ω),
   wobei die Ohmzahl etwaiger Vorstufen in Klammern davor und die eines festen Vorschaltwiderstandes mit + -Zeichen dahinter zu setzen ist, z. B.

   $$5{,}5 - 11\ A$$
   $$(25)\ 10 + 5\ \Omega.$$

4. **Schütze bzw. Schützensteuerungen:**

   a) Stromart (G bzw. E oder D),

b) Nennstromstärke (*A*) der Hauptkontaktstücke für
aussetzenden Betrieb (*a*) bzw. für Dauerbetrieb (*d*),

c) Nennspannung (*V*), nach Bedarf getrennt für
Hauptkontaktstücke und Erregerwicklung einschließlich etwaiger Vorschaltwiderstände.

5. Wächter:

a) Spannungwächter Stromart (*G* bzw. *E* oder *D*)
und Spannung (*V*),

b) Stromwächter Stromart (*G* bzw. *E* oder *D*) und
Stromstärke (*A*).

X. Isolierfestigkeit.

§ 51.

Die Spannungprobe der Anlasser und Regler hat den
Zweck, die Isolierfestigkeit aller voneinander isolierten
Teile des Gerätes einschließlich der Wicklungen zu er-
proben; sie erfolgt bei Raumtemperatur und besteht
darin, daß die beiden Pole einer Prüfstromquelle an die
zu erprobende Isolation gelegt werden, und zwar:

a) ein Pol an die untereinander verbundenen Klemmen,
der andere an das metallene Bedienungsteil oder an
eine Stanniolumwicklung des isolierten Bedienungs-
teiles,

b) ein Pol an die untereinander verbundenen Klemmen,
der andere an die zur Erdung bestimmte Klemme
und an sämtliche von außen zugänglichen Metallteile.
Vorher ist die leitende Verbindung aller von außen
zugänglichen Metallteile sowie der Achse mit der
Erdungschraube mittels Niederspannung festzustellen
(siehe auch Bauregeln). Diese Bestimmung gilt nicht
für Geräte, bei denen sämtliche Metallteile durch
Isolierstoff abgedeckt sind.

Die Prüfspannung soll eine praktisch sinusförmige
Wechselspannung von der Frequenz 50 Per/s sein; sie
wird allmählich auf die nachstehend angegebenen Werte
gesteigert und diese werden während 1 min eingehalten:

Nennspannung V   440   750 1100   3000   6000 10000
Prüfspannung V   2000 2500 5000 26000 33000 42000

Angebaute Hilfsmotoren sind nach den R.E.M./1923
1 min lang zu prüfen, und zwar Maschinen mit einer
Nennleistung kleiner als 1 kW mit der Spannung
2 U + 500, also

Nennspannung V 110   220   440   550
Prüfspannung V 720   940 1380 1600 und

Maschinen mit einer Nennleistung von 1 kW an bis zu
einer Spannung von 1000 V mit der Spannung 2 U + 1000,
also

Nennspannung V 110   220   440   550   750
Prüfspannung V 1220 1440 1880 2100 2500.

Meßgeräte sind nach den „Regeln für Meßgeräte"
zu prüfen: hiernach werden Meßgeräte, die nicht an

Meßwandler angeschlossen sind, bei einer Höchstspannung gegen Gehäuse von 101 bis 650 V mit 2000 V 1 min lang geprüft.

Die Spannungprobe gilt als bestanden, wenn kein Durch- oder Überschlag eintritt und sich die Isolierstoffe nicht merklich erwärmen.

XI. Bauregeln.

§ 52.

Die „Vorschriften für die Errichtung und den Betrieb elektrischer Starkstromanlagen" über Ausschalter, Umschalter, Anlasser und Widerstände sind zu beachten.

§ 53.

1. Geräte, an denen Stromunterbrechungen vorkommen, müssen so gebaut sein, daß bei ordnungsgemäßer Bedienung kein Lichtbogen an ihren Kontaktstücken bestehen bleibt. Die Ausschaltung der an ihrem Aufstellungsort auftretenden Kurzschlußleistung wird von ihnen nicht verlangt.

Für Gleichstrom wird die Möglichkeit der Ausschaltung des stillstehenden Motors durch den Anlasser nur bei Flüssigkeitsanlassern und Anlaßwalzen mit Luftkühlung sowie sämtlichen Anlaßgeräten mit Schaltkontakten unter Öl gefordert.

2. Die Kontaktbahn muß mit einer nicht entflammbaren, zuverlässig befestigten Abdeckung versehen sein; diese darf keine Öffnungen (Schlitze) enthalten, die eine unbeabsichtigte Berührung spannungführender Teile zulassen (Ausnahmen für elektrische Betriebsräume siehe Errichtungsvorschriften). Die Anschlußstellen müssen gegen zufällige Berührung geschützt sein (Ausnahmen siehe § 7).

§ 54.

Bei Geräten mit Handbetätigung darf die Achse der Betätigungsvorrichtung nicht spannungführend sein. Sie muß mit dem Gehäuse leitend verbunden sein, sofern dieses aus Metall besteht.

§ 55.

Anlasser müssen derart gebaut sein, daß die Widerstände (Spiralen, Bleche usw.) bei den betriebsmäßigen Beanspruchungen nicht mit Metallteilen des Gehäuses oder miteinander in Berührung kommen können. Hierbei sind Größe des Anlaßstromes, Dauer und Häufigkeit des Anlassens besonders zu berücksichtigen.

§ 56.

1. Alle Verbindungsleitungen sind so zu verlegen, daß sie bei den im Betriebe auftretenden Erschütterungen ihre Lage nicht verändern.

2. Verbindungsleitungen mit nicht feuchtigkeitsicherer Isolierung dürfen nicht mit dem Gehäuse in Berührung kommen.

3. Verbindungsleitungen mit nicht wärmebeständiger Isolierung müssen einer schädlichen Einwirkung durch die im Gerät entwickelte Wärme entzogen sein.

4. Blanke Verbindungsleitungen sind mit den erforderlichen Abständen derart zu verlegen, daß eine Berührung mit dem Gehäuse oder anderen Teilen sicher verhindert wird.

§ 57.

Die Widerstandsleiter müssen von wärme- und feuersicherer Unterlage getragen sein. Falls diese nicht feuchtigkeitsicher ist, muß sie noch besonders vom Gehäuse isoliert sein.

§ 58.

Schrauben, die Kontakte vermitteln, müssen in metallenem Muttergewinde gehen. Klemmkontakte dürfen nicht unter Vermittlung von Isolierstoff hergestellt werden, sofern nicht durch geeignete Maßnahmen ein dauernd genügender Kontaktdruck aufrecht erhalten wird.

XII. Widerstandsbaustoff für Anlasser und Regler.

§ 59.

Als normale gezogene Widerstandsbaustoffe gelten:
1. Legierungen mit einem spezifischen Widerstand von (0,48 bis) 0,50 (bis 0,52) Ω mm²/m. Sie müssen frei von Zink und Eisen sein. Bezeichnung WM 50.
2. Legierungen mit einem spezifischen Widerstand von (0,85 bis) 1,0 (bis 1,1) Ω mm²/m. Sie müssen frei von Zink und Eisen sein. Bezeichnung WM 100.
3. Eisendraht, verzinkt oder verzinnt, mit einem spezifischen Widerstand von (0,12 bis) 0,13 (bis 0,14) Ω mm²/m. Bezeichnung WM 13.
   Außerdem gelten als zulässig:
4. Legierungen mit einem spezifischen Widerstand von (0,28 bis) 0,30 (bis 0,32) Ω mm²/m. Sie müssen frei von Eisen sein. Bezeichnung WM 30.

WM 50 ist für alle Zwecke, z. B. für Anlasser und besonders für Regler aller Art, verwendbar.

WM 100 ist für hochohmige Widerstände (Vorschalt- und Parallelwiderstände von Magnetwicklungen usw.) sowie für hohe Temperaturbeanspruchung bestimmt.

WM 13 ist für Anlasser, dagegen nicht für den Regelbereich der Regelanlasser und Feldregler zulässig.

WM 30 ist nur für größere Stromstärken (Feldregler, Hauptstrom-Regelanlasser usw.) zulässig.

Als Bezugstemperatur für den spezifischen Widerstand ist 20° C angenommen.

§ 60.

Als normale Drahtdurchmesser gelten die in Tafel IV angegebenen Nenndurchmesser, die gegenüber den tatsächlichen Durchmessern Abweichungen entsprechend den Grenzwerten des spezifischen Widerstandes zeigen dürfen.

Für den spezifischen Widerstand gelten die eingeklammerten Grenzwerte § 59.

Die zulässigen Abweichungen der Ohmzahl für 1 m betragen bei den Legierungen „1, 2 und 4"

bis 0,25 mm Nenndurchmesser $\pm\,6\%$,

$$\text{darüber } p\% = \pm\,2\left(1 + \frac{1}{\sqrt{d}}\right),$$

worin d in mm gemessen wird.

Für WM 13, Eisen, sind $\pm\,7{,}5\%$ zulässig.

Für die genormten Widerstandsbaustoffe gilt

Tafel IV.

Nenn-durch-messer	MW 13		WM 30		WM 50		WM 100	
	Soll-wert in Ω	Zu-lässige Abwei-chung $\pm\,\Omega$	Soll-wert in Ω	Zu-lässige Abwei-chung $\pm\,\Omega$	Soll-wert in Ω	Zu-lässige Abwei-chung $\pm\,\Omega$	Soll-wert in Ω	Zu-lässige Abwei-chung $\pm\,\Omega$
mm	für 1 m	für 1 m	für 1 m	für 1 m	für 1 m	für 1 m	für 1 m	für 1 m
0,10	—	—	—	—	63,7	3,8	127,5	7,6
0,11	—	—	—	—	52,6	3,1	105,2	6,3
0,12	—	—	—	—	44,2	2,6	88,4	5,3
0,14	—	—	—	—	32,5	2,0	65,0	3,9
0,16	—	—	—	—	24,9	1,5	49,7	3,0
0,18	—	—	—	—	19,2	1,2	39,3	2,4
0,20	—	—	—	—	15,9	0,95	31,8	1,9
0,22	—	—	—	—	13,15	0,80	26,3	1,6
0,25	—	—	—	—	10,19	0,60	20,4	1,2
0,28	—	—	—	—	8,12	0,47	16,2	0,94
0,30	—	—	—	—	7,07	0,40	14,1	0,80
0,35	—	—	—	—	5,20	0,28	10,4	0,56
0,40	—	—	—	—	3,98	0,21	7,96	0,41
0,45	—	—	—	—	3,14	0,16	6,29	0,31
0,50	0,662	0,050	—	—	2,55	0,12	5,09	0,25
0,55	0,547	0,041	—	—	2,10	0,098	4,21	0,20
0,60	0,460	0,034	—	—	1,77	0,081	3,54	0,16
0,65	0,391	0,029	—	—	1,51	0,068	3,01	0,14
0,70	0,338	0,025	—	—	1,30	0,057	2,60	0,11
0,80	0,259	0,021	—	—	0,995	0,042	1,99	0,084
0,90	0,204	0,015	—	—	0,786	0,032	1,57	0,064
1,0	0,165	0,012	—	—	0,637	0,025	1,27	0,051
1,1	0,137	0,010	—	—	0,526	0,020	1,05	0,041
1,2	0,115	0,009	—	—	0,442	0,017	0,884	0,034
1,4	0,085	0,006	—	—	0,325	0,012	0,650	0,024
1,6	0,065	0,005	0,149	0,0053	0,249	0,0089	0,497	0,018
1,8	0,051	0,004	0,118	0,0041	0,196	0,0069	0,393	0,014
2,0	0,041	0,003	0,0954	0,0033	0,159	0,0054	0,318	0 011
2,2	0,034	0,0026	0,0789	0,0026	0,132	0,0044	0,263	0,0088
2,5	0,027	0,0020	0,0612	0,0020	0,102	0,0033	0,204	0,0066
2,8	0,021	0,0016	0,0486	0,0016	0,0812	0,0026	0,162	0,0052
3,0	0,018	0,0014	0,0426	0,0013	0,0708	0,0022	0,142	0,0045
3,5	0,014	0,0010	0,0312	0,00096	0,0520	0,0016	0,104	0,0032
4,0	0,010	0,0008	0,0239	0,00072	0,0398	0,0012	0,0796	0,0024

Die Widerstandsdrähte sind außer mit der *WM*-Kennziffer nur nach dem Nenndurchmesser, dem eine bestimmte Ohmzahl für 1 m entspricht, zu bezeichnen. Es empfiehlt sich, für die Bewertung des Baustoffes die Sonderbezeichnung des Lieferers hinzuzufügen.

WM 13 (Eisendraht) ist nur für Drähte von 0,5 mm Durchmesser an,

WM 30 (Neusilber) ist nur für Drähte von 1,6 mm Durchmesser an zulässig.

Zu §§ 54 und 55. Die Normung der Widerstandsbaustoffe bezweckt eine leichtere Beschaffung technisch gleichartigen Baustoffes für die Herstellung und Ausbesserung von Geräten. Um Fortschritte in der Entwicklung neuer Legierungen nicht zu hindern, sind nicht bestimmte Legierungen, sondern nur ihre spezifischen Widerstände unter Zulassung eines ausreichenden Spielraumes genormt. Je nach dem Verwendungszweck kommen in Frage:

1. Zink- und eisenfreie Legierungen, *WM* 50, besonders Kupfer-Nickel-Legierungen und Kupfer-Mangan-Legierungen, die sich durch große Wärmebeständigkeit und geringen Temperaturkoeffizienten auszeichnen und einen spezifischen Widerstand von 0,48 bis 0,52 haben. Diese Legierungen sind für solche Geräte vorgeschrieben, bei denen die größten Anforderungen an die Betriebsicherheit und Unabhängigkeit des Widerstandes von der Temperatur zu stellen sind.

2. Für Widerstände hoher Ohmzahl und für hohe Temperaturen ist *WM* 100 vorgesehen. Hierher gehören z. B. die Legierungen aus Chrom und Nickel, Chrom, Nickel und Eisen sowie Eisen und Nickel, die auch vielfach für Heiz- und Kochgeräte benutzt werden. Bei diesen muß der höhere Temperaturkoeffizient in Kauf genommen werden.

3. Eisendraht verzinnt oder verzinkt (als Rostschutz).

Dieser darf für Anlasser bei einem Drahtdurchmesser von 0,5 mm an verwendet werden. Der hohe Temperaturkoeffizient ist aber für die Bemessung der Ohm- und Stufenzahl zu beachten. Verzinkte Drähte sind nur für Schraubverbindungen, verzinnte auch für Lötverbindungen zu empfehlen.

4. Für größere Stromstärken sind zinkhaltige Kupfer-Nickel-Legierungen genormt. Wegen ihrer geringeren Festigkeit bei starker Erwärmung sind aber nur Drähte von 1,6 mm Durchmesser an zugelassen.

Da für die Berechnung und Herstellung der Geräte die Ohmzahl für 1 m maßgebend, die genaue Einhaltung des spezifischen Widerstandes und des Drahtdurchmessers aber weniger wichtig ist, sind nur die Ohmzahlen für 1 m festgelegt. Diese Werte sind in Tafel IV für die genormten Nenndurchmesser der Drähte berechnet. Die tatsächlichen Durchmesser dürfen entsprechend dem Spielraum des spezifischen Widerstandes abweichen und die Widerstandsdrähte sollen nur nach dem Nenndurchmesser und dem nicht eingeklammerten Wert des spez. Widerstandes, u. U. unter Hinzufügung der Sonderbezeichnung, bezogen werden, z. B. *WM* 50, 1,0 mm Durchmesser (Ia Ia).

Widerstandsbänder sind aus den gleichen Widerstandsbaustoffen herzustellen. Ihre Abmessungen sind nicht genormt.

Die für höhere Stromstärken geeigneten Gußeisenwiderstände sind aus praktischen Gründen nicht genormt.

O. Regeln für die Bewertung und Prüfung von Steuergeräten, Widerstandsgeräten und Bremslüftern für aussetzenden Betrieb R.A.B./1927.

I. Gültigkeit.

§ 1. Geltungstermin.

Diese Bestimmungen treten am 1. Januar 1927 in Kraft[1].

§ 2. Geltungsbereich.

Diese Regeln gelten für:
1. Steuergeräte,
2. Widerstandsgeräte,
3. Bremslüfter

zu Maschinen, die einem aussetzenden Betriebe unterworfen sind.

II. Begriffserklärungen.

§ 3. Arbeitsbedingungen.

Die Arbeitsbedingungen der Steuergeräte, Widerstandsgeräte und Bremslüfter für aussetzenden Betrieb sind durch die Anlaß- und Regelvorgänge, die relative Einschaltdauer und die Schalthäufigkeit gekennzeichnet. Zur Erfassung der Arbeitsbedingungen dienen die Begriffe in § 4.

§ 4. Kennzeichnende Begriffe.

1. **Relative Einschaltdauer** eines aussetzenden Betriebes (ED) ist das hundertfache Verhältnis von Einschaltdauer zu Spieldauer (Beispiel: bei 20% ED entfallen auf die Einschaltung 20%, auf die Pause 80% der Spieldauer).

2. **Anlaßzeit** t_a (in s) ist die Zeit, in der die Anlaßstufen (siehe unten) bei normalem Beschleunigungsvorgang Strom führen.

3. **Regelzeit** t_r (in s) ist die Zeit, während der das Steuergerät auf einer Zwischenstellung steht, um eine Regelung der Geschwindigkeit zu erzielen.

4. **Anlaßhäufigkeit** h_a ist die Zahl der in 1 h vorkommenden Anlaßvorgänge.

---

[1] Angenommen durch die Jahresversammlung 1925. Veröffentlicht: ETZ 1925, S. 356, 1017 und 1526. — Änderungen der §§ 1 und 20 angenommen durch die Jahresversammlung 1926. Veröffentlicht: ETZ 1926, S. 539, 688 und 862.

5. **Regelhäufigkeit** h_r ist die Zahl der in 1 h vorkommenden Regelvorgänge.

6. **Schalthäufigkeit** ist die Gesamtzahl der in 1 h vorkommenden Einschaltungen des Steuergerätes für Anlassen, Regeln und Zurücklegen kurzer Wege.

7. **Schaltleistung** des Steuergerätes ist die vom Motor abgegebene Leistung (siehe § 8).

Nennschaltleistung des Steuergerätes ist die in § 8 mit 100% bezeichnete Leistung.

8. **Nennstrom** des Steuergerätes ist der zur Nennschaltleistung gehörende Strom.

9. **Nennstrom** des Widerstandsgerätes ist der der Leistungsaufnahme des Motors entsprechende Strom.

10. **Vorstufen** sind die Stufen, auf denen der entstehende Strom kleiner als der Motornennstrom ist.

11. **Anlaßstufen** sind die Stufen, aus denen der mit seiner Nennleistung belastete Motor beschleunigt wird.

III. Steuergeräte.

§ 5. Ausführungsarten.

Drei Gruppen von Steuergeräten werden unterschieden:

1. **Steuerwalzen.** Bei diesen ist auf einer drehbaren Walze eine Reihe elektrisch entsprechend verbundener Kontaktringe verschiedener Länge angeordnet, die zwischen feststehenden Kontaktfingern (Kontakthämmern) die jeweils erforderliche Verbindung herstellen.

2. **Steuerschalter.** Bei diesen wird eine Reihe von Einzelschaltern durch Kurvenscheiben mechanisch geöffnet oder geschlossen.

3. **Schützensteuerungen.** Bei diesen wird durch eine Meisterwalze oder durch Druckknöpfe eine Reihe elektromagnetisch betätigter Schalter — Schütze — gesteuert.

§ 6. Schütze.

Unterschieden werden: Schütze für geringe Schaltbeanspruchung (geringe Schalthäufigkeit und Abschaltung bei laufendem Motor), die bei Aufzügen benutzt werden, und Schütze für große Schaltbeanspruchung, wie sie bei Kranen und Rollgängen für große Schaltleistungen und Beschleunigungsbetrieb benötigt werden.

Diese Regeln gelten nur für Schütze mit großer Schaltbeanspruchung.

§ 7. Betriebsarten.

Für die Anzahl und Bewertung der Steuergeräte ist die Betriebsart, vor allem die Schalthäufigkeit in 1 h maßgebend. Man kann die Betriebe in 3 Klassen unterteilen:

1. **Gewöhnlicher Betrieb:** Der Motor wird stoßfrei ohne besonders feine Regelung angelassen. Eine

Schalthäufigkeit bis höchstens 30 Schaltungen in 1 h liegt bei Kranen in Kraftstationen, bei Drehscheiben und Schiebebühnen, ferner bei Kleinhebezeugen vor. Transportkrane weisen eine größere Schalthäufigkeit, bis 120 Schaltungen, auf.

2. Anlaufregulierbetrieb: Für den Motor wird ein sanftes Anlaufen mit feiner Regelung gefordert, wobei die Benutzung der ersten Stufen besonders häufig ist. Dieser Betrieb liegt z. B. bei Gießerei-, Montage- und Nietkranen vor.

3. Beschleunigungsbetrieb: Der meistens mit größeren Massen gekuppelte Motor wird rasch beschleunigt. In der Regel wird schnell bis in die letzte Schaltstellung geschaltet, wie z. B. bei Hüttenkranen und Walzwerkshilfsantrieben.

§ 8. Schaltleistungen.

Für die drei Betriebsarten nach § 7 sind in nachstehender Tabelle die höchstzulässigen Schaltleistungen in Prozenten der Nennschaltleistung angegeben. Die „Nennschaltleistung" des Steuergerätes entspricht einer Leistungsabgabe des Motors, bei der das Verhältnis

$$\text{Leistungsaufnahme in kVA} \over \text{Leistungsabgabe in kW}$$

$= 1{,}3$ bei Drehstrom und $= 1{,}2$ bei Gleichstrom ist.

Schaltbetrieb	Schalthäufigkeit in 1 h	Höchstzulässige Schaltleistung in % der Nennschaltleistung	
		Steuerwalzen %	Steuerschalter und Schützensteuerungen %
Gewöhnlicher Betrieb. .	bis 30	120	—
	„ 120	110	—
Anlaufregulierbetrieb . .	bis 120	100	—
	„ 240	80	120
Beschleunigungsbetrieb .	bis 240	60	115
	„ 300	—	110
	„ 600	—	100
	„ 1000	—	80

§ 9. Prüfung.

Die Steuergeräte sind für die volle (100%) Nennschaltleistung und Nennspannung bei betriebsmäßiger Abdeckung zu prüfen, wobei ein Widerstand benutzt wird, der bei der Nennspannung einen Einschaltstrom von mindestens 75% des Nennstromes ergibt. Bei geringstufigen Steuergeräten mit höherem Einschaltstrom ist die Prüfung mit einem Widerstand von entsprechend geringerer Ohmzahl auf der ersten Schaltstellung vorzunehmen. Bei der Prüfung ist ein Motor

zu verwenden, dessen Nennleistung und Nenndrehzahl
der Normentafel für 25% ED entspricht (siehe DIN
VDE 2010 und 2660).

Das Drehstrom-Steuergerät ist bei Anschluß eines
Magnetbremslüfters um ⅓ der Leistungsaufnahme beim
Einschalten (W_s siehe § 18) reichlicher zu wählen.

Bei der Prüfung ist der Motor mit der Nennschaltleistung des Steuergerätes zu belasten und, wie folgt,
zu schalten:

1. Bei Fahrschaltungen.

a) Der Motor wird festgebremst und das Steuergerät
so weit eingeschaltet, daß der 2fache Strom (bezogen
auf die Nennschaltleistung des Steuergerätes) fließt,
worauf sofort rasch auszuschalten ist. Dieser Versuch
wird in Abständen von 1,5 min 10mal ausgeführt.

b) Der Motor wird auf die 1,5fache Nenndrehzahl gebracht und dann mit dem Steuergerät schnell bis zu
einer Schaltstellung umgesteuert, in der mindestens der
2fache Gegenstrom entsteht. Aus dieser Stellung wird
sofort ausgeschaltet. Dieser Versuch ist 3mal in Abständen von 1,5 min auszuführen.

2. Bei Fahrbremsschaltungen.

a) Versuch wie unter 1a.

b) Der Motor wird auf die 1,5fache Nenndrehzahl
gebracht, sodann wird das Steuergerät schnell in die
Schaltstellung für die größte Bremswirkung gestellt
und hierauf sofort in die Stellung geführt, in der der
Bremsstrom unterbrochen wird. Anzahl und Zeitabstände der Versuche wie unter 1b.

3. Bei Hubwerkschaltungen.

a) Versuch wie unter 1a.

b) Der Motor wird auf die doppelte Nenndrehzahl
im Senksinne gebracht, worauf das Steuergerät schnell
über die Senkstellung für kleinste Senkgeschwindigkeit
hinweg in die Nullstellung geschaltet wird. Anzahl und
Zeitabstände der Versuche wie unter 1b.

Nach Beendigung der Versuche unter a und b darf
an den Schaltkontakten der Steuergeräte kein nennenswerter Kontaktabbrand festzustellen sein. Bei keinem
der Versuche darf das Schaltfeuer stehen bleiben oder
ein Überschlag erfolgen.

§ 10. Bauregeln.

Die dem natürlichen Verschleiß unterworfenen Kon-
taktteile (Segmente und Finger) müssen auf metallener
Unterlage befestigt und leicht auswechselbar sein; ihre
Lebensdauer ist von der Schalthäufigkeit abhängig.

Werden bei Steuergeräten Funkenbläser vorgesehen,
so sind diese für 40% ED zu bemessen.

Stromführende, der Bedienung zugängliche Teile
müssen durch Abdeckung gegen zufällige Berührung

geschützt sein. Abdeckungen, die zur Instandhaltung der Steuergeräte häufig abgenommen werden, sind leicht lösbar anzuordnen (durch Krampen, Knebel, Schrauben oder dgl.), wobei Vorsorge zu treffen ist, daß die Befestigungsteile nicht verloren gehen können. Mit Rücksicht auf die Erschütterungen sind Schraubverbindungen möglichst zu sichern.

Die einzelnen Anlaß- und Regelstellungen der Steuergeräte sind durch Rastenscheiben fühlbar zu machen, so daß die richtige Einstellung bei der Bedienung gut feststellbar ist. Als Antriebsorgan ist vorzugsweise ein Handrad mit angegossenem Knopf nach DIN VDE 6050 zur Kenntlichmachung der Schaltstellungen zu verwenden. Zulässig sind auch Seilradantrieb, Kurbel nach DIN VDE 6051 und Hebel; sie sind aber weniger zu empfehlen, da bei diesen Antrieben die Schaltstellungen nicht so gut wie bei einem Handrade fühlbar zu machen sind. Zulässig ist ferner die Bedienung mehrerer Steuergeräte durch ein Antriebsorgan (Universalantrieb, Zahnräderkupplung usw.).

§ 11. Schildaufschriften.

a) Gleichstrom.

Firma
Type
Schaltung
Nennschaltleistung in kW bei 220 V, 440/550 V
Fertigungsnummer.

b) Drehstrom.

Firma
Type
Schaltung
Nennschaltleistung in kW bei 220 V, 380 V und 500 V
 und 50 Per/s.
Läuferstrom
Fertigungsnummer.

IV. Widerstandsgeräte.

§ 12. Arbeitsbedingungen.

Bei Bemessung der Widerstandsgeräte sind nicht nur die Anlaßhäufigkeit in 1 h, sondern auch die Anlaß- und Regelzeit, d. h. die relative Einschaltdauer des Widerstandsgerätes, zu berücksichtigen. Die Arbeitsbedingungen der Widerstandsgeräte der Selbstanlasser (für Aufzüge) sind durch Anlaßzeit und Anlaßhäufigkeit allein sicher begrenzt, dagegen müssen Kranwiderstandsgeräte, die außerdem zur Regelung der Lastgeschwindigkeit benutzt werden, auch noch während einer zusätzlichen Regelzeit eingeschaltet werden können, die in festgesetzten Abständen in den aussetzenden Betrieb eingeschaltet wird. Dementsprechend werden folgende drei Reihen geführt:

Reihe	Relative Einschaltdauer ED in %	Anlaßhäufigkeit h_a in 1 h	Anlaßzeit t_a in s	Stromlose Pause in s	Regelungen		
					Abstand in min	Regelhäufigkeit h_r in 1 h	Regelzeit t_r in s
I	12,5	82	4	35	10	6	20
II	20	105	4	23,8	6	10	30
III	40	285	4	7,5	6	10	30

Die Beziehungen zwischen den Tafelwerten sind durch folgende Formeln gegeben:

$$\text{relative Einschaltdauer (ED)} = 100 \cdot \frac{h_a t_a + h_r t_r}{3600}$$

$$\text{stromlose Pause} = \frac{3600 - (h_a t_a + h_r t_r)}{h_a + h_r}$$

$$\text{Anlaßhäufigkeit } (h_a) = \frac{36 \, \text{ED} - h_r t_r}{t_a}$$

$$\text{Anlaßzeit } (t_a) = \frac{36 \, \text{ED} - h_r t_r}{h_a}.$$

Eine Vergrößerung der Anlaßhäufigkeit bedingt bei gleicher relativer Einschaltdauer eine Herabsetzung der Anlaßzeit. Wird z. B. ein Widerstandsgerät der Reihe III für eine Anlaßhäufigkeit $h_a = 600$ in 1 h benutzt, so ist die Anlaßzeit $t_a = 1,9$ s.

Bedingt die Leistungsaufnahme des Motors infolge häufiger Beschleunigung größerer Massen einen Zuschlag zur Beharrungsleistung, so entspricht der Nennstrom des Widerstandsgerätes dieser erhöhten Leistung.

§ 13. Erwärmung.

Die abstreichende Luft darf an der Austrittstelle aus dem Gehäuse an der wärmsten Stelle 200° C Übertemperatur nicht überschreiten, falls die Raumtemperatur $\leq 35°$ C ist. Für Aufstellung in heißeren Räumen sind die Widerstandsgeräte entsprechend reichlicher zu bemessen. Bei Widerstandsgeräten, die mit dem Steuergerät zusammengebaut werden (z. B. Kleinsteuerwalzen), darf die Übertemperatur 175° C nicht überschreiten. Keine Stelle des Gehäuses soll eine höhere Übertemperatur als 125° C zeigen.

§ 14. Bauregeln.

Stromführende, der Bedienung zugängliche Teile müssen durch Abdeckung gegen zufällige Berührung geschützt sein. Schraubverbindungen sind mit Rücksicht auf Erschütterungen möglichst zu sichern.

Bei Aufstellung der Widerstandsgeräte in Führerständen wird eine Abdeckung empfohlen, die das Hereinfallen von Fremdkörpern verhindert.

§ 15. Prüfung.

Die Widerstandsgeräte werden bei abgeklemmter Vorstufe mit dem Motornennstrom unter Einhaltung der

Anlaß- und Regelzeit der betreffenden Reihe (siehe
Abb. 77) so lange geschaltet, bis die Erwärmung der ab-
strömenden Luft nicht mehr über einen Höchstwert
steigt. Zulässig ist, die für das Erreichen dieses Zustandes
erforderliche Zeit durch Vorerwärmung abzukürzen. Die
Versuchsdauer nach der Vorerwärmung darf nicht kürzer
als 30 min sein. Der Höchstwert der Erwärmung ist am
Ende einer Regelzeit festzustellen und darf die in § 13

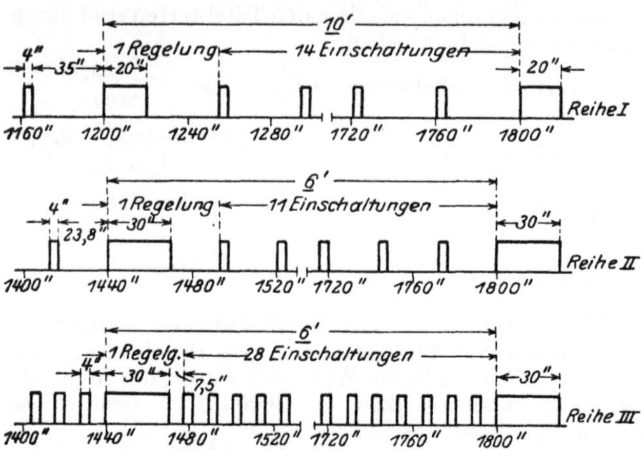

Abb. 77. Reihen von Widerstandsgeräten für aussetzende Betriebe.

angegebenen Werte nicht überschreiten. Für die Vorstufe
gilt der Strom als Prüfstrom, der bei gänzlich eingeschal-
tetem Widerstand fließt, wenn der stehende Motor und
der Widerstand an Spannung gelegt werden.

Wird ein Widerstandsgerät aus mehreren Einzel-
kasten zusammengebaut, so ist die Prüfung bei betriebsmäßig zusammengebauten Widerstandsgeräten durchzuführen.

Diese Prüfregeln gelten für Widerstandsgeräte für
aussetzende Betriebe, bei denen eine Regelung der Lastgeschwindigkeit durch das Steuergerät möglich ist. Bei
Widerstandsgeräten für Selbstanlasser (z. B. bei Aufzügen), bei denen die Einschaltzeit sicher begrenzt ist,
kann die Prüfung nur für die relative Einschaltdauer
und Anlaßzeit ohne Berücksichtigung der zusätzlichen
Regelzeit vorgenommen werden. Hierbei ist entsprechend
dem Anlaßvorgang ein fortschreitendes Abschalten der
Stufen zulässig.

§ 16. Schildaufschriften.

a) Gleichstrom.

Firma

Type mit Angabe der Anzahl der Kasten für das Widerstandsgerät und deren Bezeichnung (z. B. 3 K 44 XII,
A-C, Kasten C)

Reihe
Leistung
Spannung
Nennstrom
Ohm
Fertigungsnummer
Type und Schaltung des Steuergerätes.

b) Drehstrom.

Firma
Type mit Angabe der Anzahl der Kasten für das Widerstandsgerät und deren Bezeichnung (z. B. 3 K 44 XII,
A-C, Kasten C)
Reihe
Leistung
Bürstenspannung
Läuferstrom
Ohm (2 × ... oder 3 × ...)
Fertigungsnummer
Type und Schaltung des Steuergerätes.

V. Bremslüfter.

§ 17. Ausführungsarten.

Es werden Bremslüfter mit magnetischer Wirkung,
Magnetbremslüfter, und solche mit motorischer Betätigung, Motorbremslüfter, ausgeführt. Jene werden für
alle Stromarten, diese vorwiegend für Drehstrom benutzt.

§ 18. Arbeitsbedingungen und Prüfung.

Die Wicklungen der Bremslüfter sind wie die Wicklungen elektrischer Maschinen für aussetzenden Betrieb
(§ 30 der R.E.M./1923) zu bemessen; die Bewertung der
Bremslüfter erfolgt nach der relativen Einschaltdauer
(ED). Als normale Werte der relativen Einschaltdauer
gelten 15, 25 und 40% (in seltenen Fällen ist 100%
ED = Dauereinschaltung erforderlich).

Bei der Prüfung ist die Spieldauer auf höchstens 5 min
zu bemessen, im übrigen gelten die Bestimmungen § 32,
Abs. 3 und folgende der R.E.M./1923. Die Erwärmung
der Wicklungen der Motorbremslüfter ist betriebsmäßig
(bei stillstehendem Läufer) zu ermitteln und darf die
in den R.E.M./1923, § 23 angegebenen Grenzen nicht
überschreiten.

Die Nennzugkraft muß bei einem Spannungsabfall von
10% noch vorhanden sein.

Bei den Einphasen-, Zweiphasen- und Drehstrom-
Magnetbremslüftern ist für die Erwärmung neben der
relativen Einschaltdauer auch noch die Schalthäufigkeit
in 1 h maßgebend, da der Einschaltstrom bedeutend
größer als der nach Beendigung des Hubes sich einstellende Haltestrom ist. Deshalb gelten für die letztgenannten Bremslüfter außer obigen Regeln noch
folgende:

Einphasen-, Zweiphasen- und Drehstrom-Magnet-bremslüfter sollen mindestens 120 Schaltungen in 1 h bei fortgesetzten Schaltungen (8 h und mehr) bei vollem Hub aushalten. Für größere Schalthäufigkeiten ist der Hub zu verringern, wobei sich folgende Beziehungen zwischen Schalthäufigkeit und Hub ergeben:

Fortgesetzte Schaltungen 8 h lang und mehr Schalthäufigkeit in 1 h höchstens	Hub des vollen Wertes in %
120	100
300	etwa 65
600	„ 45

Für größere Schalthäufigkeiten ist die Verwendung von Magnetbremslüftern der genannten Stromarten nicht zu empfehlen.

Dehnt sich der Betrieb über weniger als 8 h aus, so kann die Schalthäufigkeit der Tafel erhöht werden, und zwar bei einem Betrieb von

$$3 \text{ h um } 10\%,$$
$$4 \text{ h um } 20\%.$$

Die scheinbare Aufnahme W_s dieser Magnetbrems-lüfter beim Einschalten ist in den Listen anzugeben, damit bei Berechnung des Spannungverlustes in den Zuleitungen der beim Einschalten auftretende Strom

$$I_s = \frac{W_s}{\sqrt{3} \cdot U}$$

berücksichtigt werden kann.

Dieser Einschaltstrom und der Haltestrom sind auf dem Leistungschild anzugeben.

§ 19. Bauregeln.

Beim Gleichstrom-Nebenschluß-Magnetbremslüfter sind Mittel vorzusehen, um die beim Ausschalten auf-tretende Spannungserhöhung unschädlich zu machen.

Die Abfallzeit soll je cm Hub 0,05 bis 0,1 s für 1 cm Hub betragen. Bremslüfter über etwa 50 cm/kg Hub-leistung sollen mit einstellbarer Dämpfung versehen sein.

§ 20. Schildaufschriften.

a) Gleichstrom-Magnetbremslüfter.

Firma
Type
Zugkraft (Ankergewicht, Zusatzgewicht)
Hub
Relative Einschaltdauer
Spannung (bei Hauptstrom-Magnetbremslüfter: Strom und Anzugstrom)
Widerstand hierzu
Fertigungsnummer.

b) Drehstrom-Magnetbremslüfter.

Firma
Type
Zugkraft (Ankergewicht, Zusatzgewicht)
Hub
Relative Einschaltdauer
Stündl. Schaltungen
Spannung, Frequenz
Einschaltstrom — Haltestrom
Fertigungsnummer.

c) Drehstrom-Motorbremslüfter.

Firma
Type
Zugkraft (Kurbelgewicht, Zusatzgewicht)
Hub
Relative Einschaltdauer
Spannung, Frequenz
Ständerstrom
Läuferstrom
Widerstand hierzu
Fertigungsnummer.

P. Auszug aus den Vorschriften nebst Ausführungsregeln für die Errichtung von Starkstromanlagen mit Betriebspannungen unter 1000 V[1].

§ 3. Schutz gegen zufällige Berührung.

a) Die unter Spannung stehenden, nicht mit Isolierstoff bedeckten Teile müssen im Handbereich gegen zufällige Berührung geschützt sein [Ausnahmen sind gestattet bei Schweißanlagen, Glüh- und Schmelzöfen u. dgl.; Ausnahmen für elektrische Betriebsräume siehe § 28a), Schutz gegen Beschädigung siehe §§ 21, 24, 30 und 31].

Lackierung oder Emaillierung allein gilt nicht als Isolierung im Sinne des Berührungschutzes.

Über Fahrleitungen von Bahnen in B. u. T. siehe § 42.

b) Abdeckungen, Schutzgitter u. dgl. müssen mechanisch widerstandsfähig sein und zuverlässig befestigt werden. Im Handbereich müssen die Schutzverkleidungen der Leitungen in die Maschinen und Geräte eingeführt werden [Ausnahme siehe § 30a)].

1. In B. u. T. sollen alle Schutzverkleidungen so angebracht sein, daß sie nur mit Hilfe von Werkzeugen entfernt werden können.

Schutz gegen zu hohe Berührungsspannung.

c) Berührungsspannung im Sinne der folgenden Regeln tritt auf, wenn durch Schäden an Teilen der elektrischen Anlage oder andere Unregelmäßigkeiten die der Berührung zugänglichen metallenen Teile der elektrischen Einrichtungen eine Spannung gegen Erde annehmen. Dieses zu verhindern ist in erster Linie Aufgabe des Baues der elektrischen Apparate und Gebrauchsgegenstände sowie Sache sorfältiger Montage.

2. Darüber hinausgehende Schutzmaßnahmen sind ihrer Natur nach als Behelf anzusehen. Sie sollen aber Anwendung finden, wenn die Möglichkeit einer besonderen Gefährdung vorliegt, z. B. in Räumen, in denen der Übergangswiderstand des Menschen zur Erde durch Feuchtigkeit, Wärme, chemische Einflüsse [siehe auch § 2m)] oder andere Ursachen wesentlich herabgesetzt ist.

---

[1] ETZ 1928, S. 1379 u. 1417; 1929, S. 541, 872. 1135 u. 1672.

d) Bei Spannungen von mehr als 250 V gegen Erde sind Schutzmaßnahmen nach Regel 2 überall anzuwenden.

3. Als Schutzmaßnahmen kommen in Betracht: Isolierung, Kleinspannung, Erdung Nullung und Schutzschaltung.

Durch diese Schutzmaßnahmen soll erstrebt werden, daß die Überbrückung einer bedenklichen Berührungspannung durch einen Menschen entweder verhindert wird (Isolierung) oder, daß eine bedenkliche Berührungspannung überhaupt unmöglich ist (Transformation oder Umformung auf Kleinspannung) oder, daß bei bedenklicher Berührungspannung die Fehlerstelle selbsttätig von der Stromquelle abgetrennt wird (z. B. Erdung, Nullung, Schutzschaltung).

4. Isolierung. Der Schutz durch Isolierung kann dadurch erreicht werden, daß die der Berührung zugänglichen leitfähigen Teile durch isolierende Umkleidung (isolierende Umpressung von Schaltergriffen, Handrädern u. dgl.) der direkten Berührung entzogen werden, oder dadurch, daß der Stromübergang von den leitfähigen Teilen über den menschlichen Körper nach Erde durch isolierende Unterlagen (isolierenden Fußbodenbelag, isolierende Wände u. dgl.) verhindert wird.

5. Kleinspannungen sind Betriebspannungen bis zu 42 V. In Kleinspannungskreisen sollen nur Installationsmaterial und Geräte für mindestens 250 V verwendet werden [siehe § 18h) und 18²].

Die Verwendung von Kleinspannungen bei Spielzeugen oder dgl. ist in § 15e) behandelt.

Fernmeldegeräte siehe § 15i).

6. Erdung. Ein möglichst niedriger Erdungswiderstand ist anzustreben. Eine gute Erdung erzielt man meistens durch den Anschluß an das Wasserleitungsnetz.

Bei Erdung ortsveränderlicher Stromverbraucher soll die Erdungsleitung für Querschnitte bis 4 mm² mindestens so stark wie die zugehörenden Außenleiter gewählt werden.

In B. u. T. sollen mehrere verschiedene Erdungen, z. B. in der Wasserseige, im Schachtsumpf, an den Tübbings und über Tage gleichzeitig angewendet und miteinander gut leitend verbunden werden. Die der zufälligen Berührung ausgesetzten, für gewöhnlich nicht Spannung führenden Teile der Anlage sollen, soweit sie in dem gleichen Raume liegen, untereinander und mit der Erdungsleitung, als welche die Bewehrung eines Bleikabels, und zwar Bleimantel und Stahlbewehrung, benutzt werden kann, verbunden werden. Außerdem sollen alle übrigen, der zufälligen Berührung ausgesetzten Metallteile, wie Rohrleitungen, Geleise usw., tunlichst oft an die Erdungsleitung angeschlossen werden.

7. Nullung. Der Widerstand der Leitungen soll so bemessen sein, daß bei einem Kurzschluß zwischen einem Außenleiter und dem Nulleiter mindestens der 2,5fache Nennstrom der nächsten vorgeschalteten Stromsicherung auftritt.

In Verteilungsnetzen soll der Nulleiter außer der allgemeinen Erdung in jedem Ausläufer möglichst nahe am Ende eine Erdung erhalten.

Der Nulleiter soll in seinem ganzen Verlauf so sorgfältig verlegt werden, daß eine Unterbrechung nicht zu erwarten ist.

Die Nullung ortsveränderlicher Stromverbraucher soll durch eine besondere, an der Stromzuführung nicht beteiligte Leitung — Nullungsleitung — am festverlegten Nulleiter erfolgen. Die Nullungsleitung soll für Querschnitte bis einschließlich 4 mm² nicht schwächer als der zugehörende Außenleiter bemessen werden.

In einem Netz, in dem die Nullung angewendet wird, sind reine Erdungen ohne Verbindung mit dem Nulleiter unzulässig.

Der Nulleiter soll in Gebäuden in seinem ganzen Verlauf fabrikations- oder montagemäßig gekennzeichnet werden.

8. **Schutzschaltung.** Die Auslösevorrichtung des Schutzschalters soll so eingestellt sein, daß beim Auftreten einer zu hohen Berührungsspannung die Fehlerstelle selbsttätig von der Stromquelle abgetrennt wird.

e) An Installationsmaterialien und Geräten, die mit Erdung, Nullung oder Schutzschaltung verwendet werden, müssen die zur Durchführung dieser Maßnahmen erforderlichen Anschlußstellen fabrikmäßig angebracht sein (Erdungschrauben, Gerätesteckvorrichtungen mit Schutzkontakt oder dgl.).

§ 4. Auftreten zu hoher Spannungen.

a) Dem Auftreten zu hoher Spannungen in Verbraucherstromkreisen muß vorgebeugt werden.

Zu hohe Spannungen können auftreten durch Übertritt der Oberspannung in die Unterspannungstromkreise von Transformatoren oder durch atmosphärische Einwirkungen, Schaltvorgänge u. dgl.

1. Als Maßnahme gegen Gefährdung von Anlagen durch zu hohe Spannungen kann u. a. dienen: Einbau zweckentsprechender Relais, die die Abschaltung der gefährdeten Anlagen bewirken, oder Erdung des Transformatoren-Nullpunktes.

§ 6. Elektrische Maschinen.

a) Elektrische Maschinen sind so aufzustellen, daß etwa im Betriebe der elektrischen Einrichtung auftretende Feuererscheinungen keine Entzündung von brennbaren Stoffen der Umgebung hervorrufen können.

b) Verschläge für luftgekühlte Maschinen müssen so beschaffen und bemessen sein, daß ihre Entzündung gemäß a) ausgeschlossen und die erforderliche Kühlung der Maschinen gesichert ist.

1. Behelfsmäßige Verschläge sind möglichst zu vermeiden.

2. Soweit der Schutz gegen Berührung umlaufender Teile, gegen Ablagerungen von Fremdkörpern aus der Umgebung, gegen mechanische Beschädigung der Maschine u. dgl. nicht schon durch ihre Bauart selbst erzielt wird, soll er bei der Aufstellung durch Lage, Anordnung oder besondere Schutzvorkehrungen erreicht werden.

c) Metallteile, für die Erdung, Nullung oder Schutzschaltung in Frage kommen kann, müssen mit einer Anschlußschraube versehen sein, die als solche zu kennzeichnen ist.

d) Elektrische Maschinen müssen ein **Leistungschild** tragen.

3. Bei Kleinstmotoren (Motoren bis 500 W einschließlich) genügt die Angabe der Stromart, Nennspannung und Nennleistung.

§ 7. Transformatoren.

a) Verschläge für selbstgekühlte Transformatoren müssen so beschaffen und bemessen sein, daß ihre Entzündung ausgeschlossen und die erforderliche Kühlung der Transformatoren gesichert ist.

1. Behelfsmäßige Verschläge sind möglichst zu vermeiden.
Bei der Auswahl des Aufstellungsortes ist darauf zu achten, daß bei Bränden und ihren Folgen der freie Verkehr in Ausgängen und Treppen nicht behindert ist.

b) Metallteile, für die Erdung, Nullung oder Schutzschaltung in Frage kommen kann, müssen mit einer Anschlußschraube versehen sein, die als solche zu kennzeichnen ist.

c) Transformatoren müssen ein Leistungschild tragen.

§ 10. Allgemeines.

a) Die Apparate müssen so gebaut oder angebracht sein, daß einer Verletzung von Personen durch Splitter, Funken, geschmolzenes Material oder Stromübergänge bei ordnungsmäßigem Gebrauch vorgebeugt wird (siehe auch § 3).

1. Nur solche Apparate sollen verwendet werden, die bereits durch ihre Bauart gewährleisten, daß die unter Spannung gegen Erde stehenden Teile der zufälligen Berührung entzogen werden können.

b) Apparate einschließlich ihrer Abdeckungen und Schutzverkleidungen müssen den im Betriebe durch elektrische Feuererscheinungen, Wärme, Feuchtigkeit und mechanische Einflüsse auftretenden Beanspruchungen standhalten.

c) Die Apparate müssen so bemessen sein, daß sie durch den stärksten, normal vorkommenden Betriebstrom keine für den Betrieb oder die Umgebung gefährliche Temperatur annehmen können.

d) Apparate und ihre Schutzverkleidungen müssen zuverlässig befestigt werden und so ausgebildet sein, daß die Schutzumhüllungen der Leitungen in die Schutzverkleidungen eingeführt werden können.

e) Die Apparate müssen so gebaut und angebracht sein, daß für die anzuschließenden Drähte (auch an den Einführungsstellen) eine genügende Isolation gegen benachbarte Gebäudeteile, Leitungen u. dgl. erzielt wird.

f) Metallteile, für die Erdung, Nullung oder Schutzschaltung in Frage kommen kann, müssen mit einer Anschlußschraube versehen sein, die als solche zu kennzeichnen und derart anzuordnen ist, daß eine Leitung mit Schutzleiter ordnungsgemäß angeschlossen werden kann.

2. Griffe, Handräder u. dgl. können aus Isolierstoff oder Metall bestehen. Im letzten Falle ist § 3 zu berücksichtigen. Metallene Griffe, Handräder u. dgl., die mit einer haltbaren Isolierschicht vollständig überzogen sind, sind auch ohne Erdung, Nullung oder Schutzschaltung zulässig. Schaltstangen und -zangen sollen keine Erdungslitze haben.

g) Ortsveränderliche Apparate müsen so gebaut sein, daß die Anschlußstellen der Leitungen von Zug entlastet, die Leistungsumhüllung gegen Abstreifen und die Leitungsadern gegen Verdrehen gesichert werden können.

3. Die Einführungstellen für die Leitungen sollen derart ausgebildet sein, daß eine Beschädigung der biegsamen Leitungen auch bei rauher Behandlung nicht zu befürchten ist. Die Verwendung von Werkstattschnüren NWK und Gummischlauchleitungen NMH und NSH soll möglich sein.

h) Der Anschluß der Leitungen muß durch Verschraubung erfolgen [siehe auch § 21 k)].

i) Alle Schrauben, die Kontakte vermitteln, müssen in metallenes Muttergewinde eingreifen.

k) Der Verwendungsbereich (Stromstärke, Spannung usw.) muß, soweit es für die Benutzung notwendig ist, dauerhaft und gut leserlich auf dem Hauptteil der Apparate angegeben sein. Lösbare Abdeckungen gelten nicht als Hauptteil.

4. Werden die Bezeichnungen abgekürzt, so soll für den Nennstrom A, für die Nennspannung V verwendet werden.

l) Alle Apparate müssen am Hauptteil ein Ursprungzeichen tragen.

§ 12. Anlasser und Widerstandsgeräte.
(Siehe auch §§ 3 u. 10.)

a) Anlasser und Widerstandsgeräte, an denen Stromunterbrechungen vorkommen, müssen so gebaut und angebracht sein, daß bei ordnungsmäßiger Bedienung kein Lichtbogen stehen bleibt.

Bei allen Reglern wird Dauereinschaltung angenommen. Verträgt der Regler nur kurzzeitige Beanspruchung, so ist er entsprechend zu kennzeichnen. Für Feldregelung sind jedoch solche Regler unzulässig.

1. Die Strom führenden Teile von Anlassern und Widerstandsgeräten sollen mit Schutzverkleidung aus feuersicherem Stoff versehen sein [Ausnahmen siehe §§ 28$^{\underline{1}}$ und 39 i)]. Diese Apparate sollen auf feuersicherer Unterlage und zwar freistehend oder an feuersicheren Wänden und von entzündlichen Stoffen genügend entfernt angebracht werden.

b) Kontaktbahn und Anschlußstellen müssen mit einer widerstandsfähigen, zuverlässig befestigten und abnehmbaren Abdeckung versehen sein; sie darf keine Öffnung enthalten, die eine unmittelbare Berührung Spannung führender Teile zuläßt [Ausnahmen siehe §§ 28 c) und 29 a)].

c) Die Achse der Betätigungsvorrichtung darf nicht Spannung führend sein.

d) Die Anbringung besonderer Schalter [siehe § 11 d)] ist bei Anlassern und Widerstandsgeräten nur dann notwendig, wenn der Anlasser nicht selbst den Stromverbraucher allpolig abschaltet.

Die Läuferanlasser aller Einphasen- und Drehstrommotoren müssen so gebaut sein, daß sie die Läuferkreise nicht unterbrechen können.

e) Auf jedem Gerät (Anlasser, Anlaßschalter, Regler) sind die Stellung, in der das Gerät eingeschaltet, und die, in der es ausgeschaltet ist, sowie der Schaltweg deutlich zu kennzeichnen, z. B. durch einen Kreisbogen.

Bei Anlaßschaltern (z. B. Stern-Dreieck-Schaltern) ist außerdem die Anlaufstellung gegenüber der Betriebstellung zu kennzeichnen.

f) Anlasser und Widerstandsgeräte müssen ein Leistungschild tragen.

§ 28. Elektrische Betriebsräume.

a) Entgegen § 3 a) kann von dem Schutz gegen zufällige Berührung blanker, unter Spannung gegen Erde stehender Teile in Anlagen mit Spannungen bis höchstens 250 V gegen Erde insoweit abgesehen werden, als dieser Schutz nach den örtlichen Verhältnissen entbehrlich oder der Bedienung und Beaufsichtigung hinderlich ist.

b) Entgegen § 11 g) können Nulleiter und betriebsmäßig geerdete Leitungen auch einzeln abtrennbar gemacht werden.

c) Entgegen § 12 d) sind auch bei nicht allpolig abschaltenden Anlassern besondere Ausschalter nicht notwendig.

⚒| In B. u. T. fällt diese Erleichterung fort. |

1. Entgegen § 12$^{\underline{1}}$ sind Schutzverkleidungen für Anlasser und Widerstandsgeräte nicht unbedingt erforderlich.

d) Die in 21 a) geforderte Schutzverkleidung ist nur insoweit erforderlich, als die Leitungen mechanischer Beschädigung ausgesetzt sind.

e) Aus besonderen Betriebsrücksichten kann entgegen § 14 d) von der Unverwechselbarkeit der Schmelzeinsätze abgesehen werden.

f) Bei Schalt- und Signalanlagen ist es entgegen § 21 h) gestattet, Leitungen verschiedener Stromkreise in einem Rohr zu verlegen.

g) Hebezeuge und Transportmaschinen. Bei Hebezeugen und gleichartigen Transportmaschinen müssen Vorkehrungen getroffen sein, die den Führer sowohl auf dem für das Besteigen und Verlassen des Führerstandes vorgesehenen Weg gegen zufällige Berührung von Schleifleitungen als auch in Reichweite vom Steuerplatz gegen zufällige Berührung Spannung führender Teile jeder Art schützen.

Die Hauptschleifleitungen müssen allpolig abschaltbar sein; werden mehrere solcher Maschinen von der gleichen Leitung gespeist, so müssen außerdem die einzelnen Maschinen für sich allpolig abschaltbar sein.

Die festverlegten Leitungen müssen im und am Führerstand gegen Beschädigungen geschützt sein.

Im übrigen gelten für Hebezeuge und Transportmaschinen die Vorschriften für elektrische Betriebsräume. Für Triebwerksräume von Aufzügen gilt dieses jedoch nur dann, wenn in der Nähe ihres Einganges, getrennt von dem Triebwerk und dessen Steuerung, ein gegen zufällige Berührung geschützter Hauptschalter leicht zugänglich und augenfällig angebracht wird, der die Zuleitung vom Triebwerksraum allpolig abschaltet, und ferner der Raum jenseits dieses Hauptschalters augenfällig als elektrischer Betriebsraum gekennzeichnet ist.

Entgegen § 18 l) sind Handleuchter bei Gleichstrom bis 1000 V zulässig.

§ 29. Abgeschlossene elektrische Betriebsräume.

a) Entgegen § 3a) kann von dem Schutz gegen zufällige Berührung blanker, unter Spannung gegen Erde stehender Teile insoweit abgesehen werden, als dieser Schutz nach den örtlichen Verhältnissen entbehrlich oder der Bedienung und Beaufsichtigung hinderlich ist.

1. Als Hilfsmittel gegen zufälliges Berühren Spannung führender Teile kommen in Betracht: Trennwände zwischen den Feldern der Schaltanlage, Trennwände zwischen den einzelnen Phasen, Schutzgitter, feste und zuverlässig befestigte Geländer, selbsttätige Ausschalt- oder Verriegelungsvorrichtungen.

2. Der Verschluß der Räume soll so eingerichtet sein, daß der Zutritt nur berufenen Personen möglich ist.

§ 30. Betriebstätten.

a) Entgegen §§ 3b) und 21a) dürfen bei Anlagen mit Spannungen bis höchstens 250 V gegen Erde die im Handbereich liegenden Zuführungsleitungen zu Maschinen ungeschützt verlegt werden, wenn sie unter den örtlichen Verhältnissen keiner Beschädigung ausgesetzt sind.

§ 37. Prüffelder, Justierräume und Laboratorien.

a) Für festverlegte Leitungen sind Abweichungen von den Bestimmungen über Stützpunkte der Leitungen u. dgl. zulässig, doch ist dafür zu sorgen, daß die Bestimmungen hinsichtlich mechanischer Festigkeit, zufälliger gefahrbringender Berührung, Schutz gegen elektrische Feuererscheinungen und Erdung für den ordnungsmäßigen Gebrauch erfüllt sind.

b) Ständige Prüffelder, Justierräume und Laboratorien sind mit festen Abgrenzungen und Warnungstafeln zu versehen. Fliegende Prüfstände sind durch eine auffallende Absperrung (Schranken, Seile oder dgl.) kenntlich zu machen.

1. Wenn in ständigen Prüffeldern, Justierräumen und Laboratorien an den behelfsmäßigen Leitungen, an den Apparaten usw. der Schutz gegen zufällige Berührung Spannung führender Teile nicht angewendet wird, sollen die Gänge hinreichend breit und der Bedienungsraum genügend groß sein.

c) Bei Schalt- und Verteilungstafeln für Eich- und Prüfzwecke ist Holz als Bau- und Isolierstoff zulässig.

Einrichtungen für Betriebsversuche und
behelfsmäßige Einrichtungen.

Außer den Bestimmungen unter a) bis c) gilt noch
folgendes:

d) Die für Betriebsversuche erforderlichen Einrichtungen brauchen den allgemeinen Bestimmungen unter III nicht zu entsprechen, wenn die Versuche unter sachkundiger Aufsicht stehen.

e) Behelfsmäßige Einrichtungen sind durch Warnungstafeln zu kennzeichnen und durch Schutzgeländer, Schutzverschläge oder dgl. gegen den Zutritt Unberufener abzugrenzen. Den örtlichen Verhältnissen ist dabei Rechnung zu tragen.

Die beweglichen und ortsveränderlichen Einrichtungen sowie die Beleuchtungskörper, Apparate, Meßgeräte usw. müssen den allgemein gültigen Bestimmungen unter III genügen.

Bei Schalt- und Verteilungstafeln ist Holz als Baustoff, nicht aber als Isolierstoff zulässig.

Q. Auszug aus den Vorschriften nebst Ausführungsregeln für die Errichtung von Starkstromanlagen mit Betriebsspannungen von 1000 V und darüber[1].

A. Allgemeine Schutzmaßnahmen.

§ 3. Schutz durch Abdeckung u. dgl.

a) Sowohl die blanken als auch die mit Isolierstoff bedeckten, unter Spannung stehenden Teile der Anlage müssen durch ihre Bauart, Lage, Anordnung oder besondere Schutzvorkehrungen der Berührung entzogen sein [Ausnahmen siehe §§ 8b), 8⁴ und 20a)].

> 1. Schutzgitter (Drahtgewebe) gilt nicht als Schutzvorkehrung gegen Berührung, sondern nur als Schutz gegen zufällige Berührung (siehe § 21).

b) Abdeckungen müssen mechanisch widerstandsfähig sein und zuverlässig befestigt werden. Im Handbereich müssen die Schutzverkleidungen der Leitungen (Rohre, Kabelmäntel) in die Maschinen und Geräte eingeführt werden.

> 2. In B. u. T. sollen alle Schutzverkleidungen so angebracht sein, daß sie nur mit Hilfe von Werkzeugen entfernt werden können.

§ 4. Schutz durch Erdung u. dgl.

a) Maßnahmen sind zu treffen, damit an den der Berührung ausgesetzten leitfähigen Anlageteilen, die nicht zum Betriebstromkreis gehören, aber durch Erdschluß Spannung annehmen können, eine zu hohe Spannung gegen Erde nicht bestehen bleiben kann.

1. Anzustreben ist, daß diese Spannung 125 V nicht überschreitet. Die Bemessung der Erdung braucht nur den Fall des Einzelerdschlusses zu berücksichtigen. Demgemäß soll angestrebt werden, daß der Erdungswiderstand den Wert

$$\frac{125\,\text{V}}{\text{Erdschlußstrom}}$$

nicht überschreitet.

Sind keine Erdschluß-Lichtbogenlöscher vorhanden, so ist in der vorstehenden Gleichung als Erdschlußstrom der kapazitive Erdschlußstrom einzusetzen; bei Vorhandensein von Löschern genügt es, den Reststrom zugrunde zu legen (vgl. „Leitsätze für Schutzerdungen in Hochspannungsanlagen").

---

[1] ETZ 1928, S. 1344; 1929, S. 581, 692, 950, 1135 u. 1748.

In B. u. T. sollen mehrere verschiedene Erdungen, z. B. in der Wasserseige, im Schachtsumpf, an den Tübbings und über Tage gleichzeitig angewendet und miteinander gut leitend verbunden werden. Die der zufälligen Berührung zugänglichen, für gewöhnlich nicht Spannung führenden Teile der Anlage sollen, soweit sie in dem gleichen Raum liegen, untereinander und mit der Erdungsleitung, als welche die Bewehrung eines Kabels, und zwar Bleimantel und Stahlbewehrung, benutzt werden kann, verbunden werden. Außerdem sollen alle übrigen, der zufälligen Berührung ausgesetzten Metallteile, wie Rohrleitungen, Geleise usw., tunlichst oft an die Erdungsleitung angeschlossen werden.

2. Bei Anordnung und Bemessung der Erdungen ist auf die Austrocknung des Erdbodens infolge Erwärmung durch den Erdschlußstrom Rücksicht zu nehmen. Hierbei braucht nur die zur Eingrenzung und Abschaltung des Erdschlusses erfahrungsgemäß erforderliche Zeit in Rechnung gesetzt zu werden.

b) Für den Fall des Erdkurzschlusses (Erdschluß in Anlagen mit kurzgeerdetem Sternpunkt) und des Mehrfacherdschlusses würden im allgemeinen, um das Auftreten einer höheren Spannung als 125 V gegen Erde zu verhüten, Erdungen erforderlich sein, die sich praktisch nicht verwirklichen lassen. Hier müssen dann Einrichtungen zum Abschalten des fehlerhaften Anlageteiles vorhanden sein (vgl. § 17 [1]).

§ 5. Schutz durch Isolierung.

a) Jede Starkstromanlage muß insgesamt und in allen ihren Teilen eine angemessene Spannungsfestigkeit haben. Der elektrische Sicherheitsgrad braucht nicht für alle Einzelteile der gleiche zu sein.

1. Der Sicherheitsgrad für ein Einzelteil kann z. B. mit Rücksicht auf höhere Gefährdung, Schwierigkeit der Auswechselung u. dgl. höher als für die übrige Anlage gewählt werden, doch ist zu beachten, daß hierdurch unter Umständen andere Anlageteile stärker gefährdet werden.

Ferner ist darauf zu achten, daß durch die Anordnung der Verbindungsleitungen zwischen den einzelnen Teilen der Anlage oder durch die Form der Leitungen oder ihrer Zubehörteile der gesamte Sicherheitsgrad nicht herabgesetzt wird.

B. Elektrische Maschinen, Transformatoren und Akkumulatoren.

§ 6. Elektrische Maschinen.

a) Elektrische Maschinen (Generatoren, Umformer und Motoren) müssen nicht nur für ihre Nennleistung, sondern auch für die zulässige Überlastung, fener bei der zulässigen Überdrehzahl und bei Kurzschluß eine von den sonstigen Betriebsbedingungen unabhängige, ausreichende mechanische sowie Strom- und Spannungsfestigkeit insgesamt und in allen ihren Teilen aufweisen. Die Festigkeit muß unabhängig von der Betriebsart der Maschine (aussetzender oder kurzzeitiger Betrieb, schwankender oder gleichmäßiger Dauerbetrieb u. dgl.)

sowie unabhängig von der Temperatur der Maschine, soweit sie in den zulässigen Grenzen bleibt, gewahrt sein.

1. Die vorstehenden Anforderungen gelten als erfüllt, wenn die Maschinen den „Regeln für die Bewertung und Prüfung von elektrischen Maschinen R.E.M." entsprechen.

b) Generatoren und Umformer müssen für einen gefahrlosen Parallellauf mit den dafür vorgesehenen Maschinen geeignet sein.

c) Generatoren jeglicher Art einschließlich Einankerumformer müssen eine solche Spannungskurve aufweisen, daß Gefahren und Störungen im Netzbetrieb vermieden werden.

2. Für die Kurvenform sind die „Regeln für die Bewertung und Prüfung von elektrischen Maschinen R.E.M." maßgebend.

3. Auf die Möglichkeit zusätzlicher Gefährdungen für Maschinen, Umgebung und Bedienung in Verbindung mit dem Netz ist zu achten. Derartige Gefährdungen können z. B. entstehen durch: Selbsterregung durch zu hohe Netzkapazität, zu kleine Kurzschlußleistung für Überstromschutz, zu große Kurzschlußleistung.

d) Elektrische Maschinen müssen mit Schutzeinrichtungen versehen sein, die mechanische oder elektrische Überbeanspruchungen von ihnen entweder fernhalten oder, sofern dieses nicht möglich ist, den Gefahrzustand in kürzester Zeit beseitigen und im Fall von Schäden deren Umfang beschränken.

4. Für die auf ein Netz arbeitenden Generatoren jeder Leistung werden folgende Schutzeinrichtungen empfohlen:
Von Hand (unmittelbar oder mittelbar) zu betätigende Einrichtungen
zum allpoligen Abschalten der Hauptmaschine (auch des Sternpunktes, wenn die Sternpunkte mehrerer Maschinen verbunden sind) bzw. der Hauptmaschine mit dem zugehörenden Transformator, wenn beide eine betriebsmäßig nicht trennbare Einheit bilden,
sowie zum Feuerlöschen.
Selbsttätig wirkende Einrichtungen bei Maschineneinheiten bis 1000 kVA:
zum Schutz gegen Überstrom in $(m-1)$ Phasenleitungen, wenn der Nullpunkt nicht geerdet ist; in m Phasenleitungen, wenn der Nullpunkt geerdet ist; hierbei ist m die Phasenzahl;
bei Maschineneinheiten über 1000 kVA:
zum Schutz gegen Überstrom und innere Beschädigung und zwar in sämtlichen Phasenleitungen;
bei Maschineneinheiten über 10000 kVA:
außerdem Luftrückkühlung.

e) Für jeden auf ein Netz arbeitenden Generator sind Anzeige- und Meßeinrichtungen, die den Betriebszustand erkennen lassen, vorzusehen.

5. Für jeden Generator werden folgende Anzeige- und Meßeinrichtungen auf dem Schaltfeld empfohlen:
Zum Anzeigen der Stellung von fernbetätigten Öl- und Trennschaltern und zum Anzeigen des Synchronismus. Für mehrere Maschinen genügt zum Synchronisieren eine umschaltbare Einrichtung.

Zum Messen des Stromes in einer Phasenleitung, des Erregerstromes, der Maschinenspannung zwischen zwei Phasenleitungen, der Wirkleistung und der Frequenz. Für mehrere Maschinen gleicher Nennspannung und -frequenz genügt eine umschaltbare Meßeinrichtung.

Die Meßgerate sollen mindestens die Meßgenauigkeit der Klasse G der „Regeln für Meßgeräte“, die Meßwandler die der Klasse F der „Regeln für die Bewertung und Prüfung von Meßwandlern“ haben.

Empfohlen wird, Meßgeräte zu verwenden, deren ablesbarer Meßbereich den Nennwert der zu messenden Größe um mindestens 20% überschreitet.

f) Elektrische Maschinen sind so aufzustellen, daß an ihnen im Betriebe etwa auftretende Feuererscheinungen brennbare Stoffe in ihrer Umgebung nicht entzünden können.

6. Soweit der Schutz gegen Berührung umlaufender Teile, gegen Ablagerungen von Fremdkörpern aus der Umgebung, gegen mechanische Beschadigung der Maschine u. dgl. nicht schon durch ihre Bauart selbst erzielt wird, soll er bei der Aufstellung durch Lage, Anordnung oder besondere Schutzvorkehrungen erreicht werden.

7. Bei der Aufstellung von Generatoren und Umformern ist darauf zu achten, daß ihre mechanische sowie ihre Strom- und Spannungsfestigkeit und ihre sonstigen, für den gefahrlosen Betrieb wesentlichen Eigenschaften ausreichend gewahrt bleiben. Anderenfalls sollen besondere Maßnahmen getroffen werden.

g) Umbauten und Verschläge für luftgekühlte Maschinen müssen so beschaffen und bemessen sein, daß ihre Entzündung durch die in f) erwähnten Feuererscheinungen ausgeschlossen und die Kühlung der Maschine nicht behindert ist.

h) Jede Maschine muß ein Leistungschild tragen, auf dem die notwendigen Angaben deutlich lesbar und in haltbarer Weise angebracht sind.

8. Das Leistungschild soll so angebracht sein, daß es möglichst auch im Betriebe bequem abgelesen werden kann.

§ 7. Transformatoren.

a) Transformatoren jeder Art (Leistung-, Absatz-, Zusatz-, Isolations-, Regel- oder Spartransformatoren) müssen nicht nur für ihre Nennleistung, sondern auch für die zulässige Überlastung, ferner bei Kurzschluß eine von den sonstigen Betriebsbedingungen unabhängige, ausreichende Strom- und Spannungsfestigkeit insgesamt und in allen ihren Teilen aufweisen. Die Festigkeit muß unabhängig von der Betriebsart des Transformators (aussetzender oder kurzzeitiger Betrieb, schwankender oder gleichmäßiger Dauerbetrieb u. dgl.) sowie unabhängig von der Temperatur des Transformators, soweit sie in den zulässigen Grenzen bleibt, gewahrt sein.

1. Die vorstehenden Anforderungen gelten als erfüllt, wenn die Transformatoren den „Regeln für die Bewertung und Prüfung von Transformatoren R.E.T.“ entsprechen.

Außerdem werden für die Auswahl der Transformatoren die Normblätter DIN VDE 2600 und 2601 (Abstufung der Leistungen) empfohlen.

b) **Transformatoren müssen für einen gefahrlosen Parallellauf mit den dafür vorgesehenen Transformatoren geeignet sein.**

2. Auf die Möglichkeit zusätzlicher Gefährdungen für Transformator, Umgebung und Bedienung in Verbindung mit dem Netz ist zu achten. Derartige Gefährdungen können z. B. entstehen durch ungleiche Schaltart, ungleiche Kurzschlußspannungen u. dgl.

c) **Transformatoren von 5000 kVA Leistung und darüber müssen mit Schutzeinrichtungen versehen sein, die mechanische oder elektrische Überbeanspruchungen von ihnen entweder fernhalten oder, sofern dieses nicht möglich ist, den Gefahrzustand in kürzester Zeit beseitigen und den Umfang etwa auftretender Schäden beschränken.**

3. Für Transformatoren jeder Leistung werden folgende Schutzeinrichtungen empfohlen:

Von Hand (unmittelbar oder mittelbar) zu betätigende Einrichtungen

zum allpoligen und allseitigen Abschalten des Transformators bzw. des Transformators mit dem zugehörenden Generator, wenn beide eine betriebsmäßig nicht trennbare Einheit bilden,

sowie zum Feuerlöschen.

Selbsttätig wirkende Einrichtungen

bei Transformatoren bis 5000 kVA:

zum Schutz gegen Überstrom in $(m-1)$ Phasenleitungen, wenn Schalter verwendet werden und der Sternpunkt nicht geerdet ist; in m Phasenleitungen, wenn der Sternpunkt geerdet ist oder Schmelzsicherungen verwendet werden; hierbei bedeutet m die Phasenzahl; bei Transformatoren über 5000 kVA:

zum Schutz gegen Überstrom in sämtlichen Phasenleitungen.

Hiervon kann abgesehen werden bei Transformatoren in ständig besetzten Stationen, die mit Fehlerschutz versehen sind.

d) **Für Transformatoren von 5000 kVA Leistung und darüber sind Anzeige- und Meßeinrichtungen vorzusehen, die den Betriebzustand erkennen lassen.**

4. Hierfür werden folgende Anzeige- und Meßeinrichtungen empfohlen:

Zum Anzeigen der Stellung von fernbetätigten Öl- und Trennschaltern, der Überschreitung der zulässigen Temperatur und bei Transformatoren mit künstlicher Kühlung zum Anzeigen des Betriebzustandes der Kühleinrichtung.

Zum Messen des Stromes in einer Phasenleitung auf der Ober- oder Unterspannungseite und der Temperatur. Für mehrere Transformatoren genügt eine umschaltbare Temperaturmeßeinrichtung.

Bilden Transformator und Generator eine betriebsmäßig nicht trennbare Einheit, so kann der Stromzeiger für den Transformator fortfallen.

Die Meßgeräte sollen mindestens die Meßgenauigkeit der Klasse G der „Regeln für Meßgeräte", die Meßwandler die der Klasse F der „Regeln für die Bewertung und Prüfung von Meßwandlern" haben.

Empfohlen wird, Meßgeräte zu verwenden, deren ablesbarer Meßbereich den Nennwert der zu messenden Größe um mindestens 20% überschreitet.

e) Der Ölstand im Kessel muß erkennbar sein; ferner muß an diesem ein Ölablaß vorhanden sein. Auch muß die Möglichkeit bestehen, Ölproben aus dem Transformator zu entnehmen.

5. Transformatoren sollen so aufgestellt werden, daß ihre mechanische sowie Strom- und Spannungsfestigkeit und ihre sonstigen, für den gefahrlosen Betrieb wesentlichen Eigenschaften ausreichend gewahrt bleiben und die Gefahren von Bränden und ihren Folgen tunlichst herabgesetzt werden. Anderenfalls sollen besondere Maßnahmen getroffen werden.

Ferner ist bei der Auswahl des Aufstellungsortes darauf zu achten, daß bei Bränden und ihren Folgen der freie Verkehr in Ausgängen und Treppen nicht behindert ist.

6. Auf ausreichende Lüftung des Aufstellungsraumes von Transformatoren mit Selbstlüftung ist besonders zu achten.

f) Öltransformatoren über 20 kVA müssen in B. u. T. in feuersicheren Räumen aufgestellt werden. Bei Öltransformatoren unter 50 kVA können jedoch Erleichterungen zugelassen werden.

g) Die Transformatoren sind in B. u. T. mit Ölfanggruben auszustatten, die zur Löschung eines Brandes mit grobkörnigem Kies oder dgl. zu füllen sind. Zur Aufnahme auslaufenden Öles können auch gleichwertige Vorrichtungen verwendet werden.

h) Jeder Transformator muß ein Leistungschild tragen, auf dem die notwendigen Angaben deutlich lesbar und in haltbarer Weise angebracht sind.

7. Das Leistungschild soll so angebracht sein, daß es möglichst auch im Betriebe bequem abgelesen werden kann.

§ 14. Anlasser, Steuer- und Widerstandsgeräte.

a) Anlasser, Steuer- und Widerstandsgeräte müssen nicht nur für die Betriebströme, sondern auch für die Kurzschlußströme eine ausreichende Festigkeit aufweisen. Wenn im Einzelfall eine ausreichende Kurzschlußfestigkeit und eine ausreichende Festigkeit gegen Kurzschlußströme nicht gewährleistet ist, müssen besondere Maßnahmen getroffen werden, die eine Betätigung bei auftretenden Kurzschlüssen verhüten.

1. Die vorstehenden Anforderungen gelten als erfüllt, wenn die Geräte den „Regeln für die Bewertung und Prüfung von Anlassern und Steuergeräten R.E.A." oder den „Regeln für die Bewertung und Prüfung von Steuergeräten, Widerstandsgeräten und Bremslüftern für aussetzenden Betrieb R.A.B." entsprechen.

2. Anlasser, Steuer- und Widerstandsgeräte sollen so aufgestellt werden, daß ihre mechanische sowie Strom- und Span-

nungsfestigkeit und ihre sonstigen, für den gefahrlosen Betrieb wesentlichen Eigenschaften ausreichend gewahrt bleiben. Anderenfalls sollen besondere Maßnahmen getroffen werden.

b) **Auf jedem Gerät sind die Stellung, in der das Gerät eingeschaltet, und die, in der es ausgeschaltet ist, sowie der Schaltweg deutlich zu kennzeichnen.**

c) **Anlasser, Anlaßschalter, Anlaßtransformator-Schalter, Regler, Schütze, elektromagnetisch betätigte Wächter und Relais müssen ein Leistungschild tragen, auf dem die notwendigen Angaben deutlich lesbar und in haltbarer Weise angebracht sind.**

§ 20. Elektrische Betriebsräume.

a) **Abweichend von § 3a) ist für die Spannung führenden Teile der Maschinen (z. B. für die Wickelköpfe) nur ein Schutz gegen zufällige Berührung erforderlich [vgl. auch § 8b) und 8$^\underline{1}$)].**

§ 21. Abgeschlossene elektrische Betriebsräume.

a) **In abgeschlossenen elektrischen Betriebsräumen ist abweichend von § 3a) nur ein Schutz gegen zufällige Berührung für die Spannung führenden Teile erforderlich.**

1. Als solcher Schutz gelten: Trennwände zwischen den Feldern der Schaltanlage, Schutzgitter, feste und zuverlässig befestigte Geländer, aushebbare Holzleisten, selbsttätige Ausschalt- oder Verriegelungsvorrichtungen.

Metallketten sind als Schutzvorrichtungen im allgemeinen nur zulässig, wenn die Gefahr einer Berührung mit Spannung führenden Teilen bei ihrer Handhabung ausgeschlossen ist.

2. Die Türen der abgeschlossenen elektrischen Betriebsräume sollen von innen nur mit der Klinke, von außen nur mit einem Bartschlüssel (nicht mit einem Steckschlüssel) geöffnet werden können.

3. Die Türen sollen feuerhemmend sein und sich nach außen öffnen lassen (siehe auch § 10$^\underline{4}$).

b) **Die Zugänge zu abgeschlossenen elektrischen Betriebsräumen müssen einen Blitzpfeil als Kennzeichen haben.**

4. Hierunter fallen auch Zellen (z. B. Ölschalter- und Transformatorenzellen) mit einer in das Freie oder in andere Betriebstätten gehenden Tür (siehe auch § 10$^\underline{3}$).

§ 22. Betriebstätten.

a) **In Betriebstätten müssen ausgedehnte Verteilungsanlagen während des Betriebes für Notfälle ganz oder streckenweise spannungslos gemacht werden können.**

§ 28. Prüffelder und Laboratorien.

a) **Ständige Prüffelder und Laboratorien sind mit festen Abgrenzungen und entsprechenden Warnungstafeln zu versehen. Fliegende Prüfstände und Meßwagen sind durch eine auffallende Absperrung (Schranken, Seile oder dgl.) kenntlich zu machen.**

1. In ständigen Prüffeldern und Laboratorien sollen die Stände, in denen unter Spannung gearbeitet wird, gegen die

Nachbarschaft abgegrenzt werden, wenn dort gleichzeitig Auf-
stellungs-, Vorbereitungsarbeiten u. dgl. vorgenommen werden.

2. Wenn in Prüffeldern, Laboratorien u. dgl. an den behelfsmäßigen Leitungen, an den Apparaten usw. der Schutz
gegen zufällige Berührung Spannung führender Teile nicht
angewendet wird, sollen die Gänge hinreichend breit und der
Bedienungsraum genügend groß sein.

§ 29. Einrichtungen für Betriebsversuche und behelfsmäßige Einrichtungen.

a) Die für Betriebsversuche erforderlichen Einrichtungen brauchen den allgemeinen Bestimmungen unter
III nicht zu entsprechen, wenn die Versuche unter sachkundiger Aufsicht stehen.

b) Behelfsmäßige Einrichtungen sind durch Warnungstafeln zu kennzeichnen und durch Schutzgeländer,
Schutzverschläge oder dgl. gegen den Zutritt Unberufener
abzugrenzen, nötigenfalls unter Verschluß zu halten.
Den örtlichen Verhältnissen ist dabei Rechnung zu tragen.

R. Auszug aus den „Vorschriften nebst Ausführungsregeln für den Betrieb von Starkstromanlagen V.B.S./1929"[1].

§ 5. Bedienung elektrischer Anlagen.

a) Jede unnötige Berührung von Leitungen sowie ungeschützter Teile von Maschinen, Apparaten und Lampen ist verboten.

b) Die Bedienung von Schaltern, das Auswechseln von Sicherungen und die betriebsmäßige Bedienung von Maschinen, Akkumulatoren, Apparaten, Lampen ist nur den damit beauftragten Personen gestattet, falls erforderlich, unter Benutzung von Schutzmitteln.

Die Verwendung geflickter oder überbrückter Sicherungen ist verboten. Schmelzsicherungen entsprechender Stromstärke sind vorrätig zu halten.

1. Sicherungen und Unterbrechungsstücke in Anlagen mit Betriebsspannungen von mehr als 250 V gegen Erde sollen, wenn die Apparate nicht so gebaut oder angeordnet sind, daß man sie ohne weiteres gefahrlos handhaben kann, nur unter Benutzung isolierender oder anderer geeigneter Schutzmittel betätigt werden.

c) Reinigungs-, Wartungs- und Instandsetzungsarbeiten dürfen nur durch damit beauftragte und mit den Arbeiten und Gefahren vertraute Personen oder unter deren Aufsicht durch Hilfsarbeiter ausgeführt werden. Die Arbeiten sind, wenn möglich, in spannungfreiem Zustande, daß heißt nach allpoliger Abschaltung der Stromzuführungen, unter Berücksichtigung der in §§ 6 und 7, und wenn unter Spannung gearbeitet werden muß, unter Berücksichtigung der in §§ 8 und 9 gegebenen Sonderbestimmungen, vorzunehmen.

d) Die Schlüssel zu den abgeschlossenen elektrischen Betriebsräumen sind von den dazu Berufenen unter sicherer Verwahrung zu halten.

e) Abgeschlossene elektrische Betriebsräume, die den Anforderungen von § 29 der Errichtungsvorschriften V. E. S. 1 bzw. § 21 der Errichtungsvorschriften V.E.S. 2 nicht entsprechen, dürfen nur betreten werden, nachdem alle Teile spannungslos gemacht sind.

---

[1] Gültig vom 1. Juli 1929 ab. Abgedruckt ETZ 1928, S. 1378 u. 1417; 1929, S. 512.

2. Besonders ist darauf zu achten, daß der spannungsfreie Zustand nicht immer durch Herausnahme von Schaltern und dergleichen allein gewährleistet ist, da noch Verbindungen durch Meßschaltungen, Ring- und Doppelleitungen usw. bestehen können, oder eine Rücktransformierung, Induktion, Kapazität usw. vorhanden sein kann.

§ 14. Zusatzbestimmungen für Arbeiten in Prüffeldern und Laboratorien.

a) Ständige Prüffelder und fliegende Prüfstände sind abzugrenzen, ihr Betreten durch Unbefugte ist zu verbieten.

b) Mit Arbeiten an Anlagen mit Betriebspannungen von mehr als 250 V gegen Erde dürfen in solchen Räumen nur Personen betraut werden, die ausreichendes Verständnis für die bei den vorzunehmenden Arbeiten auftretenden Gefahren besitzen und sich ihrer Verantwortung bewußt sind.

c) Die Bestimmungen von § 8e) finden auf Arbeiten in Prüffeldern und Laboratorien keine Anwendung.

S. Normen für Betriebspannungen elektrischer Starkstromanlagen des VDE.

Gültig ab 1. Januar 1928[1].

§ 1.

Als Betriebspannung wird die Spannung bezeichnet. die in leitend zusammenhängenden Netzteilen an den Klemmen der Stromverbraucher im Mittel (räumlich und zeitlich) vorhanden ist. Als Stromverbraucher gelten außer Lampen, Motoren usw. auch Primärwicklungen von Transformatoren.

§ 2.

Als Betriebspannungen gelten folgende Werte:

A. **Gleichstrom:**

24, 42, 110, 220, 440, 550, 750, 1100, 1500, 2200, 3000 V.

Die Spannungen von 550 bis 3000 V beziehen sich auf Bahnanlagen mit einpoliger Erdung.

B. **Drehstrom von 50 Per/s:**

24, 42, 125, **220, 380,** 500, 1000, 3000, **6000,** 10000, **15000,** 20000, **30000,** 45000, **60000,** 80000, **100000,** 150000, **200000,** 300000 V.

Die fettgedruckten Zahlen bedeuten Vorzugspannungen, die in erster Linie sowohl für Neuanlagen als auch für umfangreiche Erweiterungen empfohlen werden. Auch für Isolatoren und Apparate sollen sie vorzugsweise benutzt werden, um deren Typenzahl gering zu halten.

C. **Einphasenstrom von 16⅔ Per/s:**

Es gelten die fettgedruckten Spannungswerte aus der Drehstromtafel. Bei Fahrleitungen von Bahnen beziehen sie sich auf einpolig geerdete Anlagen.

§ 3.

Wenn die Abweichungen von den Spannungswerten nach § 2 nicht mehr betragen als $+10\%$ auf der Erzeugerseite, $\pm 5\%$ auf der Verbraucherseite der Leitungsanlage, so kann normal gefertigtes elektrisches Material ohne weiteres verwendet werden. Maschinen und Transformatoren vertragen entweder die Spannungschwankungen von 0 bis 10% als Erzeuger oder von -5% bis $+5\%$ als Verbraucher (vgl. R. E. M. § 9, R. E. T. § 56). Glühlampen vertragen die Abweichungen um $\pm 5\%$ nur vorübergehend.

---

[1] Angenommen durch die Jahresversammlung 1927.

T. Deutsche Normen bezüglich Maschinen und Transformatoren.

Gleichstrommaschinen Normen-Übersicht DIN VDE 1999.

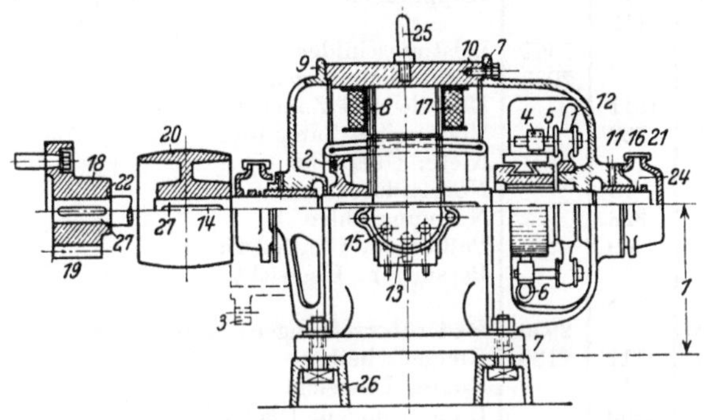

Nr.	DIN	DIN VDE	Benennung
1		2940	Achshöhen elektrischer Maschinen
		6200	Anschlußbolzen
2			Ausgleichgewichte
3		2941	Befestigungsflansche elektrischer Maschinen
4		2900	Bürsten, Flachkohlen-
5		2905	Bürstenbolzen, Durchmesser
6		2904	Bürstenlitzen
7	69		Durchgangslöcher für Schrauben
8		6400	Dynamobleche
	2500		Flansche, Übersicht
9			Flanschübergänge
		2950	Formen elektrischer Maschinen
10			Gewinde, Übersicht
		2050	Gleichstrom-Generatoren, offene
		2051	Gleichstrom-Generatoren, offene, für Antrieb durch Drehstrommotoren
		2000	Gleichstrommotoren, offene
		2001	Gleichstrommotoren, offene, mit Drehzahlregelung
		2010	Gleichstrom-Kranmotoren
11			Gleitlager und Zubehör, Übersicht
12			Griffe, Übersicht
			Handräder, Übersicht
13		7680	Kabelschuhe
	254		Kegel
	1		Kegelstifte
	257		Kegelstifte mit Gewindezapfen
	258		„ „ „
	92		Kegelstifte und Splinte, Anwendung
14	501		Keile, Übersicht

Nr.	DIN	DIN VDE	Benennung
15		2960	Klemmen für elektrische Maschinen
		6206	Kopfkontaktschrauben
		2010	Kranmotoren, Gleichstrom-
		2105	Kranmotoren, Gleichstrom-, Wellenstümpfe
16	619		Kugellager, Übersicht
17		6431	Kupferdraht für Elektrotechnik
		6436	„ „ „
18	115		Kupplungen
	116		„
		2961	Leistungschilder
		2939	Maßbezeichnungen
	1511		Modelle und Zubehör
19	780		Modulreihe, Zahnräder
			Niete, Übersicht
	3		Normaldurchmesser
	323		Normungzahlen
14	269		Paßfedern, Gleitfedern
	777		Passungen, Übersicht
	778		„ „
19		2930	Räderübersetzungen
20	111	2100	Riemenscheiben
	2410		Rohre, Übersicht
	2400		Rohrleitungen, Übersicht
21			Rollenlager, Übersicht
22	250		Rundungen
		715	Schaltzeichen und Schaltbilder
	825	2961	Schilder, Leistungschilder
	60		Schleifzugaben
	475		Schlüsselweiten
24	322		Schmierringe
25			Schrauben und Zubehör, Übersicht
			Sinnbilder, Übersicht
		1	Spannungen elektrischer Anlagen unter 100 Volt
		2	Spannungen, Betrieb-, elektrischer Anlagen über 100 Volt
26		2923	Spannschienen, Verschiebung
	94		Splinte
	92		„
			Stellringe, Übersicht
	79		Vierkante und Vierkantlöcher für Spindeln, Handräder und Kurbeln
	783		Wellenflansche
27		2910	Wellenstümpfe
			Werkstoffe, Übersicht
17			Wicklungen und Drähte, Übersicht
19			Zahnräder
	7		Zylinderstifte

Zu beachten sind auch die Vorschriften und Regeln im Vorschriftenbuch des VDE; besonders „Regeln für die Bewertung und Prüfung von elektrischen Maschinen R. E. M." sowie „Regeln für die Bewertung und Prüfung von elektrischen Bahnmotoren R. E. B." Die oben genannten Vorschriften und Regeln sind stets nur in ihrer neuesten Fassung verbindlich.

Offene Gleichstrommotoren DIN VDE 2000

Die Motoren entsprechen den „Regeln für die Bewertung und Prüfung von elektrischen Maschinen" (REM).

Betriebsspannungen: 110, 220, 440 V.

Drehsinn: Rechtslauf (im Uhrzeigersinn von der Antriebseite aus gesehen).

Nennleistungen in kW.   Drehzahlen (n) in Umdr./min.   Wirkungsgrade (η) in %.

| Größe | n etwa 3000 | | | | n etwa 2000 | | | | n etwa 1500 | | | | n etwa 1000 | | | |
| | Nennleistung | | | | Nennleistung | | | | Nennleistung | | | | Nennleistung | | | |
	kW	PS etwa	n	η	kW	PS etwa	n	η	kW	PS etwa	n	η	kW	PS etwa	n	η
1	0,25	0,35	2800	68	0,2	0,27	2000	67	0,125	0,17	1400	64				
2	0,4	0,55	2800	70	0,3	0,4	2000	69	0,2	0,27	1400	66	0,125	0,17	910	59
3	0,7	1	2800	73	0,45	0,6	2000	71	0,33	0,45	1400	69	0,2	0,27	920	62
4	1	1,4	2800	75	0,7	1	2000	74	0,5	0,7	1400	71	0,3	0,4	920	65
5	1,5	2	2825	77	1,1	1,5	2000	76	0,8	1,1	1410	74	0,5	0,7	930	68
6	2,2	3	2825	78	1,5	2	2000	77	1,1	1,5	1410	75	0,7	1	930	70
7	3	4	2825	80	2,2	3	2000	79	1,5	2	1410	77	1	1,4	935	72
8	4	5,5	2850	81	3	4	2000	80,5	2,2	3	1420	78	1,4	1,9	935	74
9	5,5	7,5	2850	82	4	5,5	2000	81,5	3	4	1420	80	1,8	2,5	940	75
10					5,5	7,5	2000	82,5	4	5,5	1430	81	2,4	3,3	940	77
11					7,5	10	2000	83,5	5,5	7,5	1430	82	3,3	4,5	950	78
12					10	13,5	2000	84	7,5	10	1440	83	4,5	6	950	79,5
13									11	15	1440	84	7	9,5	950	81,5

	n etwa 1500				n etwa 1200				n etwa 1000				n etwa 750				n etwa 600				n etwa 500			
Größe	kW	PS etwa	n	η	kW	PS etwa	n	η	kW	PS etwa	n	η	kW	PS etwa	n	η	kW	PS etwa	n	η	kW	PS etwa	n	η
14	17	23	1440	85,5	14	19	1150	84,5	11	15	950	83	7,5	10	700	81	6	8	550	78,5	4,5	6	460	75,5
15	23	31	1450	86,5	20	27	1150	86	15	20	950	84,5	11	15	700	82,5	8,5	11,5	550	80,5	6	8	460	77,5
16	32	43	1450	87,5	26	35	1160	87	22	30	960	86	15	20	710	84	12	16	560	82	8,5	11,5	460	79,5
17	45	61	1460	88	36	49	1160	88	30	40	960	87	22	30	710	85,5	16	21,5	560	83,5	12	16	465	81
18	64	87	1460	88,5	50	68	1160	88,5	40	55	965	88	30	40	715	86,5	22	30	565	85	17	23	470	82,5
19					64	87	1170	89	50	68	970	89	40	55	720	87,5	30	40	570	86	22	30	470	83,5
20					80	110	1170	89,5	64	87	970	89,5	50	68	720	88,5	40	55	570	87	30	40	470	85
21					100	136	1170	90	80	110	970	90	64	87	720	89	50	68	570	88	40	55	475	86
22									100	136	975	90,5	80	110	725	89,5	64	87	575	88,5	50	68	475	87
23									125	170	975	91	100	136	725	90	80	110	575	89	64	87	475	87,5

Spannung: Ausführungen über der gestrichelten Stufenlinie für 110 und 220 V,
Ausführungen zwischen der gestrichelten und der ausgezogenen Stufenlinie für 110, 220 und 440 V,
Ausführungen unter der ausgezogenen Stufenlinie für 220 und 440 V.

Leistung und Drehzahl: Bei den Größen 1 bis 13 sind sämtliche Leistungen und Drehzahlen festgesetzt.
Bei den Größen 14 bis 23 sind nur die Leistungen und Drehzahlen für die Spalten 1000 und 750 Umdrehungen und nur bei 220 und 440 V festgesetzt. Alle übrigen Ausführungen gelten vorläufig nur als Richtlinien.
Die Drehzahl läßt sich durch Feldschwächung um 15% bei gleichbleibender Leistung erhöhen.
Ausführung mit Hilfswicklung zur Vermeidung des Durchgehens ist zulässig.

Wirkungsgrad: Die Wirkungsgrade gelten
für die Größen 1 bis 7 bei 110, 220 und 440 V,
für die Größen 8 bis 23 bei 220 und 440 V; bei 110 V sind die Wirkungsgrade um 1% niedriger.
Die Wirkungsgrade werden nach dem Einzelverlustverfahren bestimmt.

Toleranzen: Es gelten die in den REM angegebenen Toleranzen.

Offene Gleichstrommotoren mit Drehzahlreglung DIN VDE 2001

Die Motoren entsprechen den „Regeln für die Bewertung und Prüfung von elektrischen Maschinen" (R. E. M.)

Betriebsspannungen: 110, 220, 440 V

Drehsinn: Rechts- und Linkslauf (Umkehrbar ohne Bürstenverschiebung).

Nennleistungen in kW.   Drehzahlen (n) Umdr./min.   Wirkungsgrade (η) in %.

Größe	Regelbereich 1:1,5				Regelbereich 1:2				Regelbereich 1:3			
	Nennleistung		n	η	Nennleistung		n	η	Nennleistung		n	η
	kW	PS etwa			kW	PS etwa			kW	PS etwa		
9	1,1 1,8 3	1,5 2,5 4	670—1005 940—1410 1420—2130	71 75 80	1,1 1.8	1,5 2,5	670—1340 940—1880	71 75	1,1	1,5	670—2010	71
10	1,5 2,4 4	2 3,3 5,5	675—1010 940—1410 1430—2145	74 77 81	1,5 2,4	2 3,3	675—1350 940—1880	74 77	1,5	2	675—2025	74
11	2 3,3 5,5	2,7 4,5 7,5	675—1010 950—1425 1430—2145	76 78 82	2 3,3	2,7 4,5	675—1350 950—1900	76 78	2	2,7	675—2025	76
12	3 4,5 7.5	4 6 10	680—1020 950—1425 1440—2160	78 79,5 83	3 4,5	4 6	680—1360 950—1900	78 79,5	3	4	680—2040	78

Größe	Regelbereich 1:1,5				Regelbereich 1:2				Regelbereich 1:3			
	Nennleistung		n	η	Nennleistung		n	η	Nennleistung		n	η
	kW	PS etwa			kW	PS etwa			kW	PS etwa		
13	4,5	6	685—1030	79	4,5	6	685—1370	79	4,5	6	685—2055	79
	7	9,5	950—1425	81,5	7	9,5	950—1900	81,5				
	11	15	1440—2160	84								
14	4,5	6	460— 690	75,5	4,5	6	460— 920	75,5	4,5	6	460—1380	75,5
	6	8	550— 825	78,5	6	8	550—1100	78,5	6	8	550—1650	78,5
	7,5	10	700—1050	81	7,5	10	700—1400	81				
	11	15	950—1425	83								
	14	19	1150—1725	84,5								
15	6	8	460— 690	77,5	6	8	460— 920	77,5	6	8	460—1380	77,5
	8,5	11,5	550— 825	80,5	8,5	11,5	550—1100	80,5	8,5	11,5	550—1650	80,5
	11	15	700—1050	82,5	11	15	700—1400	82,5				
	15	20	950—1425	84,5								
	20	27	1150—1725	86								
16	8,5	11,5	460— 690	79,5	8,5	11,5	460— 920	79,5	8,5	11,5	460—1380	79,5
	12	16	560— 840	82	12	16	560—1120	82	12	16	560—1680	82
	15	20	710—1065	84	15	20	710—1420	84				
	22	30	960—1440	86								
	26	35	1160—1740	87								
17	12	16	465— 705	81	12	16	465— 930	81	12	16	465—1395	81
	16	21,5	560— 840	83,5	16	21,5	560—1120	83,5				
	22	30	710—1065	85,5	22	30	710—1420	85,5				
	30	40	960—1440	87								

Größe												
18	17	23	470— 705	82 5	17	23	470— 940	82,5	17	23	470—1410	82,5
	22	30	565— 850	85	22	30	565—1130	85				
	30	40	715—1070	86,5	30	40	715—1430	86,5				
	40	*55*	*965—1450*	*88*								
19	15	20	350— 525	79	15	20	350— 700	79	15	20	350—1050	79
	22	30	470— 705	83,5	22	80	470— 940	83,5				
	30	40	570— 855	86	30	40	570—1140	86				
	40	*55*	*720—1080*	*87.5*								
20	20	27	350— 525	80	20	27	350— 700	80	20	27	350—1050	80
	30	40	470— 705	85	30	40	470— 940	85				
	40	55	570— 855	87	40	55	570—1140	87				
	50	*68*	*720—1080*	*88,5*								
21	26	35	350— 525	81	26	35	350— 700	81	26	35	350—1050	81
	40	55	475— 710	86	40	55	475— 950	86				
	50	68	570— 855	88	50	68	570—1140	88				
	64	*87*	*720—1080*	*89*								
22	25	34	285— 430	81	25	34	285— 570	81	25	34	285— 855	81
	50	68	475— 710	87	50	68	475— 950	87				
	64	*87*	*575— 860*	*88,5*								
23	32	43	285— 430	82	32	43	285— 570	82	32	43	285— 855	82
	64	87	475— 710	87 5	64	87	475— 950	77,5				
	80	*110*	*575— 860*	*89*								

Spannung: Die senkrecht gedruckten Ausführungen für 110, 220 und 440 V,
die *kursiv* gedruckten Ausführungen nur für 220 und 440 V.

Leistung und Drehzahl: Bei den Größen 9 bis 13 sind sämtliche Leistungen und Drehzahlen festgesetzt.
Bei den Größen 14 bis 23 sind nur die Leistungen und Drehzahlen für untere Drehzahlen von etwa 1000 und 750 und nur bei 220 und
440 V festgesetzt. Alle übrigen Ausführungen gelten vorläufig nur als Richtlinien.
Ausführung mit Hilfswicklung zur Vermeidung des Durchgehens ist zulässig.

Wirkungsgrad: Die Wirkungsgrade gelten für die mittlere Drehzahl des jeweiligen Regelbereiches und für 220 und 440 V; bei 110 V sind die Wirkungsgrade um 1% niedriger.
Die Wirkungsgrade werden nach dem Einzelverlustverfahren bestimmt.

Toleranzen: Es gelten die in den R. E. M. angegebenen Toleranzen.

Erläuterungen zu DIN VDE 2000 und 2001.

Die Normblätter enthalten nur Angaben über die elektrische Ausführung der Gleichstrommotoren; Normblätter über die Vereinheitlichung einzelner mechanischer Teile, wie Wellenstümpfe, Riemenscheiben usw., sowie solche über Gleichstromgeneratoren folgen.

Das Normblatt DIN VDE 2000 enthält die Angaben für offene Gleichstrommotoren „mit Nebenschlußverhalten" nach § 17 Absatz 2 der „Regeln für die Bewertung und Prüfung von elektrischen Maschinen" (R.E.M.), das Normblatt DIN VDE 2001 enthält die Angaben für offene Gleichstrommotoren „mit Drehzahlreglung" nach § 17 Absatz 5. Bei den ersteren Motoren muß eine Drehzahlerhöhung um 15% (1 : 1,15) durch Feldreglung (Feldschwächung) zulässig sein. Für weitergehende Reglung der Drehzahl sind die Motoren mit Drehzahlreglung zu nehmen, und zwar sind bei diesen die Regelbereiche 1 : 1,5, 1 : 2 und 1 : 3 als normal festgesetzt worden. Die Modelle der Motoren für Drehzahlreglung sind die gleichen wie die der Motoren nach VDE 2000. Ausführung mit Hilfswicklung u. dgl. (schwache Reihenschlußwicklung) zur Vermeidung des Pendelns, der Selbstbelastung oder des Durchgehens ist bei beiden Motorgruppen zulässig.

Im Interesse der Verbraucher wurde angestrebt, für die Gleichstrommotoren dieselben Leistungen und Drehzahlen wie bei den Drehstrommotoren zu nehmen. Deshalb wurden als Drehzahlen in erster Linie die der Frequenz 50 Per/s entsprechenden asynchronen Drehzahlen gewählt, also etwa 3000, 1500, 1000, 750, 600 und 500 Umdr. Um die größeren Sprünge zwischen 1000 und 1500 sowie zwischen 1500 und 3000 Umdr. zu beseitigen, wurde ferner der Vorteil der Gleichstrommotoren, in der Wahl der Drehzahl frei zu sein, ausgenützt und bei den Größen 1 bis 12 noch die Drehzahl 2000, bei den Größen 14 bis 21 die Drehzahl 1200 eingeführt. Um Herstellung und Lagerhaltung zu vereinfachen, ist es erwünscht, daß die Ausführung der Wicklungen, Ankerkörper und Kommutatoren der Motoren mit Drehzahlreglung genau die gleiche wie bei den Motoren VDE 2000 ist. Daher wurde angestrebt, als unterste Drehzahlen der einzelnen Regelbereiche der ersteren Motoren Drehzahlen der letzteren Motoren zu nehmen. Beim Regelbereich 1 : 3 wäre jedoch bei den Größen 9 bis 13 und 19 bis 23 unter Verwendung vorhandener Drehzahlen die oberste Drehzahl zu hoch geworden, deshalb wurden bei den Größen 9 bis 13 die unteren Drehzahlen 670 bis 685 und bei den Größen 19 bis 23 die unteren Drehzahlen 350 und 285 neu hinzugenommen.

Als Leistungen, auf denen die Reihe der Gleichstrommotoren aufgebaut wurde, sind durchweg die der Drehstrommotoren (0,125, 0,2, 0,33, 0,5, 0,8, 1,1, 1,5, 2,2, 3,4, 5,5, 7,5, 11, 15, 22, 30, 40, 50, 64, 80, 100 und 125 kW) gewählt worden, und zwar sind bei den Größen 1 bis 13 die Leistungen bis 11 kW bei etwa 1500 Umdr., bei den Größen 14 bis 23 die Leistungen von 11 kW ab bei etwa 1000 und 750 Umdr. festgesetzt worden. Damit sind die einzelnen Typengrößen der Gleichstrommaschinen bestimmt. Die Leistungen dieser Typen bei den übrigen Drehzahlen sind dann im großen und ganzen durch die Abkühlungsverhältnisse, die genauen Drehzahlen selbst durch Nutenzahlen und Leiterzahlen je Nut gegeben. Bei den übrigen Drehzahlen konnten deshalb nicht immer wieder Drehstromleistungszahlen erreicht werden, obwohl das angestrebt wurde, sondern es mußten teilweise davon abweichende Leistungszahlen gewählt werden.

Bei den Größen 1 bis 13 sind sämtliche Leistungen und Drehzahlen bereits endgültig festgesetzt worden, da wegen der verhältnismäßig großen Anzahl von Leitern in der Nut eine genügend feine Stufung der Drehzahlen erreicht werden kann. Bei den Größen 14 bis 23 dagegen sind die Leistungen, Drehzahlen und Wirkungsgrade vorläufig nur für die Reihen für etwa 1000 und 750 Umdr. und nur bei 220 und 440 V festgesetzt worden und der Entwurf der Größen 14 bis 23 hat, wie bereits erwähnt, nach diesen Daten zu erfolgen. Die dafür erforderlichen Wicklungsteile, Ankerblechpakete und Kommutatoren sind für die übrigen Ausführungen möglichst zu verwenden, also für die Ausführungen für etwa 1500, 1200, 600, 500, 375 und 300 Umdr. bei 220 und 440 V sowie für alle Ausführungen bei 110 V. Die Leistungen und Drehzahlen dieser übrigen Ausführungen wurden deshalb noch nicht endgültig festgelegt, sie sind möglichst anzustreben und gelten einstweilen nur als Richtlinien, d. h. erforderlichenfalls kann von ihnen vorläufig noch abgewichen werden. Ihre etwaige endgültige Festlegung soll auf Grund späterer Vereinbarungen erfolgen.

Als Spannungen für die normale Ausführung wurden die vom DVE „als normal für alle Fälle" gewählten Betriebsspannungen eingesetzt, also 110, 220 und 440 V. Für die Ausführbarkeitsgrenze hinsichtlich der Spannungen nach oben und unten waren Gründe der Fertigung wie der Betriebssicherheit maßgebend. Bei den kleineren Motoren setzten Feinheit und Anzahl der zu wickelnden Drähte sowie die Betriebssicherheit der Spannung eine obere Grenze. Nach unten wurde die Spannung begrenzt durch die für normale Ausführung noch zweckmäßig erscheinenden größten Kommutatorlängen. Bei den Größen 14 bis 23 sind diejenigen Ausführungen noch als normal für 110 V bezeichnet, welche für 220 V (also die doppelte Spannung) und die doppelte Drehzahl als normal vorhanden sind, so daß die größten Kommutatorlängen durch die 220 V-Ausführungen bedingt sind. Für kleinere Leistungen ist deshalb 110 und 220 V, für mittlere Leistungen 110, 220 und 440 V und für die größeren Leistungen 220 und 440 V festgelegt worden.

Die Zahlen für die Wirkungsgrade sind Mittelwerte aus den von den einzelnen Firmen mitgeteilten Werten. Diese Mittelwerte sind an den einzelnen Stellen noch etwas erhöht oder erniedrigt worden, um eine gleichmäßigere Stufung zu erhalten. Bei den Größen 8 bis 23 sind die Wirkungsgrade bei 110 V wegen des prozentual höheren Bürstenspannungsabfalles und wegen der größeren Bürstenreibung um 1% niedriger angesetzt als bei 220 und 440 V.

Die für die Wirkungsgrade und Drehzahlen höchstzulässigen Abweichungen, Toleranzen, sollen die unvermeidlichen Ungleichmäßigkeiten in der Beschaffenheit der Rohstoffe, Ungenauigkeiten der Fertigung und Meßfehler decken.

Als Drehrichtung wurde bei den Motoren VDE 2000 „Rechtslauf" (entsprechend den R.E.M.) festgesetzt. Bei den Motoren mit Drehzahlreglung wurde dagegen „Rechts- und Linkslauf" (umkehrbar ohne Bürstenverschiebung) vorgeschrieben, und zwar aus folgenden Gründen:

1. Viele Motoren mit Drehzahlreglung müssen betriebsmäßig Rechts- und Linkslauf haben.
2. Die Hersteller von Werkzeugmaschinen legen solche Motoren auf Lager. Bei Bestellung dieser Motoren ist der Verwendungszweck und damit die Drehrichtung dann meistens noch nicht bekannt; die nachträgliche Änderung der Dreh-

Gleichstrommotoren nach DIN VDE 2000 und 2001 DIN VDE 2100[1]

Zuordnung der Wellenstümpfe und Riemenscheiben zu den Leistungen.

Stumpf nach DIN VDE 2910 mm		Riemenscheibe Form A aus DIN 111 mm					Riemenbreite nach DIN 111 mm	Drehzahl in Umdr./min $\sim$ — Nennleistung in kW								Für Maschinengröße
		Durchmesser D		Breite B				3000	2000	1500	1200	1000	750	600	500	
d	l	Nennmaß	Zulässiges Abmaß	Nennmaß	Zulässiges Abmaß	Pfeilhöhe[2] h	b									
10	30	50	± 1	40	− 2	1	30	0,25	0,2	0,125						1
12	35	50	± 1	50	− 2	1	40	0,4	0,3	0,2		0,125				2
14	40	63	± 1	50	− 2	1	40	0,7	0,45	0,33		0,2				3
16	45	80	± 2	50	− 2	1	40	1	0,7	0,5		0,3				4
18	50	80	± 2	60	− 2	1	50	1,5	1,1	0,8		0,5				5
20	55	100	± 2	60	− 2	1	50	2,2	1,5	1,1		0,7				6
22	60	100	± 2	85	− 2	1	70	3	2,2	1,5		1				7
25	65	125	± 2	85	− 2	1	70	4	3	2,2		1,4				8
28	75	125	± 2	100	− 4	1	85	5,5	4	3		1,8				9
30	80	160	± 2	100	− 4	1	85		5,5	4		2,4				10
32	85	160	± 2	120	− 4	1,5	100		7,5	5,5		3,3				11
35	90	200	± 2	120	− 4	1,5	100		10	7,5		4,5				12
38	95	225	± 3	120	− 4	1,5	100			11		7				13
42	105	250	± 3	140	− 4	1,5	120			17	14	11	7,5	6	4,5	14
45	110	280	± 3	170	− 6	1,5	140			23	20	15	11	8,5	6	15
55	130	320	± 3	200	− 6	2	170			32	26	22	15	12	8,5	16
60	140	360	± 3	230	− 6	2	200			45	36	30	22	16	12	17
65	160	400	± 3	230	− 6	2	200			64	50	40	30	22	17	18
70	170	450	± 3	260	− 8	2,5	230				64	50	40	30	22	19
75	180	500	± 3	300	− 8	2,5	260				80	64	50	40	30	20
80	200	560	± 5	300	− 8	2,5	260				100	80	64	50	40	21
85	210	630	± 5	350	− 8	3	300					100	80	64	50	22
90	220	710	± 5	350	− 8	3	300					125	100	80	64	23

[1] Siehe auch S. 371.

[2] Die angegebenen Pfeilhöhen h können um 0,5 mm über- oder unterschritten werden.

Fehlende Abmessungen sind freie Konstruktionsmaße.

richtung und der Bürstenstellung oder die Ermöglichung
der Umkehrbarkeit hat schon häufig zu Störungen und Un-
kosten Veranlassung gegeben.

3. Innerhalb der einzelnen größeren Werkzeugmaschinen führt
sich der Einzelantrieb durch Elektromotoren immer mehr
ein, so daß heute schon manche Maschinen mehrere Antriebsmotoren erhalten, die teils umkehrbar sein müssen, teils
Rechtslauf, teils Linkslauf erhalten. Da im Interesse einer
kleinsten Anzahl von Ersatzteilen als Motoren einer solchen
Werkzeugmaschine möglichst wenig verschiedene Typen
genommen werden, müssen diese also als Umkehrmotoren
bestellt werden.

4. Zu vermuten ist, daß sich der Umkehrmotor immer mehr
einführen wird, wenn die Vorteile der einfachen elektrischen
Umkehrung gegenüber der nur durch verwickelte Getriebe
ausführbaren mechanischen mehr bekannt werden.

Gleichstrom-Kranmotoren DIN VDE 2010
mit Reihenschlußwicklung.

Geschlossene Ausführung.

Normale Leistungen und Drehzahlen.

Nennleistungen in kW und Drehzahlen in Umdr./min bei
25% Einschaltdauer (25% ED).

| Nennleistung | | Drehzahl | | |
| kW | PS | Normal bei 440 V | für Nebenleistungen | |
			größte	kleinste
0,8	1,1	1420	—	—
1,1	1,5	1420	—	1000
1,5	2	1420	—	1000
2,2	3	1420, 1000	—	1000
3	4	1000	1420	730
4	5,5	1000	1420	730
5,5	7,5	1000	1420	730, 530
7,5	10	1000, 730	1420	510
11	15	730	1000	480
15	20	700	950	440
22	30	615	830	400
30	40	550	740	380
40	55	515	685	360
50	68	490	640	340
64	87	465	600	330
80	110	440	565	—
100	136	420	540	—

Betriebsspannungen: 110, 220, 440, 500, (550) V.
   Leistungen: Die Drehzahlen für die Nebenleistungen
            gelten ebenso wie diese nur angenähert.
Zuordnung der Wellenstümpfe zu den Leistungen nach
   DIN VDE 2105.
Zylindrische Wellenstümpfe nach DIN VDE 2701.
Kegelige Wellenstümpfe nach DIN VDE 2702.

Gleichstrom-Kranmotoren DIN VDE 2105.

Zuordnung der Wellenstümpfe zu den Leistungen.

Nennleistungen in kW und Drehzahlen im Umdr/min bei
25% Einschaltdauer (25% ED).

Nennleistung		Drehzahl	Wellenstumpfdurchmesser Richtmaß	Nennleistung		Drehzahl	Wellenstumpfdurch messer Richtmaß
kW	PS		mm	kW	PS		mm
0,8	1,1	1420	18	15	20	950	(45 oder) 50
1,1	1,5	1420	20			700	55
		1000	22			440	(65 oder) 70
1,5	2	1420	22	22	30	830	60
		1000	25			615	(65 oder) 70
2,2	3	1420	25			400	70
		1000	28			740	70
3	4	1420	28	30	40	550	(75 oder) 80
		1000	30			380	80
		730	32			685	(75 oder) 80
4	5,5	1420	30	40	55	515	80
		1000	32			360	90
		730	35			640	80
5,5	7,5	1420	32	50	68	490	(85 oder) 90
		1000	35			340	(95 oder) 100
		730	(38 oder) 40			600	(85 oder) 90
		530	(42 oder) 40	64	87	465	90
7,5	10	1420	35			330	100
		1000	(38 oder) 40	80	110	565	(95 oder) 100
		730	(42 oder) 45			440	100
		510	(45 oder) 50	100	136	540	100
11	15	1000	(42 oder) 45			420	115[1]
		730	(45 oder) 50				
		480	55				

[1] In DIN VDE 2702 nicht enthalten.

Wellenstümpfe für $d = 18$ bis 42 normal zylindrisch nach
DIN VDE 2701.

Wellenstümpfe für $d = 45$ bis 100 normal kegelig nach
DIN VDE 2702.

Erläuterungen zu DIN VDE 2010 und 2105.

Die Normung der Gleichstrom-Kranmotoren wurde im Anschluß an diejenige der Drehstrom-Kranmotoren (DIN VDE
2660, 2701, 2702) durchgeführt. Die allgemeinen Gesichtspunkte
für die Normung der Gleichstrom-Kranmotoren sind die gleichen
wie bei Drehstrom (s. Erläuterungen zu den Normblättern für
Drehstrom-Kranmotoren). Die Normung der Gleichstrom-Kranmotoren erstreckt sich für Motoren in geschlossener Ausführung
mit Reihenschlußwicklung (DIN VDE 2010) und der Wellenstümpfe (DIN VDE 2105).

Bei Aufstellung der Leistungsreihe nach DIN VDE 2010
wurden die gleichen Leistungen wie bei Drehstrom gewählt. Die
Reihe umfaßt die Werte von 0,8 bis 100 kW; die Leistungssprünge sind für Leistungen

von 1,1 kW bis 40 kW nach der Siebenerreihe,
über 40 kW bis 100 kW nach der Zehnerreihe
festgelegt. Die Leistung ist für einen aussetzenden Betrieb bei einer relativen Einschaltdauer von 25 % (s. R.E.M. 1923 § 30) ausgelegt.

Jede Leistung wird für drei verschiedene Drehzahlen geführt, nur bei den beiden Leistungen 5,5 kW und 7,5 kW werden mit Rücksicht auf die Anforderungen des Kranbetriebes vier Drehzahlen geführt. Nur eine Drehzahl, die mittlere, ist normal; die anderen gelten ebenso wie die dazu gehörigen Nebenleistungen nur als Richtzahlen. Die normalen Drehzahlen für die Leistungen von 0,8 bis 2,2 kW sind 1420, von 2,2 bis 7,5 kW 1000 und bei 7,5 kW auch noch 730. Diese Drehzahlen wurden gewählt, um eine möglichst gute Übereinstimmung mit den Drehstromdrehzahlen zu erhalten. Für Leistungen von 7,5 kW 730 Umdrehungen an aufwärts wird auf eine Übereinstimmung mit den Drehstromzahlen verzichtet und die genormten (mittleren) Drehzahlen werden einer Kurve entnommen, die dem Hauptstromcharakter des Gleichstromkranmotors Rechnung trägt. Er wurde der Forderung des Hebezeugbaues Rechnung getragen, daß ein Hebezeug, einerlei ob ein Gleich- oder Drehstrommotor benutzt wird, möglichst gleiche Förderleistung ergeben soll und zwecks Benutzung des gleichen Triebwerks das Drehmoment an der Motorwelle möglichst gleichzuhalten ist. Da nun der Hauptstrommotor beim Heben des leeren Hakens je nach dem Triebwerkswirkungsgrad die 1,8- bis 2-fache Drehzahl erreicht und auch beim Katzfahrwerk eine Geschwindigkeitssteigerung beim Arbeiten mit dem leeren Haken und leichteren Lasten eintritt, so kann der Gleichstrommotor mit Reihenschlußwicklung bei einer gegebenen Förderleistung für eine kleinere Leistung und Drehzahl ausgelegt werden als der Drehstrom-Kranmotor. Man kann bei Stückguthubwerken annehmen, daß man bei gleichem Drehmoment für Gleichstrom mit etwa der 0,7-fachen Leistung und Drehzahl der Drehstromwerte auskommt. Bei Katzfahrwerken und erst recht bei Kranfahrwerken sind die Leistungen und Drehzahlen stärker an die Drehstromwerte heranzurücken. Hierdurch wird eine mittlere Drehzahlkurve bedingt, die in drei charakteristischen Punkten das 0,7-fache von Leistung und Drehzahl der Drehstromreihe ergibt. Diese Punkte der Drehstromreihe sind:

[22 kW . . . 1000 Umdrehungen
  50 ,, . . .   750   ,,
 160 ,, . . .   600   ,,

Hiervon sind die beiden ersten Punkte die höchsten normalen Nennleistungen für 1000 bzw. 750 Umdrehungen der Drehstromreihe. Der dritte Punkt entspricht dem auf die höchste für 600 Umdrehungen genormte Drehstromleistung folgenden Reihenwert von 160 kW. So errechnet sich z. B. aus der Drehstromleistung 22 kW 1000 Umdrehungen die Gleichstromleistung 15 kW 700 Umdrehungen. Alle Zwischenwerte der Kurve liegen höher als das 0,7-fache der Drehstromreihe. Auch die größten und kleinsten Drehzahlen verlaufen nach gleichartigen Kurven. Die Kurve der größten Drehzahl beginnt bei 15 kW 950 Umdr./min und erreicht in stetigem gleichmäßigen Abfall bei 100 kW den Wert von 540. Die Kurve der kleinsten Drehzahlen beginnt bei 5,5 kW mit 530 Umdrehungen und endet bei 64 kW mit 330 Umdrehungen. Für die Entwicklung des Modells soll die Normalreihe der Drehzahlen zugrunde gelegt werden, und die Werte der größten und kleinsten Drehzahlen sowie die zugehörigen Nebenleistungen können deshalb nicht genau eingehalten werden.

Offene Gleichstromgeneratoren DIN VDE 2050

Leistungsangaben.

Zu verwenden sind Motorausführungen nach DIN VDE 2000.

Die Generatoren entsprechen den „Regeln für die Bewertung und Prüfung von elektrischen Maschinen" (R.E.M.) des VDE.

Nennspannungen: 115, 230 u. 460 V (konstante Spannung), 115/160 u. 230/320 V (Ladespannungen).

Drehsinn: Rechtslauf (im Uhrzeigersinn von der Antriebseite aus gesehen); bei Antrieb durch Elektromotor: Linkslauf.

Nenn- und Antriebsleistungen in kW, Drehzahlen (n) in Umdr./min, Wirkungsgrade[1] (η) in %.

Bei konstanter Spannung

Drehzahl als Motor:

Größe	n etwa 2000				n etwa 1500				n etwa 1200				n etwa 1000				n etwa 750				n etwa 600			
	Nenn-leistung kW	n	η	Antrieb-leistung etwa kW	Nenn-leistung kW	n	η	Antrieb-leistung etwa kW	Nenn-leistung kW	n	η	Antrieb-leistung etwa kW	Nenn-leistung kW	n	η	Antrieb-leistung etwa kW	Nenn-leistung kW	n	η	Antrieb-leistung etwa kW	Nennlei-stung kW	n	η	Antrieb-leistung etwa kW
4	0,8		75	1,06																					
5	1,15	asynchron ∿ 3000	77	1,5	0,8	2000	74	1,08																	
6	1,75		79	2,2	1,2	2000	76	1,6					0,8		71	1,1									
7	2,4		80	3	1,7	2000	78	2,2					1,1		73	1,5									
8	3,3		81	4	2,5	1950	79,5	3,2					1,65		75	2,2									
9	4,5		82	5,5	3,4	1900	80,5	4,2					2,2	asynchron ∿ 1500	76,5	3									
10	6,2		83	7,5	4,8	1900	81,5	5,9					3		78	4									
11					6,6	1900	82,5	8					4,2		79,5	5,5									
12					9	1900	83,5	11					6		81	7,5									
13					12,5	1900	84,5	15					9		82,5	11									
14					19,5	1880	85,5	23	16,5	1530	85	19.5	12,5	1320	84	15	9,5	1030	81,5	11,5					
15					27	1860	86,5	31	23	1520	86	27	19	1300	85,5	22	13,5	1010	83	16					
16					37	1840	87,5	42	30	1520	87	35	26	1290	86,5	30	18,5	1000	84,5	22					
17					50	1830	88	57	42	1510	88	48	35	1280	87,5	40	26	990	86	30					
18									57	1510	88,5	65	45	1270	88,5	51	35	980	87	40	26	810	85	31
19									72	1500	89	81	57	1260	89	64	47	970	88	54	36	800	86	42
20									90	1500	89,5	100	73	1250	89,5	82	57	960	88,5	65	44	790	87	51
21									112	1490	90	125	92	1250	90	100	72	950	89	81	57	780	88	65
22													110	1240	90,5	120	90	940	89,5	100	72	770	88,5	82
23																	112	930	90	125	90	760	89	100

Bei konst. Spannung — Drehzahl als Motor: n etwa 500

Größe	Nennleistung kW	n	η	Antriebleistung etwa kW
4				
5				
6				
7				
8				
9				
10				
11				
12				
13				
14				
15				
16				
17				
18				
19				
20	36	660	85	42
21	47	660	86	55
22	57	650	86,5	66
23	73	650	87	84

Bei Ladespannungen — n etwa 1200

Größe	Nennleistung kW	n	η	Antriebleistung etwa kW
14	16,5	1880	85	19,5
15	23	1870	86	27

Bei Ladespannungen — n etwa 1000

Größe	Nennleistung kW	n	η	Antriebleistung etwa kW
8	1,65	1700	75	2,2
9	2,2	1700	76,5	3
10	3	1650	78	4
11	4,2	1600	79,5	5,5
12	6	1600	81	7,5
13	9	1600	82,5	11
14	12,5	1620	84	15
15	19	1600	85,5	22
16	26	1580	86,5	30
17	35	1570	87,5	40
18	45	1550	88,5	51
19	57	1540	89	64
20	73	1530	89,5	82

Bei Ladespannungen — n etwa 750

Größe	Nennleistung kW	n	η	Antriebleistung etwa kW
14	9,5	1260	81,5	11,5
15	13,5	1240	83	16
16	18,5	1230	84,5	22
17	26	1220	86	30
18	35	1200	87	40
19	47	1190	88	54
20	57	1180	88,5	65
21	72	1170	89	81
22	90	1160	89,5	100
23	112	1150	90	125

Bei Ladespannungen — n etwa 600

Größe	Nennleistung kW	n	η	Antriebleistung etwa kW
18	26	1000	85	31
19	36	990	86	42
20	44	980	87	51
21	57	970	88	65
22	72	960	88,5	82
23	90	950	89	100

Bei Ladespannungen — n etwa 500

Größe	Nennleistung kW	n	η	Antriebleistung etwa kW
20	36	820	85	42
21	47	810	86	55
22	57	800	86,5	66
23	73	800	87	84

Spannung. Bei konstanter Spannung: Ausführungen über der gestrichelten Stufenlinie für 115 und 230 V.
Ausführungen zwischen der gestrichelten und der ausgezogenen Stufenlinie für 115, 230 und 460 V.
Ausführungen unter der ausgezogenen Stufenlinie für 230 und 460 V.

Bei Ladespannungen: Ausführungen über der ausgezogenen Stufenlinie für 115/160 und 230/320 V.
Ausführungen unter der ausgezogenen Stufenlinie für 230/320 V.

[1] Die Wirkungsgrade gelten für die Größen 4 bis 7 bei 115 und 230 V bzw. 115/160 und 230/320 V; für die Größen 8 bis 23 bei 230 und 460 V bzw. 230/320 V; bei 115 bzw. 115/160 V sind sie um 1% niedriger. Die Wirkungsgrade werden nach dem Einzelverlustverfahren bestimmt.

Sämtliche Angaben gelten vorläufig nur als Richtlinien.
Leistungsangaben für offene Gleichstromgeneratoren für Antrieb durch Drehstrommotoren siehe DIN VDE 2051.

Offene Gleichstromgeneratoren für Antrieb durch Drehstrommotoren DIN VDE 2051

Leistungsangaben.

Zu verwenden sind im allgemeinen Motorausführungen nach DIN VDE 2000, die Generatoren der mit * bezeichneten Reihe können jedoch besondere Ausführungen erhalten.

Die Generatoren entsprechen den „Regeln für die Bewertung und Prüfung von elektrischen Maschinen" (R.E.M.) des VDE
Nennspannungen: 115, 230, 460 V (konstante Spannung). 115/160, 230/320 V (Ladespannungen).
Drehsinn: Linkslauf (entgegen dem Uhrzeigersinn von der Antriebseite aus gesehen).
Nenn- und Antriebleistungen in kW, Drehzahlen (n) in Umdr./min, Wirkungsgrade[1] (η) in %.

Gleichstromgeneratoren für Antriebsleistungen bis 125 kW

| | Bei konstanter Spannung | | | | | | | | | Bei Ladespannungen | | | | | |
| | Drehzahl des Antriebmotors: n etwa 3000 | | | n etwa 1500 | | | n etwa 1000 | | | * n etwa 1500 | | | n etwa 1000 | | |
Größe	Nenn-leistung kW	η	Antrieb-leistung etwa kW	Nenn-leistung kW	η	Antrieb-leistung etwa kW	Nenn-leistung kW	η	Antrieb-leistung etwa kW	Nenn-leistung kW	η	Antrieb-leistung etwa kW	Nenn-leistung kW	η	Antrieb-leistung etwa kW
4	0,8	75	1,06												
5	1,15	77	1,5												
6	1,75	79	2,2	0,8	71	1,1									
7	2,4	80	3	1,1	73	1,5									
8	3,3	81	4	1,65	75	2,2									
9	4,5	82	5,5	2,2	76,5	3				1,65	75	2,2			
10	6,2	83	7,5	3	78	4				2,3	77	3			
11				4,2	79,5	5,5				3,2	78	4,1			
12				6	81	7,5				4,3/5,5	79/80	5,5/6,9			
13				9	82,5	11				7,5	81	9,3			
14				12,5	84	15				12,5	83	15			
15				19	85,5	22				17	84,5	20			
16				26	86,5	30				26	86	30			
17				35	87,5	40				35	87	40			
18				45/57	88,5	51/65				44	88	50			
19				72	89	81				57	88,5	65			
20				90	89,5	100	57	88,5	65	72	89	81	44	87	51
21				112	90	125	72	89	81	90	89,5	100	57	88	65
22							90	89,5	100				72	88,5	82
23							112	90	125				90	89	100

Als Spannungen gelten die in den R.E.M. als Normalspannungen für Motoren festgelegten Werte von 110, 220 und 440 V. Da aber sehr viele ältere Anlagen mit 500 und auch solche mit 50 V vorhanden sind, so werden diese beiden Spannungen ebenfalls geführt. Für die Entwicklung des Modells wird die Betriebsspannung von 440 V zugrunde gelegt. Die bei den anderen Spannungen erreichbaren Leistungen und Drehzahlen ergeben sich aus dem 440 V-Modell.

Die Wellenstümpfe werden mit den gleichen Abmessungen wie für die Drehstrom-Kranmotoren ausgeführt. Die Wellenstumpfdurchmesser und ihre Zuordnung zu den genormten Leistungen ist in dem Normblatt DIN VDE 2105 nach dem Gesichtspunkt festgelegt, daß für das gleiche Drehmoment bei Gleich- und Drehstrom der gleiche Durchmesser benutzt wird. Für 18 bis 42 mm Durchmesser sind zylindrische Wellenstümpfe mit den Abmessungen nach Normblatt DIN VDE 2701 normal, für 45 bis 100 mm werden die Wellenstümpfe kegelig nach Normblatt DIN VDE 2702 ausgeführt. Für letztere Durchmesser werden auch zylindrische Wellenstümpfe nach DIN VDE 2701 geführt. Die Begründung für eine derartige Ausführung der Wellenstümpfe ist in den Erläuterungen zu den Normblättern für Drehstrom-Kranmotoren enthalten. Dort sind auch die Abmessungen der Nasenkeile für zylindrische Wellenstümpfe und die Angaben für die Gewindezapfen und Muttern sowie die Paßfedern für kegelige Wellenstümpfe festgelegt.

Bemerkungen zu gegenüberstehender Tabelle.

Spannung. Bei konstanter Spannung: Ausführungen über der gestrichelten Stufenlinie für 115 und 230 V.

Ausführungen zwischen der gestrichelten und der ausgezogenen Stufenlinie für 115, 230 und 460 V.

Ausführungen unter der ausgezogenen Stufenlinie für 230 und 460 V.

Bei Ladespannungen: Ausführungen über der ausgezogenen Stufenlinie für 115/160 und 230/320 V.

Ausführungen unter der ausgezogenen Stufenlinie für 230/320 V.

[1] Die Wirkungsgrade gelten für die Größen 4 bis 7 bei 115 und 230 V bzw. 115/160 und 230/320 V;

für die Größen 8 bis 23 bei 230 und 460 V bzw. 230/320 V; bei 115 bzw. 115/160 V sind sie um 1% niedriger.

Die Wirkungsgrade werden nach dem Einzelverlustverfahren bestimmt.

Gleichstromgeneratoren für Antriebleistungen über 125 kW.

Nennleistung des Drehstrommotors kW	n etwa 1000		n etwa 750		n etwa 600	
	Nennleistung kW	η^2	Nennleistung kW	η^2	Nennleistung kW	η^2
160	145	90				
200	180	90,5				
250	230	91				
320	295	91	295	91		
400	370	91,5	370	91,5		
500	465	92	465	92	465	91,5
640	600	92	600	92,5	600	92
800			750	92,5	750	92,5
1000					940	93

[2] Nur zur Bestimmung der ungefähren Generatorleistung.

Sämtliche Angaben gelten vorläufig nur als Richtlinien Leistungsangaben für offene Gleichstromgeneratoren siehe DIN VDE 2050.

Drehstrommotoren Normen-Übersicht DIN VDE 2649

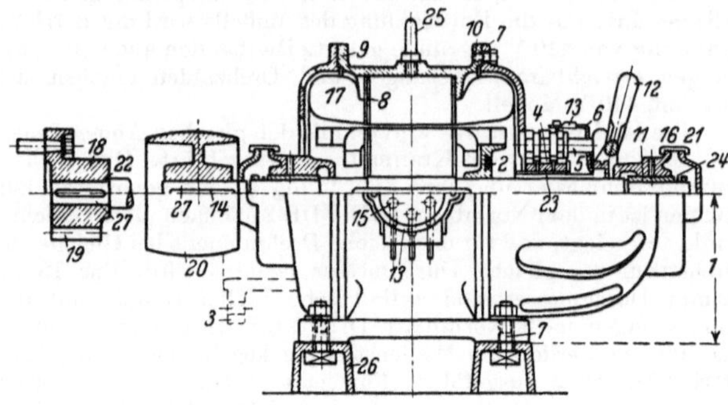

Nr.	DIN	DIN VDE	Benennung
1		2940	Achshöhen elektrischer Maschinen
		6200	Anschlußbolzen
2			Ausgleichgewichte
3		2941	Befestigungsflansche elektrischer Maschinen
4		2900	Bürsten, Flachkohlen-
5		2905	Bürstenbolzen, Durchmesser
6		2904	Bürstenlitzen
		2650	Drehstrommotoren, offene, mit Kurzschlußläufer
		2651	Drehstrommotoren, offene, mit Schleifringläufer
		2652	Drehstrommotoren, offene, für unterirdische Wasserhaltungen
		2660	Drehstrom-Kranmotoren mit Schleifringläufer
7	69		Durchgangslöcher für Schrauben
8		6400	Dynamobleche
	2500		Flansche, Übersicht
9			Flanschübergänge
		2950	Formen elektrischer Maschinen
10			Gewinde, Übersicht
11			Gleitlager und Zubehör, Übersicht
12			Griffe, Übersicht
			Handräder, Übersicht
13		7680	Kabelschuhe
	254		Kegel
	1		Kegelstifte
	257		Kegelstifte mit Gewindezapfen
	258		„ „ „
	92		Kegelstifte und Splinte, Anwendung
14	501		Keile, Übersicht
15		2960	Klemmen für elektrische Maschinen
		6206	Kopfkontaktschrauben
		2660	Kranmotoren, Drehstrom-

Nr.	DIN	DIN VDE	Benennung
		2701	Kranmotoren, Drehstrom-, zylindrische Wellenstümpfe
		2702	Kranmotoren, Drehstrom-, kegelige Wellenstümpfe
16	619		Kugellager, Übersicht
17		6431	Kupferdraht für Elektrotechnik
		6436	„ „ „
18	115		Kupplungen
	116		„
		2961	Leistungschilder
		2939	Maßbezeichnungen
	1511		Modelle und Zubehör
19	780		Modulreihe, Zahnräder
			Niete, Übersicht
	3		Normaldurchmesser
	323		Normungzahlen
14	269		Paßfedern, Gleitfedern
	777		Passungen, Übersicht
	778		„ „
19		2930	Räderübersetzungen
20	111	2700	Riemenscheiben
	2410		Rohre, Übersicht
	2400		Rohrleitungen, Übersicht
21			Rollenlager, Übersicht
22	250		Rundungen
		715	Schaltzeichen und Schaltbilder
	825	2961	Schilder, Leistungschilder
23		2965	Schleifringe
	60		Schleifzugaben
	475		Schlüsselweiten
24	322		Schmierringe
25			Schrauben und Zubehör, Übersicht
			Sinnbilder, Übersicht
		1	Spannungen elektrischer Anlagen unter 100 Volt
		2	Spannungen, Betrieb-, elektrischer Anlagen über 100 Volt
26		2923	Spannschienen, Verschiebung
	94		Splinte
	92		„
			Stellringe, Übersicht
	79		Vierkante und Vierkantlöcher für Spindeln, Handräder und Kurbeln
	783	2910	Wellenflansche
27			Wellenstümpfe
			Werkstoffe, Übersicht
17			Wicklungen und Drähte, Übersicht
19			Zahnräder
	7		Zylinderstifte

Zu beachten sind auch die Vorschriften und Regeln im Vorschriftenbuch des VDE; besonders „Regeln für die Bewertung und Prüfung von elektrischen Maschinen R.E.M." sowie „Regeln für die Bewertung und Prüfung von elektrischen Bahnmotoren R.E.B.". Die oben genannten Vorschriften und Regeln sind stets nur in ihrer neuesten Fassung verbindlich.

Erläuterungen zu DIN VDE 2050 und 2051.

Die Normblätter enthalten die Leistungsangaben für offene Gleichstromgeneratoren, und zwar das Normblatt 2050 für Drehzahlen, welche sich aus den für die Motoren festgelegten Ausführungen ergeben und als Normblatt 2051 für Drehzahlen, wie sie bei Antrieb der Gleichstromgeneratoren durch ormale Drehstrommotoren für 50 Per/s vorkommen. Für die Generatoren nach dem ersteren Normblatt können durchweg normale Motorausführungen verwendet werden, für die Generatoren nach dem letzteren Normblatt ist dies für alle bis auf die Reihe für 1500 Umdr./min bei Ladespannungen der Fall. Für diese Reihe passen die normalen Motorausführungen nicht und die Generatoren dieser Reihe werden deshalb besondere Ausführungen erhalten müssen.

Bei der Festlegung der Leistungszahlen ist angestrebt worden, für die zugehörigen Antriebleistungen möglichst die für die Drehstrommotoren festgelegten Leistungszahlen zu erhalten, so daß beim Zusammenbau von Gleichstromgeneratoren mit normalen Drehstrommotoren die letzteren voll ausgenutzt werden.

Als Spannungen wurden die nach den R.E.M. für Generatoren normalen Nennspannungen 115, 230 und 460 V gewählt. Um auch die für Batterieladung erforderlichen Angaben in den Normblättern zu haben, sind die Generatorleistungen usw. auch für die Ladespannungsbereiche 115/160 und 230/320 V darin aufgenommen worden.

Als Drehsinn wurde für die Einzelgeneratoren entsprechend den R.E.M. Rechtslauf festgesetzt, für die mit Drehstrommotoren gekuppelten Gleichstromgeneratoren dagegen Linkslauf, so daß die Drehstrommotoren ihren normalen Drehsinn (Rechtslauf) beibehalten.

Wie teilweise bei der Aufstellung der Normen für die Gleichstrommotoren (s. Erläuterungen zu den Normblättern DIN VDE 2000 und 2001) erschien es auch für die Generatoren unzweckmäßig, die Zahlen jetzt schon endgültig festzulegen. Die sämtlichen Angaben gelten deshalb einstweilen nur als Richtlinien, d. h. sie sind möglichst anzustreben, es kann von ihnen aber vorläufig noch beliebig abgewichen werden. Ihre etwaige endgültige Festlegung soll auf Grund späterer Vereinbarungen erfolgen.

Im Normblatt DIN VDE 2051 (Gleichstromgeneratoren für Antrieb durch Drehstrommotoren) sind auch für Gleichstromgeneratoren über Größe 23, für welche Motorausführungen nicht festgelegt sind, also für Generatoren mit mehr als 125 kW Antriebleistung, die zu den normalen Drehstrommotorleistungen von 160 bis 1000 kW gehörigen Nennleistungen und Wirkungsgrade der Gleichstromgeneratoren angegeben.

Erläuterungen zu DIN VDE 2650 und 2651.

Die Normblätter sollen der Vereinheitlichung der am häufigsten gebrauchten Drehstrommotoren zum Nutzen aller Interessenten, sowohl der Verbraucher als auch der Hersteller, dienen. Der Hersteller soll in die Lage versetzt werden, die Lagerhaltung einfacher und die Beschäftigung der Werkstätten gleichmäßiger zu gestalten; der Verbraucher, besonders auch der Wiederverkäufer, soll durch einfachere Lagerhaltung ganzer Motoren als auch einzelner Ersatzteile die Wirtschaftlichkeit seines Betriebes verbessern können.

Die Normblätter enthalten vorläufig nur die Typenreihe sowie die technischen Angaben der Drehstrommotoren. Andere

Offene Drehstrommotoren mit Kurzschlußläufer
DIN VDE 2650

Die Motoren entsprechen den „Regeln für die Bewertung und Prüfung von
elektrischen Maschinen" (R.E.M.).
Frequenz 50 Per/s.
Betriebsspannungen 125, 220, 380, 500, 3000, 5000 V.
Ausführungsgrenzen.

Spannung	Betriebsschaltung	
	Stern	Dreieck
bis V	von kW an	von kW an
125	—	0,125
220	0,125	0,33
380	0,33	1,5
500	3	5,5
3000	30	—
5000	80	—

Anlaufmoment: Kleinstwert ⎞ als Vielfaches des Nenndrehmomentes und
Anlaufstrom: Größtwert ⎬ Nennstromes bei Nennspannung in Betriebs-
Kippmoment: Kleinstwert ⎠ schaltung.

Für die Berechnung gilt als Nenndrehmoment in mkg der Näherungs-

$$\text{wert } \frac{W}{n_s}\left(\frac{\text{Nennleistung in Watt}}{\text{Synchrone Drehzahl}}\right).$$

Drehzahl in Umdr./min, Luftspalt in mm, Wirkungsgrad in %.

noch zu normende mechanische Teile, wie Lage und Ausführung
des Klemmenkastens, Abmessungen der Wellenenden, der Riemenscheiben u. a., sind in Vorbereitung und werden bald folgen.
Zu erwarten ist auch, daß sich einige Zeit nach Inkrafttreten
dieser Normblätter, nachdem sich die Hersteller mit den jetzt
gegebenen Grundlagen vertrauter gemacht haben, die Normung
weiterer Teile und weiterer Maße, die jetzt wegen der großen
Verschiedenheit noch nicht durchgeführt werden konnte, ermöglichen läßt. Insbesondere ist hier an eine Vereinheitlichung
der für den Anbau und Aufbau derartiger Motoren an andere
Arbeitsmaschinen sehr wichtigen Maße der Wellenhöhe und der
Fußmaße gedacht.

Für den Anfang der Normung wurden zuerst die am häufigsten gebrauchten kleinen Motoren von etwa 0,1 bis 10 kW vorgeschlagen; später trat eine Erweiterung auf 100 kW ein, und
im Laufe der Normungsarbeiten stellte sich heraus, daß aus verschiedenen Gründen die Normung bis zu 250 kW von Vorteil
wäre. Damit soll nicht gesagt sein, daß alle diese Motoren von
0,1 bis 250 kW nun auf Lager gearbeitet werden. Denn abgesehen von dem verschiedenen Umfang der Werke der Hersteller-
firmen, der wohl wesentlich bestimmend für den Umfang der
Lagerhaltung ist, würde der verhältnismäßig geringe Umsatz
der Motoren größerer Leistung eine solche Lagerhaltung für die
verschiedensten Spannungen und für die verschiedenen Drehzahlen nicht rechtfertigen. Dagegen hat sich im Bau von Drehstrommotoren der Zustand herausgebildet, daß bei geringerem
Umsatz ziemlich weit vorgearbeitete Teile fertig auf Lager gelegt
werden, die dann bei Bestellung für verschiedene Verhältnisse
entweder verschiedene Spannungen oder verschiedene Drehzahlen benutzt werden können und somit eine verhältnismäßig
schnelle Lieferung des ganzen Motors ermöglichen.

Bei der Aufstellung der Typenreihe wurde darauf Rücksicht genommen, daß nicht zu viele Modelle erforderlich sind, um
eine wirtschaftliche Massenherstellung zu gewährleisten, andrer-

| Nennleistung | | Wirkungsgrad | | | | | | Leistungsfaktor | | | | | | Anlauf-moment | Anlaufstrom | | | Kipp-moment | | Luftspalt: Kleinstmaß | | | |
| | | für Drehzahl | | | | | | für Drehzahl | | | | | | für Drehzahl | für Drehzahl | | | für Drehzahl | | normal für Drehzahl | | vergrößert f. Drehzahl | |
kW	PS etwa	3000	1500	1000	750	600	500	3000	1500	1000	750	600	500	3000 bis 500	3000 und 1500	1000 und 750	600 und 500	3000 bis 1000	750 bis 500	3000	1500 bis 500	3000	1500 bis 500
0,125	0,17	66,5	69,5	66,5				0,78	0,70	0,66										0,25	0,2	0,4	0,3
0,2	0,27	70	72,5	69,5	64,5			0,80	0,73	0,69	0,60									0,25	0,2	0,4	0,3
0,33	0,45	73,5	74,5	72,5	68,5			0,82	0,76	0,71	0,64									0,3	0,25	0,5	0,4
0,5	0,7	76	76,5	75	71,5			0,84	0,79	0,73	0,67			2	6,4	5,6				0,3	0,25	0,5	0,4
0,8	1,1	78,5	79,5	77,5	75			0,86	0,80	0,75	0,70									0,3	0,25	0,5	0,4
1,1	1,5	80	81,5	79,5	77			0,87	0,82	0,77	0,72									0,35	0,3	0,5	0,5
1,5	2	81,5	82,5	·81	78,5			0,88	0,83	0,78	0,74							2 bis 2,5	1,6 bis 2	0,35	0,3	0,5	0,5
2,2	3	83	83,5	82,5	80,5			0,89	0,85	0,80	0,76			1,6						0,35	0,3	0,5	0,5
3	4	84	84,5	83,5	81,5			0,89	0,86	0,81	0,78									0,4	0,35	0,65	0,5
4	5,5	84,5	85,5	84,5	82,5			0,89	0,87	0,82	0,80									0,4	0,35	0,65	0,5
5,5	7,5	85,5	86,5	85,5	83,5			0,89	0,87	0,84	0,82				7,2	6,4				0,5	0,35	0,8	0,5
7,5	10	86	87	86	84	84		0,89	0,87	0,85	0,83	0,81								0,5	0,4	0,8	0,65
11	15	86,5	87,5	86,5	85	85	84	0,89	0,87	0,85	0,84	0,82	0,79	1,25			5			0,65	0,4	1	0,65
15	20	86,5	87,5	86,5	86	85,5	85	0,89	0,87	0,85	0,84	0,82	0,79							0,65	0,4	1	0,65
22	30	87,5	88	87,5	87	86,5	86	0,90	0,88	0,86	0,85	0,82	0,79							0,8	0,5	1,25	0,8
30	40	88,5	89	88,5	88	87,5	87	0,90	0,89	0,87	0,86	0,83	0,80							0,8	0,5	1,25	0,8
40	55	89	89,5	89	89	88,5	88	0,90	0,90	0,88	0,87	0,84	0,81				5,6			0,8	0,5	1,25	0,8
50	68	89,5	90	90	89,5	89	88,5	0,91	0,90	0,88	0,87	0,85	0,82	1	8	7,2		2 bis 2,5		1	0,65	1,5	1
64	87	90	90,5	90,5	90	89,5	89	0,91	0,90	0,89	0,88	0,86	0,83							1	0,65	1,5	1
80	110	90	90,5	90,5	90,5	90	90	0,91	0,90	0,89	0,88	0,86	0,85				6,4			1	0,65	1,5	1
100	136	90,5	91	91	91	90,5	90,5	0,91	0,90	0,89	0,88	0,86	0,85							1,25	0,8	1,75	1,25

Die Wirkungsgrade werden nach dem Einzelverlustverfahren bestimmt.

Die Zahlen für Wirkungsgrad und Leistungsfaktor gelten nur für Ausführung mit normalem Luftspalt und Spannungen von 220 bis 500 V. Bei den Motoren mit Dreieckschaltung für 1,5 kW und 380 V ist der Wirkungsgrad 1% geringer.

Es gelten die in den R.E.M. angegebenen Toleranzen.

Offene Drehstrommotoren mit Schleifringläufer
DIN VDE 2651.

Die Motoren entsprechen den „Regeln für die Bewertung und Prüfung von
elektrischen Maschinen" (R.E.M.).

Frequenz 50 Per/s.

Betriebsspannungen 125, 220 380, 500, 3000, 5000, 6000 V.

Ausführungsgrenzen.

Spannung	Betriebsschaltung	
	Stern	Dreieck
bis V	kW	kW
125	—	von 0,125 bis 100
220	von 0,125 bis 160	von 0,33 bis 160
380	von 0,33 bis 250	von 3 bis 250
500	von 3 bis 250	von 5,5 bis 250
3000	von 30 an	—
5000	von 80 an	—
6000	von 125 an	—

Bürstenspannung für alle Drehzahlen.

kW	V	kW	V
1,1	47— 85	15	77—116 oder 182—325
1,5	55—100	22	97—144 oder 220—395
2,2	67—122	30	118—176 oder 258—465
3	79—142	40	140—212
4	92—166	50	160—240
5,5	108—196	64	186—280
7,5	51—76 oder 126—230	80	215—318
11	64—95 oder 153—278	100	242—360

Kippmoment: Kleinstwert als Vielfaches des Nenndrehmomentes und
Nennstromes bei Nennspannung in Betriebsschaltung.

Für die Berechnung gilt als Nenndrehmoment in mkg der Näherungs-
wert $\dfrac{W}{n_s}\left(\dfrac{\text{Nennleistung in Watt}}{\text{Synchrone Drehzahl}}\right)$.

seits durfte man auch nicht zu wenig Modelle nehmen, um nicht
zu große Gewichts- und Preisunterschiede zwischen den einzelnen Leistungsstufen zu erhalten.

Als Hauptreihe wurde die Zehnerreihe der Normungszahlen nach DIN 323 zugrunde gelegt, die jedoch bis zu den
kleinsten Leistungen nicht durchgehalten werden konnte.

Aus Gründen der besseren Ausnutzung eines Modells bei
den verschiedenen Drehzahlen ist zwischen 40 und 1,1 kW
ebenfalls eine geometrisch gestufte Reihe mit 7 in der Dekade,
die sogenannte 7er Reihe, unter 1,1 kW die 5er Reihe angewendet worden. Die 7er Reihe ermöglicht, gerade in dem Teil
der Typenreihe, die den Schwerpunkt des Bedarfes darstellt, diejenigen PS-Zahlen beizubehalten, an die sich die Verbraucher-
kreise seit langen Jahren gewöhnt haben und die in außerdeut-
schen Ländern noch heute üblich sind. Hier mußten Gründe
der leichteren Verkaufsmöglichkeit berücksichtigt werden.

Als Spannungen für die normale Ausführung gelten die
Normalspannungen des VDE für Motoren. Für die Ausführbarkeitsgrenze hinsichtlich der Spannungen nach oben und unten
waren Gründe der Fertigung wie der Betriebssicherheit maßgebend.
Feinheit der Drähte und Anzahl der Windungen setzten der Spannung eine obere Grenze, über welche hinaus die Ausführung bei
gleichzeitiger Abnahme der Betriebssicherheit erst schwierig

Nenn-leistung		Wirkungsgrad für Drehzahl						Leistungsfaktor für Drehzahl						Kippmoment für Drehzahl		Luftspalt: Kleinstmaß normal für Drehzahl		vergrößert für Drehzahl	
kW	PS etwa	3000	1500	1000	750	600	500	3000	1500	1000	750	600	500	3000 bis 1000	750 bis 500	3000	1500 bis 500	3000	1500 bis 500
1,1	1,5			75,5	73,5					0,71	0,66					0,35	0,3	0,5	0,5
1,5	2		79,5	77,5	75,5				0,80	0,74	0,69					0,35	0,3	0,5	0,5
2,2	3	80,5	80,5	79,5	77,5			0,86	0,82	0,76	0,72					0,35	0,3	0,5	0,5
3	4	81,5	82	81	79			0,86	0,83	0,78	0,75					0,4	0,35	0,65	0,5
4	5,5	82	83,5	82	80			0,86	0,84	0,80	0,77			2 bis 2,5	1,6 bis 2	0,4	0,35	0,65	0,5
5,5	7,5	82	84,5	83	81			0,87	0,84	0,82	0,79					0,5	0,35	0,8	0,5
7,5	10	83	85	84	83,5	83,5		0,87	0,85	0,83	0,81	0,79				0,5	0,4	0,8	0,65
11	15	84	85,5	86	84,5	84,5	83,5	0,88	0,86	0,84	0,82	0,80	0,77			0,65	0,4	1	0,65
15	20	85	87,5	86,5	86	85,5	85	0,89	0,87	0,85	0,84	0,81	0,78			0,65	0,4	1	0,65
22	30	87,5	88	87,5	87	86,5	86	0,90	0,88	0,86	0,85	0,82	0,79			0,8	0,5	1,25	0,8
30	40	88,5	89	88,5	88	87,5	87	0,90	0,89	0,87	0,86	0,83	0,81			0,8	0,5	1,25	0,8
40	55	89	89,5	89	89	88,5	88	0,90	0,90	0,88	0,87	0,84	0,82			0,8	0,5	1,25	0,8
50	68	89,5	90	90	89,5	89	88,5	0,91	0,90	0,88	0,87	0,85	0,83			1	0,65	1,5	1
64	87	90	90,5	90,5	90	89,5	89	0,91	0,90	0,89	0,88	0,86	0,84	2 bis 2,5		1	0,65	1,5	1
80	110	90	90,5	90,5	90,5	90	90	0,91	0,90	0,89	0,88	0,86	0,85			1	0,65	1,5	1
100	136	90,5	91	91	91	90,5	90,5	0,91	0,90	0,89	0,88	0,86	0,85			1,25	0,8	1,75	1,25
125	170	91	91,5	91,5	91	91	91	0,92	0,91	0,90	0,89	0,87	0,86			1,25	0,8	1,75	1,25
160	217	91,5	92	92	91,5	91,5	91,5	0,92	0,91	0,90	0,89	0,87	0,86			1,25	0,8	1,75	1,25
200	271	92	92,5	92,5	92	92	92	0,92	0,91	0,90	0,89	0,88	0,86			1,5	1	2	1,5
250	339	92,5	93	93	92,5	92,5	92,5	0,92	0,91	0,90	0,89	0,88	0,87			1,5	1	2	1,5

Die Ausführung der Motoren über der ausgezogenen Stufenlinie ist normal ohne Bürstenabheber (Kurzschluß- und Bürstenabhebevorrichtung).

Die Motoren zwischen der gestrichelten und ausgezogenen Stufenlinie können auch mit Burstenabheber ausgeführt werden. In diesem Falle ist der Wert der Wirkungsgrade um 1,5 zu erhöhen. (Anormale Ausführung.)

Die Motoren unterhalb der starken Stufenlinie sind normal mit Bürstenabheber. Sie können auch für Betrieb mit aufliegenden Bürsten ausgeführt werden; die Wirkungsgrade sind dann zu vermindern bei einer Leistung bis zu 22 kW um 1,5, von 30 bis 100 kW um 1,0 von 125 bis 250 kW um 0,5.

Die Wirkungsgrade werden nach dem Einzelverlustverfahren bestimmt

Die Zahlen für Wirkungsgrad und Leistungsfaktor gelten nur für Ausführung mit normalem Luftspalt und Spannungen von 220 bis 500 V.

Es gelten die in den R.E.M. angegebenen Toleranzen

und schließlich unmöglich wird. Nach unten werden die Spannungen begrenzt durch die Höhe des zuzuführenden Stromes.
Als Grenze wurden 600 A angenommen.

Die Ausführungsgrenzen für die Spannungen sind in einer
besonderen Zahlentafel auf beiden Normblättern angegeben.
Maßgebend war, daß ein Motor, der in Dreieckschaltung bis
zu einer bestimmten Spannung ausgeführt werden kann, auch für
eine um den 3-fachen Betrag höhere Spannung normal ist,
wenn seine Wicklung in Stern geschaltet wird. Da die Spannung
von 125 V in Deutschland nur noch sehr selten vorkommt, ist
sie als normale Betriebsspannung für Motoren in Sternschaltung
gestrichen, dagegen für Motoren in Dreieckschaltung geblieben,
da diese für 220 V häufiger auch noch in Sternschaltung geliefert werden. In Aussicht genommen war, daß auch bei Hoch-
spannungen über 500 V dieselben Leistungsziffern der normalen
Zahlenreihe als Norm festgelegt werden sollten. Wegen der
großen Verschiedenheit in der Isolationsstärke bei den Spannungen von 500 bis 6000 V kann dies jedoch nicht mit ein und
demselben Modell erreicht werden. Eine Herabsetzung der
Leistung bei Hochspannung auf die nächstniedrige normale Zahl
wird jedoch in vielen Fällen nicht wirtschaftlich genug sein. Es
ist deshalb nicht zu umgehen, daß bei den für Niederspannung
genormten Motoren die Leistungen für Hochspannung andere
als die Normungszahlen ergeben. In der Zahlentafel gelten deshalb die angegebenen Normenzahlen nur als Grenzleistungen.

Als normale Frequenz ist die in Europa durchweg ange-
wandte Frequenz 50 Per/s angegeben worden.

Die Wirkungsgrade und Leistungsfaktoren sind
etwas nach oben verlegte Mittelwerte aus den von den einzelnen
Firmen angegebenen Werten ihrer Erzeugnisse. Für die Wirkungsgrade ist eine gewisse Unstetigkeit der Zahlen zu bemerken,
welche daher rührt, daß sich diese Werte auf verschiedene Ausführungen beziehen, und zwar für Motoren oberhalb der starken
Linie, welche normal ohne Bürstenabheber, und für Motoren
unterhalb dieser Linie, welche normal mit Bürstenabheber geliefert werden, so daß sich die Wirkungsgrade im ersten Falle
auf die Ausführung mit aufliegenden, im zweiten Falle auf die
Ausführung mit abgehobenen Bürsten beziehen.

Das Kippmoment gibt an, bis zu welchem Betrage der
Motor über sein normales Drehmoment mindestens stoßweise
überlastbar sein soll.

Für den Luftspalt sind zwei Werte vorgesehen, einer für
normale Ausführung, auf welche auch alle die übrigen Werte der
Zahlentafel bezogen sind, und der erfahrungsgemäß den bisherigen Ausführungen entspricht, und ein sogenannter vergrößerter Luftspalt. Die Ausführung mit vergrößertem Luftspalt wird vielfach in Schwerbetrieben, bei denen es auf erhöhte
Betriebsicherheit und weniger auf guten Leistungsfaktor an-
kommt, bevorzugt. Um den Begriff des vergrößerten Luftspaltes
auch zahlenmäßig festzulegen, sind Werte angegeben, die den
normalen Luftspalt um etwa 60% übersteigen. Der Wirkungsgrad bei dieser Ausführung ändert sich nicht wesentlich, der
Leistungsfaktor mehr, und zwar wie folgt:

Leistungsfaktor bei nor- malem Luftspalt	= 0,9	0,85	0,8	0,75	0,7
Leistungsfaktor bei ver- größertem Luftspalt	= 0,86	0,80	0,73	0,68	0,63
Unterschied	= 0,04	0,05	0,07	0,07	0,07

Zwischenwerte können interpoliert werden.

Drehstrommotoren nach DIN VDE 2650 und 2651 DIN VDE 2700[1]

Zuordnung der Wellenstümpfe und Riemenscheiben zu den Leistungen.

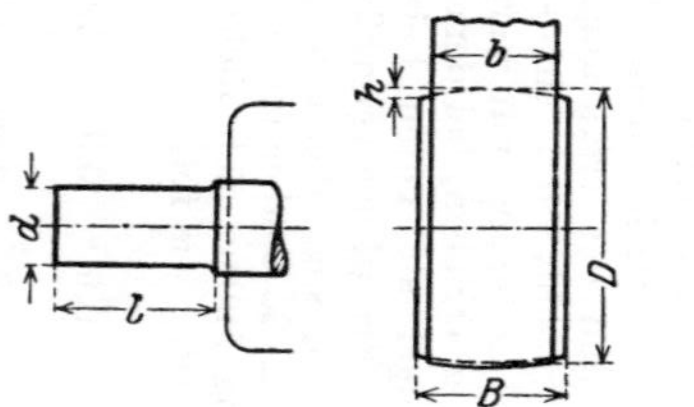

Stumpf nach DIN VDE 2910 mm		Riemenscheibe Form A aus DIN 111 mm					Riemen-breite nach DIN 111 mm	Drehzahl in Umdr./min ~					
		Durchm. D		Breite B				3000[3]	1500	1000	750	600	500
d	l	Nenn-maß	Zuläs-siges Abmaß	Nenn-maß	Zuläs-siges Abmaß	Pfeil-höhe[2] h	b	Nennleistung in kW					
10	30	50	± 1	40	− 2	1	30		0,125				
12	35	50	± 1	50	− 2	1	40		0,2	0,125			
14	40	63	± 1	50	− 2	1	40		0,33	0,2			
16	45	80	± 2	50	− 2	1	40		0,5	0,33			
18	50	80	± 2	60	− 2	1	50		0,8	0,5			
20	55	100	± 2	60	− 2	1	50		1,1	0,8			
22	60	100	± 2	85	− 2	1	70		1,5	1,1			
25	65	125	± 2	85	− 2	1	70		2,2	1,5			
28	75	125	± 2	100	− 4	1	85		3	2,2			
30	80	160	± 2	100	− 4	1	85		4	3			
32	85	160	± 2	120	− 4	1,5	100		5,5	4			
35	90	200	± 2	120	− 4	1,5	100		7,5	5,5			
38	95	225	± 3	120	− 4	1,5	100		11	7,5			
42	105	250	± 3	140	− 4	1,5	120		15	11	7,5		
45	110	280	± 3	170	− 6	1,5	140		22	15	11		
55	130	320	± 3	200	− 6	2	170		30	22	15		
60	140	360	± 3	230	− 6	2	200		40	30	22		
65	160	400	± 3	230	− 6	2	200		50	40	30		
70	170	450	± 3	260	− 8	2,5	230			50	40	30	
75	180	500	± 3	300	− 8	2,5	260			64	50	40	
80	200	560	± 5	300	− 8	2,5	260			80	64	50	
85	210	630	± 5	350	− 8	3	300			100	80	64	
90	220	710	± 5	350	− 8	3	300			125	100	80	64
95	230	800	± 5	400	− 10	3,5	350				125	100	80
100	250	900	± 5	400	− 10	3,5	350				160	125	100
110	275	1000	± 5	450	− 10	4	400				200	160	125
120	300	1120	± 7	450	− 10	4	400					200	160

[1] Siehe auch S. 371.

[2] Die angegebenen Pfeilhöhen h können um 0,5 mm über- oder unterschritten werden.

[3] Angaben folgen.

Als feststehend gilt nur die Zuordnung der Wellenstümpfe und Riemenscheiben zu den stark umrahmten Nennleistungen.

Fehlende Abmessungen sind freie Konstruktionsmaße.

Die Normung der Läuferspannung der Drehstrommotoren einer bestimmten Leistung, unabhängig von Herkunft und Drehzahl, ist von jeher von den Anlasserherstellern mit großem Nachdruck betrieben worden, denn die vielen zurzeit üblichen Läuferspannungen machen es tatsächlich unmöglich, eine geordnete Fertigung und Lagerhaltung der Anlassermodelle für alle auf den deutschen Markt kommenden Drehstrommotoren zu schaffen. Der Widerstand der Hersteller von Drehstrommotoren gegen diese Normen war von Anfang an erheblich, weil gerade im Aufbau der Läuferwicklung eine außerordentliche Verschiedenheit herrschte; diese wurde herbeigeführt einmal durch unterschiedliche Ansichten der Berechner und Konstrukteure, dann aber durch Herstellungs- und Preisrücksichten, die bei der verschiedenen Größe und dem sehr verschiedenen Umsatz eine erhebliche Rolle spielen. Während für die kleineren Motoren bis zu 5,5 kW Drahtwicklung, das ist eine Wicklung mit mehr als 2 Runddrähten in jeder Nute, durchweg von allen Firmen ausgeführt wird, kommt bei größeren Motoren — etwa von 50 kW an — fast durchweg Stabwicklung, in der Regel mit 2 flachen Stäben pro Nute, zur Anwendung. Die zwischen den genannten Grenzen von 5,5 bis 50 kW liegenden Motoren werden teils mit Draht, teils mit Stabwicklung ausgeführt. Aus diesen verschiedenen Ausführungen heraus ergeben sich Zwischenräume in der niedrigsten und höchsten Läuferspannung, die fast auf der ganzen Linie von 1,1 und 100 kW den Wert 5 : 1 erreichten. Für so weitgestreckte Grenzen mußten die Anlasserfirmen für jede Leistung bis zu 8 Anlassern herstellen.

In der Zahlentafel auf DIN VDE 2651 sind nun die Grenzen der Läuferspannungen bei einer bestimmten Leistung erheblich verringert worden. In dem Bereich zwischen 7,5 und 30 kW konnte keine Einigung erzielt werden, da noch eine zu große Verschiedenheit in der Ausführung der Läuferwicklungen herrscht. Doch wird durch die festgesetzten Grenzen der Läuferspannungen die Zahl der Anlasser erheblich verringert.

Die festgesetzten Läuferspannungen binden den Hersteller nicht an eine bestimmte Ausführung der Läuferwicklungen. Jedem Hersteller bleibt es deshalb überlassen, die Läuferwicklungen aus Runddraht oder aus flachen Stäben herzustellen, wenn nur die in der Zahlentafel festgelegten Werte für die Spannungen nicht überschritten werden.

Drehstrommotoren DIN VDE 2652
für unterirdische Wasserhaltungen.

Die Motoren entsprechen den „Regeln für Bewertung und Prüfung von elektrischen Maschinen" (R.E.M).

Frequenz 50 Per/s.

Betriebsspannungen 380, 500, 3000, 5000, 6000 V,
380 V sind nur bis 320 kW,
500 V nur bis 400 kW normal.

Wirkungsgrad ⎫ Gelten für alle Spannungen und den angegebenen Luftspalt.
Leistungsfaktor ⎬ Die Wirkungsgrade werden nach dem Einzelverlustverfahren bestimmt.
Drehzahl ⎭ Es gelten die in den R.E.M. angegebenen Toleranzen.

Läuferausführung: Schleifringläufer mit Bürstenabheber.

Drehstrommotoren für unterirdische Wasserhaltungen DIN VDE 2652

Tropfwassersicher R.E.M. § 19b 3.

Mit Schildlagern

Mit Stehlagern

Spritzwassersicher R.E.M. § 19b 4.

Mit Schildlagern

Mit Stehlagern

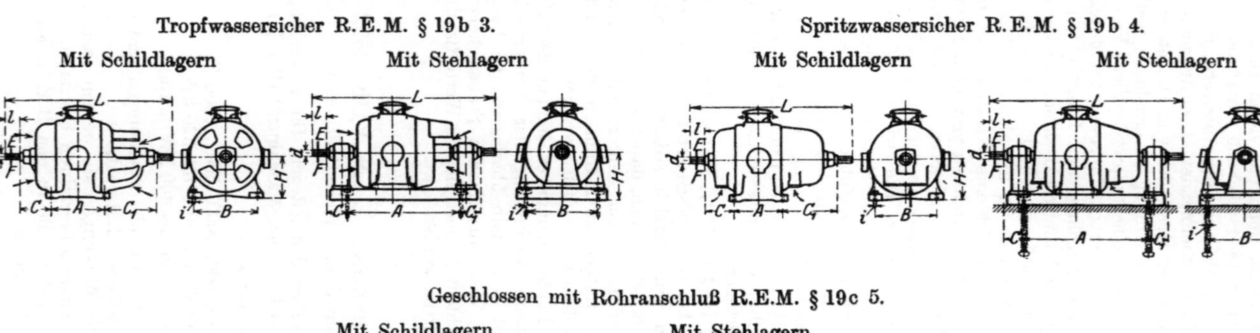

Geschlossen mit Rohranschluß R.E.M. § 19c 5.

Mit Schildlagern.

Mit Stehlagern.

Schnitt
E—F

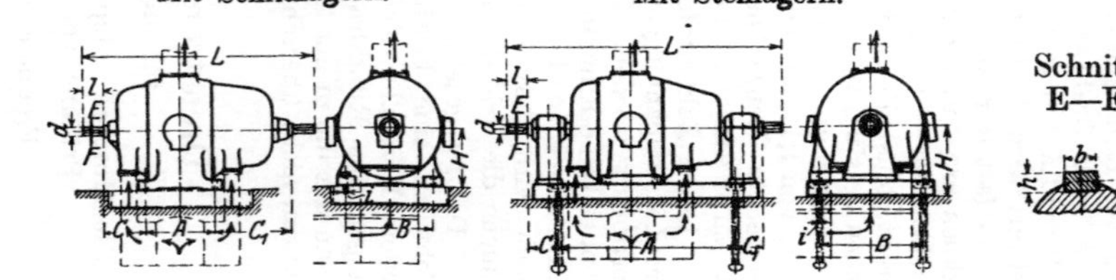

Mechanische

Ausführungsform: Bis 640 kW erhalten die Motoren
2 Schildlager mit geteilten Lagern ohne
Wasserkühlung,
2 freie Wellenstümpfe mit einer Paßfeder;
über 640 kW erhalten sie
2 Stehlager geteilt mit oder ohne Wasserkühlung, befestigt auf der Grundplatte für
das Gehäuse.
2 freie Wellenstümpfe mit einer Paßfeder.
Jeder Wellenstumpf überträgt die volle Leistung. Wird nur ein Wellenstumpf benutzt,
erhält der andere eine Schutzhaube. Jeder
Wellenstumpf ist abzusetzen, um für die
Kupplung eine Begrenzung zu erhalten.
Die Seitenschilder sind mit mindestens drei
Öffnungen zu versehen, die eine Kontrolle
des Luftspaltes ohne Abnahme der Schilder
gestatten.

Schutzart: Tropfwassersicher R.E.M. § 19 b 3 oder
Spritzwassersicher R.E.M. § 19 b 4 oder
Geschlossen mit Rohranschluß R.E.M.
§ 19 c 5.
Bei geschlossenen Motoren sind die Seiten-
schilder so zu gestalten, daß der Anschluß der
Rohre oder Luftleitungen an die Zuluftstutzen
von unten oder von der Seite möglich ist.

Klemmen: Auf jeder Seite des Motors ist ein Klemmkasten mit je 3 Klemmen angeordnet, so
daß der Anschluß von der einen oder von der
anderen Seite möglich ist. Der Klemmenkasten
auf der Anschlußseite erhält einen vergießbaren Kabelstutzen.

Drehsinn: Linkslauf, entgegen dem Uhrzeigersinn von
der den Schleifringen gegenüberliegenden
Seite aus gesehen.

Passung für Wellenstumpf und Kupplung.

Der Wellenstumpf ist nach der Lehre $W = G$ nach DIN 40,
Einheitswelle, oder DIN 23, Gleitsitzwelle, Einheitsbohrung, herzustellen.

Für die Kupplung ist der Festsitz nach DIN 47, Einheitswelle,
Feinpassung zu wählen.

Danach ergeben sich folgende Abmaße:

mm

Durch-messer	Wellenstumpf		Kupplung	
	Lehre $W = G$ Einheitswelle DIN 40 oder Gleitsitzwelle Einheitsbohrung DIN 23		Lehre F Festsitz Einheitswelle DIN 47	
	Abmaße		Abmaße	
	oberes	unteres	oberes	unteres
80	0	— 0,020	— 0,010	— 0,040
90	0	— 0,022	— 0,011	— 0,045
100	0	— 0,022	— 0,011	— 0,045
110	0	— 0,022	— 0,011	— 0,045
120	0	— 0,022	— 0,011	— 0,045

mm

Nennleistung		bei Vollast			Luft-spalt minde-stens	Abmessungen											Lager
						Welle		Befestigungsbolzen					Wellenstumpf				
								Lochabstand		Abstand					Paßfeder DIN 269		
kW	PS etwa	Nenn-drehzahl Umdr. min.	Wir-kungs-grad %	Lei-stungs-faktor $\cos\varphi$		Höhe H	Länge L	längs A	quer B	C	C_1	Durch-messer i	Durch-messer d	Länge l	Breite × Höhe $b\times h$	Nut-tiefe t	
200	270	1475	93	0,86	1,5	550	2000	800	850	350	530	1″	80	160	24×14	7	Schild-lager
250	340	1475	93	0,86	1,5	550	2150	850	850	350	630	1″	80	160	24×14	7	
320	435	1480	93,5	0,87	1,75	600	2400	950	925	430	660	1¼″	90	180	24×14	7	
400	540	1480	93,5	0,87	1,75	600	2500	1000	925	430	710	1¼″	90	180	24×14	7	
500	680	1480	94	0,87	2	700	2600	1050	1100	445	705	1¼″	100	200	28×16	8	
640	870	1485	94	0,87	2	700	2750	1100	1100	445	805	1¼″	100	200	28×16	8	
800	1085	1485	94	0,87	2,5	800	3100	2200	1450	230	230	1⅓″	110	220	28×16	8	Steh-lager
1000	1360	1485	94,5	0,88	2,5	800	3200	2300	1450	230	230	1⅓″	110	220	28×16	8	
1250	1700	1485	94,5	0,88	3	800	3500	2420	1550	300	300	1⅓″	120	240	32×18	9	
1600	2170	1490	95	0,88	3	800	3600	2520	1550	300	300	1⅓″	120	240	32×18	9	

Bürstenspannungen

Nennleistung kW	200	250	320	400	500	640	800	1000	1250	1600
Unt. Grenze d. Bürstenspannung V[1]	350	430	460	580	600	760	700	800	700	800

[1] Die oberen Spannungsgrenzen sind nicht festgelegt.

Toleranzen für die Achshöhe H.

Die in Blatt 2 für die Achshöhe H angegebenen Werte sollen
bei den elektrischen Maschinen Größtmaße mit Minustoleranz,
bei den Pumpen Kleinstmaße mit Plustoleranz sein.

mm

	Achshöhe H	Toleranzen	
		H 550 und 600	H 700 und 800
Elektrische Maschinen .	Größtmaß	— 1	— 1,5
Pumpen.	Kleinstmaß	+ 1	+ 1,5

Erläuterungen zu DIN VDE 2652.

Mit der Normung der Wasserhaltungsmotoren soll auf Wunsch
der Verbraucher erreicht werden, daß bei Schäden an Motoren
der für die Bergwerke so außerordentlich wichtigen Wasserhal-
tungen die Motoren schnellstens und ohne besondere Umstände
ausgewechselt werden können.

Hierzu waren folgende Festlegungen notwendig:

1. Einheitliche Leistungen,
2. für alle Motoren gleicher Leistung gleiche Maße für
   a) Wellenhöhe über Maschinenflur,
   b) Wellenlänge, da häufig an jede Seite des Motors eine
      Pumpe angesetzt wird,
   c) Lagerart (Schild- oder Stehlager),
   d) Wellenstumpf mit Paßfeder, um ohne Schwierigkeit
      Kupplungen auswechseln zu können,
   e) Durchmesser und Abstand der Befestigungslöcher an
      den Motorfüßen oder Grundplatten.

Bei der Normung kam nur Drehstrom in Frage, da andere
Stromarten im Bergwerksbetrieb nicht im Gebrauch sind.

Die Frequenz 50 ist in Deutschland allgemein üblich. Als
Drehzahl kam nur 1500 (Umdr./min) in Frage, da die wenigen
Anlagen mit anderen Drehzahlen, z. B. 3000, eine Normung nicht
rechtfertigen konnten. Als Leistungen wurden die Grenzwerte
200 und 1600 kW festgelegt, da andere Leistungen für unter-
irdische Hauptwasserhaltungen ungewöhnlich sind.

Die Spannungen sind nach DIN 196, Betriebsspannungen
elektrischer Anlagen über 100 V, gewählt. Eine Beschränkung
auf die Haupt-Normalspannungen 380 und 6000 V konnte aber
nicht durchgeführt werden, da auf die vielen bestehenden Anlagen
mit den bedingten Normalspannungen 500, 3000 und 5000 V
Rücksicht genommen werden mußte. Die Auswahl dieser Normalspannungen soll dem Hersteller die Lagerhaltung der Motoren

mehr als bisher erleichtern, um in dringenden Fällen schnell liefern zu können. Die Ausführung der normalen Motoren mit anderen als den angegebenen Spannungen, z. B. der in einzelnen Bezirken noch vorkommenden Spannung von 2000 V, ist jedoch nicht verhindert; nur kommt hierfür, da die Hersteller sich für diese Spannung nicht vorzugsweise einrichten können, wahrscheinlich eine längere Lieferzeit in Frage. Für die höchste Spannung 6000 V können alle Motoren ausgeführt werden. Die Spannungsgrenze nach unten ist gegeben durch die Höhe des abzuführenden Stromes, der mit 600 A angenommen wurde, und der für die Bemessung der Klemmen maßgebend ist, so daß die Motoren normal für 380 V nur bis 320 kW, für 500 V nur bis 400 kW ausgeführt werden.

Für diese grundlegenden Verhältnisse ist eine Reihe von 10 Motoren zwischen 200 und 1600 kW aufgestellt, deren Leistungen der kW-Einheitsreihe angehören, die der Normung aller Maschinengattungen für Leistungen von 40 kW aufwärts zugrunde gelegt wurde. Die abgegebene mechanische Leistung wird in kW ausgedrückt, die Leistungszahlen sind der Zehnerreihe der Normungszahlen nach DIN 323, Bl. 1 entnommen. Auf Wunsch der Abnehmer wurde für jede Größe die Leistung in PS — gerundet — aufgenommen.

Die asynchrone Drehzahl, der Wirkungsgrad, der Leistungsfaktor und der Luftspalt wurden ebenfalls festgesetzt, wobei seitens der Verbraucher aus Gründen der Betriebssicherheit mehr Wert auf großen Luftspalt als auf einen besonders hohen Leistungsfaktor gelegt wurde.

Die angegebenen Zahlen über Wirkungsgrad, Leistungsfaktor und Drehzahl sollen unbedingt eingehalten werden; als Toleranz für alle Fertigungs- und Meßungenauigkeiten gelten die in den R.E.M. angegebenen Werte. Die Zahlen für den Luftspalt dürfen nicht unterschritten werden.

Die mechanische Ausführung der Motoren entspricht der bisher üblichen. Der Läufer ist ein Schleifringläufer mit Bürstenabheber. Die Ausführung mit Kurzschlußanker ist bisher bei diesen Motoren nur selten erfolgt; diese Ausführung wurde deshalb von der Normung ausgeschlossen. Der Läufer erhält 2 Wellenstümpfe, damit an jeder Seite eine Pumpe angeschlossen werden kann. Die Maße für die Wellenhöhe über Maschinenflur sowie für Durchmesser und Länge des Wellenstumpfes sind die gleichen wie die bei den Vorarbeiten des Bergbaulichen Vereins im Jahre 1913/14 festgelegten. Sie sind beibehalten, um eine Auswechselung gegen Motoren nach früheren Normen zu erleichtern.

Bis 640 kW erhalten die Motoren 2 Schildlager, über 640 kW 2 Stehlager, die mit Wasserkühlung versehen sein können. Gehäuse und Lager sind auf einer gemeinsamen Grundplatte befestigt. Die Lager sind geteilt, um ein leichtes Auswechseln der Lagerschalen zu ermöglichen.

Auf die Ausführungen des Gehäuses und der Seitenschilder müssen die Begriffserklärungen über Schutzarten für Maschinen in den R.E.M. § 18 angewendet werden. Bisher haben sich drei Schutzarten herausgebildet, die auch für die Normung übernommen wurden: tropfwassersicher, spritzwassersicher und geschlossen mit Rohranschluß (siehe Blatt 2).

Für die spritzwassersicheren Motoren und geschlossenen Motoren mit Rohranschluß wird in der Regel die gleiche Grundausführung des Motors verwendet. Die Spritzwassersicherheit gegen das Eindringen von Wassertropfen und Wasserstrahlen aus beliebiger Richtung wird erreicht, indem die Öffnungen für den Lufteintritt und -austritt so angeordnet werden, daß Wasserstrahlen nicht in sie hineingelangen können, oder daß sie Schutzhauben oder Deckel erhalten, durch die der gleiche Zweck erreicht werden soll.

Der geschlossene Motor wird dadurch hergestellt, daß an die gleichen Zu- und Abluftstutzen Rohre oder Luftkanäle angeschlossen werden, so daß der Motor gegen den Betriebsraum vollständig abgeschlossen ist. Die Zuluftstutzen liegen an den Seitenschildern, die so ausgeführt sein müssen, daß der Anschluß der Rohre entweder von unten oder von einer Seite erfolgen kann.

Bei allen Motoren müssen die Seitenschilder so ausgeführt sein, daß der Luftspalt leicht überwacht werden kann. Bei den geschlossenen Motoren sind mindestens drei verschließbare Schaulöcher anzubringen, durch die der Luftspalt gemessen werden kann. Die Kontrolle des Luftspaltes soll auch nicht durch Einbauten im Innern des Motors, z. B. durch auf der Welle sitzende Lüfter, verhindert oder erschwert sein.

Die Motoren erhalten auf jeder Seite 1 Klemmkasten, um auf der einen oder anderen Seite anschließen zu können. Der Kasten auf der Anschlußseite erhält einen vergießbaren Kabelstutzen.

Der Drehsinn ist entgegen den R.E.M. linksläufig, da die meisten vorhandenen Pumpen und Pumpenkonstruktionen hierfür eingerichtet sind. Eine Änderung der Pumpen hätte aber bedeutende Kosten erfordert.

Die Bilder auf Blatt 2 erläutern nur die Vorschriften, für die Konstruktion der Motoren sind sie nicht maßgebend.

Zederbohm.

Erläuterungen zu DIN VDE 2660, 2701 u. 2702 für Drehstrom-Kranmotoren.

Die Blätter DIN VDE 2660, 2701 und 2702 für Drehstrom-Kranmotoren sind in Zusammenarbeit der Normengruppe für Kranmaterial des Zentralverbandes der deutschen elektrotechnischen Industrie und des VDE entstanden. Die Normung soll dem Hersteller und Verbraucher Vorteile bringen. Der Hersteller hat den Vorzug der Vereinfachung der Fertigung und Lagerhaltung, der Hebezeugbauer ist in die Lage gesetzt, Kranleistungen und Triebwerke zu normen und für Motoren verschiedener Hersteller die gleichen Kupplungen und Zahnräder zu benutzen, und dem Kranbesitzer kommen sowohl Beschränkung der Typenzahl wie Austauschbarkeit von Kupplungen und Zahnrädern für Motoren verschiedener Hersteller und Vereinfachung der Lagerhaltung zugute.

Kranmotoren sind in elektrischer und mechanischer Hinsicht zum Teil anderen Arbeitsbedingungen unterworfen als Dauerleistungsmotoren; sie werden aussetzend betrieben, sind stets mit dem Triebwerk starr gekuppelt, laufen immer unter Last an, wobei häufig größere Massen schnell zu beschleunigen sind, und werden fortwährend umgesteuert. Dies führte zur genormten Sonderausführung einer Reihe geschlossener Drehstrom-Kranmotoren für einen aussetzenden Betrieb mit einer relativen Einschaltdauer von 25% (s. R.E.M. 1923, § 30). Die geschlossene Ausführung wurde zugrunde gelegt, weil sie im Hebezeugbau häufiger verlangt wird als die offene. Die relative Einschaltdauer von 25% bildet einen guten Mittelwert für die verschiedenartigen Betriebsverhältnisse.

Die Normung erstreckte sich zunächst auf Festlegung der normalen Leistungen nach DIN VDE 2660. Bei Aufstellung der Reihe waren die gleichen Gesichtspunkte maßgebend wie für die Normung der offenen Drehstrommotoren mit Schleifringläufer nach DIN VDE 2651. Die Leistungssprünge sind für Leistungen von 1,1 bis 40 kW nach der 7er Reihe, über 40 bis 125 kW nach der 10er Reihe festgelegt. Die feinere Leistungsabstufung bei den größeren Motoren wurde mit Rücksicht auf den Preis

Drehstrom-Kranmotoren DIN VDE 2660
mit Schleifringläufer.
Geschlossene Ausführung. Normale Leistungen.

Nennleistungen in kW bei 25% Einschaltdauer (25% ED) für Nenndrehzahlen (n) Umdr./min								Luftspalt Kleinstmaß
1500		1000		750		600		
kW	PS etwa	kW	PS etwa	kW	PS etwa	kW	PS etwa	bis mm
0,8[1]	1,1[1]							0,4
1,1[2]	1,5[2]							0,5
1,5[2]	2[2]							0,5
2,2[2]	3[2]							0,5
3	4							0,5
4	5,5							0,5
		4	5,5					0,5
		5,5	7,5					0,5
		7,5	10					0,65
		11	15					0,65
		15	20					0,65
		22	30					0,8
				22	30			0,8
				30	40			0,8
				40	55			0,8
				50	68			1
						50	68	1
						64	87	1
						80	110	1
						100	136	1,25
						125	170	1,25

[1] Nur mit Kurzschlußläufer.
[2] Auch mit Kurzschlußläufer.

Frequenz: 50 Per/s.

Betriebsspannungen: 125 (nur bis 600 A), 220, 380, 500 V.

Leistungen: Jedes Modell ist für eine Nennleistung und Nenndrehzahl genormt. Es wird für benachbarte Nenndrehzahlen innerhalb der durch Umrahmung angegebenen Grenzen mit den erreichbaren, den Normzahlen angenäherten Nebenleistungen geführt.

Kippmoment (Anlaufmoment): Bei Schleifringmotoren beträgt das Kippmoment mindestens das 2½fache des Drehmoments der Nennleistung bei 25% ED.

Zylindrische Wellenstümpfe nach DIN VDE 2701.

Kegelige Wellenstümpfe nach DIN VDE 2702.

Drehstrom-Kranmotoren DIN VDE 2701

Zylindrische Wellenstümpfe.

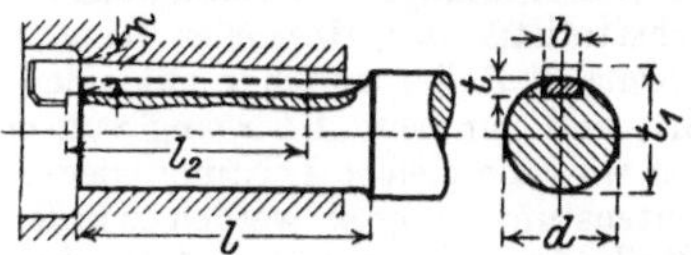

Zuordnung der Wellenstümpfe zu den Leistungen

Nennleistung kW bei 25 % ED	Durchmesser d^1 für Nenndrehzahl			
	1500	1000	750	600
0,8	18			
1,1	20	22		
1,5	22	25		
2,2	25	28		
3	28	30		
4	30	32		
5,5	32	35		
7,5	35	(38 od.) 40	(42 od.) 45	
11	(38 od.) 40	(42 od.) 45	(45 od.) 50	
15		(45 od.) 50	55	
22		55	60	(65 od.) 70
30		60	(65 od.) 70	70
40		(65 od.) 70	70	(75 od.) 80
50		70	(75 od.) 80	80
64			80	(85 od.) 90
80			(85 od.) 90	90
100			90	(95 od.) 100
125				100

Abmessungen mm

Wellenstumpf				Nabennuttiefe	Für Nasenkeil[2]) nach DIN 493
d	l	b	t	t_1	$b \times h \times l_2$
18	50			20,5	6× 6× 30
20	55	6	3,5	22,5	6× 6× 35
22	60			24,5	6× 6× 40
25	65			28	8× 7× 45
28	75	8	4	31	8× 7× 60
30	80			33	8× 7× 60
32	85			35,5	10× 8× 70
35	90	10	4,5	38,5	10× 8× 70
(38)	95			41,5	10× 8× 70
40	100	12	4,5	43,5	12× 8× 80
(42)	105			45,5	12× 8× 80
45	110	14	5	49	14× 9× 90
50	120			54	14× 9×100
55	130	16	5	60	16×10×100
60	140	18	6	65	18×11×120
65	160			70	18×11×140
70	170	20	6	76	20×12×140
75	180			81	20×12×160
80	200			87	24×14×180
85	210	24	7	92	24×14×180
90	220			97	24×14×200
95	230	28	8	103	28×16×200
100	250			108	28×16×220

[1] Die Durchmesser sind für die angegebenen Nennleistungen Richtmaße.
[2] Nasenkeile werden nicht mitgeliefert.
   Wellenstümpfe für $d = 45$ bis 100 mm werden normal kegelig nach DIN VDE 2702 ausgeführt.
   In diesem Bereich sind die zylindrischen Wellenstümpfe zu vermeiden.

gewählt. Die Nenndrehzahlen (bei Synchronismus) 1500, 1000, 750 und 600 sind durch die Frequenz von 50 Per/s gegeben. Die Zuordnung von Leistungen zu Nenndrehzahlen wurde nach einer Verbrauchsstatistik der Hersteller festgelegt. Eine jede Leistung der normalen Reihe wird nur mit einer einzigen Nenndrehzahl geführt, und nur beim Übergang von einer Nenndrehzahl zur anderen wird die gleiche Leistung wiederholt, weil sonst die Drehmomentenstufe zu groß werden würde. Jedes Modell der normalen Reihe kann bei annähernd gleichem Drehmoment mit der sich für eine andere Nenndrehzahl ergebenden Nebenleistung geführt werden, wobei anzustreben ist, daß diese wieder eine Normzahl ergibt. Das Modell der normalen Reihe mit 2,2 kW, 1500 Umdr./min kann z. B. mit einer Nebenleistung von 1,5 kW, 1000 Umdr./min geführt werden. Es wurde davon abgesehen, diese Leistungen in das Blatt einzufügen, weil ein genaues Einhalten der Normzahlen nicht möglich ist. Um aber den Bereich der Nebenleistungen nicht ganz dem Ermessen der Hersteller und Verbraucher anheimzustellen, sind in jeder Drehzahlspalte zwei starke Grenzlinien gezogen. Als kleinste Nebenleistung ergibt sich etwa die über der Grenzlinie liegende Leistung der nächsthöheren Nenndrehzahl, als größter Wert die unter der Grenzlinie liegende Leistung der nächstniederen Nenndrehzahl.

Motoren mit Kurzschlußläufer sind zur Vermeidung stoßweiser Netzbelastung infolge der hohen Anlaufströme nur bis 2,2 kW zugelassen, da die Anwendung von Sterndreieckschaltern mit Rücksicht auf das bei Kranmotoren erforderliche große Anlaufmoment nicht möglich ist. Das Modell von 0,8 kW wird wegen der geringen Leistung nur mit Kurzschlußläufer geführt.

Als Spannungen gelten die in den R.E.M. als Normalspannungen für Motoren festgelegten Werte von 125 bis 500 V. Bei 125 V wird die Einschränkung getroffen, daß die Stromaufnahme 600 A nicht überschreiten darf. Die obere Spannungsgrenze ist durch die besonderen Betriebsverhältnisse im Kranbau bedingt, die eine erhöhte Sicherheit für das Bedienungspersonal erfordern.

Das Kippmoment, d. h. das größte Drehmoment des Motors, bis zu dem er überlastet werden kann, ohne daß er stehen bleibt, wird bei Kranmotoren auch als Anlaufmoment bezeichnet. Es muß bei Kranmotoren verhältnismäßig hoch gehalten werden, um die Triebwerksmassen unter Überwindung des Reibungswiderstandes der Ruhe bei verhältnismäßig geringer Stufenzahl des Steuergerätes beschleunigen zu können. Deshalb wurde bei Schleifringmotoren mindestens das 2,5-fache des Drehmoments der Nennleistung bei 25% ED vorgeschrieben. Bei der für 15% ED gesteigerten Leistung, wie bei Kurzschlußmotoren, soll noch das 2-fache Nenndrehmoment zur Verfügung stehen, das noch genügt, wenn mit einem stärkeren Spannungsabfall nicht zu rechnen ist.

Der Luftspalt muß bei Kranmotoren vergrößert ausgeführt werden mit Rücksicht auf die starke Beanspruchung im schweren Umkehrbetrieb, wo auf der Welle sitzende, häufig nicht genügend dynamisch ausgewuchtete Schwungmassen, wie Kupplungen und Bremsscheiben, bei starken Erschütterungen während des Arbeitens zu einem Schleifen des Läufers am Ständer und damit zu kostspieligen Betriebsstörungen führen können. Die Maße des vergrößerten Luftspaltes wurden aus DIN VDE 2651 entnommen. Die Erhöhung des Anlaufmomentes und die Vergrößerung des Luftspaltes haben gegenüber normalen Motoren eine Herabsetzung des Leistungsfaktors zur Folge. Es wurde darauf verzichtet, diesen festzulegen, weil die Betriebssicherheit wichtiger ist als der Stromverbrauch, der bei dem aussetzenden Kranbetrieb mit durchschnittlich dreimal so langer Pause als Betriebszeit nicht die Bedeutung hat wie bei Dauerleistungsmotoren. Deshalb wurde auch von der Normung des Wirkungsgrades abgesehen.

Ferner wurden die Wellenstümpfe genormt. Festgelegt wird, daß die Motoren mit einem Wellenstumpfdurchmesser bis 42 mm einschließlich zylindrische Wellenstümpfe erhalten sollen, während für größere Wellendurchmesser die kegelige Ausführung die normale, die zylindrische die halbnormale sein soll. Die zylindrischen Wellenstümpfe sind in DIN VDE 2701, die kegeligen Wellenstümpfe in DIN VDE 2702 zusammengestellt. Die Wahl der zylindrischen Wellenstümpfe ergab sich aus dem Gesichtspunkt, daß für die kleineren Kranmotoren bis 11 kW vielfach die Dauerleistungsmodelle benutzt werden, die mit zylindrischen Wellenstümpfen genormt sind. Deshalb werden die gleichen in DIN VDE 2910 festgelegten Wellenstümpfe benutzt. Bei den größeren Modellen, die zweckmäßig in einer ausschließlich dem Kranbetrieb dienenden Sonderreihe gebaut werden, wurde der kegelige Wellenstumpf als normaler festgelegt, weil er einen festen, genau zentrischen Sitz ergibt. Auch bei Bahnmotoren, die ebenso wie Kranmotoren starken Erschütterungen und Stößen ausgesetzt sind, hat sich der kegelige Wellenstumpf am besten bewährt. Die Frage wurde gemeinsam mit dem „Arbeitsausschuß für Hebemaschinen" des NDI beraten, der die Befestigung von Kupplungen und Zahnrädern durch Paßfedern nur bei kegeligen Wellenstümpfen als genügend bezeichnete und bei den zylindrischen Wellenstümpfen Nasenkeile verlangte. Der halbnormale, zylindrische Wellenstumpf von 45 bis 100 mm Durchmesser wurde so festgelegt, daß der kegelige aus ihm herausgearbeitet werden kann und damit eine Verringerung der Lagerhaltung erzielt wird.

Der Entwurf DIN VDE 2701 zeigt links die Ansicht des Wellenstumpfes mit den Andeutungen für den versenkten Zusammenbau von Welle und Kupplungshälfte, wobei der Nasenkeil umgekehrt eingeschlagen werden soll, da er sonst nicht wieder entfernt werden kann. Aus dem Schnitt rechts sind die Maßbezeichnungen für Welle und Nabennuttiefe sowie die Breite des Nasenkeiles ersichtlich. Die Abmessungen für die Nasenkeile sind aus DIN 493 übernommen. Die Nasenkeile selbst werden von den Elektrizitätsfirmen nicht mitgeliefert, sondern von den Kranfirmen hergestellt. Nähere Angaben über Passung und Sitzart sind in dem Blatt nicht aufgenommen, da die Frage: Einheitswelle oder Einheitsbohrung noch nicht entschieden ist. Empfohlen wird der Haftsitz, weil dieser für die Verhältnisse im Kranbetrieb die sicherste Verbindung gewährleistet, ohne daß für den Fall einer Beschädigung des Motors das Lösen und Auswechseln der Paßteile allzusehr erschwert wird.

In der linken Tabelle sind die Durchmesser den Normalleistungen und Drehzahlen zugeordnet. Der für ein bestimmtes Drehmoment angegebene Durchmesser ist jedoch nicht bindend, sondern gilt als Richtwert. Eine Bindung wurde nicht beschlossen, weil die Hersteller einer Sonderreihe Kranmotoren für geschlossene und offene Ausführung den Durchmesser mit Rücksicht auf die Steigerung der Leistung bei offener Ausführung größer wählen werden als den Richtdurchmesser. Andererseits werden diejenigen Hersteller, die für Kranbetrieb die Dauerleistungsmotoren benutzen und die Leistungen bei aussetzendem Kranbetrieb entsprechend steigern, kleinere Durchmesser erhalten. Auf bindende

Zuordnung von Durchmesser und Drehmoment konnte um so eher verzichtet werden, weil auch die Kranbauer für das gleiche Drehmoment verschieden starke Kupplungs- und Ritzelwellen benötigen, je nachdem, ob der Kran einem leichten, normalen oder schweren Betrieb dienen soll. In der Zuordnungstabelle sind neben den für die Dauerleistungsmotoren genormten Werten Durchmesser angegeben, die für die Sonderreihe den Wünschen der Kranbauer besser entsprechen, und zwar schreiten bei den zylindrischen und kleineren kegeligen Wellenstümpfen die Durchmesser in Sprüngen von 5 zu 5 mm, bei den großen kegeligen dagegen in Sprüngen von 10 zu 10 mm fort.

Die kegeligen Wellenstümpfe sind in DIN VDE 2702 dargestellt, und zwar für die Durchmesser von 45 bis 100 mm. Das linke Bild stellt die Ansicht des Wellenstumpfes mit den Umrissen für die versenkte Anbringung der Anzugsmutter beim Zusammenbau der Kupplungshälften dar. Aus den beiden anderen Bildern sind die Maßbezeichnungen für Welle, Nabennuttiefe, Paßfeder und für die Mutter zu ersehen. In der unteren Tabelle sind die Abmessungen zu den verschiedenen Durchmessern eingetragen. Die Angabe „Kegel 1 : 10" bezieht sich auf den Durchmesser. Außerdem sind der größte und kleinste Durchmesser sowie die Länge des Kegels angegeben. Die Keilnut verläuft parallel zur Achse, und ihre Breite ist die gleiche wie beim zylindrischen Wellenstumpf. Die Abmessungen der Paßfedern richten sich nach DIN 496. Als Gewinde zum Aufpressen der Kupplungsnabe auf den Kegel wurde Whitworth-Rohrgewinde mit Spitzenspiel nach DIN 260 gewählt, weil dieses infolge der höheren Zahl der Gewindegänge auf 1″ bei geringer Schwächung des Kernquerschnittes einen festeren Sitz gewährleistet als das entsprechende gewöhnliche Whitworthgewinde. Die Maße für die Schlüsselweite sind aus DIN 475 unter Beziehung auf den dem Rohrgewinde entsprechenden äußeren Gewindedurchmesser des gewöhnlichen Gewindes entnommen, z. B. Rohrgewinde Nenndurchmesser R $^7/_8{''}$ äußerer Gewindedurchmesser dazu 29,9 mm, entsprechender äußerer Durchmesser des Whitworthgewindes 30 mm, dazu Schlüsselweite 46 und Sechskant 53,1 mm. Die Muttersicherung muß mit Rücksicht auf die Stöße des Umkehrbetriebes besonders sorgfältig durchgebildet werden, deshalb wurde ein Federring nach DIN 127 benutzt.

Die Zuordnung der Durchmesser zu den normalen Leistungen und Nenndrehzahlen ergibt sich aus der mittleren Tabelle. Wie für die zylindrischen Wellenstümpfe, so ist auch bei den kegeligen der Durchmesser nicht bindend, sondern gilt als Richtwert.

Drehstrom-Kranmotoren DIN VDE 2702
Kegelige Wellenstümpfe.

| Zuordnung der Wellenstümpfe zu den Leistungen | | | | Abmessungen mm | | | | | | | | | | |
| Nennleistung kW bei 25% ED | Durchmesser d^1 für Nenndrehzahl | | | Wellenstumpf | | | | | | Gewindezapfen mit Mutter | | | Nabennuttiefe | Für Paßfeder nach DIN 496 |
	1000	750	600	d	l	l_1	d_1	b	t	d_2	s	e_1	t_1	$b \times h \times l_2$
7,5		45		45	110	75	37,5	14	6,5	R 7/8''	46	53,1	47,9	14× 9× 55
11	45	(45 oder) 50		50	120	85	41,5	16	7,5	R 1''	50	57,7	52,9	14× 9× 65
15	(45 oder) 50	55		55	130	95	45,5			R 1''	50	57,7	57,9	16×10× 75
22	55	60	70	60	140	100	50	18	8,5	R 1¼''	65	75	62,9	18×11× 80
30	60	70	70	70	170	120	58	20	9	R 1½''	75	86,5	73,4	20×12× 95
40	70	70	80	80	185	130	67	24	10,5	R 1¾''	85	98	83,9	24×14×100
50	70	80	80	90	200	140	76			R 2''	90	104	93,9	24×14×110
64		80	90	100	220	150	85	28	12	R 2½''	110	127	104,5	28×16×120
80		90	90											
100		90	100											
125			100											

[1] Die Durchmesser sind für die angegebenen Nennleistungen Richtmaße.
Wellenstümpfe für $d = 18$ bis 42 mm werden normal zylindrisch nach DIN VDE 2701 ausgeführt.
Gewindezapfen: Whitworth-Rohrgewinde mit Spitzenspiel nach DIN 260.
Blanke niedrige Sechskantmuttern nach DIN 419, jedoch mit Whitworth-Rohrgewinde.
Federringe nach DIN 127.

Elektrische Maschinen. Bürsten für Kommutatoren und Schleifringe DIN VDE 2900.

Maße in mm

für Kommutatoren   für Schleifringe

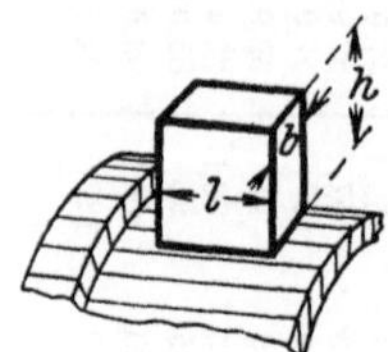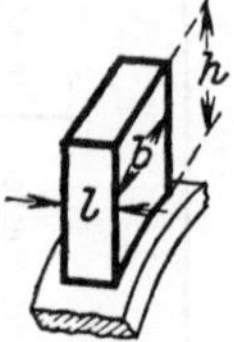

Länge l = Abmessung der Bürste in Richtung der Achse.

Breite b = Abmessung der Bürste in Richtung des Umfanges.

Höhe h = Abmessung der Bürste in Richtung des Durchmessers.

Länge l gleich oder größer als Breite b, vorwiegend Kommutatorbürste.

Länge l kleiner als Breite b, vorwiegend Schleifringbürste.

Bezeichnung einer Bürste von Länge $l = 10$ mm, Breite $b = 8$ mm und Höhe $h = 25$ mm:

Bürste $10 \times 8 \times 25$ VDE 2900 ...[1].

| Schleiffläche | | | h | | | | | | | |
l	b	$l \times b$ cm²	16	20	25	32	40	50	64	80
5	5	0,25								
6,4	5	0,32	16							
	6,4	0,41	16							
	8	0,51								
	10	0,64								
	12,5	0,8								
	16	1,02	16							
8	5	0,4								
	6,4	0,51								
	8	0,64								
	10	0,8								
	12,5	1								
	16	1,28				32				
	20	1,6		20	25					
	25	2		20						
10	5	0,5		20	25					
	6,4	0,64		20						
	8	0,8		20	25					
	10	1		20	25					
	12,5	1,25			25					
	16	1,6			25					
	20	2								
	25	2,5			25	32	40			
12,5	5	0,62								
	6,4	0,8				32				
	8	1				32	40			
	10	1,25				32	40			
	12,5	1,56								
	16	2			25	32	40			
	20	2,5					40			
	25	3,12					40			
	32	4				32				
	40	5					40			

mm

| Schleiffläche | | | h | | | | | | | |
l	b	l×b cm²	16	20	25	32	40	50	64	80
16	5	0,8								
	6,4	1,02	16		25	32				
	8	1,28	16		25					
	10	1,6			25	32				
	12,5	2			25		40			
	16	2,56			25	32				
	20	3,2								
	25	4								
	32	5,12				32				
	40	6,4					40	50		
20	5	1				32				
	6,4	1,28								
	8	1,6		20		32				
	10	2		20		32		50		
	12,5	2,5				32	40			
	16	3,2	16			32		50		
	20	4				32		50		
	25	5						50		
	32	6,4				32				
	40	8					40	50		
25	5	1,25								
	6,4	1,6								
	8	2			25	32	40		64	
	10	2,5			25	32	40		64	
	12,5	3,12			25		40		64	
	16	4					40		64	
	20	5					40	50	64	
	25	6,25					40		64	
	32	8								
	40	10								
	50	12,5					40	50		
32	5	1,6				32				
	6,4	2,04					40			
	8	2,56				32	40		64	
	10	3,2				32	40	50	64	
	12,5	4			25	32	40	50	64	
	16	5,12				32	40	50	64	
	20	6,4			25			50	64	
	25	8			25			50		
	32	10,24								
	40	12,8						50		
	50	16						50		
40	5	2				32				
	0,4	2,56								
	8	3,2					40			
	10	4					40	50	64	
	12,5	5					40		64	
	16	6,4					40	50	64	
	20	8					40	50	64	
	25	10						50	64	
	32	12,8							64	
	40	16								
	50	20								
50	5	2,5								
	6,4	3,2								
	8	4								
	10	5								
	12,5	6,25						50	64	80
	16	8								
	20	10								
	25	12,5								
	32	16								
	40	20								
	50	25								

[1] Bürstenart und Ausführung sind bei Bestellung anzugeben.
Toleranzen siehe DIN VDE 2900 Blatt 2.
Zuordnung der Kupferseile siehe DIN VDE 2900 Blatt 3.

Zuordnung der Kupferseile.
mm

| cm² | Bürstenquerschnitt $l \times b$ | | Kupferseile[1] für Bürstenarten | | | | | | | | |
| | für Kommutatoren | für Schleifringe | Kohle und Graphit | | | | | Bronze | | | |
			An-zahl	Quer-schnitt mm²	Durch-messer mm ≈	Belastung in Amp. gesamt	je mm²	An-zahl	Quer-schnitt mm²	Durch-messer mm ≈	Belastung in Amp. gesamt	je mm²
0,25	5 × 5		1	0,5	0,9	2,5	5	1	1	1,6	4,5	4,5
0,32	6,4 × 5		1	0,5	0,9	3,2	6,4	1	1	1,6	5,76	5,76
0,41	6,4 × 6,4 8 × 5		1	0,5	0,9	4	8	1	1	1,6	7,2	7,2
0,5	10 × 5		1	1	1,6	5	5	1	1,5	2	9	6
0,512	8 × 6,4	6,4 × 8	1	1	1,6	5,12	5,12	1	1,5	2	9,2	6,1
0,625	12,5 × 5		1	1	1,6	6,25	6,25	1	1,5	2	11,25	7,5
0,64	8 × 8 10 × 6,4	6,4 × 10	1	1	1,6	6,4	6,4	1	1,5	2	11,52	7,7
0,8	10 × 8 12,5 × 6,4 16 × 5	8 × 10 6,4 × 12,5	1	1	1,6	8	8	1	1,5	2	14,4	9,6
1	10 × 10 12,5 × 8 20 × 5	8 × 12,5	1	1,5	2	10	6,7	1	2,5	2,5	18	7,2
1,02	16 × 6,4	6,4 × 16	1	1,5	2	10,2	6,8	1	2,5	2,5	18,36	7,3
1,25	12,5 × 10 25 × 5	10 × 12,5	1	1,5	2	12,5	8,3	1	4	3,6	22,5	5,6
1,28	16 × 8 20 × 6,4	8 × 16	1	1,5	2	12,8	8,5	1	4	3,6	23	5,8
1,56	12,5 × 12,5		1	2,5	2,5	15,6	6,2	1	4	3,6	28	7
1,6	16 × 10 20 × 8 25 × 6,4 32 × 5	10 × 16 8 × 20	1	2,5	2,5	16	6,4	1	4	3,6	28,8	7,2

2	16 × 12,5 20 × 10 25 × 8 / 32 × 6,4 40 × 5	12,5 × 16 10 × 20 / 8 × 25	1	2,5	2,5	20	8	2 / 1	2,5 / 6	2,5 / 4,2	36	7,2 / 6
2,5	20 × 12,5 25 × 10 / 50 × 5	12,5 × 20 10 × 25	1 / 2	4 / 2,5	3,6 / 2,5	25	6,25 / 5	1	6	4,2	45	7,5
2,56	16 × 16 32 × 8 / 40 × 6,4		1 / 2	4 / 2,5	3,6 / 2,5	25,6	6,4 / 5,1	1	6	4,2	46	7,7
3,2	20 × 16 25 × 12,5 32 × 10 / 40 × 8 50 × 6,4	16 × 20 12,5 × 25	1 / 2	4 / 2,5	3,6 / 2,5	32	8 / 6,4	2	4	3,6	57,6	7,2
4	20 × 20 25 × 16 32 × 12,5 / 40 × 10 50 × 8	16 × 25 12,5 × 32	2	4	3,6	40	5	2	6	4,2	72	6
5	25 × 20 40 × 12,5 50 × 10	20 × 25 12,5 × 40	2	4	3,6	50	6,3	2	6	4,2	90	7,5
5,12	32 × 16	16 × 32	2	4	3,6	51,2	6,4	2	6	4,2	92,2	7,6
6,25	25 × 25 50 × 12,5		2	4	3,6	62	7,8	2	10	5,5	112	5,6
6,4	32 × 20 40 × 16	20 × 32 16 × 40	2	4	3,6	64	8	2	10	5,5	115	5,7
8	32 × 25 40 × 20 50 × 16	25 × 32 20 × 40	2	4	3,6	64	8	2	10	5,5	128	6,4
10	40 × 25 50 × 20	25 × 40	2	6	4,2	80	6,7	4	10	5,5	160	4
10,24	32 × 32		2	6	4,2	80	6,7	4	10	5,5	160	4
12,5	50 × 25	25 × 50	2	6	4,2	100	8,3	4	10	5,5	200	5
12,8	40 × 32	32 × 40	2	6	4,2	100	8,3	4	10	5,5	200	5
16	40 × 40 50 × 32	32 × 50	2	6	4,2	100	8,3	4	10	5,5	200	5
20	50 × 40	40 × 50	2	6	4,2	100	8,3	4	10	5,5	200	5
25	50 × 50		2	10	5,5	125	6,2	4	10	5,5	250	6,2

[1] Bis 1 mm² Einzeldrahtdurchmesser = 0,05 mm ⎫
Ab 1,5 mm² Einzeldrahtdurchmesser = 0,07 mm ⎬ weitere Angaben nach DIN VDE 6438.

Kleinere Bürsten bis 0,64 cm² Querschnitt, bei denen die Bürstendruckfeder einen Teil der Stromzuführung übernimmt, können mit entsprechend dünneren Kupferseilen, als die Zahlentafel angibt, ausgeführt werden.

Toleranzen und Spiel für Halter und Kohle.

mm

		l	b	
			v. 5 b. 16 mm	über 16 mm
Halter	oberes Abmaß	$+\,0{,}15$	$+\,0{,}1$	$+\,0{,}1$
	unteres Abmaß	0	0	0
	Toleranz	0,15	0,1	0,1
Kohle	oberes Abmaß	$-\,0{,}2$	$-\,0{,}1$	$-\,0{,}15$
	unteres Abmaß	$-\,0{,}35$	$-\,0{,}2$	$-\,0{,}3$
	Toleranz	0,15	0,1	0,15
Halter und Kohle	Kleinstspiel	0,2	0,1	0,15
	Größtspiel	0,5	0,3	0,4

Für die Höhe h der Kohle
werden Toleranzen nicht vorgeschrieben.

Bürstenbolzen-Durchmesser DIN VDE 2905.

Maße in mm

Durchmesser (blank und isoliert) . . .	8	10	13	16	20	25	32	40

Zulässige Abweichungen für den blanken Bolzen aus
Rundkupfer gezogen nach DIN 1767
Kupferrohr gezogen nach DIN 1754
Rundmessing gezogen nach DIN 1758
Messingrohr gezogen nach DIN 1755
Rundstahl gezogen nach DIN 668
Stahlrohr gezogen nach DIN ....

Wellenstümpfe für elektrische Maschinen
DIN VDE 2910

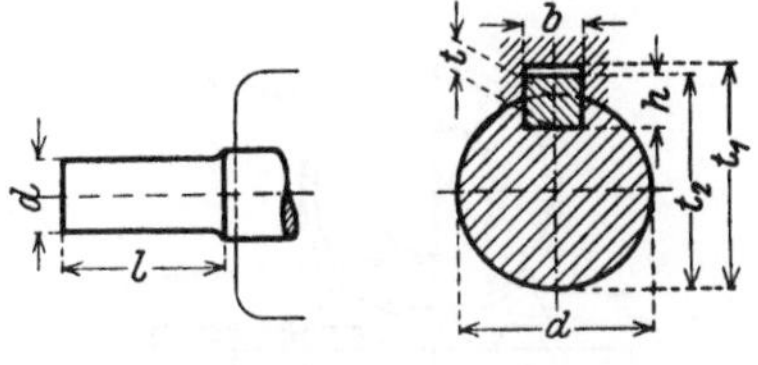

mm

Stumpf		Paßfeder			
d Passung[1])	l	$b \times h$	t	t_1	t_2
10	30	4×4	2,5	11,7	11,5
12	35			13,7	13,5
14	40	5×5	3	16,2	16
16	45			18,2	18
18	50	6×6	3,5	20,7	20,5
20	55			22,7	22,5
22	60			24,7	24,5
25	65	8×7	4	28,2	28
28	75			31,2	31
30	80			33,2	33
32	85	10×8	4,5	35,7	35,5
35	90			38,7	38,5
38	95			41,7	41,5
40	100	12×8	4,5	43,7	43,5
42	105			45,7	45,5
45	110	14×9	5	49,2	49
50	120			54,2	54
55	130	16×10	5	60,2	60
60	140	18×11	6	65,3	65
65	160			70,3	70
70	170	20×12	6	76,3	76
75	180			81,3	81
80	200	24×14	7	87,3	87
85	210			92,3	92
90	220			97,3	97
95	230	28×16	8	103,3	103
100	250			108,3	108
110	275			118,3	118
120	300	32×18	9	129,3	129

[1] Angaben folgen.

Wellenstümpfe für 80 mm Durchmesser und darüber können bei unmittelbarer Kupplung kürzer sein.

Paßfedern nach DIN 496.

Elektrische Maschinen auf Spannschienen.
Verschiebung DIN VDE 2923.

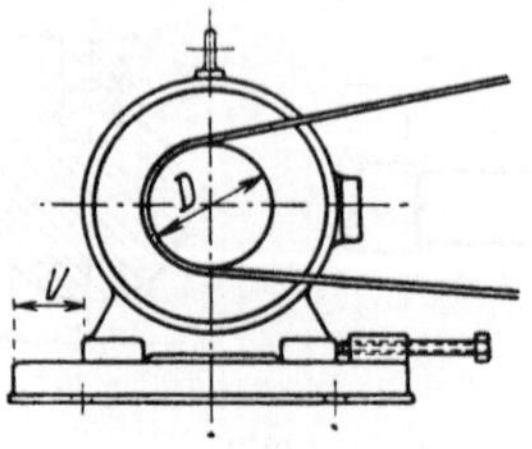

mm

Riemen-scheiben-durchmesser D	Verschiebung V mindestens	Riemen-scheiben-durchmesser D	Verschiebung V mindestens
50	56	360	150
63	60	400	160
80	64	450	180
100	72	500	200
125	80	560	210
160	90	630	225
200	100	710	250
225	112	800	280
250	125	900	320
289	132	1000	340
320	140	1120	380

Zuordnung der Riemenscheiben zu den Leistungen
der Gleichstrommotoren siehe DIN VDE 2100
der Drehstrommotoren   siehe DIN VDE 2700.

Räderübersetzungen für Elektromotoren nach
DIN VDE 2000, 2001, 2650 und 2651
DIN VDE 2930

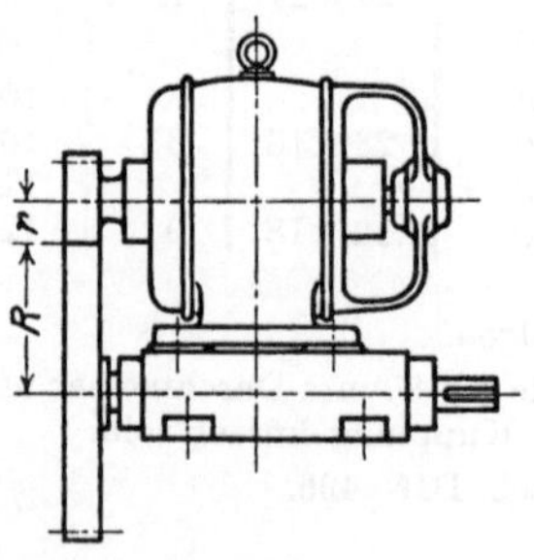

Umdr./min des Motors	Räderübersetung $r : R$			
	1 : 3	1 : 4	1 : 5	1 : 6
	Umdr./min der Vorgelegewelle			
3000	1000	750	600	500
1500	500	375	300	250
1000	333	250	200	167
750	250	188	150	125
600	200	150	120	100
500	167	125	100	83

Achshöhen elektrischer Maschinen DIN VDE 2940

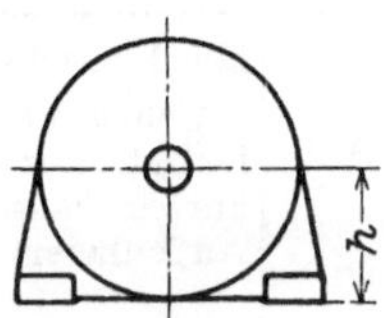

mm

Achshöhe h				
	100	200	400	800
52	105	210	425	850
56	112	225	450	900
60	118	235	475	950
64	125	250	500	1000
68	132	265	530	
72	140	280	560	
75	150	300	600	
80	160	320	640	
85	170	340	680	
90	180	360	720	
95	190	380	760	

Die durch Kursivschrift gekennzeichneten Werte sind möglichst zu vermeiden.

Zulässige Abweichungen für die Achshöhe h.

Die angegebenen Werte sollen bei den elektrischen Maschinen Größtmaße mit Minusabweichung sein.

Achshöhe h	Zulässige Abweichungen
52 bis 250	— 0,5
265 bis 600	— 1
640 bis 1000	— 1,5

Formen elektrischer Maschinen DIN VDE 2950

Die verschiedenen mechanischen Ausführungsformen elektrischer Maschinen sind durch typische Bezeichnungen gekennzeichnet, die künftig alle Elektrizitätsfirmen in ihren Preislisten und Katalogen führen werden. Nachstehend sind für die hauptsächlich vorkommenden Formen Abbildungen, Typenbezeichnungen und kurze Erläuterungen angegeben. Zusätze, wie „mit Riemenscheibe", „mit Spannschienen", „mit Fundamentklötzen" sind bei Aufgabe der Formen besonders anzugeben.

1. Maschinen, die von den Elektrizitätsfirmen ohne Lager geliefert werden.

Bild	Bezeichnung	Erklärung
	A 1	**Mit Flanschwelle** Gehäuse am fremden Lager befestigt. Der Läufer wird von einer kurzen Flanschwelle getragen (ohne Außenlager)
	A 2	**Ohne Welle, Gehäuse mit Füßen** Der Läufer sitzt auf der verlängerten Welle der Antriebsmaschine. Das Gehäuse steht auf der verlängerten Grundplatte der Antriebsmaschine. Das Außenlager gehört zur Antriebsmaschine
	A 3	**Ohne Welle, Gehäuse mit Füßen, 2 Gehäusesohlplatten** Der Läufer sitzt auf der verlängerten Welle der Antriebsmaschine. Das mit Füßen versehene Gehäuse steht auf Sohlplatten, die im Steinfundament eingebettet sind. Das Außenlager gehört zur Antriebsmaschine

2. Maschinen mit Schildlagern.

Bild	Bezeichnung	Erklärung
	B 1	**Mit Flanschwelle und 1 Schildlager** Gehäuse am fremden Lager befestigt. Der Läufer sitzt auf einer Flanschwelle, die außen durch das Schildlager gestützt ist.
	B 2	**Mit Flanschwelle und 1 Schildlager Gehäuse mit Füßen** Der Läufer sitzt auf einer Flanschwelle, die außen durch das Schildlager gestützt ist

Bild	Be-zeich-nung	Erklärung
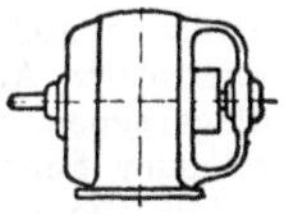	B 3	Mit 2 Schildlagern, freiem Wellenstumpf Auf dem Wellenstumpf kann eine Riemenscheibe, ein Ritzel, eine nachgiebige oder starre Kupplungshälfte befestigt werden. Aufstellung auf eisernem Unterbau, auf Spannschienen, Steinfundament, Holzbalken zulässig
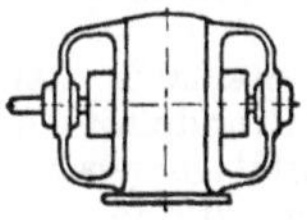	B 4	Mit 2 Schildlagern, freiem Wellenstumpf Ausführung für Maschinen mit 2 Kommutatoren. Auf dem Wellenstumpf kann eine Riemenscheibe, ein Ritzel, eine nachgiebige oder starre Kupplungshälfte befestigt werden. Aufstellung auf eisernem Unterbau, auf Spannschienen, Steinfundament, Holzbalken zulässig
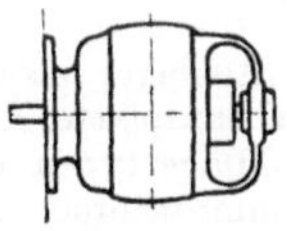	B 5	Mit 2 Schildlagern, freiem Wellenstumpf. Betestigungsflansch (Flanschmotoren)
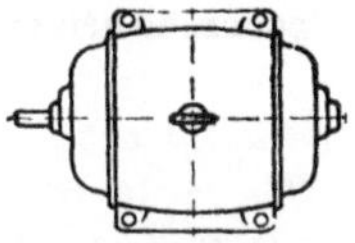	B 6	Mit 2 um 90^0 gedrehten Schildlagern. Freier Wellenstumpf links Wandbefestigung
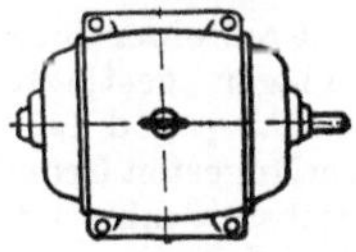	B 7	Mit 2 um 90^0 gedrehten Schildlagern. Freier Wellenstumpf rechts Wandbefestigung
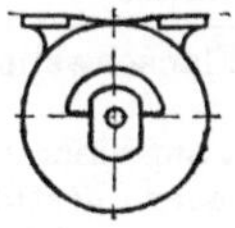	B 8	Mit 2 um 180^0 gedrehten Schildlagern. Freier Wellenstumpf Deckenbefestigung
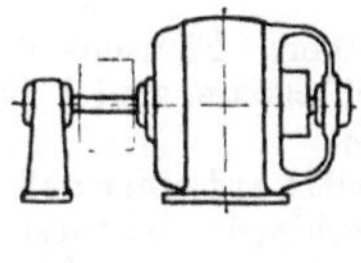	C 1	Mit 2 Schildlagern und 1 Stehlager Ausführung der Schildlagertypen, bei denen der Riemen- oder Seilzug sehr groß ist, so daß fliegende Scheibe nicht mehr zulässig ist. Auch für Zahnradantrieb. Aufstellung auf eisernem Unterbau oder Steinfundament. Für Aufstellung auf Spannschienen nicht zulässig

Bild	Be-zeich-nung	Erklärung
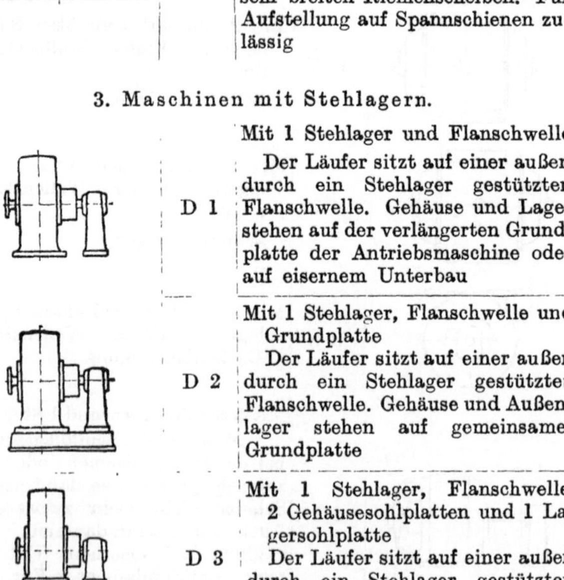	C 2	Mit 2 Schildlagern, 1 Stehlager und Grundplatte Gehäuse und Stehlager stehen auf gemeinsamer Grundplatte. Ausführung der Schildlagertypen, bei denen der Riemen- oder Seilzug sehr groß ist, so daß fliegende Scheibe nicht mehr zulässig ist. Auch für Zahnradantrieb. Für Aufstellung und Spannschienen zulässig
	C 3	Mit 1 Schildlager, 1 Stehlager und Grundplatte Gehäuse und Stehlager stehen auf gemeinsamer Grundplatte. Ausführung der Schildlagertypen mit sehr langen Kommutatoren. Für Aufstellung auf Spannschienen zulässig
	C 4	Mit 1 Schildlager, 2 Stehlagern und Grundplatte Gehäuse und Stehlager stehen auf gemeinsamer Grundplatte. Ausführung der Schildlagertypen mit sehr langen Kommutatoren und sehr breiten Riemenscheiben. Für Aufstellung auf Spannschienen zulässig

3. Maschinen mit Stehlagern.

Bild	Bezeichnung	Erklärung
	D 1	Mit 1 Stehlager und Flanschwelle Der Läufer sitzt auf einer außen durch ein Stehlager gestützten Flanschwelle. Gehäuse und Lager stehen auf der verlängerten Grundplatte der Antriebsmaschine oder auf eisernem Unterbau
	D 2	Mit 1 Stehlager, Flanschwelle und Grundplatte Der Läufer sitzt auf einer außen durch ein Stehlager gestützten Flanschwelle. Gehäuse und Außenlager stehen auf gemeinsamer Grundplatte
	D 3	Mit 1 Stehlager, Flanschwelle, 2 Gehäusesohlplatten und 1 Lagersohlplatte Der Läufer sitzt auf einer außen durch ein Stehlager gestützten Flanschwelle. Gehäuse und Lager stehen auf Sohlplatten

Bild	Be-zeich-nung	Erklärung
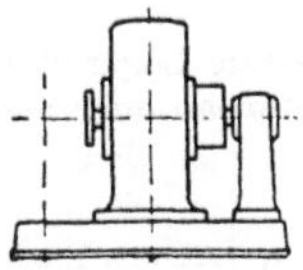	D 4	**Mit 1 Stehlager, Flanschwelle, Grundplatte** Der Läufer sitzt auf einer außen durch ein Stehlager gestützten Flanschwelle. Gehäuse, Außenlager und 1 Lager der Antriebsmaschine stehen auf gemeinsamer Grundplatte
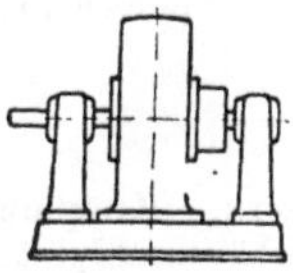	D 5	**Mit 2 Stehlagern, freiem Wellenstumpf und Grundplatte** Gehäuse und beide Lager stehen auf gemeinsamer Grundplatte. Aufstellung auf eisernem Unterbau, Steinfundament. Spannschienen zulässig
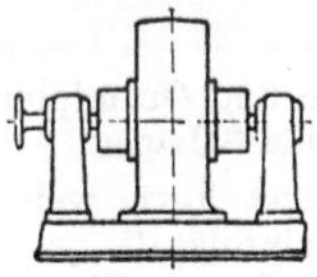	D 6	**Mit 2 Stehlagern, Kupplungsflansch, Grundplatte** Gehäuse und beide Lager stehen auf gemeinsamer Grundplatte. Aufstellung auf eisernem Unterbau, Steinfundament
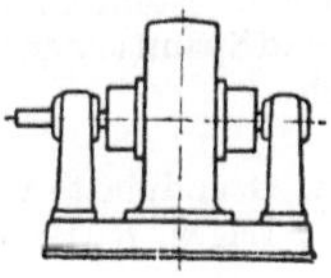	D 7	**Mit 2 Stehlagern, freiem Wellenstumpf und Grundplatte** Ausführung für Maschinen mit 2 Kommutatoren. Gehäuse und beide Lager stehen auf gemeinsamer Grundplatte. Aufstellung auf eisernem Unterbau, Steinfundament. Spannschienen zulässig
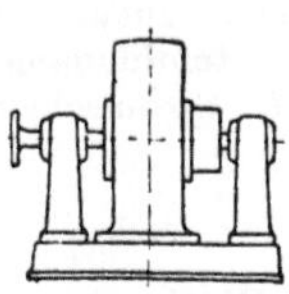	D 8	**Mit 2 Stehlagern, Kupplungsflansch, Grundplatte** Ausführung für Maschinen mit 2 Kommutatoren. Gehäuse und beide Lager stehen auf gemeinsamer Grundplatte. Aufstellung auf eisernem Unterbau, Steinfundament
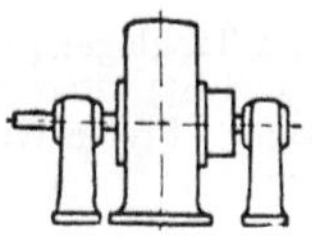	D 9	**Mit 2 Stehlagern, freiem Wellenstumpf** Gehäuse und beide Lager stehen auf eisernem Unterbau oder Steinfundament

Bild	Bezeichnung	Erklärung
	D 10	Mit 2 Stehlagern, Kupplungsflansch Gehäuse und beide Lager stehen auf eisernem Unterbau oder Steinfundament
	D 11	Mit 2 Stehlagern, freiem Wellenstumpf, 2 Gehäusesohlplatten, 2 Lagersohlplatten Aufstellung auf Steinfundament Aufstellung auf Spannschienen nicht zulässig
	D 12	Mit 2 Stehlagern, Kupplungsflansch, 2 Gehäusesohlplatten, 2 Lagersohlplatten Aufstellung auf Steinfundament
	D 13	Mit 3 Stehlagern und Grundplatte für Gehäuse und 3 Lager Maschinen dieser Form werden verwendet, wenn infolge des großen Riemen- oder Seilzuges fliegende Scheibe nicht mehr zulässig ist. Aufstellung auf Spannschienen, eisernem Unterbau, Steinfundament. Für Seile sind Spannschienen nicht erforderlich
	D 14	Mit 3 Stehlagern, Grundplatte für Gehäuse und 2 Lager, 1 Lagersohlplatte Maschinen dieser Form werden verwendet, wenn infolge des großen Riemen- oder Seilzuges fliegende Scheibe nicht mehr zulässig ist. Aufstellung auf Steinfundament. Aufstellung auf Spannschienen nicht zulässig.

4. Maschinen mit senkrechter Welle.

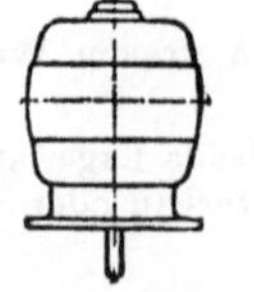

Bild	Bezeichnung	Erklärung
	V 1	2 Führungslager, 1 Traglager (nur für das Läufergewicht). Flansch am unteren Lager. Freier Wellenstumpf unten

Bild	Bezeichnung	Erklärung
	V 2	2 Führungslager, 1 Traglager (nur für das Läufergewicht). Flansch am unteren Lager. Freier Wellenstumpf oben
	V 3	2 Führungslager, 1 Traglager (nur für das Läufergewicht). Flansch am oberen Lager. Wellenstumpf oben
	V 4	2 Führungslager, 1 Traglager (nur für das Läufergewicht). Flansch am oberen Lager. Wellenstumpf unten
	V 5	2 Führungslager, 1 Traglager (nur für das Läufergewicht). Wellenstumpf unten. Gehäuse mit Füßen für Wandbefestigung
	V 6	2 Führungslager, 1 Traglager (nur für das Läufergewicht). Wellenstumpf oben. Gehäuse mit Füßen für Wandbefestigung
	V 7	2 Führungslager, 1 Traglager (nur für das Läufergewicht). Freier Wellenstumpf unten. Füße am unteren Lager zur Aufstellung auf einen laternenförmigen Untersatz

Bemerkung: Traglager und 1 Führungslager können gegebenenfalls auch kombiniert werden.

5. Maschinen mit senkrechter Welle für Kupplung mit Wasserturbinen.

Bild	Bezeichnung	Erklärung
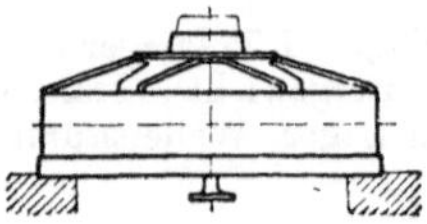	W 1	1 oberes Führungslager, Flanschwelle Das zweite Führungslager liegt unterhalb des Kupplungsflansches und gehört zur Turbine. Das Läufergewicht wird von der Turbinenwelle getragen
	W 2	1 oberes Führungslager, 1 Traglager, Flanschwelle Das zweite Führungslager liegt unterhalb des Kupplungsflansches und gehört zur Turbine. Das Traglager der elektrischen Maschinen trägt das Gewicht des Läufers und das Gewicht der Welle mit Turbinenrad
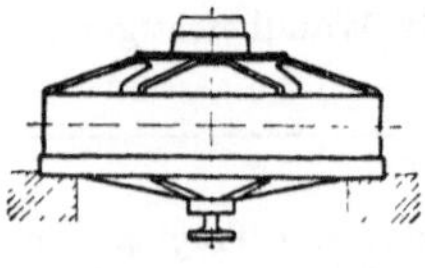	W 3	1 oberes Führungslager, 1 unteres Führungslager, Flanschwelle Das Läufergewicht wird von der Turbinenwelle getragen
	W 4	1 oberes Führungslager, 1 unteres Führungslager, 1 Traglager, Flanschwelle Das Traglager der elektrischen Maschinen trägt das Läufergewicht und das Gewicht der Welle mit Turbinenrad
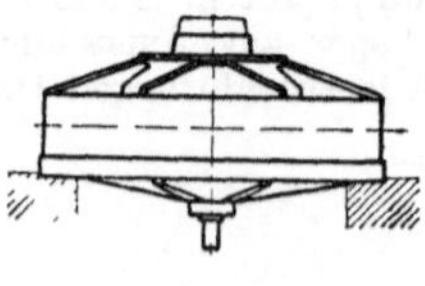	W 5	1 oberes Führungslager, 1 unteres Führungslager, 1 Traglager, freier Wellenstumpf Auf dem Wellenstumpf kann eine längsbewegliche oder nachgiebige Kupplung oder ein Zahnrad sitzen. Das Traglager der elektrischen Maschinen tragt nur das Läufergewicht

Die Maschinen nach Form W 1 bis W 5 können auch mit Sohlplatten geliefert werden.

6. Motorgeneratoren.

Bild	Bezeichnung	Erklärung
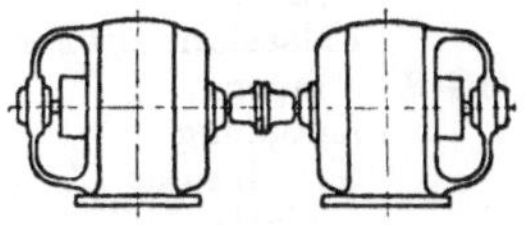	MG 1	Motor mit 2 Schildlagern Generator mit 2 Schildlagern Kupplung
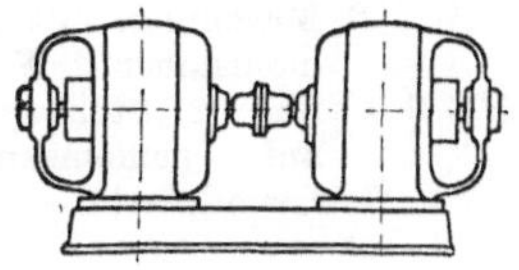	MG 2	Motor mit 2 Schildlagern Generator mit 2 Schildlagern Kupplung Gemeinsame Grundplatte
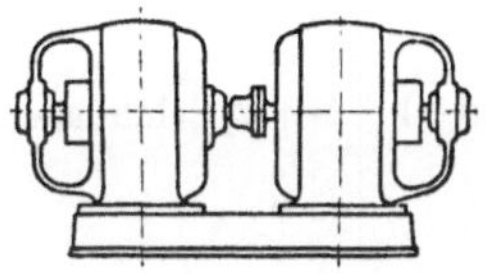	MG 3	1 Maschine mit 2 Schildlagern 1 Maschine mit 1 Schildlager Kupplung Gemeinsame Grundplatte
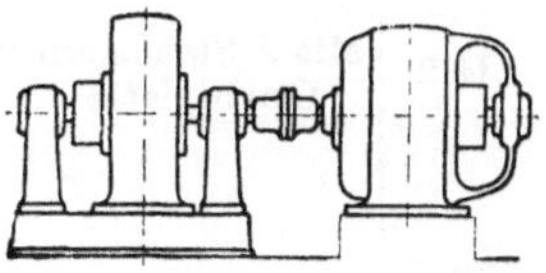	MG 4	1 Maschine mit 2 Stehlagern und Grundplatte 1 Maschine mit 2 Schildlagern Kupplung
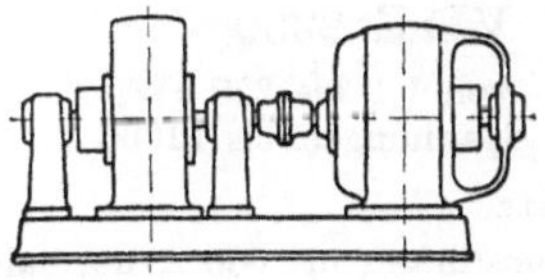	MG 5	1 Maschine mit 2 Stehlagern 1 Maschine mit 2 Schildlagern Kupplung Gemeinsame Grundplatte
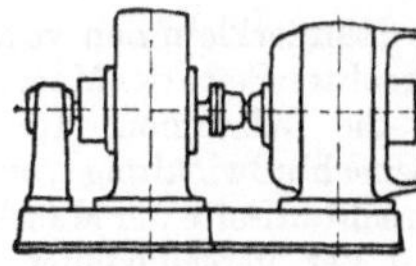	MG 6	1 Maschine mit 1 Stehlager 1 Maschine mit 2 Schildlagern Kupplung Gemeinsame Grundplatte
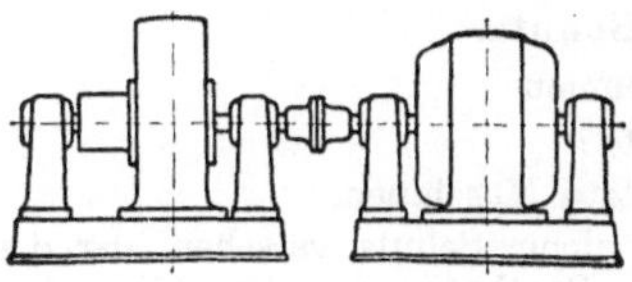	MG 7	Generator mit 2 Stehlagern und Grundplatte Motor mit 2 Stehlagern und Grundplatte Kupplung

Bild	Be-zeich-nung	Erklärung
	MG 8	1 Maschine mit 1 Steh-lager 1 Maschine mit 2 Steh-lagern Kupplung Gemeinsame Grund-platte
	MG 9	2 Maschinen mit ge-meinsamer Welle und 2 Stehlagern auf gemeinsamer Grundplatte

7. Umformer.

Bild	Bezeichnung	Erklärung
	U 1	Mit 2 Schildlagern
	U 2	Mit 2 Stehlagern und Grundplatte

Klemmen DIN VDE 2960

für elektrische Maschinen von 1,1 bis 250 kW,
3000 bis 500 Umdr./min und Spannungen bis 12000 V.

1. Sitz.

Die Klemmen sollen für Stromstärken bis 600 A normaler-weise seitlich an der Maschine sitzen. Bei seitlicher Anordnung der Klemmen sollen sitzen

a) bei Drehstrommaschinen die Ständerklemmen von der Antriebseite aus gesehen auf der rechten Seite der Maschine,

b) bei Gleichstrommaschinen die Klemmen für die Anker-, Reihenschluß- und Nebenschlußwicklung von der Antriebseite aus gesehen auf der rechten Seite der Maschine,

c) bei Umformern die Klemmen der verschiedenen Ma-schinen stets auf der gleichen Seite.

2. Schutz.

Zu unterscheiden sind Klemmen

a) mit Berührungsschutz:
Für offene oder geschützte Maschinen.
Die Klemmen sind mit einem Schutz versehen, der die zufällige oder fahrlässige Berührung der stromführenden

Teile, sowie das Eindringen größerer Fremdkörper erschwert. Gegen Staub oder Feuchtigkeit sind die Klemmen nicht geschützt.

b) **mit Schutz gegen Tropf- und Spritzwasser:**
Für tropf- und spritzwassersichere sowie für geschlossene und gekapselte Maschinen.

Die Klemmen sind mit einer Schutzkappe versehen, die das Eindringen von Tropf- und Spritzwasser behindert. Gegen Überflutung sind die Klemmen nicht geschützt.

c) **mit Schutz gegen Überflutung:**
Für Maschinen, die überflutet werden können.

Die Klemmen befinden sich in einem Gehäuse, das so abgedichtet ist, daß die Maschine unter Wasser stehen kann, ohne daß dieses mit den Klemmen in Berührung kommt.

3. Anzahl.

a) **Drehstrommaschinen:**
Für alle Leistungen bis 50 kW und Spannungen von 125 bis 500 V sind für die Ständerwicklung 6 Klemmen vorzusehen, um eine Umschaltung von Stern auf Dreieck zu ermöglichen.

Für Spannungen über 500 V können für die Ständerwicklung' der Motoren 3 Klemmen verwendet werden. Für Generatoren müssen 4 Klemmen verwendet werden, damit der Nullpunkt zugänglich ist.

b) **Gleichstrommaschinen:**
Nebenschluß- und Reihenschlußmaschinen erhalten 4, Doppelschlußmaschinen 5 oder 6 Klemmen, und zwar

2 Klemmen für die Anker- einschließlich Wendepolwicklung,
2 Klemmen für die Reihenschlußwicklung.
Eine davon kann bei Doppelschlußmaschinen gemeinsam mit der Anker- oder Wendepolwicklung benutzt werden.
2 Klemmen für die Nebenschlußwicklung.

4. Stufung.

Die Klemmengrößen sind nach der Stromstufenreihe DIN VDE . . . zu wählen.

Die Durchmesser der Anschlußbolzen sind nach DIN VDE 6200 zu wählen.

5. Abstände.

Der geringste Luftabstand der blanken stromführenden Teile soll mindestens 10 mm für je 1000 V Spannung betragen.

6. Anschlüsse.

Für Anschlußleitungen sind zu verwenden bei Klemmen

a) **mit Berührungsschutz:**
Einfachleitung in Isolier- oder Metallrohr, Kabel in nicht gedichteten Stutzen, unvergossen,

b) **mit Schutz gegen Tropf- und Spritzwasser:**
Einfachleitung in Metallrohr, Kabel in gedichteten Stutzen,

c) **mit Schutz gegen Überflutung:**
Kabel wasserdicht eingeführt und vergossen.

Elektrische Maschinen. Leistungschilder, Richtlinien.
DIN VDE 2961.

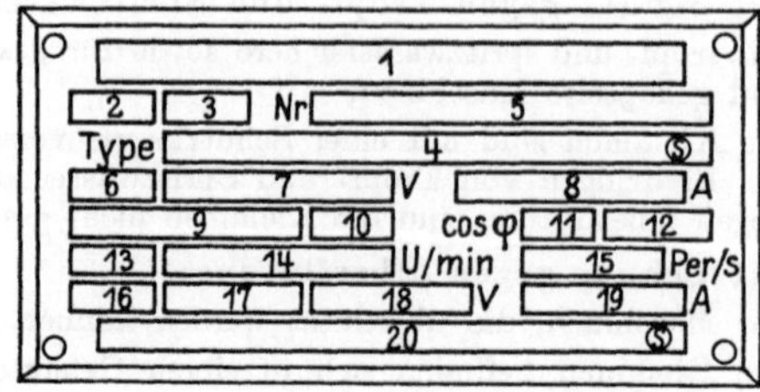

Die nachstehenden Angaben entsprechen den „Regeln für die Bewertung und Prüfung von elektrischen Maschinen" (R.E.M.).

Feld	Erklärung
1	Hersteller oder Ursprungzeichen
2	Stromart. Folgende Abkürzungen sind zulässig: G für Gleichstrom E für Einphasenstrom Z für Zweiphasenstrom D für Drehstrom S für Sechsphasenstrom
3	Arbeitsweise. Folgende Abkürzungen sind zulässig: Gen für Generator Mot für Motor Phas für Phasenschieber EU für Einankerumformer KU für Kaskadenumformer
4	Modellbezeichnung (Type) oder Listennummer der Maschine. Kennzeichen am Ende des Feldes für schlagwettergeschützte Maschinen
5	Fabriknummer (Maschinennummer)
6	Schaltart unter Benutzung folgender Zeichen: ⏐ Einphasen offen ⊥ Einphasen mit Hilfsphase ∟ Zweiphasen verkettet ✕ Zweiphasen unverkettet (Vierphas.) Y Dreiphasen Stern ⊻ Dreiphasen Stern mit herausgeführtem Nullpunkt △ Dreiphasen Dreieck ⦀ Dreiphasen offen ⏐ⁿ n-phasen offen z. B. ⏐⁶ Sechsphasen offen Bei Dreiphasenläufern fällt das Schaltzeichen fort
7	Nennspannung, bei Umformern die Nenngleich- und Nennwechselspannung
8	Nennstrom, bei Umformern der Nenngleichstrom und Nennwechselstrom

Feld	Erklärung
9	Nennleistung in kW oder W bei allen Motoren, bei Gleichstrom- und Asynchrongeneratoren und Wechselstrom-Gleichstrom-Einanker-Umformern Nennleistung in kVA bei Synchrongeneratoren, Synchron-Phasenschiebern und Gleichstrom-Wechselstrom-Einanker-Umformern
10	Abkürzung kW, kVA, W oder VA
11	Nennleistungsfaktor $\cos \varphi$ Bei Synchrongeneratoren, die voreilenden kapazitiven Blindstrom liefern sollen und bei Synchronmotoren und Phasenschiebern, die nacheilenden induktiven Blindstrom aufnehmen sollen, ist das Zeichen „u" (untererregt) hinzuzufügen
12	Betriebsart A Dauerbetrieb: Kein Vermerk B Kurzzeitiger Betrieb: KB und vereinbarte Betriebzeit C Aussetzender Betrieb: AB und relative Einschaltdauer
13	Drehrichtung: Rechtslauf von Antriebseite Linkslauf von Antriebseite
14	Nenndrehzahl
15	Nennfrequenz
16	Schaltart für Erregung vgl. 6
17	Das Wort „Erregung" bei Gleichstrommaschinen, Synchronmaschinen und Einanker-Umformern, das Wort „Läufer" bei Asynchronmaschinen
18	Nennerregerspannung oder Läuferstillstandspannung
19	Erregerstrom bei Nennbetrieb (bei Erregerstrom über 10 A) oder der Läuferstrom
20	Zusätzliche Vermerke (Kühlmittelmenge bei Fremdlüftung, Wasserkühlung usw.)

Formate und Lochabstände der Schilder siehe DIN 825.

Schleifringe DIN VDE 2965
für elektrische Maschinen.
Durchmesser.
mm

40	80	160	320	640
45	90	180	360	720
50	100	200	400	800
56	112	225	450	
64	125	250	500	
72	140	280	560	

Breiten.

mm

10	20	40
11	22	45
12,5	25	50
14	28	
16	32	
18	36	

Größere Durchmesser und Breiten sind nach der 20er Reihe DIN 323 zu stufen.

Werkstoff: Kupfer nach DIN VDE 500.
Bronze nach DIN VDE 502.
Eisen nach DIN VDE 503.

Zahl der Bürsten abhängig von der Stromstärke.

Für die Schleifringe können Bürstenhalter mit gleitenden Kohlen oder mit eingeklemmten Kohlen verwendet werden.

Flachkohlenbürsten nach DIN VDE 2900.

Erläuterungen.

Die Normblätter für „Einheitstransformatoren" DIN VDE 2600 und 2601 sind in Zusammenarbeit aller in Betracht kommenden technischen Verbände (VDE, Zentralverband der deutschen elektrotechnischen Industrie, Vereinigung der Elektrizitätswerke, Elektrobund) sowie Vertretern anderer wichtiger Verbrauchergruppen entstanden. Verbraucher und Hersteller waren einig in der Auffassung, daß eine durchgreifende Vereinheitlichung auf dem Gebiete der Transformatoren notwendig und ersprießlich sei. Es wurden zwei Reihen von Öltransformatoren mit der Frequenz 50 aufgestellt, die den Regeln für die Bewertung und Prüfung von Transformatoren R.E.T. 1923 des VDE entsprechen; eine Hauptreihe (HET 23) mit 7 Leistungen bis höchstens 100 kVA und eine Sonderreihe (SET) mit 6 Leistungen bis höchstens 50 kVA.

Die Transformatoren der Hauptreihe sind, wie die technischen Daten ergeben, relativ wenig überlastbar und erreichen im allgemeinen bei Dauerbetrieb mit ihrer Nennleistung die in den Verbandsregeln vorgesehenen Temperaturgrenzen; sie werden daher zweckmäßig in industriellen Betrieben verwendet, in denen sie während der gesamten Betriebstunden mit ihrer Nennleistung ausgenutzt werden können. — Die Transformatoren der Sonderreihe zeichnen sich durch wesentlich größere Überlastbarkeit aus. Sie erreichen erst bei einer dauernden Überlast von 60% die zulässige Temperaturerhöhung und dürfen 12 h mit doppelter Nennleistung beansprucht werden. Auf die doppelten Nennleistungen bezogen, betragen ihre Leerlaufverluste je kVA nur 56 bis 65% der Leerlaufverluste der Hauptreihe. Auf die Nennleistungen bezogen, sind auch die induktiven und Ohmschen Spannungsabfälle wesentlich geringer als bei der Hauptreihe. Diese Eigenschaften der Transformatoren der Sonderreihe bestimmen ihr Verwendungsgebiet. Sie eignen sich für Betriebe, in denen sie zwar dauernd unter Spannung stehen, aber nur in wenigen Tagesstunden oder in bestimmten

Einheitstransformatoren Hauptreihe HET 23 DIN VDE 2600

Einheitstransformatoren sind lagermäßig hergestellte Transformatoren mit Ölkühlung und Kupferwicklung für Drehstrom, Frequenz 50. Sie entsprechen den „Regeln für die Bewertung und Prüfung von Transformatoren des VDE" (RET 1923).

Nennleistung	5, 10, 20, 30, 50, 75, 100 kVA
Nennoberspannung	5000, 6000, 10000, 15000, 20000 V
Anzapfungen (Stufen)	Stufe I 5200 6240 10400 15600 20800 V Die Stufen müssen ohne Abheben „ II (Normalstufe) 5000 6000 10000 15000 20000 V des ganzen Deckels benutzbar sein „ III 4800 5760 9600 14400 19200 V
Nennunterspannung und Schaltung	231 Volt bei Leerlauf, in Schaltgruppe A_2 Nullpunkt gering belastbar 400 Volt bei Leerlauf, in Schaltgruppe C_3 Nullpunkt voll belastbar Auf Verlangen kann statt Schaltgruppe A_2 auch B_2 und statt Schaltgruppe C_3 auch D_3 vorgesehen werden. Die Unterspannungsseite erhält keine Anzapfungen, jedoch wird ihr Nullpunkt stets herausgeführt.
Nennstrom	Der Nennstrom oberspannungsseitig wird berechnet aus der Nennleistung und der Nennoberspannung (Stufe II). Der Nennstrom unterspannungsseitig wird berechnet aus der Nennleistung und der Nenn- (Leerlauf) Unterspannung.

	kVA	Leerlaufverluste W				Wicklungsverluste %								Nenn-Kurzschlußspannung %							
		5000V 6000V	10000V	15000V	20000V	5000 V 6000 V		10000 V		15000 V		20000 V		5000 V 6000 V		10000 V		15000 V		20000 V	
						A_2 (B_2)	C_3 (D_3)	A_2 (B_2)	C_3 (D_3)	A_2 (B_2)	C_3 (D_3)	A_2 (B_2)	C_3 (D_3)	A_2 (B_2)	C_3 (D_3)	A_2 (B_2)	C_3 (D_3)	A_2 (B_2)	C_3 (D_3)	A_2 (B_2)	C_3 (D_3)
Technische Daten	5	60	70	85	100	3,3	3,6	3,3	3,6	3,3	3,6	3,3	3,6	4,2	4,5	4,2	4,5	4,6	4,9	4,6	4,9
	10	100	115	130	150	3,0	3,3	3,0	3,3	3,0	3,3	3,0	3,3	4,0	4,3	4,0	4,3	4,5	4,7	4,5	4,7
	20	175	190	210	225	2,8	3,1	2,8	3,1	2,8	3,1	2,8	3,1	3,9	4,1	3,9	4,1	4,4	4,6	4,4	4,6
	30	240	260	280	300	2,6	2,9	2,6	2,9	2,6	2,9	2,6	2,9	3,8	4,0	3,8	4,0	4,3	4,5	4,3	4,5
	50	350	375	400	425	2,5	2,7	2,5	2,7	2,5	2,7	2,5	2,7	3,6	3,8	3,6	3,8	4,1	4,3	4,1	4,3
	75	475	510	540	575	2,3	2,5	2,3	2,5	2,3	2,5	2,3	2,5	3,5	3,7	3,5	3,7	3,9	4,1	3,9	4,1
	100	600	630	660	700	2,1	2,3	2,1	2,3	2,1	2,3	2,1	2,3	3,5	3,7	3,5	3,7	3,8	4,0	3,8	4,0

Leerlauf- u. Wicklungsverluste: obige Werte dürfen um nicht mehr als 10% überschritten werden.

Nenn-Kurzschlußspannung: darf von obigen Werten um nicht mehr als +10% oder −20% abweichen. Siehe R.E.T. 1923 §61.

Erwärmung: nach den Bestimmungen der R.E.T. 1923.

Überlastbarkeit: nach 10stünd. Betrieb mit halber Nennleistung = $\left\{ \begin{array}{l} \text{30% während 1 Stunde oder} \\ \text{10% während 3 Stunden} \end{array} \right.$

Lage	Ausführung				
	A	Bolzen		Muttern	
		Werkstoff	Durchmesser	Werkstoff	Gewinde
Klemmen — Unterspannungsseite / Oberspannungsseite	bis 50	Eisen oder Kupfer	$\frac{1}{2}''$	Messing oder Kupfer	Whitworth nach DIN 11
	über 50 bis 200	Kupfer	$\frac{1}{2}''$		
	über 200 bis 350		$\frac{5}{8}''$		
	über 350 bis 600		$\frac{3}{4}''$		
	Freie Bolzenlänge mindestens = 3 × Bolzendurchmesser				

Durchführungen	**Oberspannung:** nach R.E.T. 1923. **Unterspannung:** nach R.E.T. 1923. Kriechweg über Deckel, mindestens 40 mm.
Ölkessel	Lieferung erfolgt mit Öl gefüllt. Ölstandsglas wird nicht verwendet, sondern Überlaufschraube, Hahn oder Meßstab. Ölablaßvorrichtung sowie eine Einrichtung zur Einführung eines Thermometers muß vorhanden sein, deren Lochdurchmesser muß mindestens 12 mm betragen. Ölkonservator wird, wenn vorhanden, fest angebaut.
Schild	Aufschriften und Ort des Schildes nach den Bestimmungen der R.E.T. 1923. Außerdem ist auf dem Schild das Zeichen HFT 23 anzubringen. Bei Reparaturen ist § 69 der R.E.T. 1923 besonders zu beachten.
Bemerkungen	Leerlaufverlust ist die Aufnahme des Transformators, wenn der Unterspannungswicklung bei unbelasteter Oberspannungswicklung die Nennunterspannung zugeführt wird. Er wird in Watt (W) angegeben. Wicklungsverlust ist die Aufnahme des Transformators, wenn der einen Wicklung bei Kurzschluß der anderen der Nennstrom zugeführt wird. Er wird in % der Nennleistung angegeben. Die Oberspannungswicklung muß dabei auf Normalstufe (II) geschaltet werden. Kurzschlußspannung ist diejenige Spannung, die auftritt, wenn der einen Wicklung bei Kurzschluß der anderen der Nennstrom zugeführt wird. Sie wird in % der Nennprimärspannung angegeben. Die Oberspannungswicklung muß dabei auf Normalstufe (II) geschaltet werden. Wicklungsverlust und Nenn-Kurzschlußspannung werden auf die gewährleistete Wicklungstemperatur bezogen.

Einheitstransformatoren Sonderreihe SET 23 DIN VDE 2601

Einheitstransformatoren sind lagermäßig hergestellte Transformatoren mit Ölkühlung und Kupferwicklung für Drehstrom, Frequenz 50. Sie entsprechen den „Regeln für die Bewertung und Prüfung von Transformatoren des VDE" (R.E.T. 1923).

Nennleistung	5, 10, 15, 25, 37,5, 50 kVA
Nennoberspannung	5000, 6000, 10000, 15000, 20000 V
Anzapfungen (Stufen)	Stufe I 5200 6240 10400 15600 20800 V / „ II (Normalstufe) 5000 6000 10000 15000 20000 V / „ III 4800 5760 9600 14400 19200 V — Die Stufen müssen ohne Abheben des ganzen Deckels benutzbar sein.
Nennunterspannung und Schaltung	231 Volt bei Leerlauf, in Schaltgruppe A_2 Nullpunkt gering belastbar / 400 Volt bei Leerlauf, in Schaltgruppe C_3 Nullpunkt voll belastbar / Auf Verlangen kann statt Schaltgruppe A_2 auch B_2 und statt Schaltgruppe C_3 auch D_3 vorgesehen werden. Die Unterspannungsseite erhält keine Anzapfungen, jedoch wird ihr Nullpunkt stets herausgeführt.
Nennstrom	Der Nennstrom oberspannungsseitig wird berechnet aus der Nennleistung und der Nennoberspannung (Stufe II). Der Nennstrom unterspannungsseitig wird berechnet aus der Nennleistung und der Nenn- (Leerlauf) Unterspannung.

Technische Daten

kVA	Leerlaufverluste W				Wicklungsverluste %								Nenn-Kurzschlußspannung %							
	5000V 6000V	10000V	15000V	20000V	5000 V 6000 V A_2 (B_2)	C_3 (D_3)	10000 V A_2 (B_2)	C_3 (D_3)	15000 V A_2 (B_2)	C_3 (D_3)	20000 V A_2 (B_2)	C_3 (D_3)	5000 V 6000 V A_2 (B_2)	C_3 (D_3)	10000 V A_2 (B_2)	C_3 (D_3)	15000 V A_2 (B_2)	C_3 (D_3)	20000 V A_2 (B_2)	C_3 (D_3)
5	60	70	85	100	2,6	2,9	2,6	2,9	2,6	2,9	2,6	2,9	3,5	3,7	3,5	3,7	3,7	3,9	3,7	3,9
10	100	110	120	130	2,4	2,6	2,4	2,6	2,4	2,6	2,4	2,6	3,4	3,6	3,4	3,6	3,6	3,8	3,6	3,8
15	140	155	165	180	2,2	2,4	2,2	2,4	2,2	2,4	2,2	2,4	3,3	3,5	3,3	3,5	3,5	3,7	3,5	3,7
25	210	225	235	250	2,0	2,2	2,0	2,2	2,0	2,2	2,0	2,2	3,2	3,4	3,2	3,4	3,4	3,6	3,4	3,6
37,5	295	315	335	355	1,9	2,1	1,9	2,1	1,9	2,1	1,9	2,1	3,0	3,2	3,0	3,2	3,2	3,4	3,2	3,4
50	370	390	410	430	1,8	2,0	1,8	2,0	1,8	2,0	1,8	2,0	2,9	3,0	2,9	3,0	3,1	3,2	3,1	3,2

Leerlauf- u. Wicklungsverluste: obige Werte dürfen um nicht mehr als 10% überschritten werden.

Nenn-Kurzschlußspannung: darf von obigen Werten um nicht mehr als +10% oder −20% abweichen. Siehe R.E.T. 1923 § 61.

Überlastbarkeit (siehe § 32 der R.E.T. 1923)	Nach Dauerbetrieb bei Nennleistung überlastbar um:		
	50% dauernd	110 % während 1 Stunde oder 75 % „ 3 Stunden	100 % während 12 Stunden, etwa 500 Stunden im Jahre zulässig
Erwärmung	nach den Bestimmungen der R.E.T. 1923		bis zu 10⁰ C mehr. Siehe § 32 der R.E.T. 1923.

Klemmen

Lage

Unterspannungsseite

Oberspannungsseite

Ausführung					
		Bolzen		Muttern	
A		Werkstoff	Durchmesser	Werkstoff	Gewinde
bis 50		Eisen oder Kupfer	$^1/_2{}''$	Messing oder Kupfer	Whitworth nach DIN 11
über 50 bis 200			$^1/_2{}''$		
über 200 bis 350		Kupfer	$^5/_8{}''$		
über 350 bis 600			$^3/_4{}''$		
Freie Bolzenlänge mindestens = 3 × Bolzendurchmesser					

Durchführungen	Oberspannung: nach R.E.T. 1923.
	Unterspannung: nach R.E.T. 1923. Kriechweg über Deckel jedoch mindestens 40 mm.
Ölkessel	Lieferung erfolgt mit Öl gefüllt. Ölstandsglas wird nicht verwendet, sondern Überlaufschraube, Hahn oder Meßstab. Ölablaßvorrichtung sowie eine Einrichtung zur Einführung eines Thermometers muß vorhanden sein; deren Lochdurchmesser muß mindestens 12 mm betragen. Ölkonservator wird, wenn vorhanden, fest angebaut.
Schild	Aufschriften und Ort des Schildes nach den Bestimmungen der R.E.T. 1923. Außerdem ist auf dem Schild das Zeichen SET 23 anzubringen. Bei Reparaturen ist § 69 der R.E.T. besonders zu beachten.
Bemerkungen	Leerlaufverlust ist die Aufnahme des Transformators, wenn der Unterspannungswicklung bei unbelasteter Oberspannungswicklung die Nennunterspannung zugeführt wird. Er wird in Watt (W) angegeben. Wicklungsverlust ist die Aufnahme des Transformators, wenn der einen Wicklung bei Kurzschluß der anderen der Nennstrom zugeführt wird. Er wird in % der Nennleistung angegeben. Die Oberspannungswicklung muß dabei auf Normalstufe (II) geschaltet werden. Kurzschlußspannung ist diejenige Spannung, die auftritt, wenn der einen Wicklung bei Kurzschluß der anderen der Nennstrom zugeführt wird. Sie wird in % der Nennprimärspannung angegeben. Die Oberspannungswicklung muß dabei auf Normalstufe (II) geschaltet werden. Wicklungsverlust und Nenn-Kurzschlußpsannung werden auf die gewährleistete Wicklungstemperatur bezogen.

Jahreszeiten stark beansprucht werden. In erster Reihe werden die landwirtschaftlichen Betriebe sich der Transformatoren der Sonderreihe bedienen. Die Transformatoren der Sonderreihe stimmen mit denen der Hauptreihe in der Weise überein, daß aus einem Modell der Hauptreihe von einer bestimmten Leistung (10, 20, 30, 50, 75, 100 kVA) ein Modell der Sonderreihe von der halben Leistung (5, 10, 15, 25, 37,5, 50 kVA) entwickelt wurde. Die übereinstimmenden Typen haben gleichen Kasten und gleichen Eisenkern; sie unterscheiden sich durch die Wicklungen. Da die Typen der Sonderreihe sehr geringe Leerlaufverluste haben müssen, sind sie wesentlich geringer gesättigt als die Typen der Hauptreihe, d. h. sie haben bei gleichen Spannungen mehr Windungen. Ein Einheitstransformator der Reihe SET 23 von 15 kVA ist daher keineswegs identisch mit dem von 30 kVA der Reihe HET 23 und darf nicht etwa dauernd mit 30 kVA beansprucht werden, da er bei dieser Beanspruchung um 10^0 wärmer wird als für die Transformatoren der Hauptreihe zulässig ist (s. Überlastbarkeit). Die Leistung der Einheitstransformatoren der Sonderreihe ist aber nicht nur durch die Temperaturerhöhung, sondern auch durch den Spannungsabfall begrenzt. Beispielsweise beträgt bei dem 30 kVA-Transformator der Reihe HET 23 der Ohmsche Spannungsabfall 2,9 % und der der Nennkurzschlußspannung entsprechende induktive Spannungsabfall 4,5 %; beim 15 kVA-Transformator der Reihe SET 23 sind die entsprechenden Zahlen bei einer Belastung mit 30 kVA 4,8 bzw. 7,4 %; die Spannung auf Normalstufe und bei cos $\varphi = 0,6$ fällt dann schon von 400 auf 370 Volt ab.

Nennleistung. Als zweckmäßig wurde angesehen, die Nennleistungen der Einheitstransformatoren vorläufig nach oben hin enger zu begrenzen, und es der Entwicklung zu überlassen, ob sich die Erweiterung der Typenreihe empfiehlt. Im allgemeinen wird der Käufer bei Transformatoren über 100 kVA eher einen langen Liefertermin zulassen als bei kleineren Apparaten, so daß die größeren Typen nicht auf Lager gehalten zu werden brauchen.

Bisher waren folgende Leistungen üblich:

Der Schwerpunkt des Bedarfs wird nach statistischen Erhebungen durch folgende Hauptreihe getroffen:

5, 10, 20, 30, 50, 75, 100 kVA.

Die Leistungen der Transformatoren der Sonderreihe sind:

5, 10, 15, 25, 37,5, 50 kVA.

Nennoberspannungen. Es lag nahe, die Nennspannungen der Einheitstransformatoren lediglich auf die inzwischen vom VDE für Neuanlagen empfohlenen Betriebsspannungen zu beschränken. Transformatoren müssen aber nicht nur für Neuanlagen, sondern vor allem auch für bestehende Netze gebaut werden. Daher mußte die Oberspannung von 5000 V bei den Einheitstransformatoren berücksichtigt werden. Die Statistik ergibt, daß im Mittel ungefähr die gleiche Anzahl von Transformatoren bis 100 kVA für 5000 und 6000 V hergestellt wurde; es war daher nicht angängig, bei den Einheitstransformatoren lediglich die vom VDE empfohlene Nennspannung von 6000 V zu berücksichtigen.

Anzapfungen sind in vielen Fällen aus betriebstechnischen Gründen erforderlich. Sie auf der Unterspannungseite anzubringen, ist der größeren Wicklungsquerschnitte und des hohen Prozentsatzes wegen, den die Spannung einer Windung auf dieser Wicklungseite ausmacht, unzweckmäßig. Durch die Anzapfungen

$+ 4\%$ und $- 4\%$ sind 3 Stufen geschaffen, die besonderen Verhältnissen, wie großer Abfall in den Unterspannungleitungen zum Verbrauchsapparat oder höhere Spannung in der Nähe der Zentrale, genügend Rechnung tragen. In Sonderfällen wird sich empfehlen, einen kleinen Spartransformator auf der Unterspannungseite zwischenzuschalten, von denen wenige für Netze mit vielen Transformatoren genügen, wobei der Vorteil der Auswechselbarkeit der Einheitstransformatoren erhalten bleibt.

Als ein berechtigtes Verlangen wird es angesehen, daß diese normalen Schaltstufen ohne Abheben des ganzen Deckels betätigt werden können, wobei es freigestellt bleibt, ob die Anzapfungen an besonderen Durchführungsisolatoren sitzen, oder ob sie durch Sonderumschalter im Innern von außen betätigt werden. Diese Stufen können nicht während des Betriebes bedient werden; die Öl- und Trennschalter müssen vorher auf der Oberspannungseite geöffnet werden und, falls mehrere Transformatoren im Netz parallel arbeiten, auch die Schalter der Unterspannungseite.

Nennunterspannungen. Als Unterspannungen kamen für Einheitstransformatoren 220 und 380 V in Frage. Die Nennspannung 110 V ist bei Drehstrom nicht sehr verbreitet und wird immer mehr auf Sonderbetriebe beschränkt bleiben.

Die Leerlaufspannungen mußten entsprechend höher (231 bzw. 400 V) gewählt werden, um dem Spannungsabfall im Transformator und im Unterspannungnetz Rechnung zu tragen.

Da für den Parallellauf von Transformatoren, abgesehen von anderen Bedingungen, Gleichheit der Windungsverhältnisse bzw. des Spannungverhältnisses bei Leerlauf erforderlich ist, mußten die Leerlauf- und nicht die Vollastspannungen festgelegt werden.

Schaltung. Zum Parallellauf von Transformatoren ist außer der Gleichheit der Übersetzung und der Kurzschlußspannung auch Übereinstimmung der **Schaltgruppe** notwendig. Die Oberspannungwicklung der Einheitstransformatoren wird stets in Stern geschaltet, die Unterspannungwicklung bei 231 V in Stern (Schaltgruppe A_2 oder B_2), bei 400 V in Zickzackschaltung (Schaltgruppe C_3 oder D_3). Bei Wahl dieser Spannungen und Schaltgruppen ergibt sich der Vorteil, daß bei gleicher Oberspannung beide Übersetzungen durch Umschaltung der gleichen Unterspannungwicklung ausgeführt werden können. Bei den Einheitstransformatoren mit 400 V Unterspannung ist die stets herauszuführende Neutrale, die die Sternspannung von 231 V ergibt, voll belastbar, während bei den Transformatoren mit 231 V Drehstromspannung die Neutrale (133 V Sternspannung) nur gering belastet werden darf.

Beabsichtigt wird, allmählich allgemein zu den Schaltgruppen A_2 und C_3 überzugehen. Die Schaltgruppe A hat gegenüber B den Vorteil, daß auch bei doppelter Transformation keine Schwierigkeiten beim Parallellauf eintreten. Das mag an dem folgenden Beispiel erläutert werden: Es seien drei Sammelschienen mit verschiedenen Spannungen vorhanden. Über Transformatoren mit der Übersetzung n_1/n_2 bzw. n_2/n_3 werden die drei Sammelschienen zusammengeschaltet; außerdem soll ein Transformator zwischen die erste und dritte Sammelschiene geschaltet werden, der also die Übersetzung n_1/n_3 haben muß. Stellt man nun die Forderung, daß alle Transformatoren des Netzes gleiche Schaltgruppe besitzen sollen, so ist das nur bei Wahl der Gruppe A möglich. Sind die ersten beiden Transformatoren n_1/n_2 und (n_2/n_3) nach Gruppe B geschaltet, so muß der dritte Transformator die Gruppe A haben. Die Bedingung der gleichen Schaltgruppe für alle 3 Transformatoren ist also dann nicht erfüllbar.

Da die Schaltgruppen B_2 und D_3 z. Z. noch sehr verbreitet sind, mußten mit Rücksicht auf Parallellauf mit vorhandenen Transformatoren vorläufig auch diese Schaltgruppen zugelassen werden. Empfohlen wird jedoch, allmählich zu A_2 und C_3 überzugehen.

Es mag hier erwähnt werden, daß die Umschaltung einer Oberspannungwicklung für 5000 V von Stern in Dreieck, um den Einheitstransformator in einem 3000 V-Netz zu benutzen, nicht ohne besondere Vorsichtsmaßregeln möglich ist. Man muß dabei auf die Benutzung der Anzapfungen verzichten und außerdem dafür Sorge tragen, daß die bei der Dreieckschaltung auftretenden wesentlich höheren Spannungsunterschiede zwischen den Anzapfungen der drei Schenkel keine Störungen hervorrufen.

Nennstrom. Nach den früheren Normen wurde der Nennstrom berechnet aus der Nennleistung und der höchsten Nennoberspannung (Stufe 1). Entsprechend R.E.T. 1923 § 9 und 26 wird als die Stufe, die der Nennoberspannung entspricht, die Normalstufe (Stufe 2) festgelegt, die zusammen mit der Nennleistung den Nennstrom bestimmt.

Technische Daten. Für die Einheitstransformatoren sind die prozentualen Kurzschlußspannungen, prozentualen Wicklungsverluste und die Leerlaufverluste in Watt festgelegt. Zulässige Abweichungen von diesen Werten sind angegeben. Derartige Abweichungen sind aus rein fertigungstechnischen Gründen erforderlich. Es ist bekannt, daß Maschinen und Transformatoren selbst bei Massenherstellung in ihren technischen Daten nie genau übereinstimmen. Die in den Zahlentafeln angegebenen Werte stellen bezüglich der Leerlauf- und Wicklungsverluste ein Optimum dar, das sich durch Besonderheiten der Fertigung um die angegebenen prozentualen Toleranzen verschlechtern kann. Aber auch diese relativ geringen Abweichungen setzen voraus, daß Werkstoff (legierte Bleche, Kupfer) von den Qualitäten zur Verfügung steht, wie sie in der Vorkriegszeit üblich waren. Treten Verschlechterungen des aktiven Werkstoffes ein, so werden die als zulässig festgesetzten Abweichungen von den Daten der Zahlentafel nicht genügen.

Die prozentualen Wicklungsverluste und die prozentualen Kurzschlußspannungen sind entsprechend den R.E.T. 23 auf die Normalstufe (Stufe 2) bezogen.

Die Unterschiede der Kurzschlußspannung ($+ 10 \%$ und $- 20 \%$) tragen den Verschiedenheiten der Erzeugnisse der einzelnen Werke und den in der Fertigung unvermeidlich auftretenden kleinen Maßunterschieden in den Wicklungen Rechnung. Transformatoren mit Leistungen, wie sie bei Einheitstransformatoren vorkommen, laufen häufig nicht über Sammelschienen, sondern über Netzstrecken parallel. Hierbei darf der Unterschied der Kurzschlußspannungen bekanntlich viel größer sein als bei direktem Parallellauf.

Aus technischen Gründen konnten die Kurzschlußspannungen der Einheitstransformatoren gleicher Übersetzung und verschiedener Leistung nicht überall gleich gewählt werden. Es ergeben sich aber keine Schwierigkeiten beim Parallellauf; der größte Unterschied in der Lastaufnahme wird nicht mehr als etwa 5 % betragen.

Durch Kurzschlußspannung und Wicklungsverlust, der den Spannungsabfall bei induktionsfreier Vollast bedingt, ist die Regelung der Transformatoren gegeben.

Die angegebenen Werte der prozentualen Wicklungsverluste lassen sich in Watt ausrechnen, wenn man sie auf die Leistung der betreffenden Transformatoren bezieht. Ein Transformator von 100 kVA mit einem prozentualen Wicklungsverlust von 2,2% hat also 2200 W Wicklungsverlust. Die Werte der prozentualen Spannungsabfälle bei induktionsfreier Vollast sind zahlenmäßig identisch mit dem prozentualen Wicklungsverlust. Der erwähnte 100 kVA-Transformator hat also 2,2% induktionsfreien Spannungsabfall.

In den nachstehenden Tafeln ist unter Verwendung der Daten für sämtliche Einheitstransformatoren berechnet, welche Spannungen bei Benutzung der drei Schaltstufen (Anzapfungen) auf der Unterspannungseite bei der Nennleistung und verschiedenen nacheilenden Phasenverschiebungswinkeln (cos $\varphi = 1$, 0,8, 0,6, 0) unter der Voraussetzung auftreten, daß die Oberspannungen die normalen Werte haben. Man sieht aus diesen Tafeln, daß sich für alle Belastungsarten Schaltungen finden lassen, bei denen noch ein erheblicher Spannungverlust in Zuleitungen zu den Verbrauchsapparaten der Unterspannungseite auftreten kann, ohne daß die Spannungen 220 oder 380 V an der Verbrauchstelle unterschritten werden. — Bei den Transformatoren kommen an den Unterspannungklemmen zustande:

Reihe	Stufe	V	
		mindestens	höchstens
Hauptreihe	II	220 bzw. 381	227 bzw. 391
	III	229 bzw. 395	236 bzw. 407
Sonderreihe	II	222 bzw. 384	227 bzw. 392
	III	231 bzw. 399	236 bzw. 408

Die Stufe I (Anzapfung $+ 4\%$ wird im wesentlichen benutzt werden, wenn die Oberspannung den normalen Wert übersteigt.

Zahlentafel

der Unterspannungen der Einheitstransformatoren bei Vollast und verschiedenen Leistungsfaktoren.

I. Hauptreihe.

Leerlauf-Unterspannung: 231 V.

a) Oberspannung: 5000, 6000, 10000 V.

	cos $\varphi = 1$			cos $\varphi = 0,8$			cos $\varphi = 0,6$			cos $\varphi = 0$		
	Stufe			Stufe			Stufe			Stufe		
kVA	I	II	III	I	II	III	I	II	III	I	II	III
5	215	224	233	212	221	230	213	222	230	216	225	234
10	215	224	233	213	221	230	213	222	231	216	225	234
20	216	225	234	213	222	231	213	222	231	216	225	234
30	216	225	234	214	222	231	213	222	231	215	224	233
50	216	226	235	214	223	232	214	223	232	216	225	234
75	217	226	235	214	223	232	214	223	232	216	225	234
100	217	226	236	214	223	232	214	223	232	215	224	233

b) Oberspannung: 15000 V.

kVA	$\cos\varphi=1$ Stufe I	II	III	$\cos\varphi=0,8$ Stufe I	II	III	$\cos\varphi=0,6$ Stufe I	II	III	$\cos\varphi=0$ Stufe I	II	III
5	215	224	233	212	221	230	211	220	229	214	223	232
10	215	224	233	212	221	229	211	220	229	214	223	232
20	216	225	234	213	221	230	212	221	230	214	223	232
30	216	225	234	213	222	230	212	221	230	214	223	232
50	216	226	235	213	222	231	213	222	230	214	223	232
75	217	226	235	214	223	231	213	222	231	215	224	233
100	217	226	236	214	223	232	213	222	231	215	224	233

c) Oberspannung: 20000 V.

kVA	I	II	III	I	II	III	I	II	III	I	II	III
5	215	224	233	212	221	230	211	220	229	214	223	232
10	215	224	233	212	221	230	212	221	230	214	223	232
20	216	225	234	212	221	230	212	221	230	214	223	232
30	216	226	234	213	222	230	212	221	230	214	223	232
50	216	226	234	213	222	230	213	222	230	214	223	232
75	216	226	234	214	223	232	213	222	230	214	223	232
100	217	227	236	214	223	232	213	222	230	215	224	233

II. Hauptreihe.
Leerlauf-Unterspannung: 400 V.

a) Oberspannung: 5000, 6000, 10000 V.

kVA	$\cos\varphi=1$ Stufe I	II	III	$\cos\varphi=0,8$ Stufe I	II	III	$\cos\varphi=0,6$ Stufe I	II	III	$\cos\varphi=0$ Stufe I	II	III
5	371	386	402	367	382	398	367	383	398	372	389	404
10	372	387	403	367	383	398	368	383	398	373	388	404
20	373	388	404	368	384	399	368	384	399	372	389	404
30	373	389	404	369	384	400	369	384	399	373	388	404
50	374	390	405	369	385	400	369	385	400	372	389	404
75	375	390	406	370	386	401	370	385	401	372	389	404
100	376	391	407	371	386	402	370	386	401	372	389	404

b) Oberspannung: 15000 V.

kVA	I	II	III	I	II	III	I	II	III	I	II	III
5	371	386	402	365	381	396	366	381	396	371	386	402
10	372	387	403	366	382	397	366	381	397	371	386	402
20	373	388	404	367	382	397	366	382	397	371	386	402
30	373	389	404	367	383	398	367	382	397	371	386	402
50	374	390	405	368	384	399	368	383	398	371	386	402
75	375	390	406	369	384	400	368	384	399	371	387	402
100	376	391	407	370	385	400	369	384	400	371	387	402

c) Oberspannung: 20000 V.

kVA	I	II	III	I	II	III	I	II	III	I	II	III
5	371	386	401	365	380	395	366	381	396	371	386	401
10	372	387	402	366	381	396	366	381	396	371	386	401
20	373	388	403	367	382	397	367	382	397	371	386	401
30	374	389	405	367	382	397	366	381	396	371	386	401
50	375	390	406	368	383	398	368	383	398	371	386	401
75	375	390	406	369	384	399	369	384	399	371	386	401
100	376	391	407	370	385	401	369	384	399	372	387	402

III. Sonderreihe.
Leerlauf-Unterspannung: 231 V.

a) Oberspannung: 5000, 6000, 10000 V.

kVA	$\cos\varphi = 1$ Stufe			$\cos\varphi = 0,8$ Stufe			$\cos\varphi = 0,6$ Stufe			$\cos\varphi = 0$ Stufe		
	I	II	III	I	II	III	I	II	III	I	II	III
5	216	225	234	214	223	232	214	223	232	216	225	234
10	217	226	235	214	223	232	214	223	232	216	225	234
15	217	227	236	215	224	232	214	223	232	216	225	234
25	218	227	236	215	224	233	215	224	233	216	225	234
37,5	218	227	236	215	224	233	215	224	233	216	226	235
50	218	227	236	216	225	234	215	224	233	217	226	235

b) Oberspannung: 15000 V.

kVA	I	II	III	I	II	III	I	II	III	I	II	III
5	216	225	234	214	223	231	213	222	231	216	225	234
10	217	226	235	214	223	232	214	223	232	216	225	234
15	217	227	236	214	223	232	214	223	232	216	225	234
25	218	227	236	215	224	232	215	224	233	216	225	234
37,5	218	227	236	215	224	233	215	224	233	216	225	234
50	218	227	236	215	224	233	215	224	233	216	225	234

c) Oberspannung: 20000 V.

kVA	I	II	III	I	II	III	I	II	III	I	II	III
5	216	225	234	214	223	232	214	223	232	216	225	234
10	216	226	235	214	223	232	214	223	232	216	225	234
15	216	226	235	214	223	232	214	223	232	216	225	234
25	217	227	236	215	224	233	214	223	232	215	224	233
37,5	217	227	236	215	224	233	215	224	233	216	225	234
50	217	227	236	215	224	233	215	224	233	216	225	234

IV. Sonderreihe.
Leerlauf-Unterspannung: 400 V.

a) Oberspannung: 5000, 6000, 10000 V.

kVA	$\cos\varphi = 1$ Stufe			$\cos\varphi = 0,8$ Stufe			$\cos\varphi = 0,6$ Stufe			$\cos\varphi = 0$ Stufe		
	I	II	III	I	II	III	I	II	III	I	II	III
5	373	389	404	370	385	401	369	385	400	375	390	406
10	374	390	406	370	386	401	370	386	401	374	390	405
15	375	391	406	371	386	402	371	386	402	374	389	405
25	376	392	407	371	387	402	371	386	402	374	389	405
37,5	376	392	408	372	388	403	372	387	403	374	390	405
50	377	392	408	373	388	404	373	388	404	375	391	406

b) Oberspannung: 15000 V.

kVA	I	II	III	I	II	III	I	II	III	I	II	III
5	373	389	404	369	384	400	369	385	400	374	389	405
10	374	390	406	370	385	401	369	385	400	373	389	404
15	375	391	406	370	386	401	370	385	401	373	388	404
25	376	392	407	371	386	402	370	386	401	373	388	404
37,5	376	392	408	372	387	402	371	386	402	373	389	405
50	377	392	408	372	388	403	371	387	402	374	390	406

c) Oberspannung: 20000 V.

kVA	I	II	III	I	II	III	I	II	III	I	II	III
5	374	389	405	371	386	401	369	384	399	374	389	405
10	375	390	406	370	385	400	370	385	400	374	389	405
15	376	391	407	371	386	401	370	385	400	373	388	404
25	377	392	408	371	386	401	371	386	401	373	388	404
37,5	377	392	408	372	387	402	371	386	401	374	389	405
50	377	392	408	373	388	403	371	386	401	375	390	406

Überlastbarkeit. Die Transformatoren der Sonderreihe sollen mit der doppelten Nennleistung nur ungefähr 500 Stunden im Jahr beansprucht werden. Mit Rücksicht auf diese zeitlich stark begrenzte hohe Beanspruchung wird eine um 10^0 höhere Temperatur zugelassen als in den Verbandsregeln, wobei die doppelte Leistung 12 h lang nach vorausgegangener Dauerlast mit der Grundleistung auftreten darf. Eine Gefahr der Verkürzung der Lebensdauer von Isolation und Öl kann dabei als ausgeschlossen gelten.

Außerdem ist in den Normalblättern angegeben, welche Überlastungen bei den Transformatoren der Haupt- und Sonderreihe zulässig sind, ohne daß die in den Regeln des VDE festgesetzten Erwärmungen überschritten werden.

Klemmen. Die Herausführung des Nullpunktes auf der Oberspannungseite hat bei Transformatoren bis 100 kVA praktisch keine Bedeutung. Sie würde den Kasten und die Ölmenge unnötig vergrößern. Dagegen wird die unterspannungseitige Neutrale bei allen Einheitstransformatoren herausgeführt. Voll belastbar ist diese Neutrale jedoch nur bei 400 V Unterspannung.

Bis 50 A sind Eisenbolzen für die Anschlüsse zugelassen. Dagegen sind Eisenmuttern nicht gestattet, damit Bolzen und Muttern nicht zusammenrosten können.

Als einheitliches Gewinde für die Anschlußbolzen wird Whitworth-Gewinde benutzt.

Bestimmungen über die freie Bolzenlänge schienen empfehlenswert, damit die Zuleitungen unter allen Umständen bequem angeschlossen werden können.

Damit Einheitstransformatoren verschiedener Herkunft in der Anlage ohne weiteres gegeneinander ausgetauscht werden können, mußte eine Bestimmung über die Reihenfolge der Ober- und Unterspannungklemmen und ihre relative Lage festgelegt werden.

Durchführungen. Für die Oberspannung-Durchführungen von Einheitstransformatoren waren früher die Richtlinien der Wechselstrom-Hochspannungsapparate des VDE maßgebend. Neuerdings müssen sie den Bestimmungen des § 51 der R.E.T. 23 entsprochen.

Ölkessel. Die besondere Aufstellung der Ölkonservatoren von Transformatoren bis 100 kVA wurde als eine nicht zulässige Erschwerung des Zusammenbaues angesehen. Daher ist die konstruktive Vereinigung von Einheitstransformator und Ölkonservator vorgeschrieben, sofern ein solcher überhaupt mitgeliefert wird.

Da Ölstandsgläser vielfach beim Transport abbrechen, sollen sie an Einheitstransformatoren nicht angebracht werden, vielmehr sind Überlaufschrauben, Hähne oder Meßstäbe zu verwenden.

Am geeignetsten für die thermische Überwachung von Öltransformatoren sind Maximalthermometer. Daher müssen sich bei Einheitstransformatoren zur Bestimmung der Öltemperatur während des Betriebes Thermometer anbringen lassen. Die Einführungsöffnung muß an der Unterspannungseite sein; man wird sie passend als Tasche (unten geschlossenes Rohr) ausbilden, die einige Zentimeter in das Öl hineinragt; in die Tasche wird etwas Öl hineingegossen. Damit Thermometer verschiedener Bauart eingeführt werden können, ist vorgeschrieben, daß die lichte Weite des Rohres nicht unter 12 mm betragen darf.

Aus technischen Gründen ist es nicht statthaft, daß Einheitstransformatoren ohne Öl stehen oder befordert werden. Die Wicklung und Isolation nehmen ohne Öl Feuchtigkeit auf, die sich auch durch nachträgliche Trocknung nicht restlos entfernen läßt. Außerdem wird am Herstellungsort das Öl meistens im Vakuum in kleinere und mittlere Transformatoren gefüllt, damit keine Lufträume im Innern der Wicklung zurückbleiben. Am Aufstellungsort sind Vakuumöfen im allgemeinen nicht vorhanden; daher sollen Einheitstransformatoren schon im Werke mit Öl gefüllt werden.

Schild. Außer den Aufschriften, die nach § 64 der R.E.T. 1923 enthalten sein müssen, soll das Leistungsschild die Angabe „HET 23" bzw. „SET 23" tragen, damit jederzeit erkennbar ist, daß es sich um einen Einheitstransformator handelt, welcher Reihe er angehört und welche Normen bei seiner Herstellung gültig waren.

Bemerkungen. Bisher bestand Unsicherheit hinsichtlich der Frage, für welche Anzapfungen die garantierten Verluste und Kurzschlußspannungen gelten sollten. Da der Eisenverlust als die Wattaufnahme des Einheitstransformators angesehen wird, die entsteht, wenn der Unterspannungwicklung bei unbelasteter Oberspannungwicklung die Nennunterspannung zugeführt wird, und die Unterspannungwicklung keine Stufe besitzt, so ist damit ein eindeutiges Meßverfahren gegeben.

Bei Messung der Wicklungsverluste und der Kurzschlußspannung muß die Oberspannungwicklung auf Normalstufe (Stufe 2) geschaltet sein. Die Messung erfolgt in der Weise, daß eine Wicklung kurzgeschlossen und der anderen der Nennstrom zugeführt wird. Die Wattmeterablesungen werden prozentual auf die Nennleistung umgerechnet und ergeben den prozentualen Wicklungsverlust; die Voltmeterangabe an den Klemmen der Wicklung, der der Nennstrom zugeführt wird, wird prozentual auf die entsprechende Nennspannung umgerechnet und ergibt die prozentuale Kurzschlußspannung. — Die Daten der Wicklungsverluste und der Kurzschlußspannung gelten für den betriebswarmen Transformator, bezogen auf 20° Raumtemperatur. Es ist vorgeschlagen worden, die Wicklungsverluste auf die nach den Verbandsregeln zulässige Höchsttemperatur der Transformatoren zu beziehen. Da aber besonders die Einheitstransformatoren kleinerer Leistung diese Temperaturen nicht annähernd erreichen, so würden sich Wirkungsgrade errechnen, die ungünstiger sind, als sie der Transformator in irgendeinem Betriebszustand besitzt.

Einheitstransformatoren DIN VDE 2602.

Raumbedarf.
mm

Type	kVA	V	ohne Ausdehnungsgefäß Höhe	ohne Ausdehnungsgefäß Grundfläche	mit Ausdehnungsgefäß Höhe	mit Ausdehnungsgefäß Grundfläche
HET	5	6000	1250	950 × 650	1250	950 × 750
		10000	1350	1050 × 650	1350	1050 × 750
		15000	1400	1150 × 800	1400	1150 × 850
		20000	1750	1250 × 800	1750	1250 × 850
	10	6000	1300	1050 × 650	1300	1050 × 750
		10000	1400	1100 × 700	1400	1100 × 800
		15000	1500	1200 × 800	1500	1200 × 900
		20000	1800	1350 × 850	1800	1350 × 950
	20	6000	1400	1050 × 750	1400	1050 × 800
		10000	1450	1150 × 750	1450	1150 × 850
		15000	1500	1300 × 800	1500	1300 × 850
		20000	1800	1400 × 850	1800	1400 × 900
	30	6000	1600	1100 × 750	1600	1100 × 800
		10000	1650	1150 × 750	1650	1150 × 850
		15000	1650	1300 × 800	1650	1300 × 950
		20000	1800	1400 × 850	1800	1400 × 1000
	50	6000	1700	1300 × 850	1700	1300 × 950
		10000	1750	1300 × 850	1750	1300 × 950
		15000	1800	1300 × 850	1800	1300 × 1050
		20000	1900	1400 × 900	1900	1400 × 1050
	75	6000	1900	1300 × 900	1900	1300 × 1000
		10000	1950	1300 × 900	1950	1300 × 1000
		15000	2000	1300 × 900	2000	1300 × 1050
		20000	2100	1400 × 950	2100	1400 × 1100
	100	6000	2100	1350 × 1000	2100	1350 × 1050
		10000	2250	1350 × 1000	2250	1350 × 1050
		15000	2300	1400 × 1000	2300	1400 × 1150
		20000	2400	1400 × 1000	2400	1400 × 1200
SET	5	6000	1300	950 × 650	1300	1050 × 750
		10000	1400	1050 × 700	1400	1100 × 800
		15000	1500	1150 × 800	1500	1200 × 850
		20000	1500	1250 × 800	1500	1250 × 950
	10	6000	1400	1050 × 750	1400	1050 × 900
		10000	1450	1150 × 750	1450	1150 × 900
		15000	1500	1300 × 800	1500	1300 × 900
		20000	1600	1350 × 850	1600	1350 × 950
	15	6000	1600	1100 × 750	1600	1100 × 900
		10000	1650	1150 × 750	1650	1150 × 900
		15000	1700	1300 × 800	1700	1300 × 950
		20000	1800	1400 × 850	1800	1400 × 1000
	25	6000	1700	1300 × 850	1700	1300 × 1050
		10000	1750	1300 × 850	1750	1300 × 1050
		15000	1800	1300 × 850	1800	1300 × 1050
		20000	1900	1400 × 900	1900	1400 × 1050
	37,5	6000	1900	1300 × 900	1900	1400 × 1200
		10000	1950	1300 × 900	1950	1400 × 1200
		15000	2000	1300 × 900	2000	1400 × 1200
		20000	2100	1400 × 950	2100	1400 × 1200
	50	6000	2150	1350 × 1000	2150	1400 × 1250
		10000	2250	1350 × 1000	2250	1400 × 1250
		15000	2300	1400 × 1000	2300	1450 × 1250
		20000	2400	1400 × 1000	2400	1450 × 1300

Von den blanken Teilen der Oberspannungs-Klemme ist allseitig ein Abstand zur Wand eingeschlossen, der den Vorschriften für Hochspannungsapparate entspricht. Außerdem ist allseitig ein Spielraum von 50 mm eingeschlossen. (Rollen sind nicht berücksichtigt.)

Dettmar, Erläuterungen. 7. Aufl.   26

Transformatoren DIN VDE 2610.

Normale Übersetzungsverhältnisse und Nenn-Kurzschlußspannungen.

100 bis 1600 kVA, 5000 bis 25000 V mit Ölkühlung und Kupferwicklung für Drehstrom, Frequenz 50.

Die Transformatoren entsprechen den „Regeln für die Bewertung und Prüfung von Transformatoren" des VDE (R.E.T. 1923).

Nennleistung		125	160	200	250	320	400	500	640	800	1000	1250	1600 kVA
Nennoberspannung						5000	6000	10000	15000			20000	25000 V
Anzapfungen (Stufen)	Stufe I					5200	6240	10400	15600			20800	26000 V
	Stufe II (Normalstufe)					5000	6000	10000	15000			20000	25000 V
	Stufe III					4800	5760	9600	14400			19200	24000 V

231	400	525	3150	5250	6300 V
231	525	3150	5250		6300 V in Schaltgruppe A_2 (B_2) Nullpunkt gering belastbar.

400 V {
Bis 200 kVA Schaltgruppe C_3 (D_3)
Über 200 bis 400 kVA Schaltgruppe C_1 (D_1) oder C_3 (D_3)
Über 400 kVA Schaltgruppe C_1 (D_1)

Nennunterspannung und Schaltung

	Grenzleistungen		
Spannung	Obere Regel-Grenzleistung	Obere Sondergrenzleistung für die angeführten Ober- u. Unterspannungen bei Sonderausführungen	Untere Grenzleistung
V	kVA	kVA	kVA
231	250	500	125
400	640	1000	125
525	1000	1250	125
3150	1600	1600	125
5250	1600	1600	200
6300	1600	1600	200

	Nennstrom									
Nennstrom	Der Nennstrom oberspannungseitig wird berechnet aus der Nennleistung und der Nennoberspannung (Stufe II). Der Nennstrom unterspannungseitig wird berechnet aus der Nennleistung und der Nenn-(Leerlauf)Unterspannung.									

Nenn-Kurzschlußspannungen %

	kVA	5000 bis 10000 V			15000 bis 20000 V			25000 V		
		$A_2\,(B_2)$	$C_1\,(D_1)$	$C_3\,(D_3)$	$A_2\,(B_2)$	$C_1\,(D_1)$	$C_3\,(D_3)$	$A_2\,(B_2)$	$C_1\,(D_1)$	$C_3\,(D_3)$
Technische Daten	125	3,5		3,7	3,8		4,0	4,1		4,3
	160	3,5		3,7	3,8		4,0	4,0		4,2
	200	3,4		3,6	3,7		3,9	3,9		4,1
	250	3,4	3,4	3,6	3,7	3,7	3,9	3,9	3,9	4,1
	320	3,4	3,4	3,6	3,7	3,7	3,9	3,8	3,8	4,6
	400	3,3	3,3	3,5	3,6	3,6	3,8	3,8	3,8	4,0
	500	3,3	3,3		3,6	3,6		3,8	3,8	
	640	3,3	3,3		3,6	3,6		3,8	3,8	
	800	3,2	3,2		3,6	3,6		3,7	3,7	
	1000	3,2	3,2		3,6	3,6		3,7	3,7	
	1250	3,2	3,2		3,5	3,5		3,6	3,6	
	1600	3,2	3,2		3,5	3,5		3,6	3,6	

Nennkurzschlußspg.: darf von obigen Werten um nicht mehr als $\pm$ 10% abweichen.

Überlastbarkeit	nach 10stündigem Betrieb mit halber Nennleistung: 30% während 1 Stunde oder 10% während 3 Stunden.			
Durchführungen	Ober- und Unterspannung nach R.E.T. 1923, Kriechweg über Deckel bis 400 V mindestens 40 m/m.			
	A	bis 50	über 50 bis 200	über 200 bis 350	über 350 bis 600
Ausführung der Bolzen und Muttern	Durchmesser	$^1/_2''$	$^1/_2''$	$^5/_8''$	$^3/_4''$
	Freie Bolzenlänge	mindestens 3 × Bolzendurchmesser			
	Werkstoff	Messing oder Kupfer	Kupfer		
	Gewinde	Whitworth nach DIN 12. Metrisch nach DIN 14 zugelassen			

26*

Transformatoren[1]. Mittenabstände und Spurweiten für Transportrollen. Angabe des Gewichtes
DIN VDE 2611.

Maße in mm.

Mittenabstände und Spurweiten für Transportrollen.

Transformatorengewicht bis 2,5 t.

Transformatorengewicht über 2,5 bis 5 t.

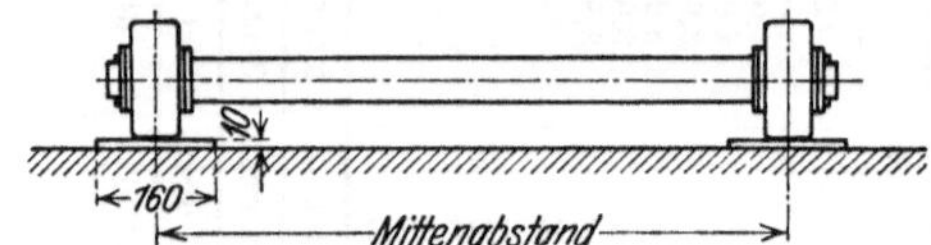

Transformatorengewicht über 5 bis 25 t.

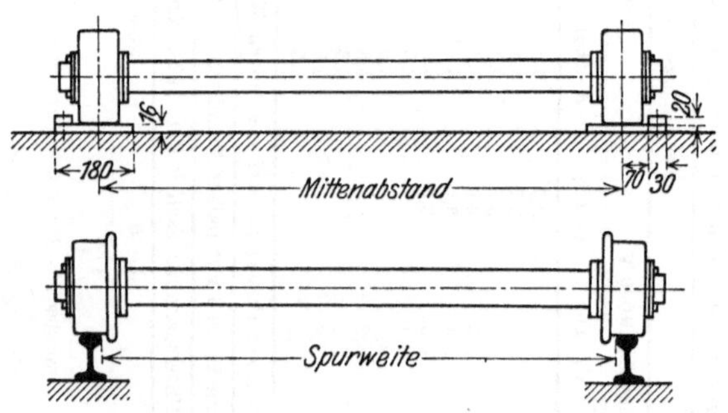

Mittenabstand für Rollen	370	420	470	520	570	670	820
Spurweite für Schienen .	—	—	—	—	—	600	750

Mittenabstand für Rollen	945	1070	1270	1505	1770	2070
Spurweite für Schienen .	875	1000	1200	1435	1700	2000

Angabe des Gewichtes von Transformatoren.

An Transformatoren, die 1 t und mehr wiegen, ist das Gewicht deutlich lesbar anzugeben (z. B. in roter Farbe).

Bei Öltransformatoren wird das Gewicht einschließlich Ölfüllung an der Kesselwandung angeschrieben.

Das Gewicht ist nur ungefähr anzugeben, und zwar nach folgenden Stufen:

1 1,5 2 3 5 7,5 10 15 usw. von 5 zu 5 t steigend.

---

[1] Mit Ausnahme der Drehtransformatoren.

Hinweis auf weitere Normenblätter,
die Maschinen und Transformatoren
betreffen.

DIN VDE 2939: Elektrische Maschinen, Maßbezeichnungen.

„   „   2941: Elektrische Maschinen mit senkrechter und wagerechter Welle, Befestigungsflansche.

„   „   6400: Dynamobleche, Technische Lieferbedinungen.

„   „   6405: Bandagendrähte, Bronze.

„   „   6406: Bandagendrähte, Flußstahl.

„   „   6430: Kupferdraht, isoliert. Technische Lieferbedingungen.

„   „   6431: Kupferdraht, rund, genau gezogen.

„   „   6435: Runddraht. Isolationsauftrag: Lack.

„   „   6436: Runddraht. Isolationsauftrag: Seide, Baumwolle, Papier.

„   „   6438: Rundkupferseile.

„   „   1841: Farbe für Maschinen und Apparate.

Weiter sind alle gewöhnlichen Normen des Deutschen Norm-Ausschusses zu beachten. Soweit Gleichstrommaschinen in Frage kommen, gibt das Normenblatt DIN VDE 1999, das auf S. 327 abgedruckt ist, und für Drehstrom-Motoren das Normenblatt DIN VDE 2649, das auf S. 344 abgedruckt ist, Hinweise.

Außer den VDE-Normenblättern kommen noch folgende besondere Normenblätter in Frage, bei denen der VDE als Mitträger vermerkt ist:

DIN Kr. G. 202: Drehrichtung für elektrische Maschinen und Apparate in Kraftfahrzeugen.

„   „ M. 312: Flanschlager für Lichtmaschinen, Anschlußmaße.

Diese beiden Normenblätter sind ebenso wie alle anderen DIN-Normen von der Beuth-Verlag G. m. b. H., Berlin S 14, Dresdener Straße 97, zu beziehen.

Weiter kommen außer vorstehend aufgeführten Normenblättern noch die vom Handelsschiff-Normen-Ausschuß herausgegebenen in Frage, die vom VDE mitgeprüft sind.

HNA EM 1a: Typenübersicht, Technische Bedingungen.

„   „   2a: Generatoren bis 15 kW.

„   „   3a: Generatoren von 20 bis 100 kW.

Die Normenblätter des Handelsschiff-Normen-Ausschusses sind durch dessen Geschäftsstelle, Hamburg 3, Vorsetzen 35, zu beziehen.

Sachverzeichnis.